“十二五”职业教育国家规划教材

经全国职业教育教材审定委员会审定

U0657905

热工自动控制系统

（第四版）

主　编　文群英

副主编　潘汪杰　雷鸣雳　李献忠

编　写　芦　红　张庆丰

主　审　高　伟　方　昆

中国电力出版社

CHINA ELECTRIC POWER PRESS

内 容 提 要

本书为"十二五"职业教育国家规划教材。

本书内容共分两篇十章：第一篇（第一～第三章）为自动控制的基本知识，比较全面地介绍了自动控制的基本概念，单回路及复杂回路控制系统的组成、特点、工作原理及整定方法；第二篇（第四～第十章）为火电厂单元机组自动控制系统，介绍了单元机组协调控制系统、汽包锅炉自动控制系统、直流锅炉自动控制系统、汽轮机控制系统、炉膛安全监控系统、顺序控制系统、火电厂计算机控制系统。

本书可作为高职高专火电厂集控运行、电厂热能动力装置、电厂热工自动化技术等专业"热工自动控制系统""热工控制技术及应用""热工控制系统组态与维护"及同类课程的教材，也可供有关专业师生及从事热工自动化工作的工程技术人员参考。

图书在版编目（CIP）数据

热工自动控制系统/文群英主编. —4 版. —北京：中国电力出版社，2019.10（2025.1重印）
"十二五"职业教育国家规划教材
ISBN 978 - 7 - 5198 - 3826 - 3

Ⅰ.①热… Ⅱ.①文… Ⅲ.①火电厂—热力工程—自动控制系统—高等职业教育—教材
Ⅳ.①TM621.4

中国版本图书馆 CIP 数据核字（2019）第 237504 号

出版发行：中国电力出版社
地　　址：北京市东城区北京站西街 19 号（邮政编码 100005）
网　　址：http://www.cepp.sgcc.com.cn
责任编辑：吴玉贤（010—63412540）
责任校对：黄　蓓
装帧设计：郝晓燕
责任印制：吴　迪

印　　刷：北京雁林吉兆印刷有限公司
版　　次：2006 年 8 月第一版　2019 年 10 月第四版
印　　次：2025 年 1 月北京第十九次印刷
开　　本：787 毫米×1092 毫米　16 开本
印　　张：16.5
字　　数：404 千字
定　　价：45.00 元

扫一扫

拓展资源

前 言

为认真贯彻落实《国家职业教育改革实施方案》（职教 20 条）精神，着力推动职业教育"三教"（教师、教材、教法）改革，本书坚持突出职教特色、产教融合的原则，遵循技术技能人才成长规律，知识传授与技术技能培养并重，充分体现"精讲多练、够用、适用、能用、会用"的原则，主动服务于分类施教、因材施教的需要。

本书从工程实际出发，紧密联系生产实际，力求体现新技术、新工艺和新方法的应用，充分体现作业安全、工匠精神及团队合作能力的培养，不但适合于高等职业技术学院热能与发电工程类专业在校学生"1＋X证书"学习需要，也可作为相关专业领域技能型培训学员的培训教材和自学用书。

本书为国家精品资源共享课"热工控制系统组态与维护"的配套教材。在保留上一版特色的基础上，以现行的国家标准、电力行业技术规程、有关电力生产岗位规范及《电力行业职业技能鉴定规范》为依据，坚持高职高专复合型技术技能人才培养的办学定位，着眼于电力新技术、新设备的应用，坚持"应用为主，够用为度，学有所用，用有所学"的定位原则，遵循"拓展基础、培养能力、重在应用"的宗旨，为适应专业建设、课程建设、教学模式与方法改革创新等方面要求来进行修订的。

本教材在全面介绍了自动控制的基本概念，单回路及复杂回路控制系统的组成、特点、工作原理及调节器参数整定方法的基础上，重点介绍了火电厂有关自动控制系统的构成、工作原理，并在各章节中都加入了具体实例的分析及相关配套的微课、图片等数字资源（请扫码阅读），力求把生产过程中新技术、新方法和新内容融合到教材中去，并注重实用性和先进性，缩短理论到实践的差距。

本书由武汉电力职业技术学院文群英主编。西安电力高等专科学校雷鸣雳编写了第一章、第二章、第三章及配套数字资源；文群英编写了第四章、第五章及配套数字资源；湖北华电襄阳发电有限公司张庆丰编写了第六章及配套数字资源；武汉电力职业技术学院潘汪杰编写了第七章、第八章及配套数字资源；郑州电力高等专科学校李献忠编写了第九章及配套数字资源；中国电建集团河南工程有限公司芦红编写了第十章及配套数字资源。文群英负责全书的统稿工作。

全书由华中科技大学高伟教授和中国华电集团公司湖北分公司高级工程师方坤主审。编者对主审老师对本教材付出的心血表示深深的谢意。同时，本教材在编写过程中还得到了中国华电集团公司湖北分公司、中国电建集团河南工程有限公司、湖北华电襄阳发电有限公司等单位的支持和帮助，在此一并表示感谢。

由于编者水平所限，书中疏漏之处在所难免，敬请读者批评指正。

编 者

2019 年 8 月

第一版前言

本书为教育部职业教育与成人教育司推荐教材，是根据教育部审定的电力技术类专业主干课程的教学大纲编写而成的，并列入教育部《2004～2007年职业教育教材开发编写计划》。本书经中国电力教育协会和中国电力出版社组织专家评审，又列为全国电力职业教育规划教材，作为职业教育电力技术类专业教学用书。

本书体现了职业教育的性质、任务和培养目标；符合职业教育的课程教学基本要求和有关岗位资格和技术等级要求；具有思想性、科学性、适合国情的先进性和教学适应性；符合职业教育的特点和规律，具有明显的职业教育特色；符合国家有关部门颁发的技术质量标准。本书既可以作为学历教育教学用书，也可作为职业资格和岗位技能培训教材。

本书在全面地介绍了自动控制的基本概念，单回路及复杂回路控制系统的组成、特点、工作原理及调节器参数的整定方法的基础上，重点介绍了火电厂有关自动控制系统的构成，并在各章节中都加入了具体实例的分析，力求把生产过程中新技术、新方法和新内容融合到教材中去，并注重实用性和先进性，缩短理论到实践的差距。

本书由武汉电力职业技术学院文群英主编，并编写了第四章、第五章、第十章；武汉电力职业技术学院潘汪杰编写了第六章、第七章、第八章；西安电力高等专科学校雷鸣雳编写了第一章、第二章、第三章；江西电力职业技术学院罗红星编写了第九章。文群英负责全书的统稿工作。

全书由华中科技大学高伟教授和黄石发电股份有限公司高级工程师方坤主审。编者对主审老师对本书付出的心血表示深深的谢意。同时，本书在编写过程中还得到了谢援朝副教授、林文孚副教授级高工、彭同明副教授等的热心指导，在此一并表示感谢。

由于编写时间仓促，加之编者水平所限，书中难免有疏漏及不足之处，敬请使用本书的师生及读者批评指正。

编 者

2006 年 4 月

第二版前言

　　《教育部职业教育与成人教育司推荐教材　热工自动控制系统（第二版）》在保持了第一版特色的基础上，紧扣高职高专的培养目标，坚持以"应用为主，够用为度，学有所用，用有所学"的定位原则，遵循"拓宽基础、培养能力、重在应用"的宗旨，完成第二次修订任务。

　　第二版主要调整的内容有：

　　（1）第一章增加了自动控制系统的品质指标、阀门和风门挡板的特性试验内容。

　　（2）第四章将协调控制的基本控制方式进行了综合整理。

　　（3）在第七章汽轮机控制系统应用新实例进行分析说明。

　　（4）在第八章炉膛安全监控系统中增加了等离子点火内容。

　　（5）将第十章火电厂计算机控制系统的第一节删除，调整了第二节和第三节的内容。

　　其他章节的内容在原有基础上，尽量删繁就简，加强方法与能力的训练和培养；在分析问题时突出主要矛盾和主要问题，忽略次要因素，注重应用性及概念的清晰；贯彻理论与实践相结合，以应用为目的，理论够用的原则，突出高职高专的教学特色。

　　本书由武汉电力职业技术学院文群英主编，并编写了第四章、第五章、第十章；武汉电力职业技术学院潘汪杰编写了第六章～第八章；西安电力高等专科学校雷鸣雳编写了第一章～第三章；江西电力职业技术学院罗红星编写了第九章。文群英负责全书的统稿工作。

　　全书由华中科技大学高伟教授和西塞山发电股份有限公司高级工程师方坤主审。编者对主审老师表示深深的谢意。同时，本书在编写过程中还得到了谢援朝副教授、林文孚副教授级高工、彭同明教授等的热心指导，在此一并表示感谢。

　　由于编写时间仓促，加之编者水平所限，书中难免有疏漏及不足之处，敬请使用本书的师生及读者批评指正。

编　者

2009.06

❖ 目　录

第一篇 自动控制的基本知识

第一章 概　　论

第一节　自动控制的基本概念

随着科学技术的发展和社会的进步，自动控制在工业生产、航空航天、电力等各领域发挥着更加重要的作用。一般来说，自动控制是指在没有人直接参与的情况下，通过控制设备使被控对象或生产过程自动地按照预定的规律运行。目前，自动化水平已经成为衡量一个国家生产技术和科学水平先进与否的一项重要指标。尤其在电力生产过程中，电厂热工自动化的地位更为突出，电厂热工自动化水平的高低是衡量电厂生产技术的先进与否和企业现代化的重要标志。

一、热工过程自动控制的发展

热工过程自动控制主要经历了以下几个发展阶段：

（1）初级阶段。大约在 20 世纪 50 年代，热工生产过程主要是凭生产实践经验，局限于一般的控制元件及机电式控制仪器，采用比较笨重的基地式仪表实现机、炉、电各自独立的局部自动控制。机、炉、电各控制系统之间没有或很少有联系。过程控制的目的主要是几种热工参数，如温度、压力、流量及液位的定值控制，以保证产品质量和产量的稳定，所应用的理论为古典控制理论。

（2）仪表化阶段。20 世纪 50 年代末及以后十多年间，先后出现了电动单元组合仪表和巡回检测装置，因而实现了把机、炉作为一个单元整体进行集中控制，仪表盘集中安装进行监视，使机、炉启停运行更为协调，对提高设备效率和强化生产过程有所促进，适应了工业生产设备日益大型化及连续化发展的需要。随着仪表工业的迅速发展，对过程控制及对象特性的认识，对仪表及控制系统的设计计算方法都有了较快的发展，而且随着机组容量的增大，集中控制机、炉又进一步发展为机、炉、电集中控制。此时所用的仪表有电动及组装仪表，所应用的理论为古典控制理论。

（3）综合自动化阶段。20 世纪 70 年代至今，随着集成电路与计算机技术的迅猛发展，由分散的机组或车间控制，向全车间甚至全企业的综合自动化发展，实现了过程控制最优化与管理调度自动化相结合的分散计算机控制，这是过程控制发展的一个新阶段。对电厂而言，则是把火电厂的生产过程（包括主、辅机，全厂各辅助车间）作为一个整体来进行控制，此时所用的仪表有气动仪表、电动组合仪表、组装仪表及计算机。所用理论基础大多为古典控制理论，少量为现代控制理论。

随着计算机技术的迅速发展，热工过程控制又经历了以下几个计算机控制过程：

（1）集中型计算机控制。它是用一台计算机对整个生产过程进行整体控制，因此对计算机的可靠性要求很高，一旦计算机出现事故，将使整个生产受到影响。

（2）分散型计算机控制。随着微机的大批生产，成本的不断降低，逐渐把集中控制改为用微机进行局部控制，克服了集中控制的一些缺点，但此时各系统之间很难协调起来。

（3）计算机分散控制。它把各系统之间，厂级管理、调度等用一台功能很强的计算机进行上位管理，而把各子系统用微机控制，充分发挥了集中控制和分散控制各自的优点，是一种比较合理的控制方法。

（4）现场总线控制。随着网络技术的发展和应用，利用现场总线这一开放的、具有可互操作的网络将现场各控制器及仪表设备互连，构成现场总线控制，同时控制功能彻底下放到现场，降低了安装成本和维护费用。因此，现场总线控制实质是一种开放的、可互操作的、彻底分散的分布式控制系统，有望成为 21 世纪控制系统的主流产品。

二、火电厂热工自动控制的主要内容

火电厂热工自动控制主要包含以下内容：

（1）自动检测。自动地检查和测量反映生产过程运行情况的各项物理参数、化学量（例如温度、压力、液位、化学成分等）及各项生产设备的工作状态参数，以监视生产过程的运行情况和趋势，称为自动检测。它所使用的检测设备有常规的模拟量仪表、巡回检测数字式仪表，还有计算机图像显示、自动记录、打印和报警装置。

（2）顺序控制。根据预先拟定的顺序和条件，自动地对设备进行一系列操作，称为顺序控制。顺序控制又称程序控制，在发电厂中主要用于主机或辅机的自动启动和停止，例如汽轮机的自动启停程序控制以及磨煤机的自动启停程序控制等。

（3）自动保护。在运行参数和设备状态异常或系统局部故障时，自动采取保护措施，以防止故障进一步扩大并避免事故发生，保护生产设备使之不受严重破坏，称为自动保护。例如汽轮机的超速保护、锅炉的超压保护以及发电机的过电压、过电流保护等。

（4）自动控制。自动地克服干扰影响，维持生产过程在规定的工况下运行，称为自动控制。

生产过程中必须保证产品满足一定的数量和质量要求，同时也要保证生产的安全和经济，这就要求生产过程在预期的工况下运行。然而，生产过程总是由于经常会受到各种因素的干扰和破坏，其运行工况偏离正常情况，必须通过自动控制随时消除各种干扰，保证正常运行。

更为严重的是，有时自动控制系统本身也要发生故障，这就要求在设计控制系统时，考虑可能发生的故障，并加以自动保护。因而，现代的自动控制系统常包含自动保护、自动检测、自动报警、顺序控制等内容。有时，它们有机地组合成一个不可分割的整体，以确保控制系统的安全可靠。

三、人工控制与自动控制

生产过程实现自动化，能有效地改善劳动条件，有利于现代化生产，有利于提高生产安全性，降低生产成本。随着生产技术和生产工艺的发展，自动控制水平也不断提高，人们通过长期的生产实践，从早期的人工控制过程逐步发展为目前高水平的自动控制过程。

为了了解自动控制系统的一般概念，首先以人工控制水箱水位为例，分析完成一个控制任务需要哪些功能，以及这些功能在自动控制系统中是如何实现的。

水箱水位控制示意如图 1-1 所示。图 1-1（a）是水箱水位人工控制示意图，图中 q_1 为流入水箱的进水流量，q_2 为流出水箱的出水流量，h 为水箱水位。水箱水位是进水流量和

出水流量是否平衡的标志。为了保证水工质传递的安全与稳定，通常希望将水箱水位保持在某一个规定值附近，这个规定值就是水箱水位的希望值，称为水箱水位的给定值，用 h_0 表示。当实际水位稳定在给定值附近时，水箱的进水量与出水量平衡，不需要控制。当水箱的进水量或者出水量发生变化时，可通过调整进水阀门的开度来改变进水流量，使之与出水流量平衡，以维持水箱水位在希望的范围内。

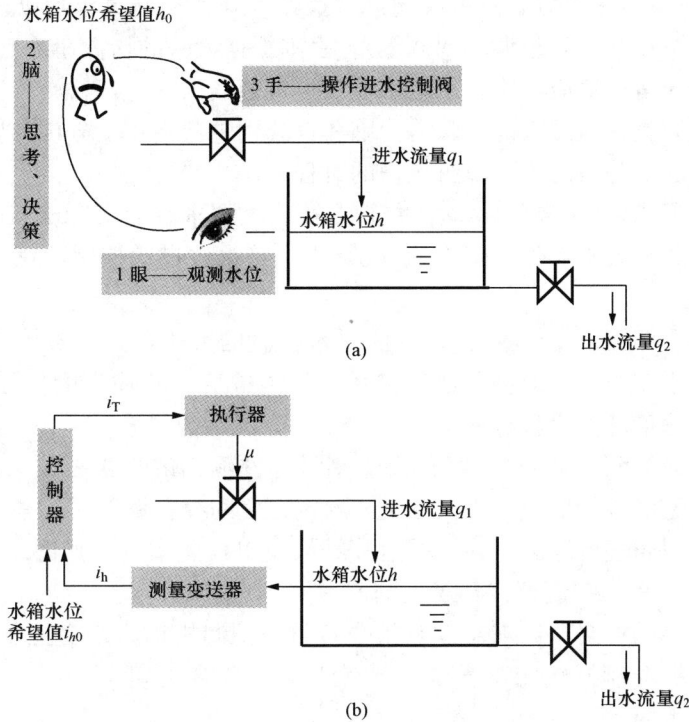

图 1-1 水箱水位控制示意图
（a）人工控制；（b）自动控制

为了便于分析说明上述水位控制过程，先介绍自动控制理论的几个常用术语。

（1）控制对象（或称调节对象）。指被控制的生产设备或生产过程，如图 1-1 中以水箱为中心的水工质传递设备。

（2）被控量。表征生产过程是否正常而需要控制的物理量。如本例中的水箱水位 h，单元机组自动控制中常见的被控量有压力、温度、水位、电压、频率等。

（3）给定值。根据生产工艺要求，被控量应达到的数值。如本例中水箱水位的希望值为 h_0，即水位 h 的给定值。

（4）控制量（或称控制变量）。由控制作用来改变，以控制被控量的变化，使被控量恢复为给定值的物理量。如本例中水位的控制是通过改变进水流量来实现的，进水流量就是水箱水位控制中的控制量。

（5）控制机构（或称调节机关）。接受控制作用去改变控制量的具体设备，如图 1-1 中的进水控制阀。

（6）扰动。引起被控量偏离其给定值的各种原因，如出水流量的变化会引起水箱水位变化，出水流量的变化称为扰动。

运用上述术语可以说，控制就是指当扰动作用使被控量偏离给定值以后，根据被控量与给定值的偏差情况，通过分析判断后适当地动作控制机构，改变控制量，抵消扰动的影响，使被控量重新恢复到给定值的过程。下面运用这些概念分析人工控制过程。

操作人员通过眼睛观察被控量水位的变化，同时利用大脑分析观察的结果，将观察到的水位 h 与其给定值 h_0 进行比较，判断是否存在偏差，以及偏差的大小和方向（实际水位比给定值高还是低），决定是否需要对控制阀进行操作，开大还是关小，以及按什么规律进行操作（是缓开，还是猛开，先过调再回调等）。手则根据大脑的指挥命令去操作进水控制阀，使进水流量与出水流量相适应，维持水箱水位在正常范围内。

可见，人工控制就是通过人的眼睛、大脑和手分别进行观察、分析和操作来实现的。控制过程就是了解情况、分析决策、执行操作的过程。

随着生产的发展，人工控制已远远不能满足生产的要求。为了实现自动控制，就要用一套自动控制装置来代替人工操作。图 1-1（b）为水箱水位自动控制示意图。自动控制装置包括以下三个部分：

（1）测量部件（即测量变送器）。用来测量被控量的大小，并将被控量转变成某种便于传送、与被控量大小成正比（或某种函数关系，如水位变送器输出的信号 i_h 与水箱水位 h 成比例）的信号，测量部件代替了人眼。

（2）控制器（或称调节器）。控制器接受测量部件输出的与被控量大小成比例的信号，把它与被控量的给定值进行比较，当被控量与给定值之间存在偏差时，根据偏差的大小和方向，按给定的运算规律进行运算，并根据运算结果发出控制指令，如图 1-1（b）所示控制器的输出信号 i_T。这里，控制器代替了人脑。

（3）执行器。根据控制器送来的控制指令，驱动控制机构，改变控制量。如图 1-1 中的电动执行器，根据控制器输出信号 i_T，改变进水控制阀开度 μ，从而改变进水流量 q_1。可见，执行器起人手的作用。

用一套自动控制装置代替人工操作，实现自动控制，把自动控制设备与控制对象连接起来，构成自动控制系统，如图 1-1（b）所示。不难理解，人工控制效果的好坏主要取决于操作人员的操作经验。如上述水箱水位控制系统，当出水流量扰动发生后，要很快恢复水位为给定值，操作人员必须要了解扰动发生后水位是如何随时间变化的？变化量有多大？变化速度怎样？只有对这些心中有数，才能正确地操作控制阀门，收到预期的控制效果。如果对水位的变化过程一无所知，要正确地进行控制是不可能的。同理，并不是自动控制设备一经安装就能执行控制任务、实现自动控制的。为使自动控制系统能满意地进行工作，必须研究控制系统的运动规律、研究控制对象的动态特性，研究如何根据控制对象特性组成自动控制系统。

四、自动控制系统的组成

如上所述，自动控制系统是由控制对象和自动控制设备组成的，也就是说，自动控制系统包括起控制作用的自动控制装置（如变送器、控制器、执行器等）和在自动控制装置控制下运行的生产设备（即控制对象）。自动控制系统中的各设备是通过信号的传递和转换相互联系起来的。在图 1-1（b）所示的水箱水位控制系统中，当出水流量 q_2 发生变化时，水箱水位 h 就会发生变化，反映水位高低的测量值 i_h 也随之变化，i_h 与其给定值 i_{h0} 比较得到偏差信号 e。在控制器中按预定的规律对偏差信号 e 进行运算得到控制信号 i_T，i_T 在执行器中进行功率放大后去推动进水控制阀，改变控制阀的开度 μ，从而改变进水流量 q_1，以抵消出水流量变化对水位的影响。水箱水位控制系统中的信号传递关系可用图 1-2 直观地表示出来。像这种能直观地表达自动控制系统中各设备之间相互作用与信号传递关系的示意图称为自动控制系统的方框图。

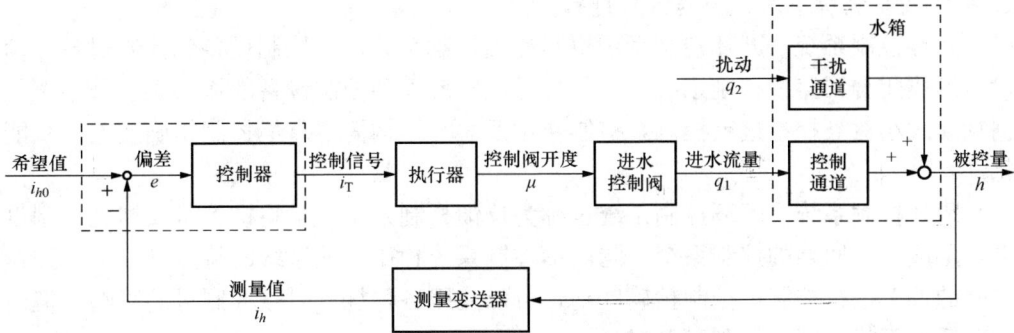

图 1-2　水箱水位控制系统方框图

方框图是研究自动控制系统的重要工具。方框图有四要素，即信号线、信号综合点、信号分支点和环节，如图 1-3 所示。

（1）信号线。用箭头表示信号 x 的传递方向的连接线，如图 1-3（a）所示。

（2）相加点。即信号综合点，表示两个或两个以上信号的代数和，如图 1-3（b）所示。

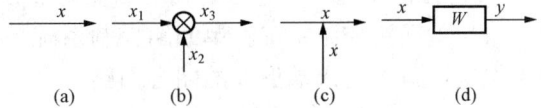

图 1-3　方框图的四要素
(a) 信号线；(b) 相加点；(c) 分支点；(d) 环节

（3）分支点。表示把信号 x 分两路或多路取出，如图 1-3（c）所示。

（4）环节。即方框图中的一个方块，如图 1-3（d）所示。方框图中的每一个方块即一个环节。环节表示系统中一个元件或一个设备，或者几个设备的组合体。x 为环节的输入信号，y 为环节的输出信号。

方框图中，环节的输入信号是引起环节变化的原因，而环节的输出信号则是在该输入信号作用下环节变化的结果。如水箱水位变化的原因可以是进水流量或者出水流量的变化，故进水流量和出水流量都是水箱环节的输入信号。出水流量或进水流量变化都会引起水箱水位发生变化，水位是这个环节的输出信号。应当注意，环节的输入信号与输出信号之间的因果关系是不可逆的。图 1-1 中，出水流量或进水流量的变化都能引起水位变化，但水位的变化不能反过来直接影响进水流量或出水流量，即信号只能沿箭头方向传递，具有单向性，同时，还要看到，方框图中的信号线只是表示环节之间信号的传递关系，不代表实际物料的流动。例如出水流量是"水箱"环节的输入信号，是从出水流量的变化会直接引起水位发生变化这一因果关系的意义来说的，故方框图与实际的生产流程图是有本质区别的。

自动控制系统的方框图一般是一个闭合回路。图 1-2 中水位 h 通过测量变送器、控制器和执行器等环节，反过来影响水位本身。所以这个系统中的信号是在闭合回路中传递的，这种系统称为闭环系统或称为反馈系统。传递到控制器的信号是给定水位信号 i_{h0} 与实际水位信号 i_h 的偏差值。当水位升高时，偏差信号 $e=i_{h0}-i_h$ 是一个负值，其意义是要关小进水控制阀门，使水位向反方向变化。因此，自动控制系统是一个"负反馈系统"，这种负反馈的实质就是"基于偏差、消除偏差"。如果不存在被控量与给定值的偏差，也就不会产生控制作用，而控制作用的最终目的是要消除偏差，使被控量重新恢复到给定值。

五、自动控制系统的分类

根据不同的应用需要，通常可将自动控制系统按以下方式进行分类。

1. 按控制系统所采用的控制方式进行划分

（1）开环控制系统。开环控制系统也叫前馈控制系统，是控制设备和控制对象在信号关系上没有形成闭合回路的控制系统，即被控量没有反馈到控制设备的输入端。该系统的特点是根据扰动大小对被控量进行控制，控制作用及时，结构简单，但控制精确度差，只能克服单一扰动。

（2）闭环控制系统。闭环控制系统也称为反馈控制系统，是将被控量反馈到控制设备的输入端，形成反馈回路的控制系统。与前馈控制系统相比，该系统的特点是根据被控量与给定量之间的偏差进行控制，控制精确度高，可以克服各种扰动对被控制量的影响，但由于控制作用落后于干扰，因而控制不及时。

（3）复合控制系统。复合控制系统也称为前馈-反馈复合控制系统，是由开环控制和闭环控制组合而成的一种控制系统。

2. 按控制系统中所包含的闭合回路数目进行划分

（1）单回路控制系统。单回路控制系统是指系统中只有一个闭合回路，即是将被控量反馈到控制设备的输入端形成的闭合回路。

（2）多回路控制系统。多回路控制系统是指系统中存在两个或者两个以上闭合回路，例如后面介绍的串级控制系统和导前微分控制系统就是双回路控制系统。

3. 按控制系统的给定值进行划分

（1）定值控制系统。控制系统中，若送入控制设备输入端的被控量的给定值为常数，且不随时间发生变化，则称这样的系统为定值控制系统。电厂中常见的热工控制系统多为定值控制系统，例如主汽温度控制系统、汽包水位控制系统都是定值控制系统。

（2）随动控制系统。控制系统中，若送入控制设备输入端的被控量的给定值随时间发生变化，且变化规律是事先无法确定的，则称这样的系统为随动控制系统。

（3）程序控制系统。控制系统中，若送入控制设备输入端的被控量的给定值随时间发生变化，且变化规律是事先确定的，则称这样的系统为程序控制系统。

六、自动控制系统的品质指标

1. 控制品质指标的确定

对任何一个设计并安装完成的自动控制系统，都希望它能具有良好的工作质量。如何来判断一个控制系统的工作好坏呢？最直观的方法是看系统受到扰动作用后，被控量随时间而变化的状况——控制过程。因为一个原来处于平衡状态的控制对象，一旦受到扰动作用，被控量就会偏离规定值。这时，要通过自动控制作用才能使被控量重新稳定并回到规定值。这一过程称为控制过程，控制过程直接反映了控制系统工作的好坏。

显然，一个控制系统在不同形式和幅度的扰动作用下，其控制过程是不一样的。在实际生产过程中可能遇到的扰动形式是多种多样的，为了比较控制工作品质的好坏，分析系统工作品质能否满足生产过程的要求，通常要选定一种最典型或最经常出现的扰动形式，作为研究控制系统工作品质的标准输入信号。在热工过程自动控制中，最常用的是单位阶跃输入。

闭环控制系统在阶跃扰动作用下，被控量的控制过程可能有图 1-4 所示的几种不同形状。其中 (a)、(b)、(c) 三种过程中，被控量最后能重新达到平衡。这新的平衡状态的被控量数值，可能就是扰动前的数值，也可能是一个新的数值。具有这种控制过程的系统是稳定的。图 (d) 表示控制系统受扰动作用后不能达到新的平衡，被控量和控制作用都作等幅振荡，这种情况称为"边界稳定"。图 (e) 表示控制系统受扰动作用后，不但不能达到新的平衡，而且偏差时正时负，振幅越来越大，直到发生破坏作用或受到限幅保护装置的干涉为止，这种控制系统是不稳定的。

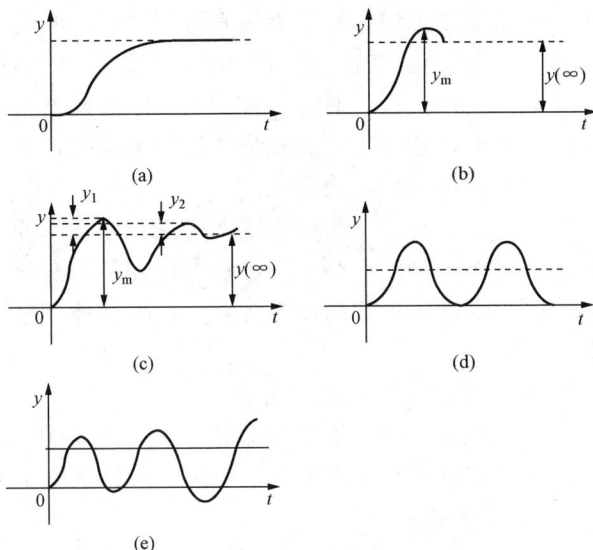

图 1-4　几种典型的控制过程曲线

(a) 单调变化的非周期过程；(b) 有单峰值的非周期过程；
(c) 衰减振荡过程；(d) 等幅振荡过程；
(e) 扩大振荡发散过程

从生产过程的要求来看，希望自动控制系统能随时保持被控量和规定值相等，不受任何扰动的影响。实际上控制过程中被控量总是要发生变化，产生偏差。那么怎样来衡量一个控制过程（即控制系统工作品质）的好坏呢？一般从三个方面，即稳定性、准确性和快速性来衡量。

(1) 稳定性。控制过程的稳定性是对控制系统最基本的要求。不稳定的系统在生产上是不能采用的；边界稳定的系统一般也不能符合生产的要求（只有在个别情况下可以允许有振幅不大、频率不高的持续振荡）；只有稳定的系统才能完成正常的控制任务。在实际生产过程中，不但要求系统是稳定的，而且还要求有一定的"稳定性裕度"，以保证在每次控制过程中振荡次数不致过多（2、3 次）。

衰减率 ψ 是判定控制系统稳定性的主要指标，检验一个控制过程的品质，用衰减率比较形象和直观，也能方便地从响应特性曲线上得到它的数值，如图 1-4 (c) 所示：

$$\psi = \frac{y_1 - y_2}{y_1}$$

热工控制对象的控制过程的衰减率通常选择 $\psi = 0.75 \sim 0.9$。

(2) 准确性。准确性是指被控量偏差的大小，它包括动态偏差 y_m 和静态偏差 $y(\infty)$〔见图 1-4 (c)〕。

动态偏差 y_m 是指控制过程中被控量偏离规定值的最大偏差值。通常要求控制系统保证被控量的动态偏差，即指在可能出现的最大扰动作用下，也不超过生产过程所允许的变化范围。

静态偏差 $y(\infty)$ 是指控制过程结束后被控量的残余偏差。最大静态偏差往往出现在负荷变动幅度最大的时候（如由满负荷跌到最低负荷）。一般应使最大静态偏差不超过生产所允许的变动范围。但有时为了提高生产设备对变动负荷的适应能力，有意造成静态偏差（即不同负荷下被控量保持不同的稳定值）。

（3）快速性。快速性是指控制过程持续时间的长短。一般希望尽可能短，以保证下一次扰动发生之前，这次扰动所引起的控制过程已经结束。

不同的生产过程，对这三方面的要求和排列主次地位是不同的，对于一个控制系统同时要求这三方面都达到很高的质量往往是困难的，也是不必要的。一般总是首先满足稳定性要求，再兼顾到准确性和快速性。

应当指出，对控制系统除了上述三方面基本要求之外，还应使它满足与运行条件有关的其他一些要求，例如有些生产过程对被控量的变化速度有一定限制，有的对控制作用的变化速度（开、关速度）和动作方式有一定限制等。这些限制条件对控制系统的工作往往有重大的影响。

2. 模拟量控制系统试验指标

（1）投入运行的模拟量控制系统应定期做扰动试验。扰动试验分为内扰试验和外扰试验。除定期试验外，出现下列情况时也应做扰动试验：

1）设备大修；

2）控制策略变动；

3）控制参数有较大修改；

4）模拟量控制系统发生异常。

（2）试验前应编写试验措施，经审批后方可执行；试验结束后，应填写试验报告；试验结果如达不到规定的控制品质要求，应分析原因，提出解决对策。

（3）内扰试验（包括定值扰动）。内扰试验应在70%负荷以上进行，扰动量宜为被控介质满量程的10%。控制过程衰减率应为0.7～0.9，被控制量的峰值不应达到保护动作值（对于主蒸汽压力和负荷控制系统，衰减率应为0.9～0.95）。

（4）评价标准。机组主要参数变化范围见表1-1。

表1-1　　　　　　　　　　　机组主要参数变化范围

负荷状态	给定负荷变化速率		
	稳态（<3%P_e/min）	慢速变化（3%P_e/min）	快速变化（5%P_e/min）
主汽压力（MPa）	±0.3	±0.5	±0.8
汽包水位（mm）	±25	±40	±60
新蒸汽温度（℃）	±4	±8	±10
再热蒸汽温度（℃）	±5	±10	±12
炉膛压力（Pa）	±100	±200	±250

第二节　热工控制对象的动态特性及其求取方法

自动控制系统是由控制对象和自动控制设备组成的。控制对象的输出就是控制系统的被控量，要分析研究控制系统的工作质量，设计或改造自动控制系统，必须先分析控制对象的动态特性，并根据它来正确地选择和使用自动控制设备，确定控制器的最佳整定参数，使控制设备与控制对象相互协调配合，构成一个合理的控制系统，才能获得预期的控制效果。对于机组运行人员来说，熟悉控制对象的动态特性，也是正确使用好控制系统的必要前提。所以，研究热工控制对象的动态特性，是研究控制系统、实现生产过程自动化的基础工作。

控制对象的动态特性就是控制对象在动态变化过程中各种输入信号与输出信号之间的关系，影响控制对象输出的扰动分为外部扰动和内部扰动。凡是来自控制系统之外，引起被控量发生变化的各种原因，都称为外扰，而控制系统内部的扰动称为内扰。例如水箱水位控制系统，进水流量和出水流量的变化都会引起水位变化，但出水流量的变化是用户需求变化引起的，控制系统本身无法控制，是系统的外扰，而进水流量的变化是控制系统可以控制的，是系统的内扰。图 1-2 所示的水箱水位控制系统方框图中，当被控量水位变化时，控制系统是通过控制作用改变进水流量 q_1 来控制水位，使之恢复为给定值的，故称进水流量到水箱水位之间的信号作用路径为控制通道。而出水流量变化是水位偏离给定值的原因，称由出水流量到水位之间的信号作用路径为干扰通道。内扰通过控制通道作用于对象，外扰通过干扰通道作用于对象。

热工控制对象的动态特性取决于它内部的物理性质、设备结构和运行条件等，原则上可以用分析方法求出它的动态特性。但对于复杂对象，用数学方法求取精确的动态特性表达式是困难的，通常是用实验方法求取对象的阶跃响应曲线，再利用阶跃响应曲线来进行系统分析、设计和控制器整定。

一、热工控制对象动态特性分析

（一）控制对象分类

实际热工控制对象虽然种类很多，但基本上可以分为两类：一类是简单对象，称为单容对象；另一类是复杂对象，称为多容对象。单容对象只有一个储存物质或者能量的容积，而多容对象具有两个或两个以上储存物质或能量的容积。同一参数在多容对象内部各处的数值可能是不一致的，所以，这类对象又称为具有分布参数特性的对象。同时按控制对象有无自平衡能力划分，可分为有自平衡能力被控对象和无自平衡能力被控对象。

自平衡能力是指控制对象在受到扰动后，仅依靠自身能力而不依靠任何外加的控制作用就能使被控量趋于某一稳定值的能力。

因此可将控制对象分为单容有自平衡能力控制对象、单容无自平衡能力控制对象、多容有自平衡能力控制对象、多容无自平衡能力控制对象。

1. 单容有自平衡能力控制对象

有自平衡能力的单容控制对象称为单容有自平衡能力被控对象，简称单容有自平衡对象，图 1-5 所示水箱就是一个单容有自平衡对象，该对象具有自平衡能力。

若设水箱水位 H 为该被控对象的被控量，假设水箱在 $t=t_0$ 时刻以前处于平衡状态，即水箱的流入量等于流出量，$q_i=q_o$；水箱水位等于恒定值，$H=H_0$。在 $t=t_0$ 时刻流入量突然增加，导致水箱水位升高，使得水箱底部所承受的压力增加，从而导致控制阀 2 前后差压增加，流出量 q_o 变大，流出量 q_o 的增加又影响水位上升的速度，使得水位增加的速度降低，是一个负反馈作用，这样，经过一段时间的自调整，水箱水位又重新达到某一稳定值。可见，水箱具有自平衡的能力。

2. 单容无自平衡能力控制对象

无自平衡能力的单容控制对象称为单容无自平衡能力控制对象，简称单容无自平衡对象。单容无自平衡对象在受到扰动后，其被控量不能依靠自身能力趋于某一稳定值，必须借助外加的控制作用才能恢复到稳定值，例如图 1-6 所示水箱就是一个无自平衡对象，该对象无自平衡能力。

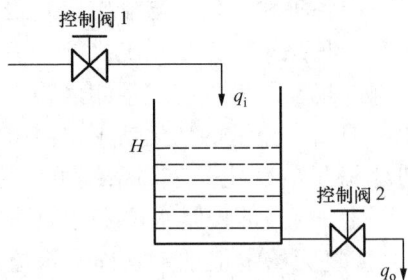

图 1-5　有自平衡能力控制对象举例　　　　　图 1-6　无自平衡能力控制对象举例

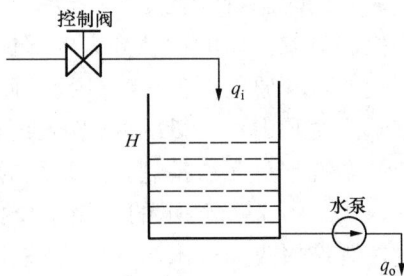

若设水箱水位 H 为该被控对象的被控量，假设水箱在 $t=t_0$ 时刻以前处于平衡状态，即水箱的流入量等于流出量，$q_i=q_o$；水箱水位等于恒定值，$H=H_0$。在 $t=t_0$ 时刻流入量突然增加，导致水箱水位升高，这时，水箱水位升高也使得水箱底部承受压力增加，但流出量由调速泵决定，不受水箱底部压力变化的影响，因而流出量仍为定值，不发生变化。如此，水箱水位将会持续上升，再也不可能稳定下来。可见，水箱水位不断升高，无法恢复到稳定值，对象无自平衡能力，是无自平衡对象。

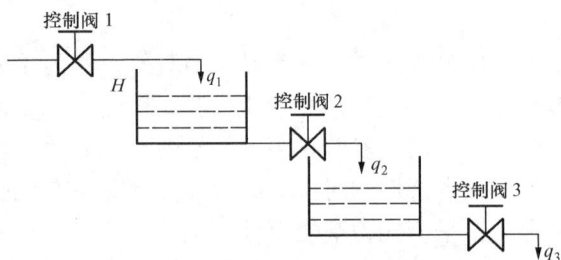

图 1-7　双容有自平衡控制对象

3. 多容有自平衡能力控制对象和多容无自平衡能力控制对象

多容控制对象相对来说比较复杂，控制对象包含两个或两个以上容积，图 1-7 所示控制对象为由水箱构成的双容有自平衡控制对象。

在热工现场中，被控对象通常是从有无自平衡能力和包含容积数目的多少两个方面同时进行考虑的，因而就有单容有自平衡控制对象、多容有自平衡控制对象、单容无自平衡控制对象和多容无自平衡控制对象四类。它们的传递函数以及单位阶跃响应曲线见表 1-2。

表 1-2　　　　　　　　　　　**被控对象的数学模型及动态特性**

对象类别＼内容	传　递　函　数	单位阶跃响应曲线
单容有自平衡能力被控对象	$W(s)=\dfrac{C(s)}{R(s)}=\dfrac{k}{Ts+1}$ 式中　k—单容被控对象的比例系数； 　　　T—单容被控对象的时间常数	
单容无自平衡能力被控对象	$W(s)=\dfrac{C(s)}{R(s)}=\dfrac{1}{T_a s}$ 式中　T_a—单容无自平衡对象的时间常数（积分时间）	

内容 对象类别	传 递 函 数	单位阶跃响应曲线
多容有自平衡 能力被控对象	$W(s)=\dfrac{C(s)}{R(s)}=\dfrac{k}{(Ts+1)^n}\approx\dfrac{k}{Ts+1}\mathrm{e}^{-\tau s}$ 其中　　　$n\approx 24\times\dfrac{0.12+\tau/T_\mathrm{c}}{2.93-\tau/T_\mathrm{c}}$ $T\approx\dfrac{\tau+0.5T_\mathrm{c}}{n-0.35}$ 式中　k—被控对象的比例系数； 　　　T—多容被控对象的惯性时间常数； 　　　n—多容被控对象的容积数目； 　　　τ—迟延时间	
多容无自平衡 能力被控对象	$W(s)=\dfrac{C(s)}{R(s)}=\dfrac{1}{T_\mathrm{a}s\,(Ts+1)^n}\approx\dfrac{1}{T_\mathrm{a}s}\mathrm{e}^{-\tau s}$ 其中　　　$T_\mathrm{a}=\dfrac{1}{0H}\tau$ $n=\dfrac{1}{2\pi}\left[\dfrac{0H}{c(\tau)}\right]^2-\dfrac{1}{6}$ 式中　T_a—积分时间； 　　　T—多容被控对象的惯性时间常数，$T=\dfrac{1}{n}\tau$； 　　　n—多容被控对象的惯性环节数目； 　　　τ—迟延时间	

由表 1-2 可知，热工对象具有以下特点：被控量的变化大多是不振荡的；被控量在干扰发生的开始阶段有迟延和惯性；在响应曲线的最后阶段，被控量可能达到一个新的平衡态（有自平衡能力的被控对象），也可能不断变化而无法进入平衡态（无自平衡能力的被控对象）。

（二）影响对象动态特性的特征参数

在热工生产过程中，描述对象动态特性的主要特征参数有容量系数、阻力和传递迟延。容量系数、阻力和传递迟延表征大多数对象所共有的结构性质。

1. 容量系数

大家都知道，电容器可以储存电荷，水箱可以储存水，也就是说，电容和水箱具有储存物质（能量）的能力，同样，热工生产过程中大多数对象也具有储存物质（能量）的能力。通常用容量系数来衡量对象储存物质（能量）的能力。下面通过一个具体的例子讲解容量系数的含义。

单容水箱如图 1-6 所示，设流入水箱的流量为 q_1，流出水箱的流量为 q_2。某一时刻 $q_1=q_2$，水箱的水位 H 稳定在某一值，此时有某种原因使得 $q_1\neq q_2$，水箱内储存的水量 G 就要发生变化，这种变化导致水箱的水位 H 发生变化。可以用数学关系式描述：

$$\mathrm{d}G=(q_1-q_2)\mathrm{d}t \tag{1-1}$$

$$q_1-q_2=C\frac{\mathrm{d}H}{\mathrm{d}t} \tag{1-2}$$

式中　C——比例系数。

由式（1-1）可求得 $q_1-q_2=\dfrac{\mathrm{d}G}{\mathrm{d}t}$，代入式（1-2）可得

$$C = \frac{\mathrm{d}G}{\mathrm{d}H} \qquad\qquad (1-3)$$

式（1-3）表明，比例系数 C 是水箱水位变化一个单位时需要水箱储存水量的变化量，称为水箱的容量系数。若水箱的截面积为 A，则水箱储存水量的变化量为 $\mathrm{d}G = A\mathrm{d}H$，可求得水箱的容量系数是 A，即 $C = A$。显然，水箱的截面积越大，在同样大小的不平衡流量作用下，水位变化的速度就越小，即抵抗扰动的能力就越强，容量系数描述了对象抵抗扰动的能力。

2. 阻力

在电路中，电流进行流动时会受到电阻的阻力，电阻表征了电路中阻力的大小，可以用下式计算电流流经电阻时所受到的阻力：

$$R = \frac{\mathrm{d}U}{\mathrm{d}I} \qquad\qquad (1-4)$$

流体在管路中流动会受到阀门等给予的阻力，就是说，物质（或能量）在传输过程中总是要遇到大或小的阻力，因此需给予推动物质（或能量）流动的压差（如电位差、水位差、温度差等）。那么对于图 1-6 所示的水箱来说，当流出侧控制阀 2 开度为定值时，流出量 $q_。$的大小就取决于水箱水位的高低，也就是说，水箱水位越高，水箱中的水对箱底产生的压力就越大，控制阀 2 前后的压差就越大，因而流量就越大。可以用下式描述控制阀 2 的阻力 R、水箱水位 H 和流量 q 之间的关系：

$$R = \frac{\mathrm{d}H}{\mathrm{d}q} \qquad\qquad (1-5)$$

3. 传递迟延

传递迟延是指被控量变化的时刻滞后于引起被控量发生变化的扰动发生的时刻，将这种时间上的滞后现象称为对象的传递迟延。传递迟延用迟延时间描述，迟延时间越长，说明对象的传递迟延越严重。例如汽包水位控制系统中，给水控制阀开度发生变化使得给水量变化到对汽包水位产生影响就存在传递迟延，迟延时间的长短与给水管道的特性有关。图 1-8 所示水箱系统中，流入侧管道有一定的长度，即从控制阀（图中 A 点）到水管出口（图中 B 点）存在一定的管长

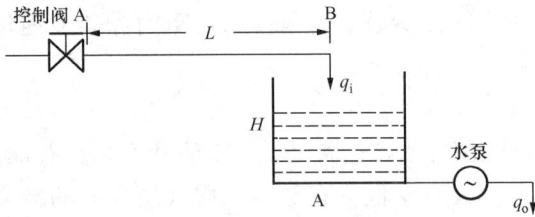

图 1-8 传递迟延举例

L，这就使得在控制阀动作的同时，流入水箱的流量 q_i 并不能同时发生变化，而是要在时间上滞后一段时间 τ 后才能发生变化，滞后时间 $\tau = L/v$（v 为水的平均流速）。

传递迟延的存在使得对象惯性增大，从而对控制系统的控制性能产生不利的影响。在控制系统的设计时要充分考虑到这一点。

二、热工对象传递函数的近似求取

获取热工对象的数学模型是进行控制系统设计的先决条件，只有得到被控对象的数学模型，才能分析对象的动态特性，进而设计出合理的控制系统。通常将获取对象数学模型的过程称为建模。常用的建模方法有两种，即理论建模法和实验建模法。理论建模主要是通过对象机理的分析，并在一定的假设条件下求出其动态方程，然后进行线性化处理。该方法比较

复杂，一般只用于描述新研制对象的动态特性。对于热工被控对象，较多采用实验的方法测定其动态特性，然后根据其动态特性求取其数学模型，这也是工程中常用的行之有效的方法。

目前应用较多的是阶跃响应曲线法，求取对象阶跃响应曲线的实验框图如图 1-9 所示，即当对象处于稳定状态时，在对象的输入端人为地加入阶跃扰动输入信号，同时观察被控量的响应特性曲线，然后由该曲线求出被控对象的传递函数。

在利用阶跃响应曲线法求对象传递函数时，必须清楚对象内部存在两路基本通道，一路是控制作用和控制量之间的信息通道，称为控制通道，其传递函数用 $W_{ob}(s)$ 表示；另一路是扰动和被控量之间的信息通道，称为扰动通道，其传递函数用 $W_n(s)$ 表示。若对象存在多个扰动，那么将存在多个扰动通道（见图 1-10）。显然，被控对象可以看作是一个多输入、单输出的复杂系统，当选择不同的输入信号时，被控对象的传递函数表达式是不同的，这就要求在进行试验前，必须确定求取的是哪一个信号输入作用下的阶跃响应曲线。

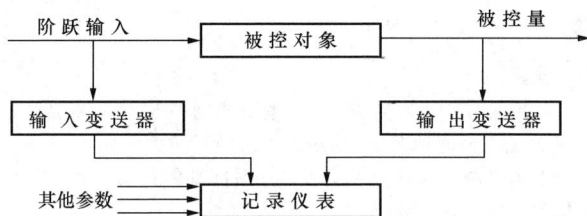

图 1-9　求取对象阶跃响应曲线实验框图

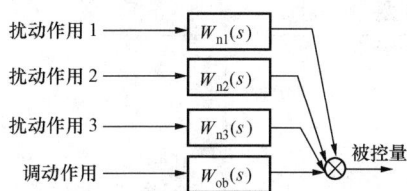

图 1-10　多扰动作用的对象

由阶跃响应曲线求取对象的近似传递函数有切线法、两点法、半对数法等多种方法，每种方法都具有各自的特点，应根据实际情况使用。限于篇幅，在这里简单介绍切线法求对象的近似传递函数，具体求法见表 1-3～表 1-5。

表 1-3　　　　　　　用切线法求有自平衡能力对象的传递函数

内容　　被控对象	单容有自平衡能力对象	多容有自平衡能力对象
阶跃响应曲线（阶跃输入的幅度为 $\Delta\mu$）		
传递函数一般表达式	$W(s)=\dfrac{k}{Ts+1}$	$W(s)=\dfrac{k}{(Ts+1)^n}\approx\dfrac{k}{Ts+1}e^{-\tau s}$
切线法	步骤： 1. 作稳态值的渐近线 c_0，则 $k=\dfrac{c_0}{\Delta\mu}$； 2. 作响应曲线起始点的切线交 c_0 于点 M，则线段 $0M$ 在时间轴上的投影就为时间常数 T	步骤： 1. 作稳态值的渐近线 c_0，则 $k=\dfrac{c_0}{\Delta\mu}$； 2. 作响应曲线拐点 P 的切线分别交 c_0 线和时间轴于点 M 和 N。则 $0N=\tau$（迟延时间），$NH=T_c$（时间常数）

根据表 1-3 得到的 τ 和 T_c 值，由 τ/T_c 的比值可从表 1-4 中查出与其对应的值 n 及 τ/T、T_c/T 值。

表 1 - 4　　　　$\dfrac{k}{(1+Ts)^n}$ 中 T、n 及其阶跃相应曲线上的 τ、T_c 关系

n	1	2	3	4	5	6	7	8	9	10
τ/T_c	0	0.104	0.218	0.319	0.410	0.493	0.570	0.642	0.710	0.773
τ/T	0	0.282	0.805	1.430	2.100	2.810	3.560	4.310	5.080	5.860
T_c/T	1	2.718	3.695	4.480	5.120	5.700	6.250	6.710	7.160	7.580

表 1 - 5　　　　　　　　**用切线法求无自平衡能力对象的传递函数**

内容＼被控对象	单容无自平衡能力对象	多容无自平衡能力对象
阶跃响应曲线（阶跃输入的幅度为 $\Delta\mu$）		
传递函数一般表达式	$W(s)=\dfrac{1}{T_a s}$	$W(s)=\dfrac{1}{T_a s\,(Ts+1)^n}\approx\dfrac{1}{T_a s}e^{-\tau s}$
切线法	在响应曲线上取点 N，过点 N 作时间轴的垂线交于点 M，使得 $MN=\Delta\mu$，则 $0M=T_a$	步骤： 1. 作曲线直线段的渐近线，交时间轴于点 M，则 $0M=\tau$，过 M 点作时间轴垂线交曲线于 A 点； 2. 在曲线上取点 P，过点 P 作时间轴的垂线，交于点 N，使得 $PN=\Delta\mu$，则 $MN=T_a$； 3. 延长 PM 交纵坐标于点 H，则可得 $T_a=\dfrac{\Delta\mu\tau}{0H}$； 4. 由 $n=\dfrac{1}{2\pi}\left(\dfrac{MA}{0H}\right)^2-\dfrac{1}{6}$ 可得 n； 5. 由 $T=\dfrac{\tau}{n}$ 得 T

第三节　控制器的动作规律及其对过渡过程的影响

控制器是控制设备的核心部件，它是按照一定的控制规律来工作的。控制规律是指控制器的输出信号与其输入信号之间所遵循的动态关系。常用的控制规律主要有比例控制规律（P 控制规律）、积分控制规律（I 控制规律）和微分控制规律（D 控制规律）三种。

一、比例控制规律的数学模型及其对过渡过程的影响

比例控制规律是最基本的一种控制规律。所谓比例控制规律，指控制器输出的控制信号 $\mu(t)$ 与其偏差输入信号 $e(t)$ 之间成比例关系，即

$$\mu(t)=K_P e(t)=\frac{1}{\delta}e(t) \qquad (1\text{-}6)$$

式中　K_P——比例增益；

　　　δ——比例带。

由此可以得到比例控制器的传递函数：

$$W_P(s)=\frac{U(s)}{E(s)}=K_P=\frac{1}{\delta} \qquad (1\text{-}7)$$

基本控制规律见表 1-6。

表 1-6　基本控制规律

内容 控制规律		传递函数	主要参数及其对 控制作用的影响	阶跃响应曲线 （偏差信号阶跃变化量为 Δe）
P		$W_P(s)=K_P=\dfrac{1}{\delta}$	比例作用与比例系数呈正比关系，与比例带成反比关系	
I		$W_I(s)=\dfrac{1}{T_I s}$	积分作用与积分时间成反比关系	
D	理想	$W_D(s)=T_d s$	微分作用与微分时间成正比关系	
	实际	$W_D(s)=\dfrac{K_D}{1+T_D s}\cdot T_D s$	微分作用与微分时间成正比关系	

从式（1-6）看出，输出 $\mu(t)$ 与输入 $e(t)$ 的大小成正比。或者说，控制阀阀芯的移动速度与偏差信号的变化速度成正比，这说明比例控制规律无惯性、无迟延，即控制及时、迅速，而且控制动作的方向正确，因此，比例控制规律在控制系统中是促使控制过程稳定的因素。

从式（1-6）还可看出，输出 $\mu(t)$ 与输入 $e(t)$ 之间有一一对应的关系。控制阀阀芯的位置 μ 必须随对象负荷的改变而改变，这样才能适应负荷变化的要求。因此，当对象负荷变化时，控制阀阀芯的位置必须改变，即被控量与给定值之间的偏差必然发生改变。所以，控制结果是被控量有稳定（静态）偏差，有时称比例控制规律为有差控制。

二、积分控制规律及其对控制过程的影响

比例控制规律的特点是控制及时、控制作用贯穿了整个控制过程，是一种基本的控制规律。但是比例控制是有差控制，在控制过程结束后不能保证系统的静态偏差为零，因而对于一些性能指标要求较高的控制系统，仅仅采用比例控制规律就无法满足要求，所以引入一种无差控制规律——积分控制规律。

积分控制规律是指控制器输出的控制作用 $\mu(t)$ 与输入偏差信号 $e(t)$ 对时间的积分成正比关系，即

$$\mu(t)=\frac{1}{T_I}\int_{-\infty}^{t}e(t)\mathrm{d}t \tag{1-8}$$

式中 T_I——积分时间。

其传递函数为

$$W_I(s)=\frac{U(s)}{E(s)}=\frac{1}{T_I s} \tag{1-9}$$

由积分控制器的阶跃响应曲线（见表1-5）可以看出，当控制器的偏差输入信号发生阶跃变化时，积分控制器输出的控制作用并不立即变化，而是由零开始线性增长。从这个角度来看，积分控制作用不及时；由响应曲线还可以看出，只要偏差输入信号不为零，积分控制器输出的控制信号就一直在不停地变化，只有当输入的偏差信号为零时，积分作用才停止，积分控制器输出的控制信号才能稳定下来，为一常数值。这表明控制过程结束，被控量的偏差必然为零，因而积分控制作用是无差控制，这是积分控制规律的最大优点。

三、微分控制规律及其对控制过程的影响

比例控制作用和积分控制作用有一个共同的特点，那就是控制器的初始控制作用取决于被控量偏差的大小。若对象存在大惯性和大迟延，则要获得满意的控制效果就比较困难，所以可引入一种超前控制规律——微分控制规律。

微分控制规律是指控制器输出的控制信号与输入偏差信号对时间的变化率成正比关系，即

$$\mu(t)=T_D\frac{\mathrm{d}e(t)}{\mathrm{d}t} \tag{1-10}$$

式中 T_D——微分控制器的微分时间。

其传递函数为

$$W_D(s)=\frac{U(s)}{E(s)}=T_D s \tag{1-11}$$

可见，微分控制作用是根据偏差信号对时间的变化率进行控制的，而偏差信号的变化率在时间上肯定要超前于偏差信号（相位超前90°），因而偏差变化率信号又称为超前信号。显然，对于惯性和迟延较大的对象，在控制器中引入微分控制作用实现超前控制，将会使动态过程中的动态偏差减小，从而改善了系统的控制品质。

由以上分析可以知道，微分控制作用的大小只取决于偏差信号的变化速度，而与偏差信号的大小没有关系。因而当偏差信号及其变化速度非常缓慢时，由于微分控制器自身存在不灵敏区，其输出始终不发生变化，经过一段时间后，偏差将累积成一个较大的值，给控制过程带来不利的影响。这就表明，微分控制作用不能单独使用，要与比例作用或比例积分作用相结合，构成比例微分或比例微分积分控制规律。

需要说明的是，式（1-11）所表示的微分控制规律是没有办法实现的，这是因为任何一个物理元件都不可能在输入信号为阶跃信号时，在瞬间输出为无穷大。因而将式（1-11）所示的微分控制规律称为理想微分控制规律。在实际应用中，微分控制规律具有惯性，其传递函数如下：

$$W_D(s)=\frac{K_D}{1+T_D s}\cdot T_D s \tag{1-12}$$

式中 K_D——微分增益。

可见，实际的微分控制规律是在理想的微分控制规律的基础上串联一个惯性环节构成

的，其阶跃响应见表 1-6。

由实际微分控制规律的阶跃响应曲线可以看出，当微分控制器的偏差输入信号发生幅度为 Δe 的阶跃变化时，微分作用将立即产生，其输出信号的瞬时幅度为偏差 Δe 的 K_D 倍，从这一点上与比例作用相比，控制及时且作用强。随着时间的持续，微分作用逐渐减小，当系统达到稳态时，微分作用为零，微分作用消失。可见，微分作用主要体现在控制过程的初期，与积分作用正好相反。

综上所述，比例控制作用是最基本的控制作用，而积分和微分是辅助控制作用。比例控制作用贯穿于整个控制过程之中，控制快速、及时；微分控制作用主要体现在控制过程的初期，用于克服对象的惯性和迟延，具有超前控制的作用；积分控制作用则体现在控制过程的后期，用以消除静态偏差。在实际的应用中，应根据具体的情况选择控制规律，同时应对控制器的参数（比例带、积分时间和微分时间）进行合理的设计（系统整定），以取得满意的控制效果。

第四节　执　行　器

在人工控制系统中，大脑发出的指令信号是通过手去执行的，那么，在自动控制系统中，执行器扮演着手的角色，接受控制器输出的控制信号，对控制机构进行操纵（改变阀门或者挡板的开度），从而实现对被控量的控制。显然，执行器是组成自动控制系统的一个重要元件，它的特性对系统的控制质量会产生一定的影响。下面就对电厂中常用到的执行器进行一般性的介绍。

执行器的种类比较多。根据执行器的动力能源不同，通常可分为电动执行器、气动执行器和液动执行器三大类（三种执行器的主要特点见表 1-7）；根据执行器输出位移量的不同，又可分为角位移执行器和线位移执行器两种。

表 1-7　　　　　　　　　　　　　三种执行器的特点比较

类型　　　　项目	电动执行器	气动执行器	液动执行器
构　　造	复杂	简单	简单
体　　积	小	中	大
配管配线	简单	较复杂	复杂
推　　力	小	中	大
动作滞后	小	大	小
维护检修	复杂	简单	简单
使用场合	隔爆型适于防火防爆	可用于防火防爆	不适用于防火防爆
价　　格	高	低	高
频率影响	宽	窄	窄
温度影响	较大	较小	较大

目前，在电厂热工控制系统中，应用最多的是电动执行器，例如电厂主汽温度控制系统、燃烧控制系统等多数控制系统中都应用电动执行器；其次是气动执行器；应用最少的是液动执行器。液动执行器推力较大，主要用于汽轮机调速系统中。

一、电动执行器

电动执行器以电能为动力，它接受控制器、变送器或手动操作器输出的 $0\sim10\text{mA DC}$

或 4～20mA DC 统一标准的电流信号，并转换成与之相对应的角位移或线位移输出。电动执行器按其输出位移量形式的不同，可分为角行程电动执行器（DKJ）和直行程电动执行器（DKZ）。角行程电动执行器与直行程电动执行器的电气原理基本相同，其区别主要在减速器的机械部分。下面主要介绍应用较多的角行程电动执行器的结构和工作原理。

角行程电动执行器由伺服放大器和执行机构两部分构成，其构成原理方框图如图 1-11 所示。

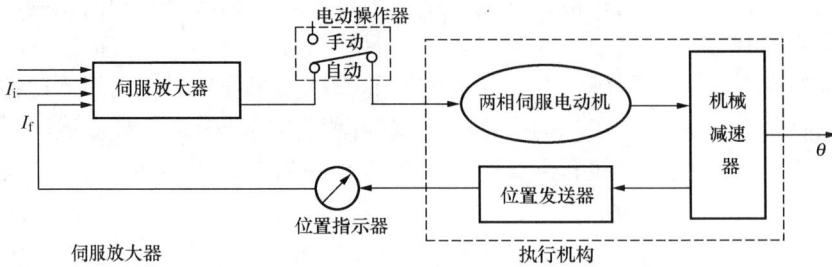

图 1-11　电动执行器构成原理方框图

伺服放大器将输入信号 I_i 和来自执行机构位置发送器的反馈信号 I_f 进行比较，并将两者的偏差进行放大，以驱使两相伺服电动机转动，再经减速器减速，带动输出轴改变转角。输出轴转角的变化经位置发送器按比例地转换成相应的位置反馈电流 I_f 送到伺服放大器的输入端。当伺服放大器输入端的偏差 $\Delta I = I_i - I_f = 0$ 时，两相电动机停止转动，输出轴稳定在与输入信号相对应的位置上。由于角行程电动执行器是通过使 I_i 与 I_f 在数值上保持一致来达到输出轴转角跟随输入电流 I_i 变化的目的，因而电动执行器可以看作是一个由伺服放大器和执行机构两个独立部分组成的闭合随动系统。

电动执行器输出轴转角 θ 与输入电流 I_i 之间的关系为

$$\theta = KI_i$$

式中　　K——比例系数，$K = 9°/mA$。

可见，电动执行器的输出轴转角与输入信号成正比，因而整个电动执行器可以近似地看作一个比例环节。

电动操作器具有手动/自动切换功能和在手动位置时的远方操作功能。此外，为了能够在断电时对控制机构进行手动操作，电动执行器上还装有手摇手柄。

二、气动执行器

气动执行器以压缩空气为动力能源，气源应为干燥空气，不含明显的油、其他液体以及腐蚀性气体。气动执行器的基本功能就是接受 0～10mA DC 或 4～20mA DC 的电信号或者 0.2～1kgf/cm² （1kgf/cm²＝98.1kPa）的气压信号，输出信号是与输入信号成比例的直线位移信号（如果将直线位移输出通过曲柄等杠杆机构传动，则可获得 0°～90°的角位移输出），以一定的转矩带动控制机构（阀门、挡板）动作。气动执行器主要有薄膜式和活塞式两种。

常见的气动薄膜式执行器结构有正作用和反作用两种（见图 1-12）。对正作用的执行器，当输入气压 p 增大时，输出杆向下移动；对反作用的执行器，当输入气压 p 增大时，输出杆向上移动。正反作用的执行器结构基本相同。当输入气压 p 增加时，作用在膜片上的推力增加，推杆在推力的作用下移动，同时弹簧被压缩，产生一定的反作用力，直到弹簧上产生的反作用力与膜片上的推力相平衡时为止。显然，输入信号越大，推力越大，执行器输出杆产生的位移就越大。

气动薄膜式执行器输出轴位移 x 与输入气压 p 之间的关系为

$$x = Kp$$

可见，气动执行器的输出轴位移与输入信号成正比，因而整个气动执行器可以近似地看作一个比例环节。

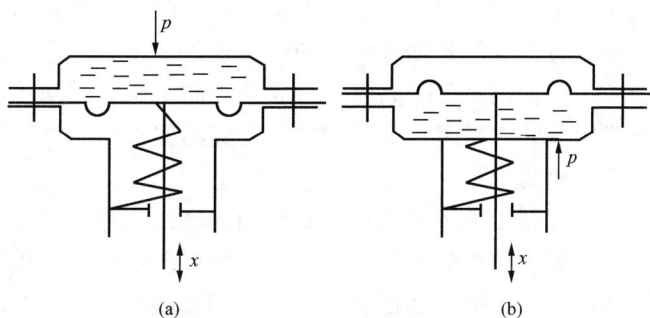

图 1 - 12　气动薄膜式执行器
(a) 正作用；(b) 反作用

气动薄膜式执行器由于信号气压的限制，输出推力较小。

气动活塞式执行器由气缸和活塞组成。由于气缸允许操作压力较大，且没有弹簧抵消推力，因而具有较大的推力。主要应用于高静压、高压差以及需要较大推力的场合。从整体来看，气动活塞式执行器也属于比例环节。

气动执行器与电动执行器相比较，有以下优点：

（1）启动时输出转矩大，动作平稳、可靠；

（2）动作速度快，惯性小，而且动作速度与控制器输出的电信号成比例，因而气动执行器可以较精确地实现比例、微分作用；

（3）能做到全开全关而不损坏阀门，这是由于用压缩空气作驱动能源的缘故；

（4）结构简单，维护方便，对安装环境要求较低。

第五节　测量变送器和控制机构特性及其对控制品质的影响

一、测量变送器

测量变送器是自动控制系统的"眼睛"，承担着现场参数的测量和信号变送功能，是构成控制系统的重要的组成部分。测量变送器由两部分构成——测量元件和变送器，测量元件完成对现场物理量的测量（例如温度、压力、流量等），变送器则是将测量得到的信号转换成标准的电信号以便进行显示和传送（例如压力变送器就是将压力信号转变成标准的 4～20mA 的直流电流信号）。

通常，在进行系统分析时，将测量变送器近似地看作一比例环节。但严格地讲，现场中应用到的测量变送器都具有一定的时间常数，实际上是一个惯性环节。它的时间常数越大，控制系统的惯性就越大，对控制品质的影响就越大，为了减小变送器的惯性，可采用以下措施进行改善：

（1）尽量采用反应灵敏的测量元件，减小惯性时间，例如测量锅炉尾部烟道烟气中氧气含量的氧化锆氧量计就要比磁性氧量计响应快得多。

（2）正确选择变送器的安装位置，使得传递迟延减小，例如测量流量、水位时用到的差压变送器，需要压力导管将压力信号送到变送器，如变送器的安装位置距离测点过远，连接管道过长，将导致信号的传递迟延增加，从而使得系统的惯性增大。

在热工控制系统中，还要根据实际情况，对测量信号进行有关的处理。例如有的现场测量信号具有较强的脉动成分（如炉膛负压信号），就需要对其进行滤波处理，将脉动的高频成分滤掉，否则脉动的高频信号会使控制机构频繁动作，甚至造成系统振荡。为此，要在测量管路中加装机械阻尼装置，或在变送器输出的电气线路上加装电气阻尼器。

二、控制机构

任何控制任务都是通过控制机构改变控制量完成的，控制机构是在执行器（或手操器）的操纵下进行动作的。控制机构是控制系统中的一个重要的组成环节，它的性能对于能否圆满地完成控制任务影响很大。控制机构性能不好是目前国内许多控制系统未能正常投入使用的主要原因之一。

热工控制系统中经常使用的控制机构有控制阀、烟气和空气挡板、各种结构的给粉机和给煤机。其中使用最多的是控制阀。下面主要讨论控制阀门的特性及其对控制质量的影响。

（一）控制阀的流量特性

控制阀的流量特性是指被调介质流过控制阀的相对流量 q_r 与阀门的相对开度 μ 之间的关系，又称为控制阀的静态特性，即

$$q_r = f(\mu)$$

$$q_r = \frac{q}{q_{max}}$$

$$\mu = \frac{l}{l_{max}}$$

式中　q_r——相对流量；

μ——相对开度；

q——控制阀在某一开度下的流量；

q_{max}——全开度下的流量；

l——控制阀在某一开度下的行程；

l_{max}——全开时的行程 l_{max} 之比。

通常，控制阀的流量特性主要由控制阀的结构，特别是由阀芯的几何形状及其构造决定的。改变控制阀的阀芯与阀座之间的流通面积可控制流量。但是，在流通面积变化的同时，阀门前后压差也会发生变化，因而，控制阀的流量特性有理想流量特性和工作流量特性之分。

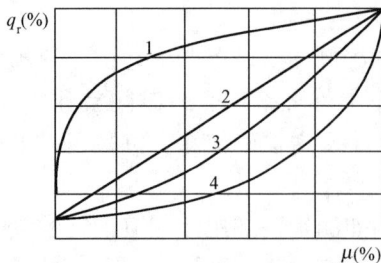

图 1-13　控制阀的流量特性
1—快开；2—线性；3—抛物线；4—对数

1. 控制阀的理想流量特性

控制阀前后压差固定不变时的流量特性称为理想流量特性，理想流量特性由阀芯形状（流通面积的变化规律）决定。典型的理想流量特性有线性、对数（等百分比）、抛物线和快开四种特性，如图 1-13 所示。制造厂提供的流量特性是理想流量特性。

2. 控制阀的工作流量特性

控制阀前后压差发生变化时的流量特性称为工作流量特性。控制阀的工作流量特性与控制阀的工作条件有关，通常控制阀串联或并联于管道路中，下面分别讨论控制阀在串联、并联管道中的工作流

量特性。

（1）控制阀在串联管路中的工作特性。为便于分析，需引入一个物理量 S，S 称为控制阀门的压降比，是指阀门全开时其两端的压降与整个管路系统（包括阀门）的总压降之比，用数学式表示为

$$S = \frac{\Delta p_{\text{阀全开}}}{\Delta p_{\text{总}}}$$

式中　$\Delta p_{\text{阀全开}}$——阀门全开时其两端的压降；

　　　$\Delta p_{\text{总}}$——管路系统的总压降。

图 1-14 表示了阀门压降比对阀门工作流量特性的影响，显然，压降比 $S=1$ 时，工作流量特性为理想流量特性；压降比越小，工作流量特性出现畸变的程度就越严重。

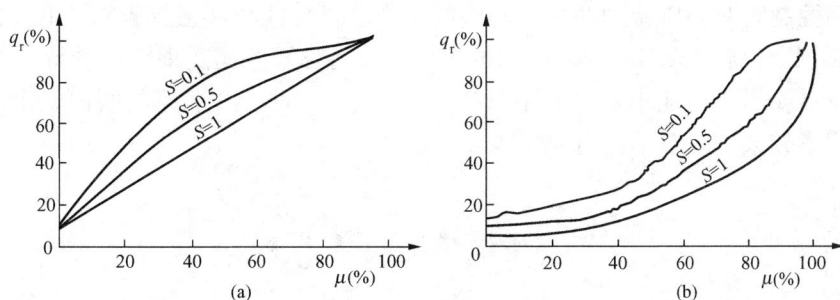

图 1-14　控制阀的工作流量特性

(a) 线性流量特性阀门；(b) 等百分比流量特性阀门

（2）控制阀在并联管路中的工作特性。在并联管路中的控制阀的连接系统如图 1-15 所示。在并联管道中均设有旁路阀，管路中的总流量 $q_{\text{总}}$ 为流经旁路阀的流量 $q_{\text{旁}}$ 与流经控制阀的流量 $q_{\text{阀}}$ 之和。引入参数 X 表示旁路的程度，即

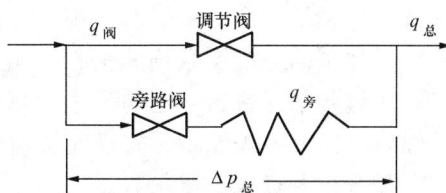

图 1-15　并联管路系统中的控制阀

$$X = \frac{q_{100}}{q_{\text{总}}}$$

式中　q_{100}——控制阀全开时的流量。

X 值的大小影响控制阀的工作流量特性，当 X 减小时，相当于阀门的漏流量增加，使得控制阀的可调范围下降，特性曲线的斜率变小，甚至使阀门失去控制作用，如图 1-16 所示。此图是假设旁路阀流量一定时得到的。

由以上分析可以得知，无论是在串联还是并联管路中，控制阀的工作流量特性均由具体的工作条件决定的。因而，要想改变实际工作条件下的控制阀的工作流量特性比较困难，只能在控制回路中采取补偿措施来弥补工作流量特性的畸变。

（二）选用和设计控制阀时应注意的几个问题

（1）控制阀的时间常数很小，可近似认为是比例环节，其特性参数是静态放大系数。

（2）控制阀的选用与系统中其他环节动态特性是否随负荷变化有关。若系统中其他环节的特性不随负荷变化，则从保证控制质量的角度出发，要求控制阀的特性（放大系数）也不随负荷变化，即应采用线性阀门；若系统中有的环节（如对象）的动态特性随负荷变化，则

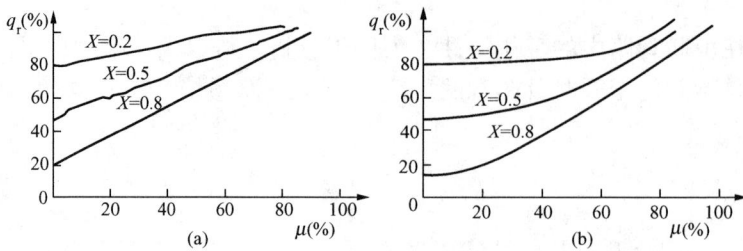

图 1-16　并联管路中控制阀的工作流量特性

(a) 线性流量特性阀门；(b) 百分比流量特性阀门

应根据其动态特性变化情况，选择合适的控制阀，以补偿系统中其他环节动态特性的变化。

（3）选用控制阀时，应特别注意控制阀的工作流量特性和理想流量特性的差别，压降比 $S \geqslant 0.3 \sim 0.5$，以保证所选用的控制阀门的工作流量特性不致偏离理想流量特性太远。

（4）漏流量要尽可能地小，一般不低于 $0.1\% q_{\max}$。对于给水控制阀门，由于它的工作静压高，漏流量较大，一般不超过 $0.15\% q_{\max}$。

本章小结

本章主要阐述了自动控制系统的基本知识，介绍了控制系统的组成，并对构成控制系统的主要组成元件进行了详细的分析，为后续章节的学习奠定了基础。

（1）自动控制系统主要由控制器、执行器、控制机构、测量变送器和被控对象构成，各组成部分在系统中有着不同的作用，它们共同配合，完成一定的控制任务。

（2）控制器是控制系统的核心，输入信号是现场被控参数的测量信号与其给定值的偏差信号，对偏差信号进行一定的数学运算后输出控制信号给执行器，通过执行器对控制机构进行操纵，从而改变控制量，实现对被控量的控制。常用到的控制规律主要有三种：比例控制规律、积分控制规律和微分控制规律。比例控制作用迅速、及时；微分控制作用具有超前性，可以改善系统的动态性能；积分控制为无差控制，可以消除系统的稳态误差。

（3）执行器是控制系统的执行机构，它执行控制器输出的控制指令，对控制机构进行操纵，改变控制量的大小，对被控量进行控制。常用的有电动执行器、气动执行器和液动执行器三类，这三类执行器各自具有不同的特点，其中角行程电动执行器在热工现场得到了广泛的应用。

（4）测量变送器是承担着现场参数的测量和信号变送功能，由测量元件和变送器构成。测量元件完成对现场物理量的测量，变送器则是将测量得到的信号转换成标准的电信号以便进行显示和传送。测量变送器的性能决定了信号的测量精确性，直接影响控制系统的准确性。

（5）控制机构是控制系统中的一个重要的组成环节，它是在执行器（或手操器）的操纵下进行动作的，控制机构的性能直接影响到控制任务是否能够圆满完成。热工控制系统中经常使用的控制机构有控制阀门、烟气和空气挡板、各种结构的给粉机和给煤机。其中，控制阀门的应用最为广泛。

（6）被控对象是指现场中被控制的热工生产过程或设备。常见的主要有四类：单容有自

平衡对象、单容无自平衡对象、多容有自平衡对象以及多容无自平衡对象。对象的动态特性
会给控制系统的控制品质产生很大的影响，但对象的动态特性通常是无法改变的。现场中主
要通过求取对象的阶跃响应曲线获得它的动态特性。

思考题及习题

1-1 什么是人工控制系统？什么是自动控制系统？自动控制系统和人工控制系统有什
么区别？

1-2 一个自动控制系统常由哪几部分构成？各组成部分在系统中承担着什么作用？

1-3 解释下列专业名词
被控量 控制量 被控对象 被控量的给定值 控制阀的工作流量特性

1-4 现场中的被控对象有哪几类？试写出每一类的典型传递函数表达式。

1-5 火力发电厂中常用的控制机构有哪些？试举例说明这些控制机构在现场的作用。

1-6 火电厂中常见的测量变送器有哪些？试举例说明这些测量变送器的作用。

1-7 为什么积分控制作用可以消除系统的稳态误差，实现无差控制，而比例和微分控
制作用却无法消除稳态误差？试分析。

1-8 从网络上搜集五个自动控制系统，指出每一个系统中的被控量、控制量、被控对
象、给定值、扰动、控制机构、控制器、执行器、测量变送器。

第二章

单回路控制系统

单回路控制系统又称为简单控制系统，虽然简单，但应用较广，它是其他复杂控制系统设计和参数整定的基础。因而，首先从单回路控制系统的结构入手，掌握单回路控制系统的分析和整定方法，为后续内容的学习奠定基础。

本章结合实例，由浅入深，首先介绍单回路控制系统的基本构成，在此基础上，分析单回路控制系统的工作原理，最后给出了单回路控制系统的整定方法。

第一节　单回路控制系统的结构

通过前面的学习，我们大体上了解到手动控制和自动控制的基本概念，对控制系统有了初步的认识。那么，对于能够完成一定控制任务的控制系统，究竟是由哪些元件、通过什么样的连接方式构成的呢？带着这个问题，现在就从最基本的控制系统——单回路控制系统入手。

一、单回路控制系统的基本概念

1. 基本概念

单回路控制系统是指控制系统中只对被控参数进行测量并反馈到控制器的输入端，从而只构成一个反馈回路的控制系统，称为单回路控制系统。

2. 概念的理解

（1）单回路控制系统只对被控参数进行测量与反馈：在单回路控制系统中，只对被控参数进行测量，并将测量信号反馈到控制器的输入端，而对系统中其他的信号（例如影响被控参数发生变化的各种扰动信号）没有进行测量和直接处理，这是理解单回路控制系统概念的最为关键的地方。

（2）单回路控制系统只含有一个反馈回路：单回路控制系统包含并且只包含一个闭合反馈回路，这是单回路控制系统与多回路控制系统的区别之处。单回路控制系统的名字就由此而来。

（3）单回路控制系统只含有一个控制器：单回路控制系统包含并且只包含一个控制器，接收被控参数的测量反馈信号与定值信号，从而完成控制任务。

（4）单回路控制系统只含有一个被控对象并且被控参数只有一个。

二、单回路控制系统的构成分析

根据单回路控制系统的概念，可以知道一个单回路控制系统主要由测量变送器、控制器（调节器）、执行器、控制机构和被控对

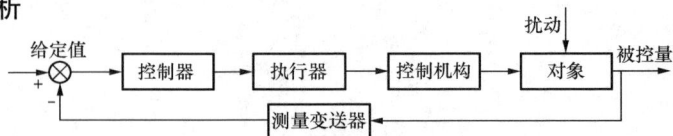

图 2-1　单回路控制系统组成原理方框图

象组成。单回路控制系统的组成原理方框图如图 2-1 所示。

（1）测量变送器。测量变送器的性能直接决定测量信号的准确性，进而对控制系统的控制品质产生非常大的影响。

（2）控制器。控制器是构成单回路控制系统的核心元件，是控制系统的"神经中枢"。承担着对测量信号逻辑思维运算的功能。

（3）执行器。执行器的输出控制指令信号，对控制机构进行操作（例如汽包水位控制系统中用来控制给水流量的给水控制阀门）。

（4）控制机构。电厂中用到的控制机构主要有控制阀门和控制挡板，它们通过机械的连接手段（例如铰链、连杆等）与执行器连接。在执行器的操纵下改变自身的开度以改变控制量的大小，从而实现对被控量的控制。

（5）被控对象。被控对象是设计控制系统进行控制的对象，可以是电厂中的某一个具体设备（例如汽包、过热器等），也可以是某一热力生产过程（例如燃烧过程）。被控对象的动态特性对控制系统的控制质量会产生非常大的影响（对象的动态特性及其对控制过程的影响在第一章已经分析过了），但是，对象的动态特性在一般情况下不能人为地加以改变，只能通过选择合适的控制规律及优化控制器参数来改善控制系统的品质。

通过以上讲解，我们对单回路控制系统的结构有了一定的认识。为了更加深入地掌握单回路控制系统的构成，下面结合火电厂中的锅炉汽包水位控制系统——单回路汽包水位控制系统为例进行分析。

三、实例分析——单回路汽包水位控制系统结构分析

火电厂中锅炉汽包水位控制系统的主要任务就是保证汽包水位稳定在一定的数值，即 $H = H_0$，或在允许的范围内变化，锅炉汽包水位控制示意图和原理方框图可见图 2-2 和图 2-3。

由图可知，该控制系统是一个单回路控制系统。被控量为汽包水位 H，水位测量仪表对水位测量并经差压变送器转换后送到控制器的输入端并与汽包水位的给定值进行比较；控制器的输出指令信号送给执行器——控制电动机，控制电动机操纵给水控制阀门，改变其开度大小，控制进入汽包的给水量，进而对汽包水位进行控制。

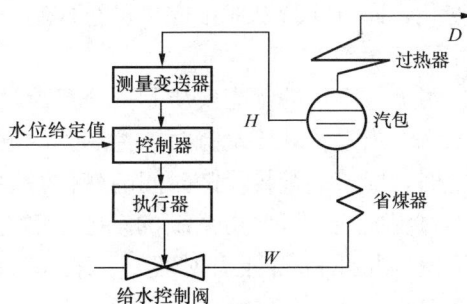

图 2-2 锅炉汽包水位自动控制示意

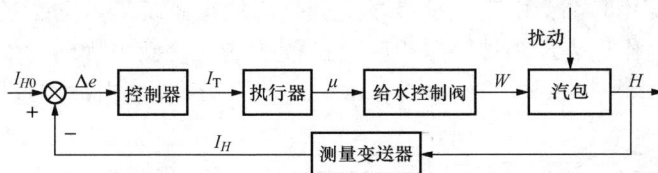

图 2-3 锅炉汽包水位自动控制原理方框图

很显然，在该控制系统中，组成系统的元件如下：执行器——控制电动机；控制机构——给水控制阀门；测量变送器——水位测量仪表及差压变送器；被控对象——汽包、给水管道、省煤器、下降管、水冷壁等；控制器——常规控制器。

第二节 单回路控制系统工作原理分析

一个单回路控制系统是如何进行工作，从而完成预定的控制任务的呢？下面围绕这个问题进行讨论。

一、自动控制系统的基本作用

一个完整的控制系统主要有两种工作状态，即稳态和动态。因而，自动控制系统的作用也主要表现在两个方面：系统处于稳态时的保持作用和系统处于动态时的控制作用。

1. 稳态

稳态也称为平衡状态，指控制系统的被控量稳定在某一确定的数值或在一定的范围内波动。当系统处于稳态时，具有以下特点：

（1）控制器的输出为常数，不随时间发生变化；

（2）控制机构（控制阀门或挡板）保持一定的开度不发生变化；

（3）被控量稳定在某一确定的数值。

当系统处于平衡状态时，控制系统的主要作用是保持被控量稳定在某一确定的数值上。当系统处于稳态时，最关心的是系统的稳态误差 e_{ss}，e_{ss} 常用来描述系统的稳态性能。

2. 动态

系统在 t_0 前处于平衡状态，假设在 t_0 时刻扰动作用于系统，则系统原来的平衡状态就被破坏，被控量在扰动的作用下就会偏离原先的稳态值而随时间发生变化，系统进入动态，这时被控量的变化导致控制器输入端的偏差信号随之发生变化，控制器输出的控制信号也发生变化，通过执行器对被控量进行控制，直到被控量重新达到一个稳定的数值，系统进入另一个平衡状态。

可见，系统的动态实质是一个过渡过程，是系统从一个平衡状态到另一个平衡状态的过渡状态。当系统处于动态时，控制器的输出、系统的被控量都随时间发生变化，通常在分析系统时，要绘制被控量随时间的变化特性曲线，称该特性曲线为系统的控制特性曲线或动态过渡过程曲线。可以由系统的动态过渡过程曲线求得描述系统控制品质的一系列性能指标（例如控制时间 t_s、上升时间 t_r、最大超调量 $\delta_p\%$、衰减率 ψ 等），从而对系统的动态性能进行分析。

需要注意的是，一个控制系统的输入信号基本可以分为两类，即定值输入和扰动输入。两种输入信号发生变化时都会引起被控量发生变化，使得系统进入动态过渡过程。当给定值发生变化时，系统的作用表现为被控量跟踪给定值的能力；而当扰动发生变化时，系统的作用表现为被控量克服扰动的能力。

图 2-4 给出了系统的动态过渡过程曲线（横坐标轴为时间轴，纵坐标轴为被控量）。系统在 t_0 时刻前处于稳态，被控量为一稳定值 c_1，在 t_0 时刻扰动作用于系统引起被控量发生变化，系统进入动态过渡过程，

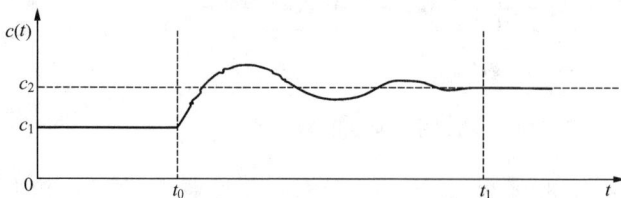

图 2-4 系统的动态过渡过程曲线

经过时间 $\Delta t = t_1 - t_0$，系统又在 t_1 时刻重新达到一个新的平衡状态，被控量稳定在一稳定

值 c_2。

系统处于动态时，具有以下特征：

（1）控制器输出的控制信号随时间发生变化；

（2）控制机构在执行器的操纵下开度发生变化，去改变控制量的大小，对被控量进行控制；

（3）被控量随时间波动、变化，无法稳定在某一个确定的数值上。

二、单回路控制系统的工作原理分析

下面结合前述的单回路汽包水位控制系统实例分析单回路控制系统的工作原理。主要讨论当扰动作用于系统时，控制系统如何克服扰动，对被控量进行控制，使系统重新达到一个新的稳态。

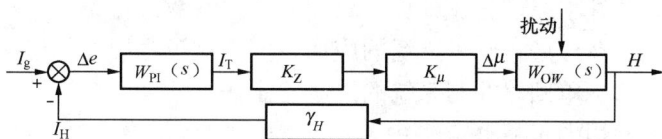

图 2-5 单回路汽包水位控制系统方框图

$W_{PI}(s)$—控制器的传递函数；K_Z、K_μ—分别为执行器、控制机构的特性系数；$W_{OW}(s)$—对象的传递函数；γ_H—测量变送器的变送系数；I_g—被控量的给定值信号（mA）；I_H—水位的测量变送信号（mA）；I_T—控制器输出的控制信号（mA）；μ—给水控制阀门的开度（%）

在图 2-4、图 2-5 中，设系统在 t_0 时刻前处于稳态，在 t_0 时刻，扰动作用于系统使得汽包水位升高（例如蒸汽流量 D 发生反向的阶跃扰动），偏离给定值，平衡状态被打破。系统的控制过程：当蒸汽流量 D 增加时，水位 H 先升高；水位的测量变送信号 I_H 增加，导致进入控制器的偏差信号 Δe 减小，从而控制器输出的控制信号 I_T 减小，通过执行器改变给水控制阀门开度，使阀门开度 μ 关小，给水流量 W 减小，汽包水位 H 下降，克服扰动，如此不断进行控制，最终使得汽包水位稳定在某个数值上，系统重新达到平衡状态。

第三节 单回路控制系统的整定

单回路控制系统的控制质量取决于控制系统的结构、各元件的特性、扰动的形式和幅值以及系统的参数整定得是否合适等因素。当系统的结构确定时，系统参数整定得是否合适直接影响着系统的控制质量，因而，系统参数的整定在控制系统中占据着非常重要的地位。

一、系统整定的基本概念

1. 控制系统整定

控制系统的整定是根据被控对象的特性选择最佳的整定参数（主要有控制器参数的设置、各信号间的静态配合、变送器以及控制机构的参数选择等，其中主要是设置合适的控制器参数），以达到满意的控制效果。

2. 概念的理解

（1）单回路控制系统主要由控制器和被控对象构成，通常被控对象的动态特性是无法轻易改变的，要得到满意的控制效果，就要合理地设置控制器的参数。因而，单回路控制系统的整定实际上就是控制器的参数整定。控制器的参数主要有三个，即比例控制规律的比例带、积分控制规律的积分时间和微分控制规律的微分时间。

（2）控制系统整定的前提条件就是控制系统的结构已知，也就是说，控制系统是由哪些

元件构成的、元件之间的连接方式、控制器的控制规律、对象的动态特性等都已经确定。

（3）衡量系统参数整定是否达到最佳的依据是控制系统的性能指标。通过对系统参数的整定，使系统的性能指标达到要求。

（4）值得注意的是，系统参数的整定只能在一定的范围内起作用，若存在设计方案不合理、自动控制仪表和控制结构选型不当、安装质量不高、被控对象存在缺陷等问题，则无论用什么方法进行整定，都不会得到满意的效果。

3. 整定方法

常用的系统整定方法可以分为两类，即理论整定法和工程整定法。理论整定法根据控制的有关基本原理进行计算，对控制器的参数进行整定，比较复杂，在现场应用较少。而工程整定法在现场得到了广泛的应用，因而这里主要介绍工程整定法。

二、单回路控制系统的工程整定法

常用的工程整定法主要有四种，即经验法、临界比例带法、衰减曲线法以及响应曲线法。

1. 经验法

经验法实际是一种试凑法，是在生产实践中总结出来的参数整定法，该方法在现场中得到了广泛的应用。利用经验法对系统的参数进行整定时，首先根据经验设置一组控制器参数，然后将系统投入闭环运行，待系统稳定后做阶跃扰动试验，观察控制过程；若控制过程不满足要求，则修改控制器参数，再做阶跃扰动试验，观察控制过程；反复上述试验，直到控制过程满意为止。

经验法整定参数的具体步骤如下：

（1）首先将控制器的积分时间 T_I 设为最大（取消积分作用），微分时间 T_D 设为最小（取消微分作用），使控制器处于纯比例作用状态，然后根据经验设置比例带 δ 的数值，完成后将系统投入闭环运行，待系统稳定后做阶跃扰动试验，观察控制过程，若过渡过程有希望的衰减率则可，否则改变比例带 δ 的值，重复上述试验，直到满意为止。

（2）将控制器的积分时间 T_I 由最大调整到某一值，由于积分作用的引入，系统的稳定性下降，因而应将比例带适当增大，一般增大到纯比例作用的 1.2 倍。系统投入闭环运行，待系统稳定后，做阶跃扰动试验，观察控制过程。过渡过程达到希望的衰减率即可，否则改变积分时间 T_I 的值，重复上述试验，直到满意为止。

（3）将控制器的微分时间由小到大调整到某一数值，系统投入闭环运行，待系统稳定后，做阶跃扰动试验，观察控制过程，修改微分时间重复试验，直到满意为止。

2. 临界比例带法

临界比例带法又称边界稳定法，首先将控制器设置成纯比例控制器，然后系统闭环投入运行，将比例带由大到小改变，观察系统输出，直到系统产生等幅振荡为止。记下此状态下的比例带数值（即为临界比例带 δ_k）和振荡周期 T_k，然后根据经验公式计算控制器的其他参数。

利用临界比例带法进行参数整定的具体步骤如下：

（1）将控制器的积分时间 T_I 置于最大，微分时间 T_D 置最小，即 $T_I \to \infty$，$T_D = 0$；置比例带 δ 为一个较大的值。

（2）系统闭环投入运行，待系统稳定后调整比例带 δ 的数值直到出现等幅振荡。记录临界状态下临界比例带 δ_k 和振荡周期 T_k，然后根据选用的控制规律，按表 2-1 计算控制器的参数。

(3) 将控制器按计算出的参数设置好，系统再闭环投入运行，待系统稳定后做阶跃扰动试验，观察系统的控制过程，适当修改参数，直到满意为止。

表 2 - 1 临界比例带法计算公式

控制规律	δ	T_I	T_D
P	$2\delta_k$	—	—
PI	$2.2\delta_k$	$0.85T_k$	—
PID	$1.7\delta_k$	$0.5T_k$	$0.125T_k$

3. 衰减曲线法

衰减曲线法是在临界比例带法的基础上发展起来的，它既不像经验法那样要经过大量的试凑过程，也不像临界比例带法那样要求系统产生临界振荡过程。它是利用纯比例控制规律产生的 4∶1 衰减振荡（$\psi=0.75$）过程时的控制器比例带 δ_s 及衰减周期 T_s，或 10∶1 衰减振荡（$\psi=0.9$）过程时的控制器比例带 δ_s 及过程上升时间 t_r，根据经验公式确定控制器的参数。

具体做法如下：

(1) 置控制器参数 $T_I \to \infty$，$T_D = 0$，比例带 δ 设为一个较大的值，将系统投入闭环运行。

(2) 待系统稳定后做阶跃扰动试验，观察控制过程。若 ψ 大于要求的数值，则逐步减小比例带 δ 并重复试验，直到出现 $\psi=0.75$ 或 $\psi=0.9$ 的控制过程为止，并记下此时的比例带 δ_s。

(3) 根据控制过程曲线求取 $\psi=0.75$、衰减周期 T_s 或 $\psi=0.9$ 时的上升时间 t_r。

(4) 由表 2 - 2 计算控制器的参数 δ、T_I、T_D。

(5) 按计算结果设置控制器的参数，做阶跃扰动试验，观察控制过程，适当修改控制参数，直到满意为止。

表 2 - 2 衰减曲线法计算公式

ψ	控制规律	δ	T_I	T_D	ψ	控制规律	δ	T_I	T_D
0.75	P	δ_s	—	—	0.9	P	δ_s	—	—
	PI	$1.2\delta_s$	$0.5T_s$	—		PI	$1.2\delta_s$	$2t_r$	—
	PID	$0.8\delta_s$	$0.3T_s$	$0.1T_s$		PID	$0.8\delta_s$	$0.8t_r$	$0.4t_r$

4. 响应曲线法

上述三种方法均不需要事先知道被控对象的动态特性，直接在闭环系统中进行整定。而响应曲线法则是根据对象的阶跃响应曲线，求得对象的一组特征参数 ε、τ（无自平衡能力的对象）或 ε、ρ、τ（有自平衡能力的对象），然后按表 2 - 3 或表 2 - 4 中的公式计算控制器的整定参数。

三、四种工程整定方法比较

(1) 经验法。经验法是凭借现场调试经验对控制器参数进行试凑，因而，没有经验或经验不丰富的人是无法采用这种方法对控制器参数进行整定的。即使经验丰富的调试人员，要进行试凑的工作量也很大，尤其当控制器为 PID 控制器时，需要对比例带、积分时间、微分时间三个参数进行试凑。该方法唯一的优点是简便，不需要计算，核心是"凭经验，看曲线调参数"，但工作量大。

表 2-3　　控制对象无自平衡时的衰减曲线法整定参数计算公式（ψ=0.75）

被控对象的阶跃响应曲线	被控对象的近似传递函数
	$W(s)=\dfrac{1}{T_a s(1+Ts)^n}=\dfrac{\varepsilon}{s(1+Ts)^n}$ （$n\geqslant3$） 或　$W(s)=\dfrac{1}{T_a s}e^{-\tau s}=\dfrac{\varepsilon}{s}e^{-\tau s}$

控制规律 \ 整定参数	δ	T_i	T_d
P	$\varepsilon\tau$	—	—
PI	$1.1\varepsilon\tau$	3.3τ	—
PID	$0.83\varepsilon\tau$	2τ	0.5τ

表 2-4　　控制对象有自平衡时的衰减曲线法整定参数计算公式（ψ=0.75）

被控对象的阶跃响应曲线	被控对象的近似传递函数
	1. $W(s)=\dfrac{k}{(1+Ts)^n}=\dfrac{1}{\rho}\cdot\dfrac{1}{(1+Ts)^n}$ 　$n\geqslant3$； 2. 当有明显滞后（包括 $\dfrac{\tau}{T_c}\leqslant0.2$）时， 　$W(s)=\dfrac{k}{1+Ts}e^{-\tau s}=\dfrac{1}{\rho}\cdot\dfrac{1}{1+Ts}e^{-\tau s}$

控制规律 \ 整定参数	$\dfrac{\tau}{T_c}\leqslant0.2$			$0.2\leqslant\dfrac{\tau}{T_c}\leqslant1.5$		
	δ	T_I	T_D	δ	T_I	T_D
P	$\dfrac{1}{\rho}\dfrac{\tau}{T_c}$	—	—	$2.6\dfrac{1}{\rho}\cdot\dfrac{\frac{\tau}{T_c}-0.08}{\frac{\tau}{T_c}+0.7}$	—	—
PI	$1.1\dfrac{1}{\rho}\dfrac{\tau}{T_c}$	3.3τ	—	$2.6\dfrac{1}{\rho}\cdot\dfrac{\frac{\tau}{T_c}-0.08}{\frac{\tau}{T_c}+0.6}$	$0.8T_c$	—
PID	$0.85\dfrac{1}{\rho}\dfrac{\tau}{T_c}$	2τ	0.5τ	$2.6\dfrac{1}{\rho}\cdot\dfrac{\frac{\tau}{T_c}-0.15}{\frac{\tau}{T_c}+0.88}$	$0.81T_c+0.19\tau$	$0.25T_i$

（2）临界比例带法。采用临界比例带法整定系统时，必须通过改变控制器的比例带使系统发生等幅振荡，这对一些生产过程，现场操作起来存在一定的难度，例如对一些比例带较小的控制系统，试验中不小心就会使系统进入不稳定状态；而有些生产过程根本就不允许被控量发生等幅振荡。

（3）衰减曲线法。衰减曲线法现场操作比较简单，容易掌握，没有临界比例带法那么多的限制和缺点，因而得到了广泛的使用。但采用该方法对控制器参数整定时，由于外界的干扰以及所用仪表本身的缺陷等原因而不能很准确地判断响应曲线是否达到衰减率为所要求的衰减率（4∶1或10∶1）的衰减过程，因而很难获得准确的比例带 δ_s 及衰减周期 T_s。

（4）响应曲线法。与前面三种整定方法相比，响应曲线法是根据对象的阶跃响应曲线对控制器的参数进行整定的，无需控制系统投入闭环运行，只需要求取系统中被控对象的动态特性，既简单又省时，但需要反复进行多次的对象动态特性试验，才能获得准确的响应曲线。

可见，四种工程整定方法都具有各自的特点，在实际的应用中应根据具体情况进行选择使用，以取得满意的效果。

本章小结

单回路控制系统是最基本的一种控制系统，是其他复杂控制系统构成的基础，因结构简单而被广泛应用。本章围绕单回路控制系统的组成、工作原理以及参数整定展开讲解，主要介绍了以下内容。

一、单回路控制系统的组成

单回路控制系统是由控制器、执行器、控制机构、测量变送器和被控对象构成的，测量变送器对被控量进行测量并反馈到控制器的输入端，形成了一个闭环回路，因而称为单回路系统。

二、单回路控制系统的工作原理

控制系统主要有两种工作状态，即稳态和动态。稳态是一种动态平衡状态，动态是一个动态过渡过程，是一个控制过程。系统处于稳态时，被控量稳定在某一具体数值而不随时间发生变化；当有扰动进入系统，系统原先的平衡状态被破坏，被控量在扰动作用下偏离稳定值而随时间发生变化，控制器输入端的偏差信号变化，导致控制器输出的控制信号发生变化，系统进入动态过渡过程，经过一定时间的控制，系统达到新的稳态，控制过程结束。

通常，一个控制系统的输入信号基本可以分为两类，即定值输入和扰动输入。两种输入信号发生变化时都会引起被控量发生变化，使得系统进入动态过渡过程。当给定值发生变化时，系统的作用表现为被控量跟踪给定值的能力；而当扰动发生变化时，系统的作用表现为被控量克服扰动的能力。

三、单回路控制系统的参数整定

控制系统的整定，就是根据被控对象的特性选择最佳的整定参数（主要有控制器参数的设置、各信号间的静态配合、变送器以及控制机构的参数选择等，其中主要是设置合适的控制器参数），以达到满意的控制效果。系统的整定方法有理论整定法和工程整定法，理论整定法理论性强，计算复杂，因而在现场中应用较多的是工程整定法。经常用到的单回路工程整定法主要有四种，即经验法、临界比例带法、衰减曲线法以及响应曲线法，四种方法各有特点，应根据现场的实际情况选择使用。

思考题及习题

2-1　什么是单回路控制系统？单回路控制系统有什么特点？

2-2　试画出单回路控制系统的系统方框图，并说明单回路控制系统是由哪些元件构成的？

2-3　什么是控制系统的整定？单回路控制系统常用的工程整定方法有哪几种？各有什么特点？

2-4　试分析由比例积分控制器和单容有自平衡对象构成的单回路控制系统的稳定性，并讨论控制器参数（积分时间和比例带）变化对系统性能的影响（设执行器、控制结构和测量变送器均视为比例环节且比例系数均为1）。

第三章

复 杂 控 制 系 统

随着科技的进步和工业技术的不断更新，工业生产过程对控制参数提出了更严格的要求。简单的单回路控制系统已不能够满足工业现场的要求，因而，在单回路的基础上，又产生了许多高性能的、结构复杂的控制系统。

本章将介绍串级控制系统、前馈－反馈复合控制系统以及导前微分控制系统的结构、工作原理及参数整定方法。

第一节 串 级 控 制 系 统

一、串级控制系统的基本概念

串级控制系统是一种复杂的控制系统，与单回路控制系统有很大的差别，我们先从串级控制系统的基本概念入手，分析它的结构、工作原理和整定方法。

1. 串级控制系统的基本概念

串级控制系统是指控制系统中有两个相互串联的控制器，两个反馈通道分别将测量信号送入两个控制器并以此形成的双回路控制系统。

2. 概念的理解

（1）串级控制系统中有两个控制器，这两个控制器相互串联，前一个控制器的输出作为后一个控制器的输入。这两个控制器分别叫作主控制器和副控制器，即主控制器的输出进入副控制器，作为副控制器的给定值。

（2）串级控制系统中有两个反馈回路，并且一个回路嵌套在另一个回路之中，处于里面的回路称为内回路（副回路），处于外面的回路称为外回路（主回路）。

（3）串级控制系统中有两个测量反馈信号，称为主参数和副参数，分别作为主、副控制器的反馈输入信号。

由串级控制系统的概念可以绘制出串级控制系统的原理方框图，如图3-1所示。

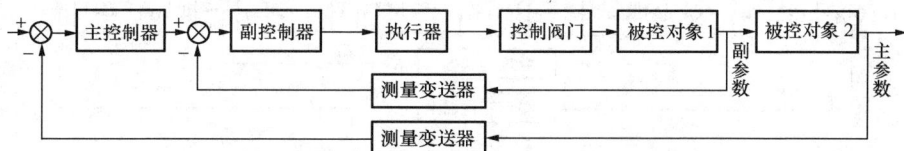

图3-1 串级控制系统原理方框图

3. 串级控制系统实例——汽包炉主汽温度控制系统

为更好地理解串级控制系统，这里以火电厂主蒸汽温度串级控制系统为例进行分析。

火电厂中，为了更好地对主蒸汽温度进行控制，通常将过热器分为两段，即高温段和低温段，在这两段之间装有一个喷水减温器，喷水减温器是一个三通容器，分别与低温段过热器、高温段过热器以及冷水（减温水）管道连通，蒸汽从低温段流经喷水减温器，再进入高温段。减温水通过减温水控制阀进入喷水减温器，直接喷洒在蒸汽上，通过控制喷水减温控制阀（即喷水减温阀）的开度来控制进入喷水减温器的冷水流量，从而达到对过热器出口的主蒸汽温度进行控制的目的。

　　由于过热器存在很大的惰性，也就是说，当通过控制喷水减温阀改变进入喷水减温器的喷水流量时，要经过较长的时间，高温段过热器出口的蒸汽温度 θ_1 才发生变化，这给控制带来很大的困难。若用传统的单回路控制系统对高温段过热器出口的蒸汽温度 θ_1 进行控制（见图 3-2），由于过热器惰性的存在，控制系统的快速性能变差，控制质量不理想。为提高控制质量，可以在原单回路系统的基础上，增加一个控制器（即副控制器）将过热器高温段入口处的蒸汽温度 θ_2 也作为一个测量信号（副参数），送入副控制器的输入端，构成串级控制系统。当有扰动进入系统发生作用时，过热器高温段入口处的蒸汽温度 θ_2 响应较 θ_1（主参数）快，并且与 θ_1 的变化方向相同，因而可以提前反映 θ_1 的变化趋势，使得系统的快速性能提高（见图 3-3）。

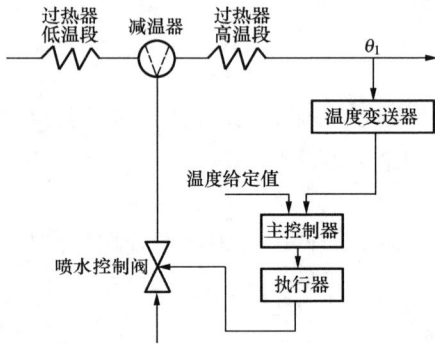

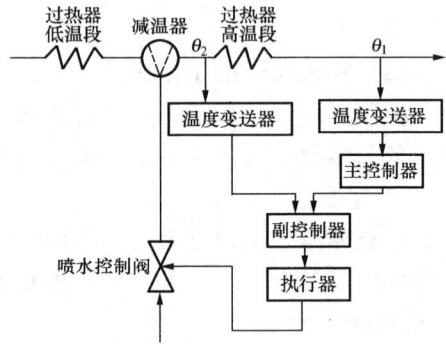

图 3-2　主蒸汽温度单回路控制系统示意图　　　图 3-3　主蒸汽温度串级控制系统示意图

二、串级控制系统的组成

　　串级控制系统主要由两个测量变送器、主控制器和副控制器两个控制器、一个执行器、一个控制阀门和被控对象组成。其系统原理框图如图 3-1 所示。下面结合串级主蒸汽温度控制系统详细分析串级控制系统的结构。由图 3-3 可以绘制串级主蒸汽温度控制系统的原理方框图，如图 3-4 所示。

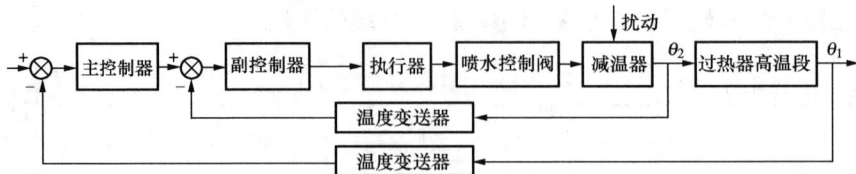

图 3-4　串级主蒸汽温度控制系统原理方框图

　　结合图 3-4，有几个相关的专业术语介绍如下：

　　主参数（主变量）。串级控制系统中最主要的被控参数称为主参数，上例中的过热蒸汽温度 θ_1 就是主参数。

　　副参数（副变量）。串级系统中能提前反映主参数变化趋势的中间参数，称为副参数，上例中的过热器高温段入口处的蒸汽温度 θ_2 就是副参数。副参数的引入是为了提高控制质量，克服对象的大惯性和大迟延。

主控制器（主调节器）。输入为主参数的测量反馈信号与主参数的给定值信号的偏差，其输出作为另一个控制器给定值的那个控制器称为主控制器。

副控制器（副调节器）。其给定值由主控制器的输出决定，输入为主控制器的输出与副参数的测量变送信号的偏差信号，输出控制信号给执行器的那个控制器称为副控制器。

主回路（外回路）。串级系统中，断开副控制器的测量反馈通道后的闭合回路称为主回路或外回路。上例中，系统的外回路是由主控制器、副控制器、执行器、喷水控制阀、减温器、过热器高温段以及对主参数进行测量变送的温度变送器组成。

副回路（内回路）。串级控制系统中，由副控制器、执行器、喷水控制阀、被控对象 1 和副参数的测量变送器组成的回路称为副回路。在图 3 - 4 中，系统的内回路由副控制器、执行器、喷水控制阀、减温器以及对副参数进行测量变送的温度测量变送器组成。

三、串级控制系统的工作原理

串级控制系统与单回路控制系统相比，具有很多优异的性能，系统的控制品质较单回路有很大的改善。

1. 串级控制系统内回路

在串级控制系统中，内回路的测量反馈信号（副参数，主蒸汽温度控制系统中的 θ_2）超前于主信号（主参数，主蒸汽温度控制系统中的 θ_1）的变化，且与主信号的变化方向相同，对扰动的响应很快。因而当扰动发生时，副参数随之发生变化（由于主控对象惯性和迟延的存在，此时主参数尚未发生波动），使得进入副控制器的偏差信号变化，副控制器输出的控制作用发生变化，通过执行器去改变控制阀门（喷水控制阀）的开度，克服扰动，对副参数进行控制，进而实现对主参数的超前控制，使得系统的动态控制过程性能得到改善。

可见，控制系统的内回路承担着改善系统动态特性的作用，且对扰动的响应快，因而在设计系统时，应尽量把影响主参数的主要干扰以及变化幅度大、动作频繁的扰动信号包含在副回路内，应尽量把较多的扰动包含在副回路内，提高系统的抗干扰能力。副控制器常采用 P 或 PD 型控制器，实现内回路对扰动的快速响应。

由以上分析可以知道，串级控制系统的内回路可以看作一个快速随动系统，在分析系统时，可以用一个比例环节等效代替。

2. 串级控制系统外回路

串级控制系统的外回路是一个定值系统，承担着主参数的定值控制任务，因而主控制器一般采用 PI 或 PID 型控制规律。

主控制器输入信号为主参数的给定值与其测量反馈信号的偏差信号，由于被控对象惯性和迟延的存在，当扰动发生时，外回路的动作要落后于内回路，它的控制作用是在内回路控制作用的基础之上进行的，使得系统的整体控制作用变强。当主参数在扰动的作用下发生变化而偏离给定值时，主控制器的输出变化，即改变副控制器的给定值，使得副控制器输出的控制作用变化，通过执行器去改变控制阀门（喷水控制阀）的开度，实现对主参数的控制，使系统达到稳态时，主参数稳定在给定值上。

四、串级控制系统的整定

串级控制系统结构较单回路控制系统复杂，包含两个相互串联的控制器，因而在系统整定时，必须要对主、副控制器的参数都要进行整定，工作量大，也存在着一定的难度。下面简单介绍串级控制系统的整定方法。

串级控制系统包含内、外两个反馈回路，有主、副两个控制器，在进行参数整定时，首先整定内回路，然后整定外回路，按照先内后外的顺序进行。

1. 串级控制系统内回路参数的整定

串级主蒸汽温度控制系统内回路系统方框图如图 3-5 所示。

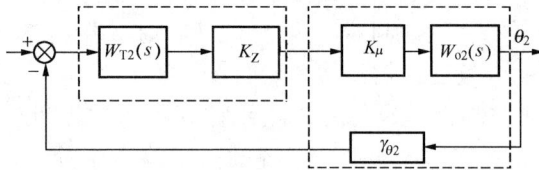

图 3-5　串级主蒸汽温度控制系统内回路

整定内回路时，将主控制器断开，可以按单回路控制系统整定副控制器的参数。通常把副控制器和执行器看作一体作为等效控制器，控制阀门、测量变送器和副对象看作一体作为广义被控对象，那么内回路等效控制器的传递函数为

$$W_{T2}^*(s) = K_Z W_{T2}(s) \qquad (3-1)$$

内回路广义被控对象的传递函数为

$$W_{o2}^*(s) = K_\mu \gamma_{\theta 2} W_{o2}(s) \qquad (3-2)$$

当给出副控制器的控制规律时，可以由式（3-1）求出等效控制器的传递函数表达式。常采用响应曲线法，根据广义被控对象的阶跃响应曲线确定出等效控制器的参数。

例：若副控制器采用纯比例控制且比例带为 δ_2，则

$$W_{T2}^*(s) = K_Z W_{T2}(s) = K_Z \frac{1}{\delta_2} = \frac{1}{\delta_2^*} \qquad (3-3)$$

等效控制器的比例带可以采用响应曲线法，根据广义被控对象的阶跃响应曲线来确定。

2. 串级控制系统外回路参数的整定

串级主蒸汽温度控制系统外回路等效方框图如图 3-6 所示。

从前面对串级控制系统的分析可以得知，在设计串级控制系统时，应尽量保证内回路是一个快速随动系统，以便于提高控制系统的控制品质。因而可以认为内回路的传递函数为

$$W_内(s) = \frac{W_{T2}(s) K_Z K_\mu W_{o2}(s)}{1 + \gamma_{\theta 2} W_{T2}(s) K_Z K_\mu W_{o2}(s)} \approx \frac{1}{\gamma_{\theta 2}} \qquad [W_{T2}(s) K_Z K_\mu W_{o2}(s) \geqslant 1] \quad (3-4)$$

同样，把主控制器和副回路的等效环节看作一体作为等效控制器，测量变送器和主对象看作一体作为广义被控对象，那么外回路等效控制器的传递函数为

$$W_{T1}^*(s) = \frac{W_{T1}(s)}{\gamma_{\theta 2}} \qquad (3-5)$$

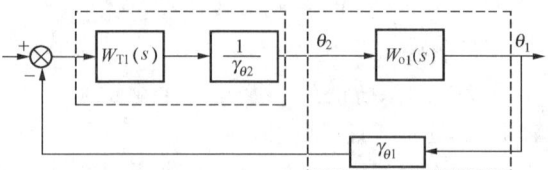

图 3-6　串级主蒸汽温度控制系统外回路等效方框图

外回路广义被控对象的传递函数为

$$W_{o1}^*(s) = \gamma_{\theta 1} W_{o1}(s) \qquad (3-6)$$

可以根据广义被控对象的阶跃响应曲线，采用响应曲线法对主控制器的参数进行整定。

由以上方法分别对主控制器和副控制器的参数整定完成后，还必须将串级控制系统投入运行，对主、副控制器的参数进行适当的调整，最后达到满意的效果。

串级控制系统的整定方法较多，比如现场整定法、衰减曲线法等，应根据现场的实际情

况选择合适可行的方法。

第二节　前馈 - 反馈复合控制系统

前面讨论的自动控制系统都是根据被控量（或其他被控参数）和给定值之间的偏差进行控制的负反馈系统。那么当被控对象受到扰动后，只有等到被控量发生变化，偏差出现后才开始控制，这种控制动作落后于扰动必然会造成控制过程中存在（动态）偏差。可以设想，如果控制系统不是根据被控量的偏差，而是直接根据扰动（造成偏差的原因）进行控制，就有可能及时消除扰动的影响而使被控量基本不变化（或很少变化）。这种直接根据扰动进行控制的系统，称为前馈控制系统。前馈控制有时又称"扰动补偿"。本项目引入前馈控制的概念，分析前馈控制系统的组成和调节特点，并在此基础上介绍前馈 - 反馈复合控制系统。

一、前馈控制系统

单回路控制系统和串级控制系统都是反馈控制系统，它主要是根据被控量和给定值的偏差信号来进行控制的。反馈控制的最大优点是可以克服所有引起被控量发生变化的扰动信号，但它本身也存在很大的缺点，那就是控制不及时，控制总是滞后于扰动，即只有扰动作用于系统引起被控量发生变化，导致控制器输入端的偏差信号发生变化后，控制器才改变输出的控制信号，克服扰动，对被控量进行控制。

与反馈控制相比较，前馈控制直接根据扰动信号对被控量进行控制，控制快速性很好。

1. 前馈控制的基本概念

前馈控制也称为扰动补偿控制，是指在控制系统中，控制器根据扰动信号作用的大小和方向对被控量进行控制，称这种控制为前馈控制。

2. 概念的理解

（1）在前馈控制系统中，送给控制器的测量信号是扰动信号，而不是被控量，这和反馈控制存在很大的差别。反馈控制是将被控量作为测量信号，控制器是根据被控量的测量值与给定值的偏差对被控量进行控制；而前馈控制是直接根据某个扰动信号的变化来对被控量进行控制的。

（2）前馈控制系统中的控制器通常叫做前馈控制器，或者前馈补偿器，该控制器只接收某个扰动作用的测量信号，无给定值输入信号。因而从严格意义上讲，它不是一个控制器，而是一个补偿器，其作用是补偿扰动信号对被控量所造成的影响。

（3）一个前馈控制器只能对某一个扰动信号进行补偿。若系统中存在多个扰动信号，则需要设计多个前馈控制器，分别去对多个扰动信号进行补偿。

3. 前馈控制系统的结构

前馈控制系统主要由测量变送器、前馈控制器、执行器、控制机构和被控对象组成。其中，测量变送器是对扰动信号进行测量，而前馈控制器的输入信号只有一个，即扰动量的测量信号，无被控量的定值输入信号。因而前馈控制器实际是一个前馈补偿器，补偿扰动对被控量的影响。下面结合实例进行分析。

图 3 - 7 是混合水温前馈控制系统示意图。通过冷水控制阀和热水控制阀分别去控制冷水流量和热水流量，混合水的温度 θ 是系统的被控参数，要求 θ 为一定值。这里选取热水流

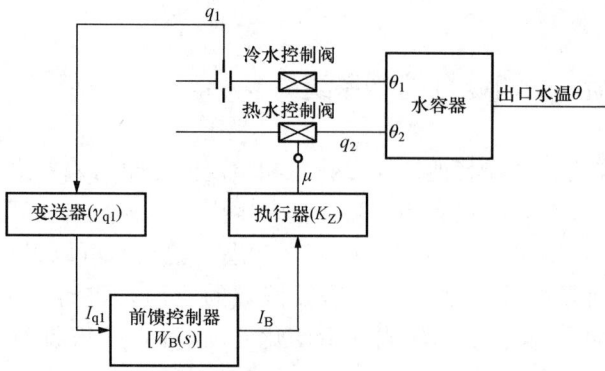

图 3-7　混合水温前馈控制示意图

量为控制量，即通过控制热水流量去控制混合水的温度，将冷水流量的变化作为干扰信号处理。

在混合水温前馈控制系统中，冷水流量是引起水温变化的主要扰动之一，为了及时克服冷水流量变化对水温的影响，直接对冷水流量信号进行测量变送，作为前馈信号，送入前馈控制器。这样，冷水流量（扰动信号）通过两个通道对混合水的温度 θ（被控量）产生影响。一个通道是客观存在的扰动通道［图 3-8 中的 $W_D(s)$ 为扰动通道的传递函数］；另一个通道是由前馈补偿器、执行器、控制机构和对象组成的前馈通道［图 3-8 中的 $W_B(s)$、K_Z、K_μ 和 $W_{ob}(s)$］。通过合理设计前馈补偿器的数学模型，可以使冷水流量（扰动信号）分别通过两个通道对被控量产生的影响相互抵消，达到完全补偿的目的，从而克服冷水流量（扰动信号）对混合水的温度 θ（被控量）的影响。

由图 3-7 可以绘制前馈控制系统的原理方框图见图 3-8。

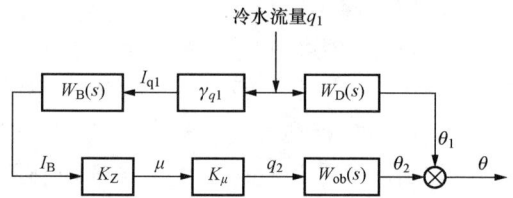

图 3-8　前馈控制系统原理

γ_{q1}—测量变送器的变送系数；$W_D(s)$—干扰通道对象的传递函数；$W_{ob}(s)$—控制通道对象的传递函数；K_μ—控制阀门的特性系数；$W_B(s)$—前馈控制器或前馈补偿器的传递函数

4. 前馈控制的特点

前馈控制与反馈控制相比，具有以下特点：

（1）控制及时，系统的快速性好。由于前馈控制是根据扰动信号进行控制的，因而在扰动信号变化的同时，控制系统就对被控量进行控制，控制及时，这是前馈控制最大的优点。

（2）一个前馈通道只能对某一种扰动进行补偿，而无法克服所有扰动信号对被控量的影响。当扰动信号很多时，只有对每一种扰动信号都设计一个前馈通道，才能够补偿所有扰动信号的影响。这就使得系统的结构过于复杂，这是前馈控制存在的自身无法克服的缺点。

5. 前馈控制器传递函数的确定

在前馈控制系统中，需要解决的一个重要问题就是确定前馈控制器的传递函数。为分析方便，可将前馈控制系统原理方框图简化为图 3-9，根据该图求解前馈控制器的传递函数。

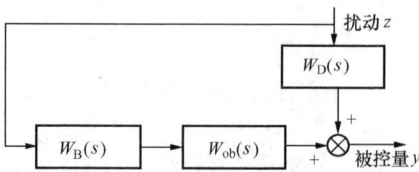

图 3-9　前馈控制系统原理简化图

很显然，扰动信号是通过两个通道对被控量产生影响的，一条通道是扰动通道对象 $W_D(s)$；另外一条通道是前馈控制器和控制通道对象串联组成的。如果能合理地设计前馈控制器，使扰动信号分别通过两个通道对被控量所产生的影响正好相互抵消，则可以认为扰动信号作用对被控量不产生任何影响。这个原理称为完全补偿性原理，我们正是根据此原理来设计前馈控制器的。

由图 3-9 可以求得被控量与扰动信号之间的传递函数为

$$\frac{Y(s)}{Z(s)} = W_D(s) + W_B(s)W_{ob}(s) \tag{3-7}$$

进一步可求得

$$Y(s) = Z(s)[W_D(s) + W_B(s)W_{ob}(s)] \tag{3-8}$$

要消除扰动对被控量的影响，就是要求式（3-8）中

$$W_D(s) + [W_B(s)W_{ob}(s)] = 0 \tag{3-9}$$

由式（3-9）可以求得前馈控制器的传递函数为

$$W_B(s) = -\frac{W_D(s)}{W_{ob}(s)} \tag{3-10}$$

当扰动通道对象传递函数和控制通道对象传递函数已知时，由式（3-10）就可以得到前馈控制器的传递函数。

二、前馈-反馈复合控制系统

在控制系统中，前馈控制和反馈控制是经常用到的两种控制方式。这两种控制方式具有各自的特点，正如前面所讨论的，反馈控制能够克服所有扰动信号对被控量产生的影响，但控制滞后于扰动，不及时；前馈控制根据扰动信号进行控制，控制及时，但一个前馈控制器只能补偿某一种扰动，无法克服所有的扰动，要对所有的扰动信号进行补偿，就必须针对每个扰动信号分别设计专门的前馈控制器，这样就使得系统结构复杂。通常，我们只对主要的扰动信号采用前馈控制加以补偿，而对其他的扰动信号通过反馈控制进行克服，这样，在一个控制系统中同时采用了前馈控制和反馈控制两种控制方式，这样的控制系统称为前馈-反馈复合控制系统。

1. 前馈-反馈复合控制系统的基本概念

前馈-反馈复合控制系统中既有针对主要扰动信号进行补偿的前馈控制，又存在为克服其他扰动影响而采用的被控量反馈控制，这样的控制系统就是前馈-反馈复合控制系统。

2. 概念的理解

（1）复合控制是指系统中存在两种不同的控制方式，即前馈控制和反馈控制。

（2）前馈控制的作用是对主要的扰动信号进行完全补偿，可以针对主要的扰动信号来设计相应的前馈控制器。

（3）引入反馈控制是为了使系统能克服所有扰动信号对被控量产生的影响。除了已知的主要的扰动信号以外，系统中还存在其他的扰动信号，这些扰动信号对被控量的影响比较小，有的是我们能够考虑到的，有的我们根本就考虑不到或无法测量，但都可通过反馈控制加以克服。

（4）系统中需要测量的信号既有被控量，又有扰动信号。

3. 前馈-反馈复合控制系统实例分析

前面讲过一个混合水温的前馈控制系统，在这里，我们引入混合水温的前馈-反馈复合控制系统，如图3-10所示。图中，作为主要扰动的冷水流量通过前馈控制器进行完全补偿，而其他扰动信号经反馈控制得以克服。这样，既能够通过前馈控制及时补偿冷水流量发生变化对混合水温的影响，又能够通过反馈控制克服其他所有扰动对被控量的影响。

4. 前馈-反馈复合控制系统的组成

前馈-反馈复合控制系统主要由以下环节构成：

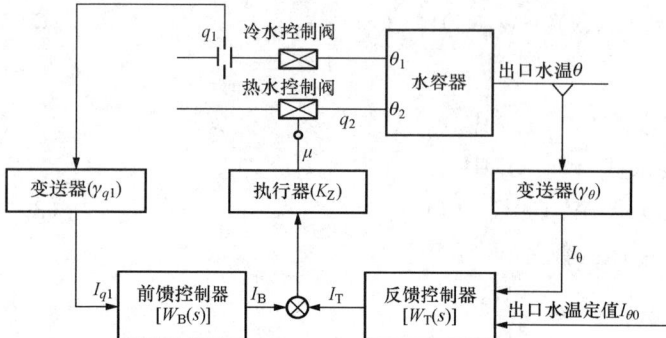

图 3-10　混合水温复合控制示意图

（1）扰动信号测量变送器。对扰动信号进行测量并转换成统一的电信号。

（2）被控量测量变送器。对被控量进行测量并转换成统一的电信号。

（3）前馈控制器。对扰动信号进行完全补偿。

（4）控制器。反馈控制控制器，对被控量进行控制。

（5）执行器和控制机构。

（6）扰动通道对象。扰动信号通过该通道对被控量产生影响。

（7）控制通道对象。控制量通过该通道对被控量进行控制。

前馈-反馈复合控制系统的原理方框图如图 3-11 所示。

5. 前馈-反馈复合控制系统的特点

（1）系统综合了反馈控制和前馈控制的优点，弥补了它们的缺点，因而前馈-反馈复合控制系统得到了广泛的应用。

（2）引入前馈补偿没有影响系统的稳定性。很显然，前馈无论加在什么位置，它都不构成闭合回路，系统的特征式保持不变，因而不会影响系统的稳定性。

（3）引入反馈控制后，前馈控制中的完全补偿条件并没有改变，这一点的说明见后述。

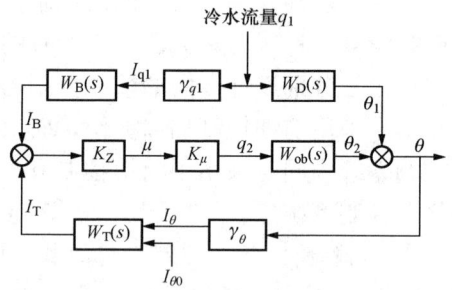

图 3-11　复合控制系统原理方框图

三、前馈-反馈复合控制系统中前馈控制器的设计

前馈-反馈复合控制系统中前馈控制器的传递函数是根据完全补偿性原理求解的。设 $k_Z \approx 1$，$k_\mu \approx 1$，$\gamma_{q1} \approx 1$，$\gamma_\theta \approx 1$，由图 3-11，可求得

$$\theta(s) = \frac{W_T(s)W_{ob}(s)}{1 + W_T(s)W_{ob}(s)} R(s) + \frac{W_D(s) + W_B(s)W_{ob}(s)}{1 + W_T(s)W_{ob}(s)} \theta_1(s) \qquad (3-11)$$

要使得扰动 $\theta_1(s)$ 得到完全补偿，即 $\theta_1(s)$ 变化时不对被控量 $\theta(s)$ 产生影响，应有

$$\frac{W_D(s) + W_B(s)W_{ob}(s)}{1 + W_T(s)W_{ob}(s)} = 0$$

解得

$$W_B(s) = -\frac{W_D(s)}{W_{ob}(s)} \qquad (3-12)$$

显然，式（3-12）与式（3-10）完全一样。说明引入反馈控制后，前馈控制中的完全补偿条件并没有改变。

第三节 导前微分控制系统

一、导前微分控制系统的基本概念

导前微分控制系统也是一种复杂的控制系统，在热工控制中得到较广泛的应用。本节主要介绍导前微分控制系统的结构和工作原理。

1. 基本概念

导前微分控制系统包含两个反馈回路，是一个双回路控制系统，其系统原理如图 3-12 所示。

2. 概念的理解

（1）导前微分控制系统虽然是一个双回路控制系统，但系统中只有一个控制器。

（2）导前微分控制系统中有两个反馈回路，并且一个回路嵌套在另一个回路之中，处于里面的回路称为内回路（导前微分回路），处于外面的回路称为外回路。

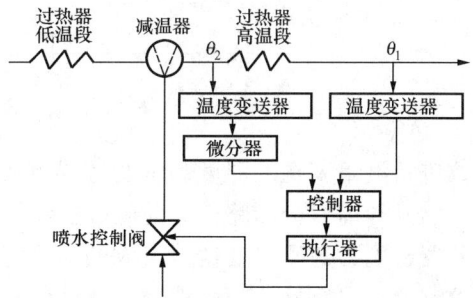

图 3-12 主蒸汽温度导前微分控制系统原理

（3）导前微分控制系统中被控对象由导前区和惰性区组成，其中，导前区的迟延和惯性时间小，而惯性区的迟延和惯性时间大。

（4）导前微分控制系统中，内回路的反馈通道由微分器和测量变送器组成，微分器承担着对导前信号进行微分运算的作用，导前微分控制系统的名字正来源于此。

3. 导前微分控制系统实例——汽包炉主汽温度导前微分控制系统

为更好地理解导前微分控制系统，在此以火电厂主汽温度导前微分控制系统为例分析。

在前面已经分析过，火电厂中过热器惰性的存在导致单回路主汽温度控制系统的快速性能较差，控制质量不理想。为提高控制质量，可以在原单回路系统的基础上，增加一个控制器，将过热器高温段入口处的蒸汽温度 θ_2 也作为一个测量信号，送入副控制器的输入端，构成串级控制系统。也可以将 θ_2 作为导前微分信号，经微分器进行微分计算后送入控制器，从而构成导前微分主汽温度控制系统，改善系统快速性能。

二、导前微分控制系统的组成

导前微分控制系统主要由以下元件构成：控制器、两个测量变送器、微分器、执行器、喷水控制阀和被控对象组成。其系统原理方框图如图 3-13 所示。下面结合导前微分主汽温度控制系统详细分析导前微分控制系统的结构。

在导前微分控制系统中，有以下概念需要正确理解。

（1）主参数。导前微分控制系统中最主要的被控参数称为主参数，上例中过热蒸汽温度 θ_1 就是主参数。

（2）副参数。导前微分系统中能提前反映主参数变化趋势的中间参数，称为副参数，上例中的过热器高温段入口处的蒸汽温度 θ_2 就是副参数。副参数的引入是为了提高控制质量，克服对象的大惯性和大迟延。

（3）主回路。导前微分系统中，断开微分器的测量反馈通道后的闭合回路称为主回路。上例中，系统的主回路是由控制器、执行器、喷水控制阀、减温器、过热器高温段以及对主

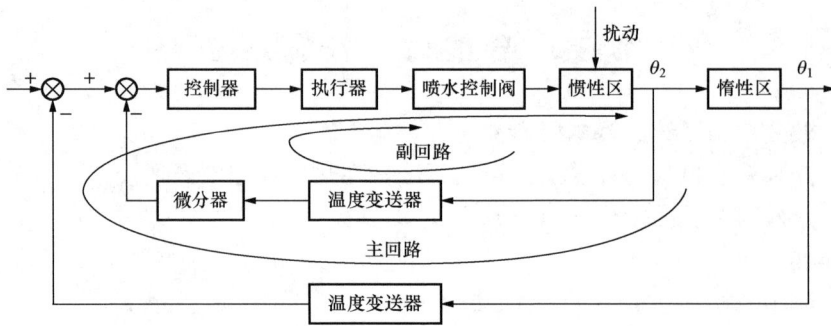

图 3 - 13　导前微分控制系统原理方框图

参数进行测量变送的温度测量变送器组成。

（4）导前微分回路。导前微分控制系统中，由控制器、执行器、喷水控制阀、导前区和微分器、副参数测量变送器组成的回路称为导前微分回路。在上例中，系统的导前微分回路由控制器、执行器、喷水控制阀、减温器、微分器以及对副参数进行测量变送的温度测量变送器组成，如图 3 - 13 中的副回路所示。

三、导前微分控制系统的工作原理

导前微分控制系统与串级控制系统一样，都具有很多优异的性能，系统的控制品质较单回路有很大的改善。

1. 导前微分控制系统的导前微分回路

在导前微分控制系统中，导前微分回路中的微分器能够直接反映副参数（主蒸汽温度控制系统中的 θ_2）随时间的变化趋势，间接反映了主信号（主蒸汽温度控制系统中的 θ_1）的变化方向，且超前主信号的变化，对扰动的响应很快。因而当扰动发生时，副参数随之发生变化（由于主控对象惯性和迟延的存在，此时主参数尚未发生波动），使得微分器的输出信号变化，控制器输入端的偏差信号变化，使得控制器输出的控制作用发生变化，通过执行器去改变阀门（喷水控制阀）的开度，克服扰动，对副参数进行控制，进而实现对主参数的超前控制，使得系统的动态控制过程性能得到改善。

可见，控制系统的导前微分回路是根据副参数随时间的变化率进行控制的，而不是根据副参数的变化量进行控制的。这就使得在扰动作用下副参数发生微小的变化量且变化率较大时，导前微分控制系统能够立即改变控制器输出的控制信号，实现对被控参数的控制。

当系统处于稳态时，微分器的输出信号为零，此时，导前微分控制系统为一单回路控制系统。

2. 导前微分控制系统主回路

导前微分控制系统的主回路是一个定值系统，承担着主参数的定值控制任务。

控制器输入信号为主参数的给定值与其测量反馈信号与微分器输出的微分信号的偏差信号，由于被控对象惯性和迟延的存在，当扰动发生时，主回路的动作要落后于导前微分回路，它的控制作用是在导前微分回路控制作用的基础之上进行的，系统的整体控制作用变强。当主参数在扰动的作用下发生变化而偏离给定值时，主控制器的输出变化，通过执行器去改变阀门（喷水控制阀）的开度，实现对主参数的控制。当系统达到稳态时，由于微分器的输出信号为零，因而主参数稳定在给定值上。

本章小结

本章主要介绍了串级控制系统、前馈-反馈复合控制系统和导前微分控制系统的基本概念，结合实例分别分析了它们的组成和工作原理，并且阐述了系统的参数整定方法。

（1）串级控制系统是一个双回路控制系统，有两个反馈回路，处于里面的回路称为内回路（副回路），处于外面的回路称为外回路（主回路）。副回路反馈通道测量反馈的是副参数，而主回路反馈通道测量反馈的是主参数，副参数对扰动的响应较主参数迅速，并且与主参数的变化方向相同，能提前反映主参数的变化趋势，因而副参数的引入将会改善控制系统的控制品质。串级控制系统中有两个相互串联的控制器，分别称为主控制器和副控制器，主控制器的输出作为副控制器的给定值，副控制器的输出直接控制执行器，对控制机构进行操作，改变控制量的大小，从而实现对被控量的控制。

（2）串级控制系统的内回路承担着改善系统动态特性的作用，且对扰动的响应快，因而在设计系统时，应尽量把影响主参数的主要干扰以及变化幅度大、动作频繁的扰动信号包含在副回路内，应尽量把较多的扰动包含在副回路内，提高系统的抗干扰能力。

（3）串级控制系统结构较单回路控制系统复杂，在系统整定时，必须要对主、副控制器的参数都要进行整定，工作量大，也存在着一定的难度。在进行参数整定时，首先整定内回路，然后整定外回路，按照先内后外的顺序进行。

（4）前馈控制也称为扰动补偿控制，是指在控制系统中，控制器根据扰动信号作用的大小和方向对被控量进行控制，从而克服扰动的一种控制方式。在前馈控制系统中，控制器的输入信号是扰动信号，而不是被控量。前馈控制是直接根据某个扰动信号的变化来对被控量进行控制的，控制及时。

（5）前馈-反馈复合控制系统中既有针对主要扰动信号进行补偿的前馈控制，又存在对被控量的反馈控制，综合了两种控制方式的特点，因而在现场中得到了广泛的应用。

（6）导前微分控制系统也是一个双回路控制系统，由于内回路有微分器，对导前区的信号进行微分运算，因而叫做导前微分控制系统。与单回路相比，导前微分控制系统改善了系统的动态性能，提高了系统的控制品质。

思考题及习题

3-1　与单回路控制系统相比较，串级控制系统具有哪些主要特点？串级控制系统适用于哪些场合？

3-2　绘出串级控制系统的系统方框图，并说明串级控制系统的内回路和外回路分别由哪些元件组成。在串级控制系统中，主回路和副回路分别承担着什么作用？

3-3　在设计串级控制系统时，为什么要将更多的扰动尽量包含在内回路中？

3-4　试分析串级控制系统的工作原理。

3-5　如何对串级控制系统的参数进行整定，整定时应该注意哪些问题？

3-6　什么是前馈控制？前馈控制和反馈控制各有什么特点？

3-7　什么是前馈-反馈复合控制系统，它有什么特点？

3-8　前馈-反馈复合控制系统如图 3-14、图 3-15 所示，试根据完全补偿性原理确定前馈补偿器的传递函数 $W_B(s)$。

3-9　为什么导前微分控制系统在稳态时微分器的输出信号为零？

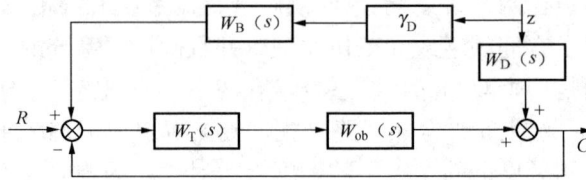

图 3-14　习题 3-8（1）图

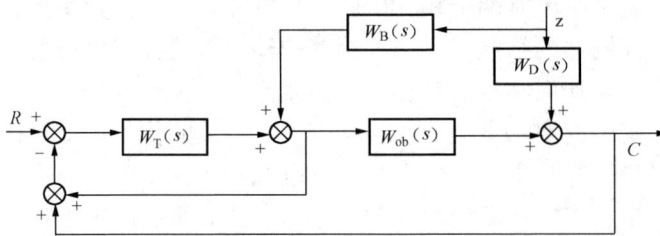

图 3-15　习题 3-8（2）图

第二篇
火电厂单元机组自动控制系统

单元机组是由锅炉、汽轮发电机和辅助设备组成的庞大的设备群。由于其工艺流程复杂，设备众多，管道纵横交错，有上千个参数需要监视、操作或控制，而且电能生产还要求有高度的安全可靠性和经济性，因此，大型机组的自动化水平受到特别的重视。目前，采用以分散微机为基础的集散控制系统（DCS）组成一个完整的控制、保护、监视、操作、计算等多功能自动化系统。

本篇将以单元机组为控制对象，讨论协调控制系统、汽包锅炉汽包水位控制系统、蒸汽温度控制系统、燃烧过程控制系统、直流锅炉控制系统、汽轮机控制系统等的构成、工作原理、特点及方案比较，并介绍了全程给水及其他控制系统的工程实例。最后对单元机组的集中控制和计算机控制的构成、含义及应用情况作了简要介绍。

第四章　单元机组协调控制系统

目前，大容量火电机组，特别是参与电网调峰、调频的机组，都设有协调控制系统。协调的含义是多方面的。本章主要讲述单元机组协调控制的核心部分——主控制系统的组成、功能、基本控制方式及工程实例。

第一节　协调控制系统的基本概念

一、单元机组负荷控制的特点

随着电力工业的发展，高参数大容量的火力发电机组在电网中所占的比例越来越大，电网因用电结构变化，负荷峰谷差逐步加大，因此要求大型机组具有带变动负荷运行的能力，以便迅速满足负荷变化的需要及参加电网调频。

另外，由于机组容量不断地增加，锅炉的蓄热量相对减少，采用机炉分别控制方式已不适应外界负荷的要求和不能保持机炉之间的平衡，因此通常采用锅炉汽轮发电机组的单元制运行方式。在这种运行方式下，锅炉和汽轮发电机既要共同保障外部负荷要求，也要共同维持内部运行参数（主要是主蒸汽压力）稳定。单元机组输出的实际电功率与负荷要求是否一致，反映了机组与外部电网之间能量的供求平衡关系，而主蒸汽压力是否稳定，则反映了机组内部锅炉与汽轮发电机之间能量的供求平衡关系。然而，锅炉和汽轮发电机的动态特性存在着很大差异，即汽轮发电机对负荷请求响应快，锅炉对负荷请求相应慢，所以单元机组内外两个能量供求平衡关系相互间受到制约，外部负荷响应性能与内部运行参数稳定性之间存在着固有的矛盾，这是单元机组负荷控制中的一个最为主要的特点。

二、协调控制系统及其任务

单元机组协调控制系统（coordinated control system，CCS）是根据单元机组的负荷控制特点，为解决负荷控制中的内外两个能量供求平衡关系而提出来的一种控制系统。从广义上讲，这是单元机组的负荷控制系统。它把锅炉和汽轮发电机作为一个整体进行综合控制，使其同时按照电网负荷需求指令和内部主要运行参数的偏差要求协调运行，既保证单元机组对外具有较快的功率响应和一定的调频能力，又保证对内维持主蒸汽压力偏差在允许范围内。具体地讲，协调控制系统的主要任务如下：

（1）接受电网中心调度所的负荷自动调度指令、运行操作人员的负荷给定指令和电网频差信号，及时响应负荷请求，使机组具有一定的电网调峰、调频能力，适应电网负荷变化的需要。

（2）协调锅炉、汽轮发电机的运行，在负荷变化率较大时，能维持两者之间的能量平衡，保证主蒸汽压力稳定。

（3）协调机组内部各子控制系统（燃料、送风、炉膛压力、给水、汽温等控制系统）的控制作用，在负荷变化过程中使机组的主要运行参数在允许的工作范围内，以确保机组有较高的效率和可靠的安全性。

（4）协调外部负荷请求与主/辅设备实际能力的关系。在机组主/辅设备能力受到限制的异常情况下，能根据实际情况，限制或强迫改变机组负荷，这是协调控制系统的连锁保护功能。

三、协调控制的基本原则

根据被控对象动态特性的分析可知，从锅炉燃烧率（及相应的给水流量）改变到引起机组输出电功率变化，其过程有较大的惯性和迟延。如果只是依靠锅炉侧的控制，必然不能获得快速的负荷响应。而汽轮机进汽阀动作，可使机组释放（或储存）锅炉的部分能量，输出的电功率暂时能够较快地响应。因此，为了提高机组的响应性能，可在保证安全运行（即主汽压在允许范围内变化）的前提下，充分利用锅炉的蓄热能力，也就是在负荷变动时，通过汽轮机进汽阀的适当动作，允许主汽压有一定波动，即释放或吸收部分蓄能，加快机组初期负荷的响应速度；与此同时，根据外部负荷请求指令，加强对锅炉侧燃烧率（及相应的给水流量）的控制，及时恢复蓄能，使锅炉蒸发量保持与机组负荷一致，这就是负荷控制的基本原则，也是机炉协调控制的基本原则。

四、协调控制的基本控制方式

按锅炉、汽轮机在控制过程中的任务和相互关系不同，可构成三种基本控制方式，即机跟炉、炉跟机和机炉协调控制方式。

（一）炉跟机控制方式

图 4-1 所示为单元机组炉跟机控制方式示意。当外界"负荷要求"增大时，负荷要求 P_0 与机组实发功率 P_E 出现偏差（$P_0 - P_E$），通过汽轮机控制器立即开大汽轮机进汽阀，增加汽轮机进汽量，从而迅速改变发电机的输出功率，使其和负荷要求指令相一致。当汽轮机进汽阀开度增大后，锅炉主蒸汽压力 p_T 随之降低，通过锅炉控制器增加锅炉的燃烧率（包括调煤调风、燃烧率——单位时间燃料燃烧发热量）及控制给水量，使输入锅炉的能量和物质与锅炉的输出量相平衡。但燃料的燃烧、传热、水的蒸发等过程都需要一定的时间，这将会造成主蒸汽压力的波动。例如，当燃烧率扰动时，若 μ_B 增加，则 p_T 上升，蒸汽流量

D 增加，而汽轮机侧为了保持输出功率，则通过汽轮机控制器使汽轮机进汽阀关小，而 μ_{T} 关小将会导致 p_{T} 上升，其结果将进一步加剧主蒸汽压力的变化，造成较大的主蒸汽压力波动。

从上述控制过程可知，这种控制方式的特点是汽轮机控制负荷，锅炉控制主蒸汽压力。在控制负荷过程中，锅炉跟随汽轮机而动作，故称为炉跟机（也称为锅炉跟随或以机为主）控制方式。这种控制方式的优点是充分利用了锅炉的蓄热来迅速适应负荷的变化，对机组调峰调频有利。缺点是主蒸汽压力变化较大，甚至可能超出允许范围，这将对机组的安全经济运行不利。在大型单元机组中，锅炉的蓄热能力相对减小，对于较小的负荷变化，在主蒸汽压力允许的变化范围内充分利用锅炉的蓄热以迅速适应负荷是有可能的，这对电网的频率控制也是有利的。但是，在"负荷要求"变化较大时，汽压变化就太大，则会影响锅炉的正常运行。尤其对于直流锅炉，蓄热能力比汽包锅炉小得多，则采用锅炉跟随的控制方式来适应较大的负荷变化，实际上是不可能的。

当单元机组中锅炉设备及其辅机运行正常，而机组的输出功率受到汽轮机设备及其辅机的原因限制时，可以采用这种锅炉跟随汽轮机的控制方式。

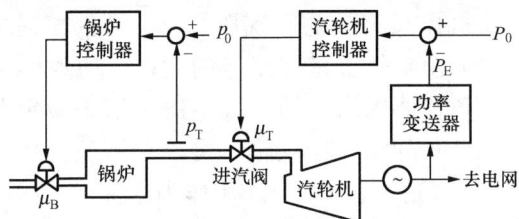

图 4-1　炉跟机控制方式示意　　　　　图 4-2　机跟炉控制方式示意

（二）机跟炉控制方式

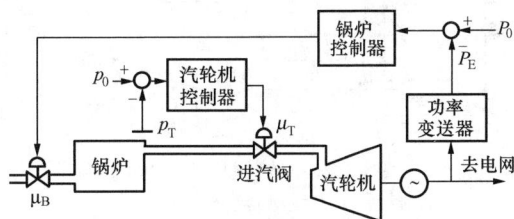

图 4-2 为单元机组机跟炉控制方式示意。当"负荷要求" P_0 增加时，锅炉控制器输出信号控制锅炉的燃烧率 μ_{B}（煤、风及给水）。经过一段迟延时间后，锅炉的蒸发量和蒸汽压力 p_{T} 逐渐增大，再通过汽轮机控制器去开大汽轮机进汽阀，使进入汽轮机的蒸汽量增加，机组实发功率 P_{E} 增加，以适应负荷要求指令 P_0。当汽轮机进汽阀开度 μ_{T} 变化后可以很快地改变主蒸汽压力 p_{T}，因此可以使主蒸汽压力 p_{T} 变化很小。在负荷要求 P_0 发生变化时，锅炉燃烧率 μ_{B} 改变后需经一些时间才能改变输出功率 P_{E}，因此机组对负荷响应较慢。此外，在锅炉侧燃烧率扰动时，主蒸汽压力和蒸汽流量将发生变化，汽轮机控制器为保持主蒸汽压力而改变汽轮机控制阀开度 μ_{T}，使输出功率 P_{E} 发生变化。

这种控制方式的特点是锅炉控制负荷，汽轮机控制主蒸汽压力。在保证主蒸汽压力稳定的情况下，锅炉提供多少蒸汽，汽轮机就输出相应的功率，汽轮机跟随锅炉而动作，故称为机跟炉（汽轮机跟随或以炉为主）控制方式。这种控制方式的优点是在运行中主蒸汽压力相当稳定（主蒸汽压力变化很小），有利于机组的安全经济运行。缺点是由于没有利用锅炉的蓄热，只有在锅炉改变燃烧率造成蒸发量改变后，才能改变机组的出力，这样适应负荷变化能力较差，不利于机组带变动负荷和参加电网调频。这种控制方式适用于承担基本负荷的单元机组，或当机组刚刚投入运行经验还不够时，采用这种系统可使主蒸汽压力稳定而为机组稳定运行创造条件。当单元机组中汽轮机设备及其辅机运行正常，而机组的输出功率受到锅炉设备及其辅机的原因限制时，也可以采用这种机跟炉控制方式。

（三）机炉协调控制方式

机跟炉或炉跟机控制方式，基本上都是锅炉、汽轮机相对独立运行的方式。控制系统并没有把机、炉的运行协调起来。因此，不论机跟炉还是炉跟机控制方式都不能满足"既要迅速适应负荷的变化，又要保持主蒸汽压力在允许范围内"的基本要求。但可在上述两种控制方式的基础上加以改进成为两种协调控制方式。改进的主要途径是：机组在负荷变化的动态中，要利用锅炉的蓄热以加快对负荷变化的响应速度；采用非线性元件限制主蒸汽压力的变化范围；对锅炉控制加负荷前馈信号，以减小锅炉对负荷变化响应的惯性。

1. 以炉跟机为基础的协调控制

单元机组以炉跟机为基础的协调控制系统如图 4-3 所示。它是在炉跟机控制方式中将功率偏差信号 ΔP（$\Delta P = P_0 - P_E$）并行地送入汽轮机控制器和锅炉控制器，加入非线性环节和前馈信号 P_0 的比例微分作用形成的。

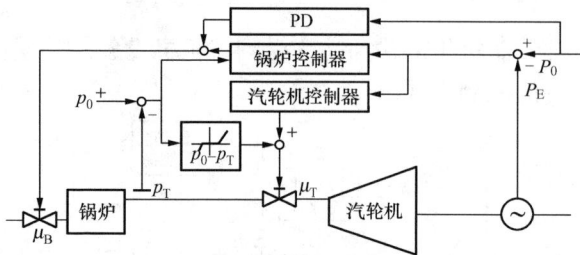

图 4-3　以炉跟机为基础的协调
控制系统示意

设"负荷要求"P_0 增大，功率偏差信号 ΔP 并行地送入汽轮机控制器和锅炉控制器，汽轮机控制器迅速开大汽轮机控制阀，主蒸汽压力 p_T 降低，锅炉放出蓄热，蒸汽流量增大，以暂时适应负荷要求增大的需要。由于锅炉对负荷变化的响应较汽轮机慢，采用负荷要求 P_0 通过比例微分作用作为送往锅炉的前馈信号，以补偿锅炉的惯性和迟延。如果负荷要求增长的速率和幅度较大，可能引起主蒸汽压力 p_T 的变化幅值过大，则当主蒸汽压力偏差 $|p_0 - p_T| \geqslant \Delta$（死区）时，死区组件将发出限制汽轮机控制阀继续开大或回关的信号，以保证主蒸汽压力 p_T 在允许范围内变化。主蒸汽压力偏差信号（$p_0 - p_T$）同时送入锅炉控制器，加强对锅炉的控制作用，以补充由于主蒸汽压力变化引起锅炉蓄热量变化所需附加的燃料量。控制结束时，达到 $P_E = P_0$，$p_T = p_0$ 的平衡状态。图 4-3 所示系统的特点是能补偿锅炉的惯性和迟延，加强对锅炉的控制作用。目前，以炉跟机为基础的协调控制系统得到广泛应用。

从主蒸汽压力偏差对汽轮机控制阀开度 μ_T 变化的限制可以看出，尽管可以减少主蒸汽压力的较大波动，但同时也减慢了输出功率 P_E 响应负荷要求指令 P_0 的速度，实质上是以降低功率响应性能为代价来提高主蒸汽压力控制的品质。因此协调的结果是兼顾了负荷响应和主蒸汽压力稳定两个方面的控制质量。

2. 以汽轮机跟随为基础的协调控制

单元机组以机跟炉为基础的协调控制系统如图 4-4 所示，它是在机跟炉控制方式中加入非线性环节和前馈信号 P_0 的比例微分作用、主蒸汽压力 p_T 的微分作用形成的。

汽轮机跟随控制方式的特点是适应电网负荷需求的能力较差，但主蒸汽压力波动小，不能充分利用锅炉的蓄热量。为了提高适应电网负荷的能力，通过非线性元件将功率信号引入汽轮机控制回路。当负荷要求 P_0 增大时，功率偏差信号 ΔP（$\Delta P = P_0 - P_E$）送入锅炉控制器，增大燃烧率。与此同时，通过非线性元件暂时降低主蒸汽压力给定值，汽轮机控制器就发出开大汽轮机控制阀的指令，使输出功率 P_E 迅速增加；反之，当减负荷即 $\Delta P < 0$ 时，

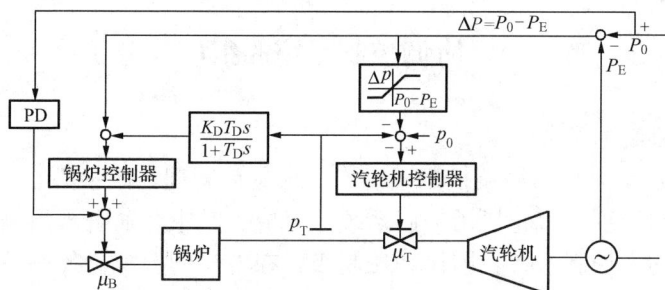

图 4 - 4 以机跟炉为基础的协调控制系统示意

增大主蒸汽压力给定值，汽轮机控制器发出关小汽轮机控制阀的指令，迅速减小输出功率 P_E。非线性元件是一个双向限幅的比例器，它可以输出一个与 ΔP 成比例的信号，暂时地改变主蒸汽压力的给定值 p_0，从而使锅炉的蓄热得到利用，用以提高负荷适应性。当 ΔP 超过这个区域时，非线性环节的输出不再变化（水平段饱和区），即主蒸汽压力给定值不再变化。可见这种 p_T 给定值的改变只限定在一定的范围内，以免主蒸汽压力偏离给定值超过允许范围。

为了补偿锅炉负荷响应的惯性和汽轮机控制阀开度变化对锅炉控制系统的影响，采用 P_0 经比例微分（PD）作用后作为锅炉的前馈信号，这样能提前和加强控制锅炉的燃烧率，改善锅炉负荷响应特性的惯性。

当负荷要求 P_0 不变时，如果由于某种扰动使汽轮机控制阀开度变化，机组实发功率 P_E 随之变化。这个扰动将使锅炉控制系统动作，不利于机组稳定运行。为了减少汽轮机控制阀开度扰动对锅炉控制系统的干扰，在锅炉控制器入口加入 p_T 的微分信号，用以补偿 P_E 变化的影响。只要微分器参数 K_D、T_D 选择得合适，当汽轮机控制阀动作时，锅炉控制器入口 $\Delta P + p'_T \approx 0$（$p'_T$ 为 p_T 的微分信号），即不受汽轮机控制阀动作的干扰。

由于负荷要求指令改变时，汽轮机侧为配合锅炉侧的燃烧率 μ_B 的改变而同时改变了汽轮机控制阀开度 μ_T，暂时利用了锅炉的蓄热能力，所以功率响应速度加快，但同时主蒸汽压力的波动也会因此加大，实质上是以降低主蒸汽压力控制的品质为代价来提高功率响应的速度。因此协调的结果兼顾了负荷响应和主蒸汽压力稳定两个方面的控制质量。

这两种单元机组的协调控制系统，尽管形式各异，但有一些共同点：

（1）前面介绍的系统都为前馈-反馈的协调控制系统，一般还带有非线性控制环节。前馈、反馈和非线性控制部分各自分担着不同的任务，其作用都是为实现机、炉的协调控制。

（2）前馈控制的作用是补偿机组的动态迟延和惯性，加快负荷响应，以及保持负荷指令与机、炉主控制指令之间满足一定的静态关系，在控制过程中起"粗调"作用。

（3）采用非线性控制环节可使主蒸汽压力在规定的允许范围内变化，以利用机组的蓄热能力，提高负荷响应速度。

（4）协调控制系统的控制精度和克服内扰的能力主要靠反馈控制保证，反馈控制是协调控制的基础，在控制过程中起"细调"作用。

第二节　协调控制系统的组成与分析

一、协调控制系统的组成

如图4-5所示，单元机组协调控制系统主要由负荷管理控制中心（LMCC）和机炉主控制器以及锅炉子控制系统、汽轮机子控制系统等组成。其中负荷管理控制中心和机炉主控制器为协调控制系统的主控制系统，即协调控制级，在电厂的模拟量控制系统中我们将其主控制系统也称简称为协调控制系统。锅炉子控制系统与汽轮机子控制系统为基础控制级，而锅炉与汽轮机则是协调控制系统的控制对象。

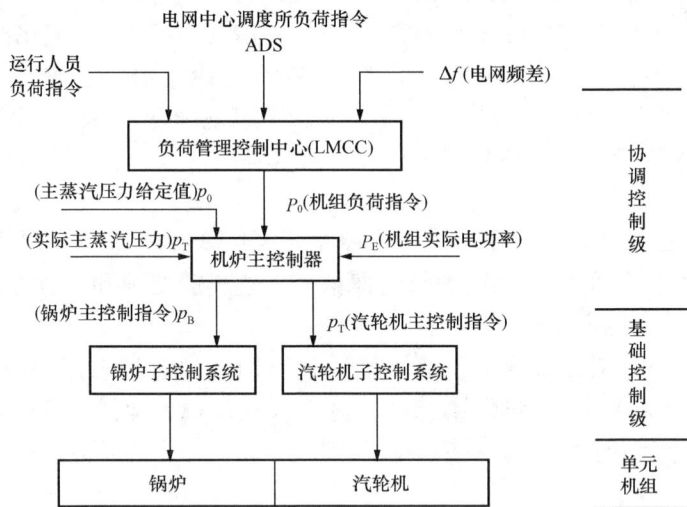

图4-5　协调控制系统的组成

二、负荷管理控制中心

负荷管理控制中心（LMCC）是协调控制系统的一个重要组成部分，它的主要作用是：对机组的各负荷请求指令（电网中心调度所负荷自动调度指令 ADS、运行人员的操作指令）进行选择和处理，并与电网频率的偏差信号一起，形成机组主辅设备负荷能力和安全运行所能接受的具有一次调频能力的机组负荷指令 P_0，并作为机组电功率的给定值信号，送入机炉主控制器。

负荷管理控制中心功能主要由计算机来实现，其主要功能为：一是机组负荷给定值的控制及显示，二是负荷方式的切换及主蒸汽压力的定值等的设定内容。负荷控制面板（LDC）（CRT画面及专用键盘）是负荷管理控制中心与操作运行人员的交互界面，机组运行人员可通过LDC进行如下操作：增/减目标负荷、最大/最小负荷设定、负荷变化率的设定、运行方式的选择、中调指令的选择、机组负荷保持等。

机组指令系统接受外界的信号有三个：ADS（中调指令）、Δf（电网频差信号）和由 M/A 将 ADS 切至手动的机组值班员的操作指令。

机组负荷指令处理回路在接受中调指令或机组值班员指令以及经修正的电网频率指令后，将它送入加法器综合形成目标负荷指令，经过变负荷率限制及负荷高、低限制后作为机组协调控制系统的实际负荷控制指令。在经过一些保护性限制以后（如迫升、迫降、RUN BACK 等），形成最终的负荷指令 P_0。

其实协调控制系统主要是解决两个问题：一是负荷指令的生成，一是控制方式的选择。这两个问题解决好了，就可以实现锅炉和汽轮机的在任何情况下的协调控制任务。至于锅炉和汽轮机本身的控制系统，他们仍按各自的要求完成他们的工作，在协调控制系统中只要求他们各自在良好的工作状态中就行了。而负荷管理控制中心（LMCC）及机炉主控制器就是完成这两项工作的。

三、机炉主控制器

机炉主控制器接受机组负荷管理控制中心来的 P_0 信号，根据机组当前的运行条件及要求，由操作人员来选择合适的控制方式，并由机炉主控制器进行控制运算，生成锅炉控制指令 P_B 和汽轮机控制指令 P_T 给锅炉与汽轮机的子控制系统，让锅炉、汽轮机在机组允许的参数范围内满足负荷的要求。机炉主控制器接收的信号为负荷管理控制中心来的负荷信号 P_0、实际功率信号 P_E、主蒸汽压力 p_T 及压力设定值 p_0、第一级压力 p_1 和汽包压力 p_b，机炉主控制器输出的信号为锅炉控制指令 P_B 和汽轮机控制指令 P_T。协调控制系统的控制算法都是由机炉主控制器完成的。

四、协调控制系统在实际火电机组中的具体功能

（1）根据机组的运行状态和电网对机组的要求选择不同的外界负荷指令，外界负荷指令有三种，一是电网中心调度所所分配的负荷指令（ADS），二是机组运行人员所设置的负荷指令，三是电网频率偏离规定值时自动生成的负荷指令。当机组运行正常，电网要机组参加调频时，三种指令同时送入负荷管理中心，这时机组处在协调控制的方式下。如果机组运行不正常，就要选择别的控制方式。

（2）限制负荷的变化速率。外部负荷指令对机组的负荷要求都是一个以增减为目标的阶跃信号，这种阶跃信号机组因为热应力的关系并不能接受，因此，应根据机组的变负荷能力对负荷指令的变化速率进行限制，既把这种阶跃信号处理成为一个斜坡信号，这种斜坡信号的斜率一般是在 3%～5% 额定负荷/分钟（P_E/min）。这种信号的频率就是负荷变化率。负荷变化率的大小是由机组的承受能力而决定的。

（3）甩负荷保护。当机组部分辅机发生故障的时候，不管外部指令对机组的负荷要求是什么，为了保证机组的正常运行，必须把负荷强行降到合适的水平，并根据不同设备的故障情况，把甩负荷速率限制在允许的范围内。

（4）最高负荷的限制。对机组的负荷要求不能超过机组的允许出力，并以这个最大的允许出力，作为机组的负荷的高限值。

（5）根据机组的运行状态选择不同的控制方式。对于单元机组来说，机炉协调起来控制负荷、稳定参数的控制方式，是一种可以达到最好效果的控制方式，当现实中的机组，由于主辅设备和控制仪表的完好状况的不同，在电网中承担负荷（承担基本负荷，还是参与调峰）的情况的变化，以及运行中某些特殊的情况（如试验）的要求，它不可能总是在一种控制方式下运行。为适应不同的情况，而设置有多种控制方式可供选择。

（6）进行机组实际出力运算，实现负荷的闭锁增、闭锁减、迫升、迫降及保持。

当辅助设备工作在极限状态时，或者机组中一些主要的流量（燃料量、给水量、风量）的实际值与负荷指令不相符合时，机组的负荷指令应迫升或迫降到主要流量相适应的适当值。

当机组的实际负荷指令超过了机组的允许的高限负荷或低限负荷时，实际负荷应被"闭锁增"或"闭锁减"。

当故障原因不明时，为了不使故障扩大，往往采取"保持"，将负荷保持在当前值。

第三节　1000MW 机组协调控制系统实例

某电厂 1000MW 机组协调控制系统为单元机组级的控制，主要协调机炉对负荷及压力的控制，它主要由负荷指令处理回路、机炉主控制器两大部分构成。负荷指令处理回路主要实现 AGC 目标负荷或运行人员目标负荷的选择、一次调频投切、高低负荷限幅、负荷变化速率限制、负荷闭锁增/减、负荷指令保持/进行选择、辅机跳闸 RB 等功能，以及燃料控制回路。机炉主控制器是协调主控系统的核心，主要实现机炉运行方式选择及切换，机炉主控指令运算等功能。

一、负荷指令处理回路

负荷指令处理回路的任务是根据机组的运行状况，对来自外部的负荷请求信号（ADS 负荷指令、人工手动设置指令及频差负荷校正指令）和来自内部的负荷信号（实发功率信号和机组允许最大功率信号）进行选择和处理，生成机组可以接受的目标负荷指令（unit load demand，ULD），简称负荷指令。

不同的设计思路可以设计出各种风格的 ULD 计算回路，但基本组成则大同小异。以下介绍主回路中的各个功能环节，如 RB/RD 及 RUP 的方式请求、RB/RD 降负荷率的生成、RU 功能的实现、RB/RD/FCB 的区别、控制模式的选择以及闭锁增、闭锁减功能的实现，然后介绍 ULD 负荷指令运算主回路。

（一）机组允许最大负荷能力计算

返航指令（或返航目标值）是机组在返航方式下的允许最大负荷能力值。机组的返航方式是指机组的主要辅机设备及其相关系统出现异常情况时，机组负荷指令计算回路的一种工作方式。

1. 异常状况分类

机组的异常情况可以分为两类：一类是有明确原因，可以进行监测，如一台风机故障跳闸，一台磨煤机故障跳闸等，这类异常情况称为跳闸型故障；另一类是没有明确原因的，或者产生的原因无法直接进行监测，而只能通过一些间接指标进行判断。如给水泵出力已达100%，但给水流量实际值比给水流量指令小，且超过了容许范围，这类异常情况称为非跳闸型故障。当机组出现异常状况时，最直接的影响是机组负荷能力的降低。

返航请求信号一般由两种请求信号组成：一种为 RUN BACK（RB），称为快速减负荷请求信号；另一种为 RUN DOWN（RD），称为强迫降负荷请求信号。还有称为迫升请求信号 RUN UP（RU）和 FAST CUT BACK（FCB）快速切负荷的信号。

2. RUN BACK 信号的生成

通常 RB 信号是由跳闸型故障产生，迫降、迫升由非跳闸型故障产生。RB 信号是重要辅机发生跳闸型故障而产生的。RB 即机组辅机故障减负荷，它是为了保证机组负荷指令在任何时候都不超过锅炉负荷能力。一旦机组负荷指令超过锅炉负荷能力，则以预定的速率减少燃料量指令，直至机组负荷指令小于或等于锅炉负荷能力。

发生 RB 时，为了使锅炉输入指令快速下降，锅炉侧相应子控制回路（如给水，燃料，送风、一次风机和炉膛压力等）均应在自动控制方式。此外，为了达到快速稳定压力控制以防止由于锅炉输入指令变化造成主蒸汽压力波动的目的，还需要使汽轮机主控处于自动运行方式，且主要信号（MW、MWD、BD、MSP）正常。

在机组正常运行时如果出现锅炉或汽轮机重要辅机事故跳闸的工况，锅炉输入指令将会按照预先设定的速率快速下降，下降速率根据跳闸辅机的种类不同而有所不同。这些辅机包括：磨煤机、给水泵（FWP）、空气预热器、送风机（FDF）、引风机（IDF）、一次风机（PAF），其逻辑如图 4-6 所示。如果不作上述处理，机组将不能继续稳定运行。当机组发生磨煤机 RB、给水泵 RB、空气预热器 RB、送风机 RB、引风机 RB、一次风机 RB 时，锅炉输入指令将一直下降到剩余运行辅机所能允许的负荷水平为止。RB 动作情况见表 4-1。

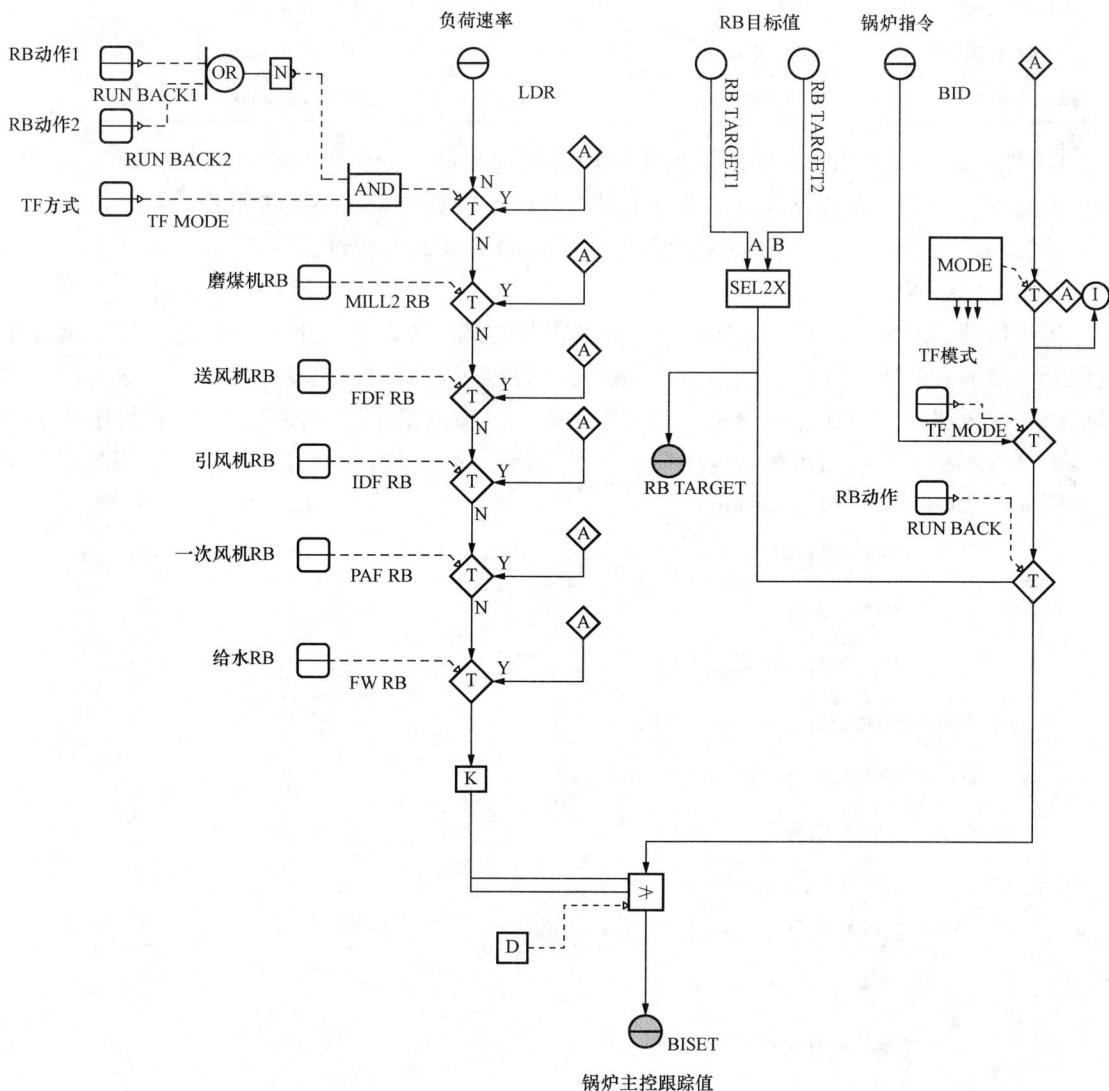

图 4-6 RB 逻辑

在图 4-6 中,对于 IDF/FDF/PAF/FWPRB,当 RB 投入,如果两台辅机运行有一台跳闸,同时单元机组负荷指令高于运行辅机的最大出力,则发出 RB 动作信号;RB 退出或机组实发功率低于运行辅机的最大出力或 RB 动作 1min 后实发功率下降率连续 20s 小于10MW/min,RB 复位。

当 FSSS 系统收到 RB 动作信号,连锁跳闸若干层燃烧器,并同时自动投入油枪助燃。具体辅机连锁逻辑和保护逻辑参见锅炉 SCS 及 FSSS 相关部分说明。

表 4-1　　　　　　　　　　　　　　**RB 动 作 情 况**

发生 RB 的原因	RB 发生后的运行情况	目标负荷	变化率	备注
磨跳闸	燃料 RB	<剩余磨带负荷能力	50%ECR/min	
汽动泵跳闸	一台汽动泵运行	50% ECR	100%ECR/min	
引风机跳闸	一台引风机运行	50% ECR	100%ECR/min	跳磨顺序 C、E、F,间隔为 10s
送风机跳闸	一台送风机运行	50% ECR	100%ECR/min	
一次风机跳闸	一台一次风机运行	50% ECR	200%ECR/min	

RB 期间,送风、引风、燃料、给水等调节系统测量值偏差大切手动逻辑暂时闭锁,以防止大面积切手动。参数异常时,运行人员应及时手动处理,保持系统平稳。

辅机的最大出力、RB 的退出条件及具体动作过程需试验验证。

3. BLOCK INC 信号的生成

机组负荷 BLOCK INC(闭锁增 BI),它是当机组在协调方式下升负荷时,如果出现主汽压低、负荷到高限、屏式过热器出口温度低、低温过热器出口温度低等时,或送风机、引风机、一次风机、水煤比、燃料给水交叉限制动作(减少给水)的控制指令已达极限或手动时,控制逻辑将发出机组负荷指令闭锁增,其功能是通过将负荷增方向的变化率切为零来实现。图 4-7 所示为闭锁增逻辑回路。

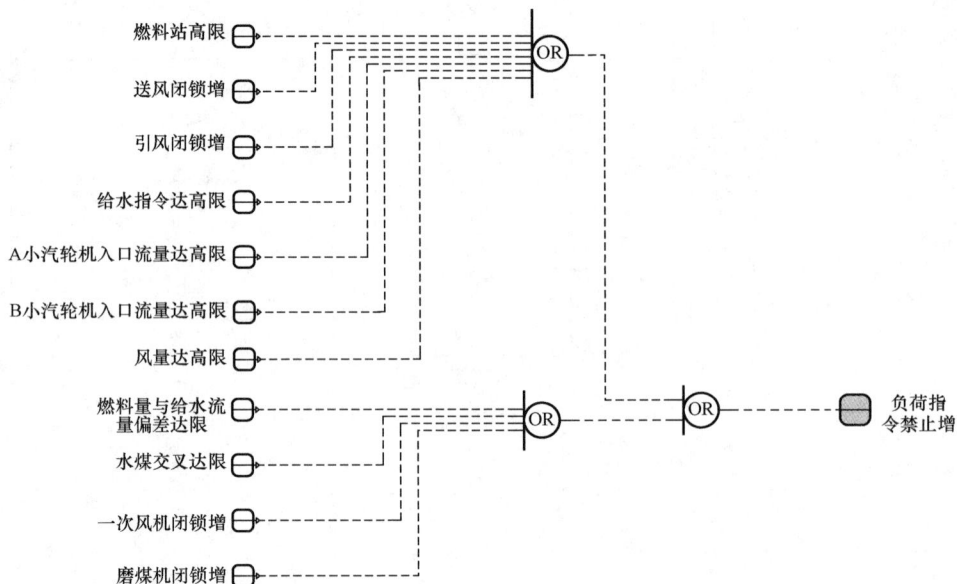

图 4-7　闭锁增逻辑回路

当以下任一条件满足时，机组发出闭锁增信号：

（1）燃料量控制上限（燃油流量控制阀全开，燃油压力高或给煤量最大）。

（2）送风调节闭锁增（总风量偏差 SP－PV 大或送风指令达最大）。

（3）炉膛负压调节闭锁增（炉膛负压偏差 SP－PV 大或引风指令达最大）。

（4）给水调节闭锁增（总给水流量偏差 SP－PV 大或自动状态的给水泵指令达最大）。

（5）A 小汽轮机入口流量达高限。

（6）B 小汽轮机入口流量达高限。

（7）风量达高限。

（8）燃料量与给水流量偏差达限。

（9）水煤交叉达限。

（10）主汽温调节闭锁增（末级过热器出口温度低或一级过热器出口过热度低）。

（11）一次风压调节闭锁增（一次风压偏差 SP－PV 大或自动状态的一次风指令达最大）。

（12）磨闭锁增。

（13）汽轮机主控指令达高限。

4.BLOCK DEC 信号的生成

机组负荷 BLOCK DEC（闭锁减 BD），它是当机组在协调方式下降负荷时，如果出现主蒸汽压力高、负荷到低限、燃料下限、给水下限、省煤器汽化、燃料给水交叉限制动作（减少给水）、燃料风量交叉限制动作（增加风量）信号时，控制逻辑将发出机组负荷指令闭锁减，其功能是通过将负荷减方向的变化率切为零来实现。图 4-8 所示为闭锁减逻辑回路。

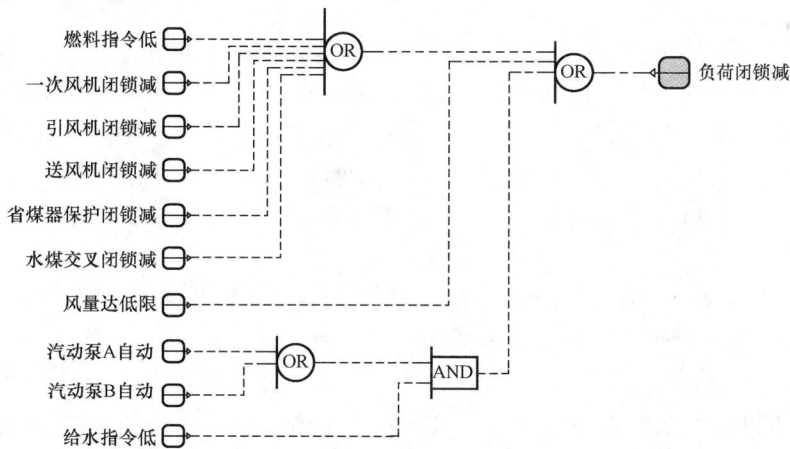

图 4-8　闭锁减逻辑回路

当以下任一条件满足时，机组发出闭锁减信号：

（1）汽轮机主控低限；

（2）燃料量控制下限；

（3）风量控制下限；

（4）给水控制下限；

（5）省煤器汽化；

（6）给水小于燃料量一定量交叉受限；

（7）燃料量小于风量一定量交叉受限；

（8）燃料量小于给水一定量交叉受限；

（9）频差小于－0.3Hz；

（10）功率指令下限受限。

所谓交叉限制功能，就是指在诸如给水、燃料和风量的每个流量需求指令上加上一些限制，以确保这些参数之间的不平衡在任何工况下都不会超出最大允许的限值。这些功能只有在相应的回路运行在自动方式下才有效。一般由燃料量给出给水流量指令的最大和最小限制、由给水流量给出燃料量指令的最大限制、由总风量给出燃料量指令的最大限制、由燃料量给出总风量指令的最小限制。

当机组出现禁升禁降条件时，相应方向的负荷变化率切为零，机组负荷指令只允许单方向变化。

（二）负荷指令处理回路

负荷指令处理回路主要实现自动发电控制（AGC）目标负荷或运行人员目标负荷的选择、一次调频投切、高低负荷限幅、负荷变化速率限制、负荷闭锁增减、负荷指令保持/进行选择、辅机跳闸 RB 等功能。某电厂 1000MW 机组负荷指令处理回路如图 4-9 所示，主要包括单元主控 M/A 站、目标负荷上、下限制、单元主控跟踪切换、速率限制、一次调频和负荷出力限制等部分。

1. 单元主控 M/A 站

单元主控 M/A 站，即 ADS M/A 站，可实现 AGC 方式和本机控制方式切换，以及目标负荷给定。

AGC 方式的控制策略和机组协调方式的控制策略唯一不同在于目标负荷指令的来源。当在机炉协调控制方式下满足自动发电控制的条件时，可以采用自动发电控制模式，此时机组的目标负荷指令由调度控制系统给定，操作员不能进行干预。在协调方式下，运行人员将单元主控 M/A 站投入自动，即为 AGC 方式。在 AGC 方式下，机组接受电网调度中心指令作为目标负荷；在本机控制方式下，由运行人员根据调度中心指示，在 ADS M/A 站上手动给出目标负荷。

（1）AGC 允许条件。图 4-10 所示的负荷指令逻辑中，下列条件全部成立时，机组允许投入 AGC 方式，"AGC ON" 为有效。

1）MWD＞300MW；

2）AGC 自动设定负荷指令与运行人员手动设定负荷指令的偏差小于±50MW；

3）没有负荷最大限制；

4）没有负荷最小限制；

5）频率大于 49.7Hz（60s 延时）；

6）频率小于 50.3Hz（60s 延时）。

AGC 方式下，单元主控 M/A 站处于自动方式。

在 AGC 投入时（AGC ON＝1），目标负荷设定值由机组 AGC 设定。

（2）AGC 投入。

1）接调度命令要求投入 AGC。

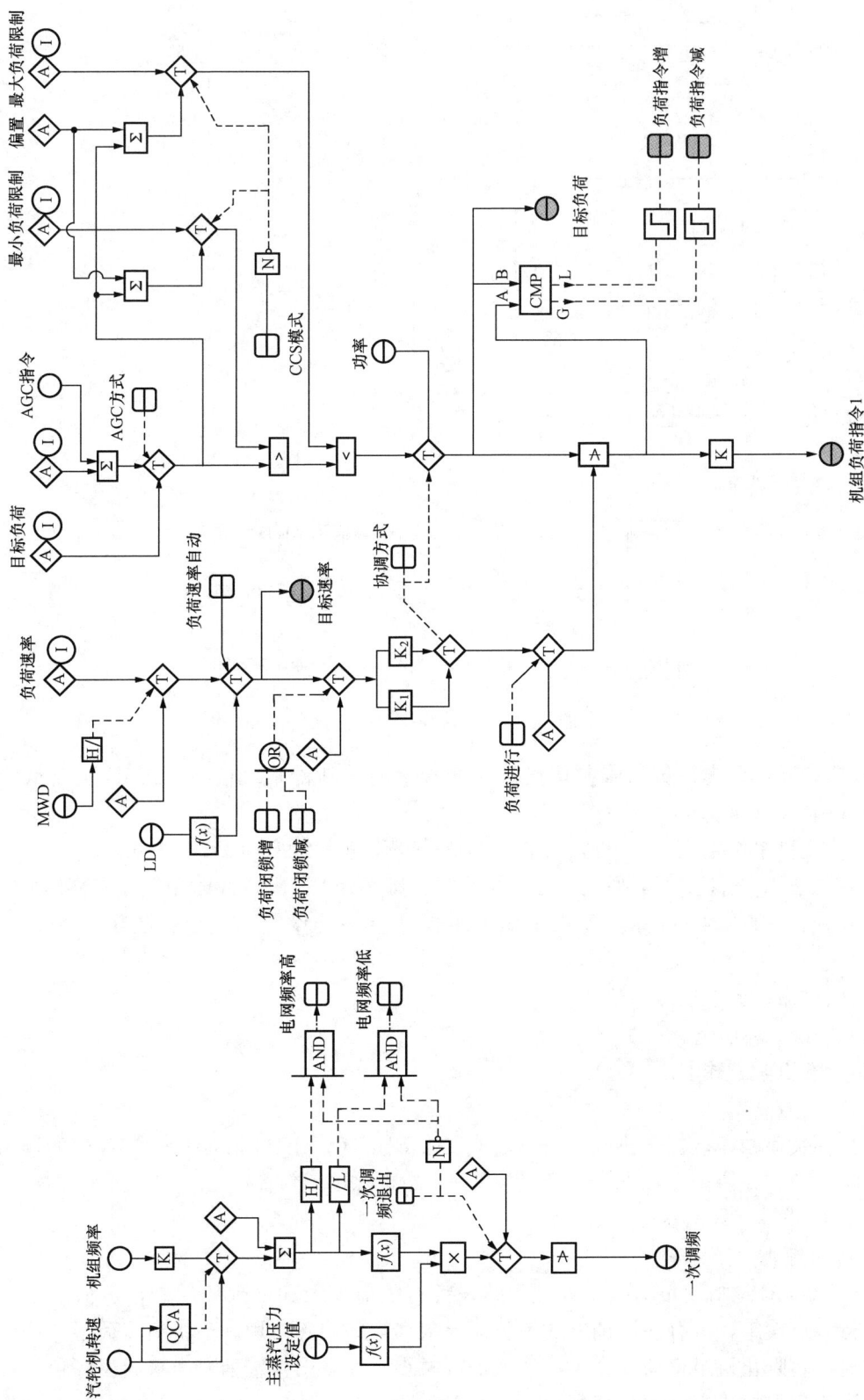

图 4 - 9　机组负荷指令处理回路

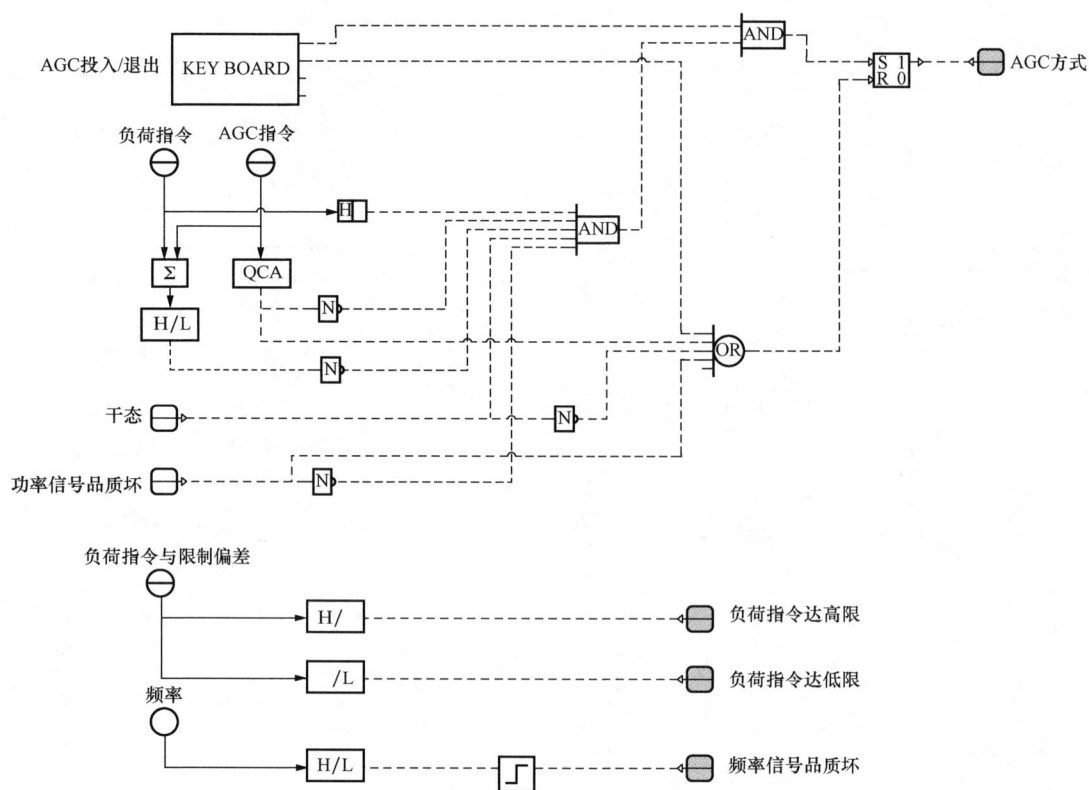

图 4-10　负荷指令逻辑

　　2）根据调度命令进行负荷限制值设定：三套及以上制粉系统运行，AGC 负荷低限为 500MW，高限为 1000MW。

　　3）负荷变化率设定：AGC 投入时要求的负荷变化速率为 3～12MW/min。

　　（3）AGC 退出条件。当下列任一条件满足时，则 AGC 退出，此时单元主控 M/A 站切换至手动方式，这时机组目标负荷设定值或由操作员手动设定，或根据机组的实际负荷信号：

　　1）接调度命令要求退出 AGC。

　　2）AGC 指令坏质量。

　　3）非干态协调方式下。

　　4）功率信号品质坏。

　　（4）目标负荷跟踪。在非协调方式下，或发生 RB/RD/RUP 时，ADS M/A 站的输出自动跟踪实际负荷。在协调方式下，单元主控 M/A 站跟踪单元负荷指令。

　　（5）AGC 联络信号见表 4-2。

　　2. 目标负荷上、下限制

　　某电厂 1000MW 机组负荷指令处理回路设计有负荷上限和下限的限制，负荷上限和下限可由运行人员设定，只有在协调方式下负荷上限和下限才起作用。当机组负荷指令达到高限或低限时，将阻止机组负荷指令进一步增加或减小，并发出报警信号。机组目标负荷经上限和下限限制后形成机组给定负荷指令。发生 RB 时，不受低限值限制，并以实际指令修正低限值，以实现从 RB 到协调方式的无扰切换。

表 4 - 2 　　　　　　　　　　　　AGC 联络信号

信号名称	信号方向	信号名称	信号方向
有功目标值	中调—DCS	机组负荷达到低限	DCS—中调
有功目标返回值	DCS—中调	AGC 投入/退出返回信号	DCS—中调
AGC 请求投入/退出	中调—DCS	越最大调节幅度，拒绝执行该命令	DCS—中调
机组当地/远方控制投入	DCS—中调	调频投入信号	DCS—中调
机组最大出力	DCS—中调	AGC 指令增负荷闭锁	DCS—中调
机组最小出力	DCS—中调	AGC 指令减负荷闭锁	DCS—中调
机组实际升/降负荷率	DCS—中调	AGC 指令与机组实际负荷不一致	DCS—中调
机组允许升/降负荷率	DCS—中调	快速减负荷	DCS—中调
发电机出口开关闭合	DCS—中调	AGC 备用状态	DCS—中调
机组负荷达到高限	DCS—中调	PSS 投入退出	DCS—中调

3. 负荷速率限制

负荷速率由运行人员在操作画面上设定，负荷速率由试验确定。在以下情况下按预定负荷变化率设定：

(1) 保持命令时负荷变化率设为 0%/min。

(2) 负荷增加闭锁增操作时负荷变化率增加设为 0%/min。

(3) 负荷减少闭锁减操作时负荷变化率减少设为 0%/min。

4. 一次调频投切

为了保持机组负荷需求与汽轮机调速器的动作相适应，频率协调是必要的。当电网频率发生扰动时，汽轮机调速器将直接迅速地按比例调整汽轮机调节阀以校正频率扰动。当频率偏差存在时，为了避免锅炉控制系统和汽轮机调速器之间不正确的相互影响，频率协调将引导机组负荷需求与汽轮机调速器所需要的负荷条件相匹配。频率偏差信号加到机组给定负荷回路，以便和汽轮机本身的一次调频功能相适应。

一次调频功能有一个不灵敏区，当电网频率在该不灵敏区波动时，如果汽轮机本身的一次调频功能改变了机组负荷，锅炉侧控制系统将把负荷重新拉回到原来值。单一比例控制器必须具有与汽轮机调速器一样的比例增益和死区设定。频率偏置只有在协调方式下由运行人员决定的投入和退出按钮才能起作用，当锅炉或汽轮机处于手动控制或机组正在因辅机故障减负荷时，机组负荷需求的频率协调必须终止，另外加入主蒸汽压力设定值对机组参与电网一次调频的积极程度进行干预。为了防止对锅炉输入控制指令的影响以及为了保证锅炉在安全范围之内运行，频率偏置回路还设计了最大、最小限制回路和速率限制功能。

频率偏差信号加上目标负荷，以补偿系统频率偏差。然后两个信号的和通过"负荷限制器"的选择器（高值和低值选择器）。"负荷限制器"的输出信号就是所谓的"机组给定负荷"。机组给定负荷信号然后分配给汽轮机主控和锅炉主控。

5. 负荷指令保持/进行选择

在协调方式下，每进行一次目标负荷调整，都必须操作在操作画面上，进行负荷"进行/保持"确认，确认后目标负荷进入"进行"方式。当目标负荷升降到位时，自动切换到"保持"状态。

投入 AGC 方式，自动选择（脉冲 3s）"进行"方式；在协调方式下，磨煤机跳闸后如果机组出力限制，目标负荷降低时自动选择"进行"方式。

运行人员可根据实际运行情况，进行"进行/保持"方式切换。在非协调方式下，自动选择"进行"方式，负荷指令自动跟踪实际负荷。

6. 负荷出力限制

在机组正常运行时，如果出现锅炉或汽轮机重要辅机事故跳闸的工况时，发生 RB、BI/BD、RU/RD 则机组目标负荷根据机组运算的最大出力进行变化。

7. 机组负荷指令的生成

在图 4-10 中，来自 AGC 的目标负荷指令（AGC 方式）或运行人员设定的目标负荷指令（协调方式下）经过机组的上，下限限幅后，通过速率限制后，综合一次调频信号后产生单元负荷指令信号。

当机组出力受限时，单元负荷指令等于辅机最大出力运算值。负荷上限和下限设定值由运行人员在 CRT 上设定。

机炉协调控制方式没有投入时，机组负荷上限设定值强制为发电机实际功率加 10MW，下限设定值强制为发电机实际功率减 10MW。这样在投入协调控制方式前，运行人员不需要手动设定机组负荷上下限值。

在投入协调控制方式后，运行人员可根据需要手动设定机组负荷上限和下限值。逻辑中有机组负荷下限值不能高于上限值和上限值不能低于下限值的闭锁。

机炉协调控制方式投入但机组目标负荷大于磨组出力能力时，如果机组负荷下限设定值大于磨组出力能力，机组负荷下限设定值自动下降到磨组最大出力能力，这时机组负荷上限设定值保持不变。

机炉协调控制方式投入且机组目标负荷小于磨组出力能力时，在协调控制画面板可以进行机组目标负荷高、低限值设定。

负荷上限和下限设定连锁：

（1）当负荷上限大于目标负荷时，负荷上限减小操作闭锁，目标负荷增加操作禁止。

（2）当负荷下限小于目标负荷时，负荷下限增大操作闭锁，目标负荷减小操作禁止。

二、机组的运行方式选择

机组协调控制系统为单元机组级的控制，协调机炉对负荷及压力的控制，主要由负荷指令处理回路、机炉主控制器两大部分构成。负荷指令处理回路，主要实现 AGC 目标负荷或运行人员目标负荷及定压方式下目标主汽压的选择、定滑压选择、负荷及主蒸汽压力变化率设置、CCS 一次调频投切、高低负荷限幅、负荷变化速率限制、负荷闭锁增减、负荷指令保持/进行选择、辅机跳闸 RB 等功能，以及燃料调节回路。机炉主控制器是协调主控系统的核心，主要实现机炉运行方式选择及切换、机炉主控指令运算等功能。

某电厂 1000MW 机组机炉协调控制系统共设置下列四种运行方式：

（1）协调控制方式（coordinated control mode，CCS）。

（2）锅炉跟随方式（boiler follow mode，BF）。

（3）汽轮机跟随方式（turbine follow mode，TF）。

（4）基本方式（BASE）。

运行人员可以通过选择机、炉主控 M/A 站手自动方式，来选择不同的运行方式。

此外，作为超超临界机组的锅炉，根据锅炉产汽量的变化特点，也区分有两种不同的运行方式，即湿态方式（wet mode）和干态方式（dry mode）。它们的分界点大约在锅炉产生的蒸汽流量等于锅炉最小给水流量的工况点上。

如果锅炉产生的蒸汽流量小于锅炉最小给水流量，称为湿态方式；如果锅炉产生的蒸汽流量大于锅炉最小的给水流量，称为干态方式。

湿态方式下，锅炉可以被视为汽包锅炉，只有干态方式才具有直流锅炉的特点。因此，根据锅炉湿态运行方式和干态运行方式的不同，控制策略也会有较大的差异。

（一）机组的运行方式

从机炉协调控制系统需要控制的两个主要过程参数（机组功率和主汽压力）来说，某电厂 1000MW 协调控制系统设计有以下四种机组运行方式，其运行方式见表 4-3。

表 4-3　　　　　　　　　　　机 组 运 行 方 式

控制方式		控制条件
COORD	干态	·发电机已同步 ·汽轮机主控：MW 控制（MW 由运行人员或中调设定） ·锅炉输入控制：跟随 MWD 和 P_T 控制 　给水流量控制/燃料量控制/风量控制/炉膛压力控制：自动 ·水燃料比（WFR）控制：屏式过热器出口温度控制、顶棚温度、过热度控制 ＊ BID＝MWD＋P_T 控制修正（MWD～MW 目标和负荷率设定）
	湿态	·发电机已同步 ·汽轮机主控：MW 控制（MW 由运行人员中调设定） ·锅炉输入控制：跟随 MWD 　给水流量控制/燃料量控制/风量控制/炉膛压力控制：自动 ·燃水比（WFR）自动或高压旁路汽压控制自动 ＊ BID＝MWD（MWD～MW 目标和负荷率设定）
BF	干态	·发电机已同步 ·汽轮机主控：手动 ·锅炉输入控制：跟随 MWD 和 P_T 控制 　给水流量控制/燃料量控制/风量控制/炉膛压力控制：自动 ＊ MWD＝MW（MW 跟踪） ＊ BID＝MWD＋P_T 控制修正
	湿态	·发电机已同步 ·汽轮机主控：手动 ·锅炉输入控制：跟随 MWD 　给水流量控制/燃料量控制/风量控制/炉膛压力控制：自动 ·水燃料比（WFR）控制自动或高压旁路汽压控制自动 ＊ MWD＝MW（MW 跟踪） ＊ BID＝MWD（速率限制）

续表

控制方式		控制条件
TF	干态	·发电机已同步 ·无 COORD 或 BF 方式 ·DEH 处于初压模式 * MWD=MW（MW 跟踪） * BID～BI 跟踪和负荷设定（BI 跟踪由运行人员设定） * 在 RB 情况下，BI 目标设定到预先设定 RB 目标负荷。
	湿态	·发电机已同步 ·无 COORD 或 BF 方式 ·DEH 处于初压模式 * MWD=MW（MW 跟踪） * BID～BI 跟踪和负荷设定（BI 跟踪由运行人员设定）
BM	干态	·DEH 处于本地功率模式 ·无 COORD 或 BF 方式 ·给水流量控制：手动 * MWD=MW（MW 跟踪） * BID=Fx（给水流量）或 MW（在给水流量信号故障的情况下） 　Fx：根据静态特性把给水流量转换成负荷指标信号。 ·给水流量控制：自动 * BID=MWD
	湿态	·DEH 处于本地功率模式 ·发电机没同步或已并网 * MWD=MW（MW 跟踪） * BID=MWD（速率限制）

1. 机炉协调控制方式（CCS）

当汽轮机主控和锅炉主控均投自动时，机组运行方式就是 CCS 协调方式。在 CCS 协调方式下，锅炉主控主要控制主蒸汽压力，汽轮机主控主要控制机组负荷。在 CCS 协调方式下，当主蒸汽压力实际值与给定值（滑压运行方式下，主蒸汽压力给定值是负荷的函数）偏差超过一定数值时，汽轮机主控参与主蒸汽压力调节。当负荷实际值与给定值偏差超过一定数值时，锅炉主控参与负荷调节。在 CCS 协调方式下，当发生锅炉主控或汽轮机主控任一退出自动时，CCS 协调方式自动退出。

机组一次调频分为"CCS 一次调频"和"DEH 一次调频"，按电网要求"DEH 一次调频"无投切按钮即始终处于投入状态。CCS 一次调频方式在"负荷管理中心"画面上可投切，它通过 CCS 协调控制系统起作用，CCS 协调控制系统解除或频率信号故障时自动解除 CCS 一次调频方式，但 CCS 协调控制系统投入时，不能自动投入 CCS 一次调频方式，须运行人员手动投入 CCS 一次调频方式。

2. 锅炉跟踪方式（BF）

当锅炉主控在自动，而汽轮机主控在手动时，机组运行方式为 BF 方式。在 BF 方式下，锅炉主控自动控制主蒸汽压力，汽轮机主控手动控制机组负荷。在 BF 方式下，当发生锅炉主控退出自动或汽轮机主控投入自动，BF 方式自动退出。BF 一般适用于锅炉运行正常，汽轮机部分设备工作异常或机组负荷受到限制。

3. 汽轮机跟踪方式（TF）

当汽轮机主控在自动，而锅炉主控在手动时，机组运行方式为 TF 方式。在 TF 方式下，汽轮机主控自动控制主蒸汽压力，锅炉主控手动控制机组负荷。在 TF 方式下，当发生锅炉主控投入自动或汽轮机主控退出自动时，TF 方式自动退出。TF 一般适用于汽轮机运行正常，锅炉主控不具备投入自动的条件。

4. 基本方式（BASE）

汽轮机主控和锅炉主控均在手动时，机组运行方式为 BASE 方式。

手动模式是一种低级的基础控制模式，BASE 一般适用于机组启动初期及低负荷阶段；机组给水控制手动或异常状态。

（二）决定机组运行方式的逻辑回路

一般来说，机组运行方式由专门的逻辑控制回路决定。某电厂 1000MW 设计的运行方式选择回路如图 4 - 11、图 4 - 12 所示。

1. 机组运行控制方式的选择

（1）当汽轮机主控 M/A 站和锅炉主控 M/A 站都为自动时，机组处于协调方式。

（2）当锅炉主控 M/A 站自动而汽轮机主控 M/A 站手动时，机组处于锅炉跟踪方式。

（3）当汽轮机主控 M/A 站自动而锅炉主控 M/A 站手动时，机组处于汽轮机跟踪方式。

（4）当汽轮机主控 M/A 站和锅炉主控 M/A 站都为手动时，机组处于基本方式。

当系统不能实现运行人员所选择的运行方式时，应向运行人员发出报警信息。当选择自动控制方式的任一种方式时，均要求汽轮机调速器、燃料、给水子系统处于自动运行状态。任何有关的子系统若不能投入自动控制时，应将协调控制转换到最大程度的自动方式，并与可投自动的子系统相适应。

2. 滑压、定压运行方式选择

为满足节能运行要求，某电厂 1000MW 协调主控系统设计有定、滑压运行方式。滑压 - 定压需实现无扰切换，定压 - 滑压转换应进行平滑处理。运行人员可以在画面上通过按钮选择定、滑压运行方式。定压方式可以在机组的任意一种运行控制方式下选择。当操作员按下定压投入按钮时，单元机组则按定压方式运行。滑压方式则需要机组在协调方式（CCS）或者汽轮机跟随方式（TF）下才能选择。当操作员按下滑压投入按钮，单元机组则按滑压方式运行。在协调控制和汽轮机跟随方式下，可以采用滑压控制。滑压方式下，压力定值是单元负荷指令的函数（该函数为理论定滑定曲线）并经过汽轮机阀位修正，运行人员可以在画面上通过滑压定值偏置设置，对滑压定值进行调整，也可设定汽轮机滑压运行阀位值自动对滑压定值进行修正。定压方式下，操作员可设定压力定值。压力定值经速率限制成为实际压力定值。

3. 湿态/干态方式的选择

作为超超临界压力锅炉的特点，有干态和湿态两种运行方式。它们的分界点大约在锅炉产生的蒸汽流量等于锅炉最小给水流量的工况点上。如果锅炉产生的蒸汽流量小于锅炉最小给水流量，即称为"湿态方式"，如果锅炉产生的蒸汽流量大于锅炉最小给水流量，即称为"干态方式"。湿态运行方式时锅炉可以看作一个汽包锅炉。当然，随着锅炉运行方式的不同，控制策略也会不同。

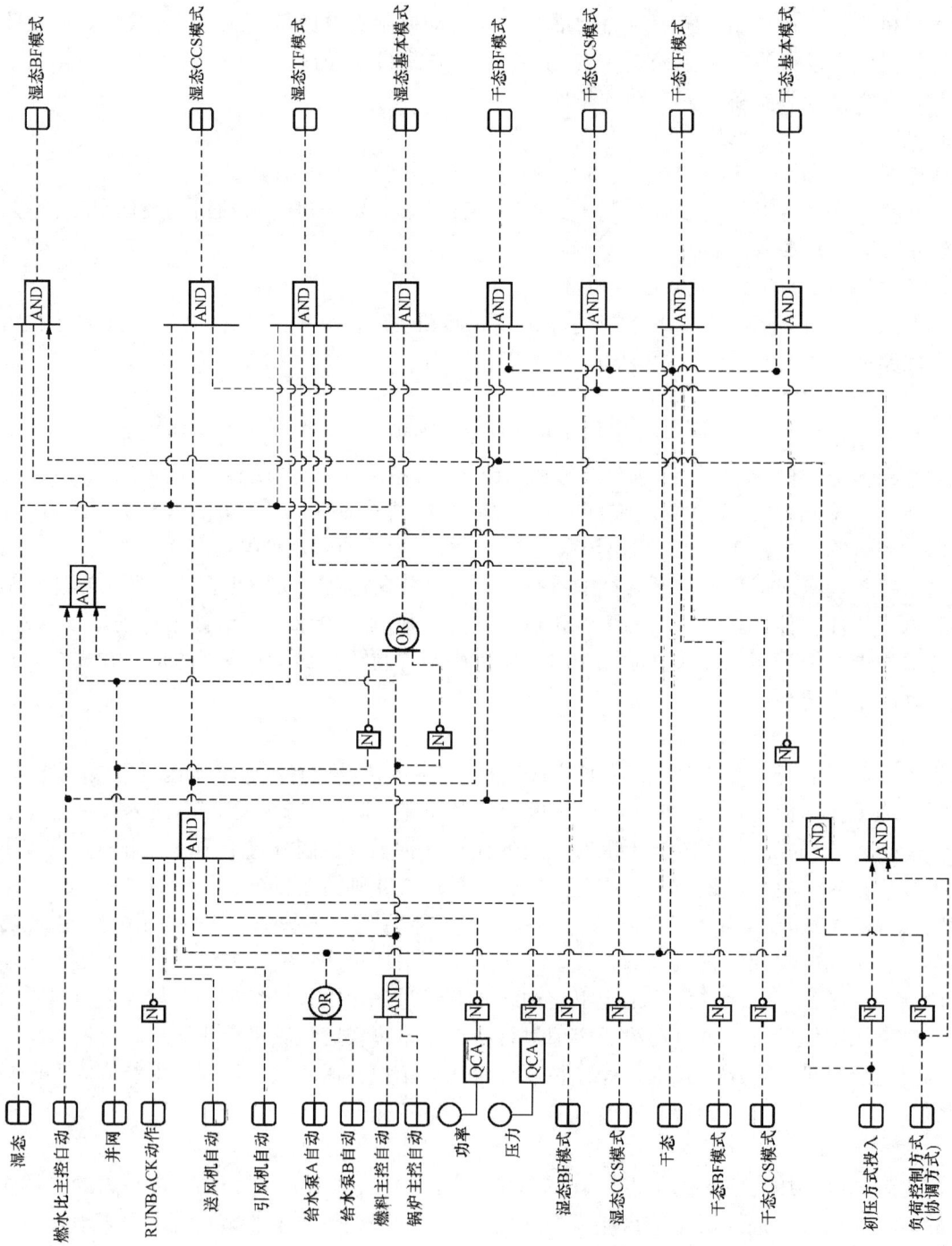

图 4 - 11　运行方式选择（一）

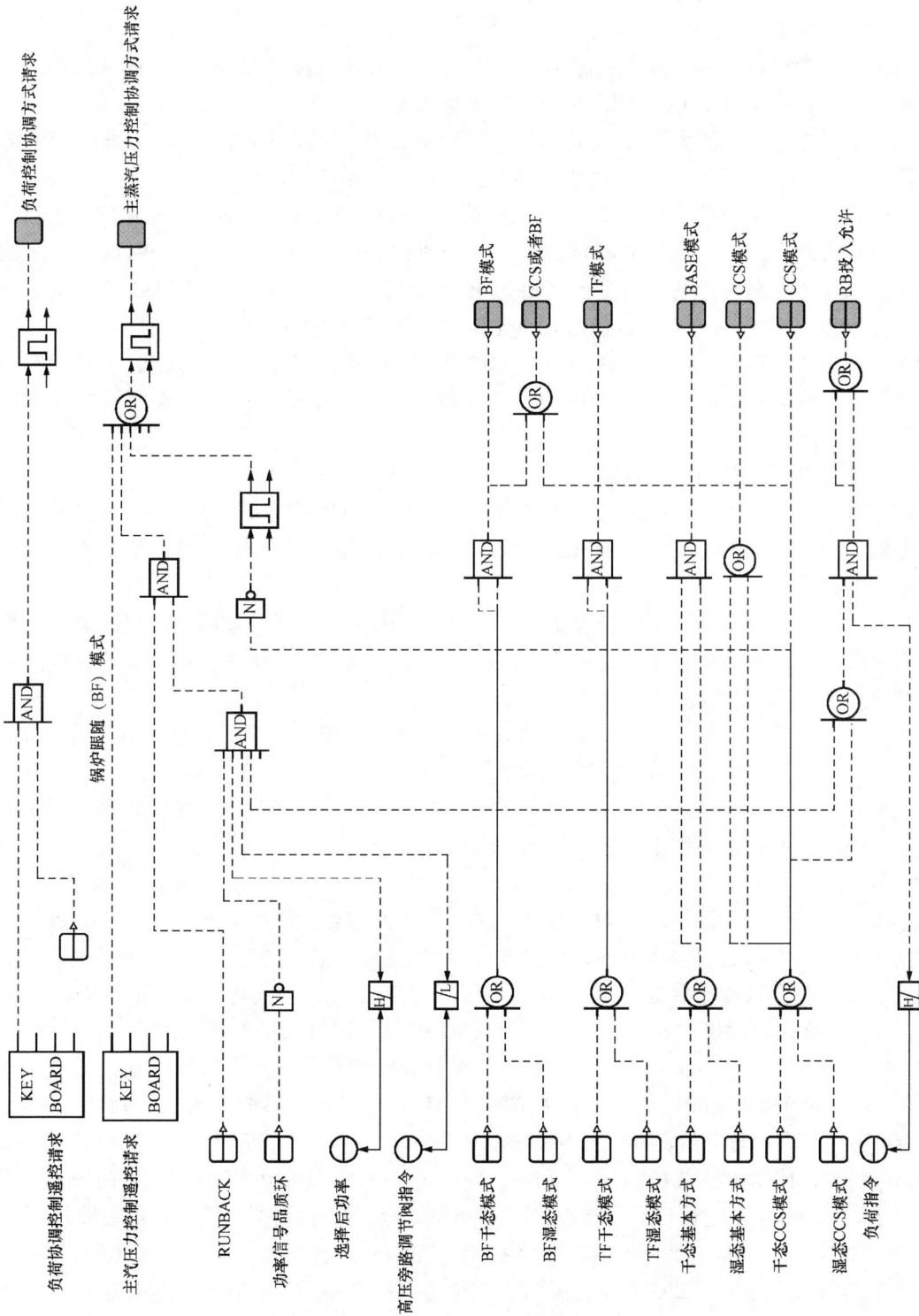

图 4 - 12　运行方式选择（二）

　　通常可以根据机组负荷指令来判断锅炉运行方式的转换。当锅炉由湿态方式转换到干态方式时，汽水分离器储水箱液位也可以作为一个转换条件。

　　湿态－干态方式转换按以下确定：

　　随着负荷和燃料量的增加分离器储水箱液位和锅炉循环水流量将减少。当燃料量增加，锅炉达到最小给水流量时，分离器里的水全变成蒸汽。

　　湿态→干态方式：负荷大于 29％且锅炉循环水泵停止或再循环阀全关。干态→湿态方式：负荷小于 25％或（锅炉循环水调节阀没有关闭且炉水循环泵运行）。

　　（1）湿态方式。从启动直到 25％～29％负荷时，水冷壁出口蒸汽仍然是湿态（饱和），水冷壁出口湿态蒸汽里的水流到分离器储水箱，当机组负荷小于 15％负荷，由汽轮机旁路阀控制主蒸汽压力，蒸汽排到冷凝器；当机组负荷在 15％～25％负荷，由燃料来控制主蒸汽压力，与汽包炉相同（在 15％负荷时，汽轮机旁路阀逐渐关闭）。

　　（2）干态方式。当机组负荷达到 29％，水冷壁出口的蒸汽处于干态（过热）。分离器储水箱液位为零，锅炉循环水泵停止，锅炉处于直流状态，由锅炉输入（给水，燃料和助燃风）控制主蒸汽压力。

三、锅炉主控制器及功率控制方式

　　锅炉主控制器（boiler master，BM）的作用是根据机组负荷指令（MWD）来调整锅炉的燃烧率输入指令（boiler input demand，BID），使其满足机组负荷变化的需要并维持锅炉主蒸汽压力的稳定。

　　锅炉主控回路是负荷指令回路与燃烧控制系统之间的接口，通过该回路将经过修正的机组负荷指令或压力设定值送到燃料、风量等控制回路中，以完成机组在各种工况下的控制功能，协调锅炉出力与负荷指令之间的匹配关系。

　　在协调方式、BF 方式、TF 方式或手动方式下，锅炉主控指令的形成方式是不同的。

　　某电厂 1000MW 机组的锅炉主控制器如图 4-13 所示。

　　当机组切换到协调方式下运行，机组的主汽压力和负荷是由锅炉、汽轮机联合共同实现协调控制。因此，不管是锅炉主控制器还是汽轮机主控制器都必须考虑机组的主蒸汽压力偏差和功率偏差。

　　在下列情况下锅炉主控强制手动：汽轮机主蒸汽压力信号故障、协调方式下发电机功率故障、给水泵手动、煤量信号坏值等、任何基础自动撤出。燃料主控自动下可通过人为控制锅炉主控输出，改变锅炉燃料量，调整机组负荷。燃料主控未在自动，锅炉主控强制手动时，水煤比 WFR 跟踪总燃料量减去 f（BID），确保燃料主控自动投入时无扰动。

　　锅炉输入指令信号在 COORD 方式下由机组给定负荷信号和主蒸汽压力校正信号组合形成，在 BF 方式下由机组实际负荷信号和主蒸汽压力校正信号组合形成。在 TF 方式下，锅炉输入指令信号可以由运行人员在锅炉主控操作器上手动输入。当发生机组 RB 工况时，锅炉输入指令信号将根据预先设定的 RB 目标值和 RB 速率强制下降。在 BASE 方式下，锅炉输入指令在干态运行时跟踪给水流量信号（转换成 MW 单位），在湿态运行时跟踪实际负荷信号。

　　从图 4-13 中可以看出：锅炉主控 M/A 站有二路信号进行切换：来自 BF、CCS 的控制指令；机组运行在汽轮机跟随或基本方式时，锅炉主控指令不接受自动控制信号，由运行人员在锅炉主控 M/A 站上手动设定。

　　当发生 MFT 时，锅炉主控指令强制至 0；当机组选择 TF 模式时，锅炉主控指令跟踪锅炉主控跟踪值；当机组处于干态基本模式时，锅炉主控指令跟踪给水流量对应下的锅炉负荷值。

（一）锅炉主控指令计算

1. 协调控制方式下锅炉主控指令

协调控制是以锅炉跟随为基础的协调，即汽轮机控制负荷，锅炉控制压力基础上，由锅炉、汽轮机协调控制负荷和主蒸汽压力。在协调方式时，锅炉主控指令由以下三部分叠加而成：

（1）压力控制器输出信号。由压力设定值与主汽门前蒸汽压力偏差进行 PID 运算形成。其 PID 增益的调整可由负荷的函数来决定。

（2）基本指令。机组负荷指令叠加调频指令，得出总的机组负荷指令，也作为锅炉主控基本指令。该指令作为锅炉主控指令的基本值去控制燃料量，使锅炉主控指令对应于负荷及频率的改变有一个绝对变化量。其作用主要有两个：一是补偿被控对象动态特性的延迟和惯性，加快负荷响应；二是使机组负荷指令与机炉负荷控制指令构成一定的静态关系，并作为后者的基本成分，即实行定位作用，保证机组的输入能量与需求能量一致，在变负荷控制中起粗调作用。

（3）负荷与设定值偏差补偿信号。根据功率偏差形成的前馈信号可提前动作燃料量和给水流量，从而改善锅炉侧的动态响应特性。

因此，在协调控制方式下，输入到锅炉主控制器的主蒸汽压力偏差（SP－PV）进行 PID 运算后，综合机组负荷指令与一次调频指令，再与功率偏差信号进行综合，并经锅炉主控 M/A 站形成锅炉输入指令（BID）。

协调方式下锅炉主控指令将根据经主蒸汽压力偏差修正的机组负荷指令形成。然后通过锅炉主控 M/A 操作站送到诸如给水、燃料量、炉膛压力等相关的锅炉子控制回路。

在协调的控制方式下，如果燃料量、给水流量、炉膛压力、总风量没有和机组实际需要匹配，机组负荷会发生闭锁等动作。

锅炉主控遵循如下模型：

$$锅炉指令＝MWD＋PFR＋MWDEV＋PID（PTDEV）$$

MWD 为机组负荷指令；PER 为机组调频指令；MWDEV 为机组负荷指令减去实发功率所得之差；PTDEV 为机前压力设定值减去机前压力所得之差。

2. 锅炉跟随方式下锅炉主控指令

锅炉主控在自动，汽轮机 DEH 处于本地功率方式，锅炉主控指令将根据经主蒸汽压力偏差修正的机组负荷指令形成。去锅炉输入控制的机组给定负荷信号与一次调频指令之和被送到一个加法器，在那里加上主蒸汽压力的校正信号，然后通过锅炉主控 M/A 操作站送到诸如给水、燃料量、炉膛压力等相关的锅炉子控制回路。其与协调控制方式下锅炉主控的星辰的区别在于取消了功率偏差前馈指令。当在湿态时，由高旁或 WFR 修正调压。

3. 汽轮机跟随方式下锅炉主控指令

在这种运行方式下，锅炉的输入指令是由操作人员手动操作给出的。这意味着机组负荷的改变是由操作人员通过锅炉输入控制来完成的。在"锅炉输入控制手动"和"汽轮机主控自动"的条件下，根据主蒸汽压力偏差自动地设置去汽轮机调节门的控制指令。在这种运行方式下，由于直接调整锅炉的输入，机组运行将会比较稳定，但对机组负荷要求的快速反应这方面却不如机炉协调控制（COORD）和锅炉跟踪（BF）方式。

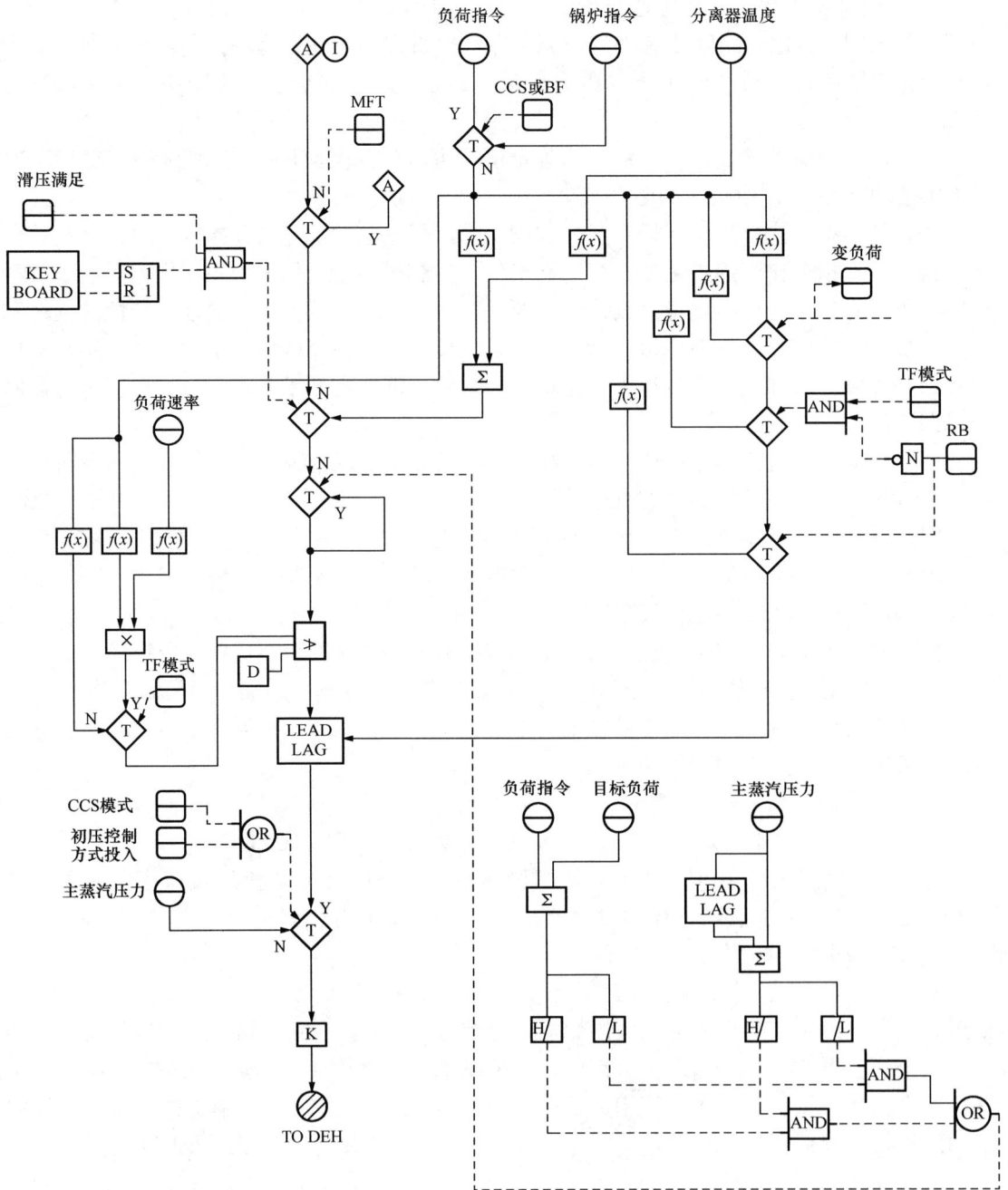

图 4-13　锅炉

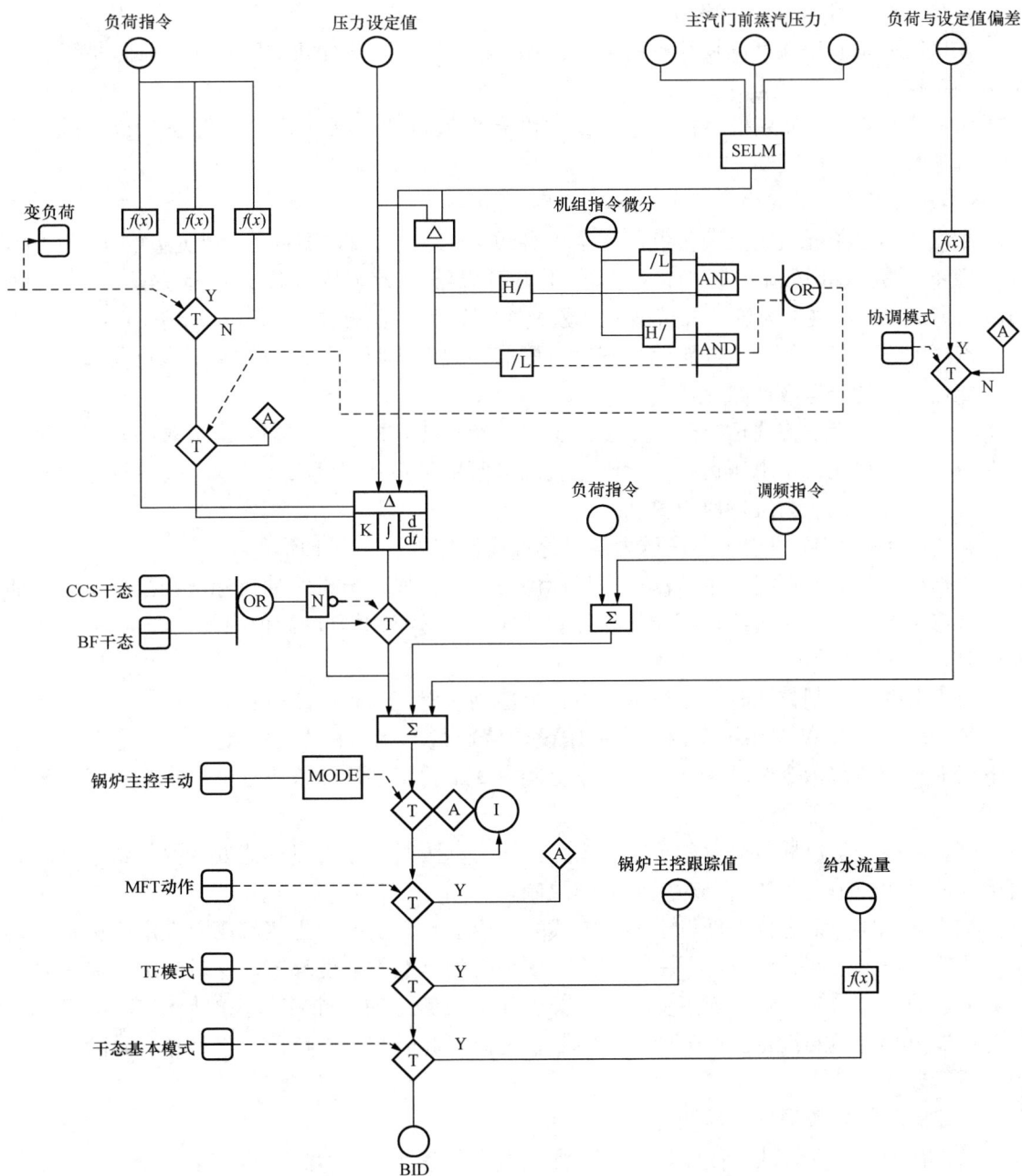

主控制器

在这种方式下，负荷指令信号跟踪实际的负荷信号。当发生辅机故障快速减负荷（RB）时，会自动地选择汽轮机跟随方式（TF）。

4. 基本方式下锅炉主控指令

在机组启动和停止期间使用这种方式。BASE 方式下，汽轮机 DEH 处于本地功率方式，但锅炉主控处于手动状态。

BASE 模式下，如果机组在干态时给水没有投入自动，则锅炉主控指令 BID 跟踪给水量。其他时候，BID 跟踪 MWD。

（二）主汽压力设定

主汽压力是单元机组负荷控制的一个十分重要的参数。根据现代大型机组的运行技术，在大型单元机组的负荷控制中，主蒸汽压力可以维持为定压（称为定压方式，constant pressure mode），也可与负荷维持某一函数关系（称为滑压方式，variable pressure mode）。主蒸汽压力设定值应等于（或跟踪）某一目标值，或者按照某一函数关系跟踪负荷指令。这一功能由压力指令运算回路完成。

单元机组按定压方式运行时，主蒸汽压力维持不变，机组的功率与调节阀的开度保持一一对应关系。单元机组滑压运行时，汽轮机调节阀的开度维持不变（一般在全开位置），机组的功率与主蒸汽压力维持对应关系。

某电厂 1000MW 机组主蒸汽压力设定值形成回路如图 4-14 所示。

根据机组的运行情况，主蒸汽压力目标值可分为：操作员设定的目标值和按滑压运行曲线进行修正的目标值。机组选择定压控制方式时，主蒸汽压力目标值由操作员设定；MFT 发生时，压力目标值为 0。

机组选择滑控制方式时，主蒸汽压力目标值则按滑压运行曲线进行修正。

某电厂 1000MW 机组主蒸汽压力滑压设定值通过下述两种方法自动给出：①在协调方式下根据机组负荷指令信号给出；②在非协调方式下根据锅炉输入指令信号给出，同时叠加分离器温度的修正指令。

当负荷指令与目标负荷偏差越限且主蒸汽压力越限时，压力目标值处于保持状态。压力目标值的变化速率受负荷指令对应函数的限制。

在主蒸汽压力设定值手动设定偏置方式时，由运行人员改变主蒸汽压力设定值偏置。在主蒸汽压力设定值回路中设计了一个相应于锅炉时间常数的惯性环节，这对应于在锅炉时间常数的影响下，当锅炉输入指令变化时主蒸汽压力的响应有一个滞后。如果没有这个环节，将有可能引起上述的汽轮机调节门超弛控制，进而引起限制机组负荷，且其滞后时间可由机组的运行方式决定。

延迟的时间常数根据负荷调整：

（1）在 RB 减负荷时，延迟时间根据函数 $f_1(x)$ 给出。

（2）在 TF 模式且没有发生 RB 时，延迟时间根据函数 $f_2(x)$ 给出。

（3）在变负荷时，延迟时间根据函数 $f_3(x)$ 给出。

（4）在没变负荷时，延迟时间根据函数 $f_4(x)$ 给出。

在非协调模式和初压控制方式未投入（机组启动阶段）时，压力设定值跟踪主汽压力。

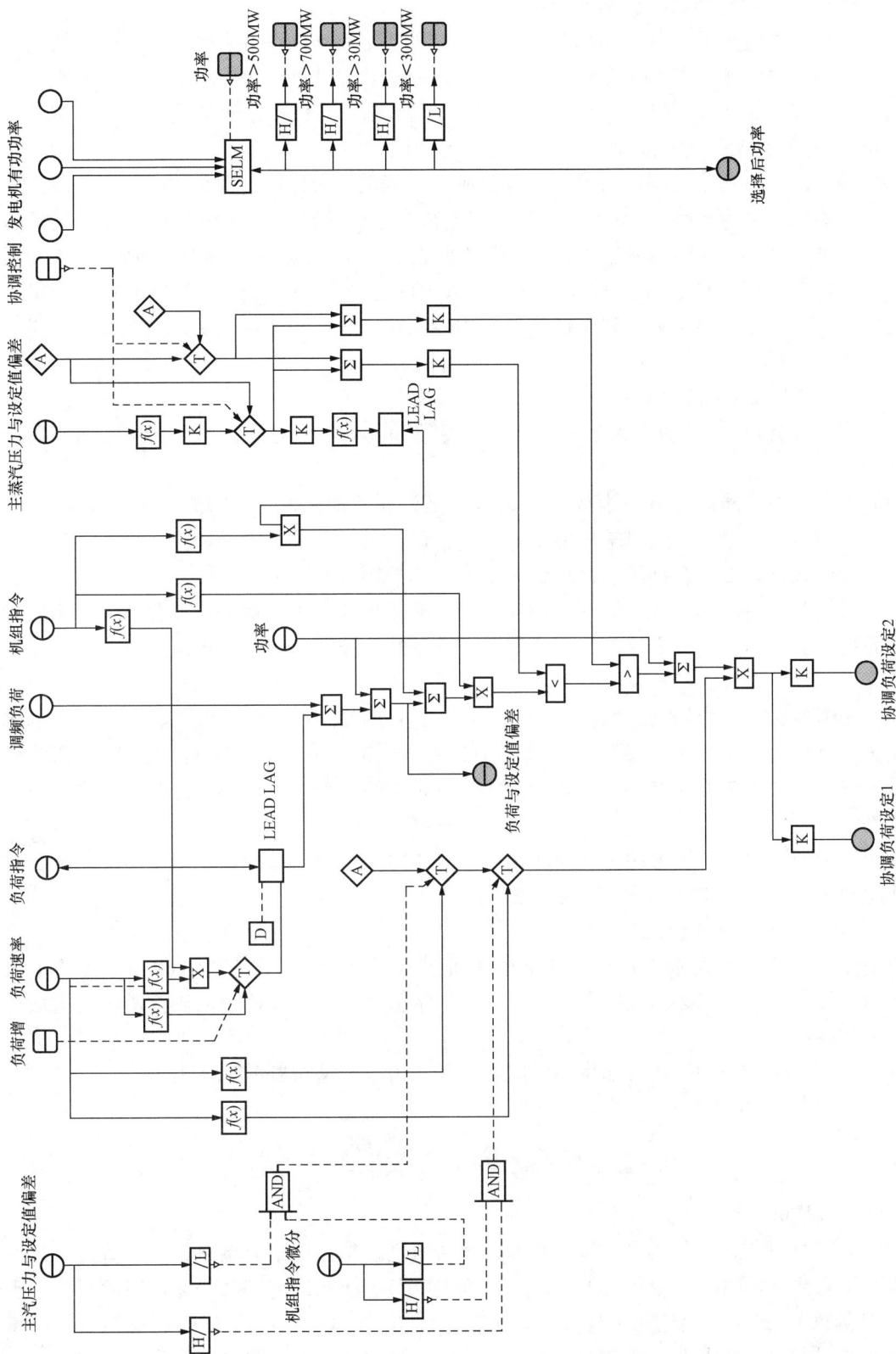

图 4 - 14　汽轮机主控回路

四、汽轮机主控制器结构及功能分析

机组主控制器输出的负荷指令信号（MWD）同时输入到锅炉主控（BM）和汽轮机主控（TM）。分别去改变锅炉输入的燃料量和汽轮机的进汽量来满足不同负荷的要求。

汽轮机主控回路为 CCS 和汽轮机数字电液控制系统（DEH）之间的接口回路，汽轮机负荷设定值分 DEH 处于遥控方式和非遥控方式下的设定。

在协调方式下，功率控制由汽轮机主控完成，主蒸汽压力控制由锅炉输入方式完成。

某电厂 1000MW 协调设计中实际上没有汽轮机主控的概念，汽轮机的主要控制逻辑将在西门子的汽轮机电液控制系统中完成。因此所谓的汽轮机主控只是 COORD 与汽轮机 DEH 的接口，包括 DEH 工作方式的反馈、COORD 送至 DEH 经过压力修正后的功率指令。图 4-14 是某电厂 1000MW 机组的汽轮机主控回路，其作用是给出负荷指令和压力设定指令。

1. COORD 送至 DEH 的功率指令

COORD 送至 DEH 的功率指令是 MWD 经过滞后环节、压力修正、压力超弛回路后的功率指令。

（1）滞后环节。滞后环节的设计主要是考虑到汽轮机对于功率响应的速度要远快于锅炉，为了锅炉输入能量与汽轮机输出能量的平衡，设计滞后环节。因为燃煤变压本生锅炉对磨煤机的响应较慢，如果在锅炉和汽轮机间没有协调控制，则压力和温度的变化将加大，因此对汽轮机调节门控制功率加了延迟。该环节用于解耦功能，由于锅炉对负荷指令的响应远慢于汽轮机，故用滞后环节来匹配二者之间的动态特性，该环节代表从机组负荷指令变化到新蒸汽产生的动态过程。

（2）压力修正。压力修正回路的自调整信号，其目的是当机前压力偏差较小时，由锅炉控制压力，维持机前压力为定值；当机前压力偏差较大时，有可能超过锅炉主控的调节范围，此时汽轮机主控也参与调压，二者共同作用可迅速使机前压力回到设定值，加快整个响应的动态过程。

（3）压力超弛回路。压力超弛回路防止主蒸汽压力严重偏离设定值，目前的设计是当主蒸汽压力超出设定 0.7MPa，压力超弛回路动作。

2. 机前压力设定值的形成

机前压力设定值为在 COORD 方式下根据机组负荷指令信号，在非 COORD 方式下根据锅炉输入指令信号的函数关系或在主蒸汽压力设定值手动设定允许时的操作员设定值加一阶惯性环节后形成。

DEH 不在遥控方式下，COORD 送到 DEH 的压力设定值跟踪实际压力。

本章小结

一、协调控制

单元机组协调控制要实现多方面的要求，概括地说就是：机组能迅速适应负荷变化和参与二次调频的要求，同时又能保持主蒸汽压力等主要参数在允许范围内变化；当运行中出现 RB（快速返回）、FCB（快速降负荷）、RD（迫升）、RU（迫降）等情况时，控制系统应将负荷迅速控制在相应的水平，并自动切换到适合的控制方式；当机组或辅机发生事故时，密

切配合机、炉保护系统进行必要的动作。

二、基本控制方式

单元机组的负荷控制方式有炉跟机、机跟炉、机炉协调控制三种基本控制方式。炉跟机控制方式的特点是汽轮机调负荷，锅炉调汽压，它适应负荷的变化能力强，但主蒸汽压力变化较大。它适合在锅炉运行正常，汽轮机部分设备工作异常或机组负荷受到限制时应用。机跟炉控制方式的特点是锅炉调负荷，汽轮机调汽压，它在运行中主蒸汽压力相当稳定（汽压变化很小），但适应负荷变化能力较差。它适用于承担基本负荷的单元机组或当机组刚刚投入运行、经验还不够时采用。机炉协调控制方式的特点是锅炉、汽轮机协调控制负荷与汽压，故综合前两种方式的优点，即适应负荷变化能力较强，汽压变化小。它适用于正常状态下的机组。

三、主控制系统

主控制系统是协调控制的核心组成部分。主控制系统通常由负荷指令处理回路、机炉主控制器和控制对象三部分组成。

主控制系统的基本功能是根据电网要求、预定的运行模式、机组实际负载能力等计算出机组的实际负荷指令；根据机组状态和控制任务，选择合适的控制方式；运算出汽轮机负荷指令和锅炉负荷指令，分别送至汽轮机、锅炉各子控制系统，使它们协调动作，迅速适应负荷变化，又保持主蒸汽压力等运行参数在允许范围内变化。

思考题及习题

4-1　单元机组协调控制系统有哪些主要功能？由哪几部分组成？

4-2　画出炉跟机控制方式原理框图，分析负荷要求增加时的系统工作过程，并说明其特点。

4-3　画出机跟炉控制方式原理框图，分析负荷要求增加的系统工作过程，并说明其特点。

4-4　单元机组负荷控制系统的主要任务是什么？

4-5　负荷指令处理装置的主要功能有哪些？

4-6　分析图4-5所示以炉跟机为基础的协调控制系统工作原理，并说明各功能组件的作用。

4-7　分析图4-6所示以机跟炉为基础的协调控制系统工作原理，并说明各功能组件的作用。

第五章

汽包锅炉自动控制系统

第一节　给水自动控制系统

一、引言

（一）给水控制的任务

汽包锅炉给水自动控制的任务是使锅炉的给水量适应锅炉的蒸发量，维持汽包水位在规定的范围内。汽包水位是锅炉运行中一个重要的监控参数，它反映了锅炉蒸汽负荷与给水量之间的平衡关系，维持汽包水位正常是保证锅炉和汽轮机安全运行的必要条件。汽包水位过高，会影响汽包内汽水分离装置的正常工作，造成汽包出口蒸汽水分过多，含盐浓度增大，易使过热器管壁结垢而导致过热器烧坏；同时还会使过热汽温产生急剧变化，直接影响机组运行的安全性和经济性。汽包水位过低，则可能破坏锅炉水循环，造成水冷壁管烧坏而破裂。

随着锅炉容量和参数的提高，汽包的容积相对减小，锅炉蒸发受热面的热负荷显著提高，负荷变化时水位的变化速度加大，因而对给水自动控制提出了更高的要求。为保证机组安全运行，正常工况下，一般限制汽包水位在±（30～50）mm 范围内变化。

汽包锅炉给水自动控制的另一任务是要维持给水流量不要有过大的频繁的波动，以保证省煤器、给水管路的安全。一般应限制给水流量波动范围在额定给水流量的 5%～10% 以内。

（二）给水控制对象的动态特性

汽包锅炉给水控制对象的结构示意如图 5-1 所示，汽包水位是由汽包中的储水量和水面下的气泡容积所决定的，因此凡是引起汽包中储水量变化和水面下的气泡容积变化的各种因素都是对给水控制对象的扰动，其中主要的扰动有以下几种：

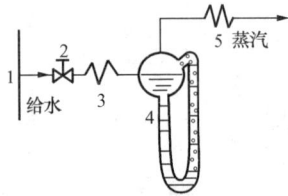

图 5-1　汽包锅炉给水控制对象的结构示意
1—给水母管；
2—给水控制阀；3—省煤器；
4—汽包及水循环；5—过热器

（1）给水流量 W 扰动。这个扰动来自给水控制阀开度变化、给水压力变化、给水泵转速波动等引起锅炉给水流量改变的一切因素。

（2）锅炉负荷 D 扰动。这个扰动是指汽轮机负荷变化引起的蒸汽流量的改变，它使水位发生变化。

（3）炉膛热负荷 Q 扰动。这个扰动主要是由锅炉燃烧率的变化改变蒸发强度而引起的，它影响锅炉的输出蒸汽流量和汽水容积中的气泡体积。

给水控制对象的动态特性是指上述引起水位变化的各种扰动与汽包水位间的动态关系。

1. 给水流量扰动下水位的动态特性

给水流量是调节机构所改变的控制量，给水流量扰动来自控制侧的扰动，又称内扰。给水流量阶跃扰动下水位的响应曲线如图 5-2 所示。

　　当给水流量阶跃增加 ΔW 后，水位的变化如图中曲线 2 所示。当给水流量增加时，如果仅考虑流入量和流出量的物质不平衡关系，汽包水位应按曲线 1（积分特性）上升；但由于给水温度低于汽包内的饱和水温度，当"冷"的给水进入汽包后，吸收了原饱和水中的一部分热量，使水面下气泡体积减小，则汽包水位下降，直到给水温度与饱和水温度相近时，汽水混合物中的气泡体积不再变化，水位停止下降，如图中曲线 3（惯性特性）所示。实际水位变化曲线 2 是曲线 1 与 3 的合成，即在给水流量阶跃扰动的初始阶段，水位上升的速度与水位下降的速

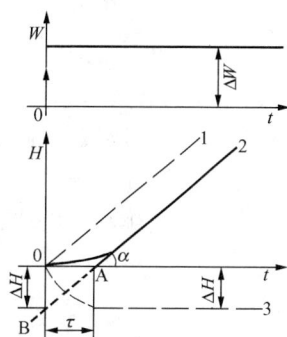

图 5-2　给水流量阶跃扰
动下的水位的响应曲线

度基本一致，所以实际水位在开始时并不变化，当汽水混合物中的气泡体积不再变化后，水位的变化就由物质平衡关系决定，即按积分特性上升。在给水流量扰动下，水位控制对象的动态特性表现为有迟延的无自平衡能力的特点。

　　因此，给水流量扰动下汽包水位的动态特性可用传递函数表示为

$$W_{OW}(s)=\frac{H(s)}{W(s)}=\frac{\varepsilon}{s}-\frac{\varepsilon\tau}{1+\tau s}=\frac{\varepsilon}{s(1+\tau s)} \tag{5-1}$$

式中　τ——迟延时间，s；

　　　　ε——响应速度，即给水流量改变一个单位流量时，水位的变化速度，mm·s^{-1}/（t·h^{-1}）。

　　ε 和 τ 的大小与锅炉的容量及参数有关，容量为 410t/h，参数为 9.8MPa、540℃的高压炉，$\tau=10$s，$\varepsilon=0.015$ [mm·s^{-1}/（t·h^{-1}）]；对于容量为 670t/h，参数为 13.72MPa、540℃的超高压炉，$\tau=5\sim10$s，$\varepsilon=0.0095\sim0.0125$ [mm·s^{-1}/（t·h^{-1}）]。由此可见，随着锅炉容量的增大和参数的提高，水位内扰特性的迟延时间减小，对水位 H 的控制是有利的。但是，如果按锅炉容量的增大来计算响应速度（以额定容量的 1% 来计算），则得到的相对响应速度逐渐增大，说明随着锅炉容量和参数的提高，对水位 H 控制的要求也越高。

　　2. 蒸汽流量扰动下的水位的动态特性

　　蒸汽流量扰动主要来自汽轮发电机组的负荷变化，属外部扰动。在蒸汽流量 D 扰动下水位变化的阶跃响应曲线如图 5-3 所示。

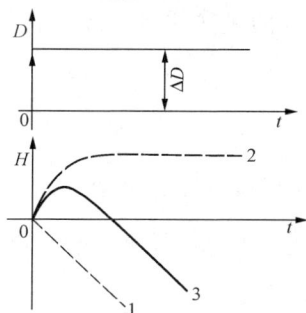

图 5-3　蒸汽流量阶跃扰动
下的水位响应曲线

　　当蒸汽流量突然阶跃增大时，如果单从汽包流入量和流出量的物质不平衡关系来考虑，水位应按积分规律下降，如图中曲线 1 所示；如单独考虑水面下气泡体积的变化，则当汽轮机用汽量突然增加时，汽包压力迅速下降，汽包水面下的气泡体积也迅速增大，从而使水位升高，随后，锅炉燃烧率根据用汽量的需求增加，使锅炉蒸发量增加，导致水位的升高受到限制，故气泡容积增大而引起的水位变化可用惯性环节特性来描述，如图中曲线 2 所示，实际的水位变化曲线 3 则为曲线 1 和 2 的合成。由图中可以看出，当锅炉蒸汽负荷变化时，汽包水位的变化具有特殊的形式：在负荷突然增加时，虽然锅炉的给水流量小于蒸汽流量，但开始阶段的水位不仅不下降，反而迅速上升（反之，当负荷突然减

少时，水位反而先下降），这种现象称为"虚假水位"现象，这显然是因为在负荷变化的初始阶段，水面下气泡的体积变化很快，它对水位的变化起主要影响的缘故，因此水位随气泡体积增大而上升。只有当气泡容积与负荷适应而不再变化时，水位的变化就仅由物质平衡关系来决定，这时水位就随负荷增大而下降，呈无自平衡特性。在蒸汽流量扰动下，水位控制对象的动态特性表现为有虚假水位的无自平衡能力的特点。

蒸汽流量扰动下的水位响应特性可用下述近似传递函数来描述：

$$W_{OD}(s)=\frac{H(s)}{D(s)}=\frac{K_2}{1+T_2 s}-\frac{\varepsilon}{s} \qquad (5-2)$$

式中　T_2——曲线 2 的时间常数；

$\quad\quad K_2$——曲线 2 的放大系数；

$\quad\quad \varepsilon$——曲线 1 的响应速度。

上面所述的蒸汽流量扰动下的水位控制对象动态特性，只是从蒸发强度变化对气泡容积的影响方面定性地说明水位变化的特点。实际上，改变汽轮机的用汽量引起的蒸汽流量的阶跃扰动，必定引起汽包出口汽压的变化，汽压变化也会影响到水面下气泡的体积变化，所以实际的虚假水位现象会更严重些。

3. 炉膛热负荷扰动下水位控制对象的动态特性

当燃料量扰动时，例如燃料量增加使炉膛热负荷增强，从而使锅炉蒸发强度增大而使汽压升高，即使汽轮机调节阀开度不变，蒸汽流量也会有所增加。这样，蒸汽流量大于给水流量，水位应该下降。但是蒸发强度增大同样也使水面下气泡容积增大，因此也会出现虚假水位现象。燃料量扰动下的水位阶跃响应曲线如图 5-4 所示，它和图 5-3 有些相似。只是，在这种情况下，蒸汽流量增加的同时汽压也增大了，因而使气泡体积的增加比蒸汽流量扰动时要小，从而使水位上升较少。另外，由于蒸发量随燃料量的增加有惯性和时滞，如图 5-4 中虚线所示，这就导致迟延时间 τ_B 较长。

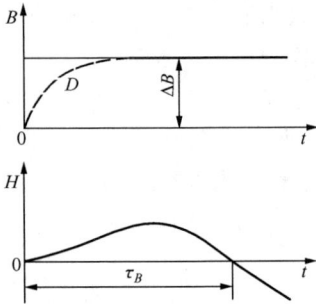

图 5-4　燃料量扰动下的水位响应曲线

影响水位的因素除上述之外，还有给水压力、汽包压力、汽轮机调节阀开度、二次风分配等。不过这些因素几乎都可以用 W、D、B 的变化体现出来。为了保证汽压的稳定，燃料量和蒸发量必须保持平衡，所以这两者往往是一起变化的，只是先后的差别，给水扰动是内扰，其他是外扰。

（三）给水控制手段

在单元机组自动控制中，给水控制的手段有以下几种：

（1）电动泵定速运行，节流调节给水。对于早期投产的中小型机组，通常采用电动定速给水泵，通过控制给水控制阀开度来维持汽包水位为给定值。这种在全负荷范围内均由控制阀来控制汽包水位的方案，其节流损失较大。

（2）电动泵转速调节为主，启动初期旁路阀节流调节配合。20 世纪 80 年代以后投产的 200MW 机组，大都采用了电动调速给水泵和控制阀相结合的形式来控制汽包水位，即在低负荷阶段，要用给水控制阀（或旁路控制阀）来控制汽包水位；在高负荷阶段，采用电动调速泵来控制汽包水位。这种方案虽然减少了控制阀的节流损失，但由于电动泵始终在运行，消耗电能较多。

（3）汽动调速泵、电动调速泵、调节阀组合。近十年来投产的 300MW 及以上机组，几乎全部采用汽动给水泵、电动调速给水泵及调节阀三者相结合的方式来控制汽包水位，即在低负荷阶段，调整电动给水泵的转速保证泵出口与汽包之间的差压（或泵出口压头），由给水控制阀（或给水旁路控制阀）来控制汽包水位；在负荷超过某一值（对应的给水流量需求接近控制阀的最大通流能力）且汽动给水泵尚未启动时，由电动调速给水泵来控制汽包水位；在汽动给水泵启动后，逐步由电动调速给水泵过渡到汽动给水泵来控制汽包水位。电动给水泵只在机组启动阶段或汽动给水泵故障时使用。这种方案克服了前两种方案的缺点，是一种效率较高的给水控制手段。

二、给水自动控制系统

根据上述给水控制对象动态特性的分析，给水控制系统应符合以下基本要求：

（1）由于被控对象的内扰动态特性存在一定的迟延和惯性，且表现为无自平衡能力，因此，必须采用带比例作用的控制器以保证系统的稳定性。

（2）由于对象在蒸汽负荷扰动（外扰）时，有"虚假水位"现象，这种现象的反应速度比内扰快，为了克服"虚假水位"现象对控制的不利影响，应考虑引入蒸汽流量的补偿信号。

（3）给水压力是波动的，为了稳定给水流量，应考虑将给水流量信号作为反馈信号，用于及时消除内扰。

为了满足上述要求，出现了多种给水自动控制系统。

（一）单冲量给水控制系统

1. 系统构成

单冲量给水控制系统的原理如图 5-5 所示，原理方框图如图 5-6 所示。该系统由水位测量变送元件 γ_H、控制器 $[W_{PI}(s)]$、执行器（K_Z）、给水控制阀（K_μ）及水位控制对象 $[W_{OW}(s)]$ 构成一个单回路反馈控制系统。此系统只引入了一个汽包水位信号和采用了一个控制器，故名单冲量给水控制系统。

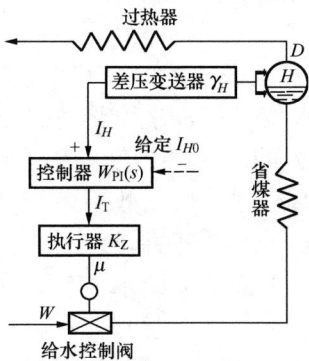

图 5-5　单冲量给水控制系统原理　　　　　图 5-6　单冲量给水控制系统原理方框图

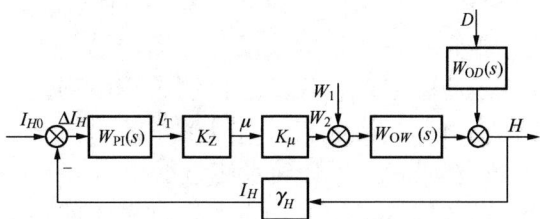

2. 系统的工作原理

（1）系统的静态特性。当生产工况稳定，控制系统不受任何扰动影响时，控制系统也处于平衡状态中，此时，控制器的输入偏差信号为零，输出控制信号稳定不变，其静态特性可表示为

$$D = W, \qquad I_H = I_{H0} \qquad\qquad (5-3)$$

即蒸汽流量等于给水流量，汽包水位等于水位给定值。

（2）系统的动态过程。在干扰（给水流量扰动和蒸发量扰动）影响下，生产过程发生了变化，即汽包水位发生了变化。为了保证生产过程的正常进行，需要控制系统产生控制作用，克服干扰影响，使汽包水位维持在允许范围内变化，并最终将汽包水位维持在给定值。那么控制系统能否克服干扰影响呢？下面一一进行分析。

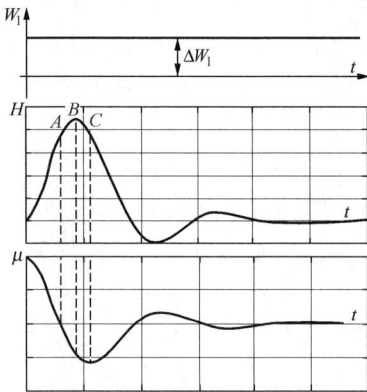

图 5 - 7 　内扰下的控制过程

在内扰影响下，即给水流量 W_1 发生自发性扰动（给水管道压力变化引起的给水流量的变化等）时，如 W_1 阶跃增加 ΔW_1，经迟延时间 τ 后，水位 H 将上升，逐渐上升的水位 H 由双室平衡容器转化成逐渐下降的差压信号 Δp，再经差压变送器转化成电信号 I_H。该信号反馈到控制器，与给定值 I_{H0} 进行比较、运算后，输出减小的控制信号 I_T，通过执行器去关小给水控制阀的开度 μ。经系统的控制作用，可得到水位变化曲线如图 5 - 7 所示，该图在 A 点时，给水流量与蒸汽流量已经相等，水位应停止上升，但因有迟延，故水位会继续上升，直到 B 点；在 B 点时，系统才能反应能量的平衡关系，水位才停止上升。但此时控制阀的开度使给水流量小于蒸汽流量，故水位开始下降。因水位偏差为正，故此时控制阀会继续关小，直到 C 点。如果迟延时间 τ 较小，水位变化的最大值能够保证在允许变化范围内，并最终稳定在给定值上，即通过给水控制系统的控制作用，使该系完成了其控制的任务。通过上述分析可知：当给水流量自发性扰动产生时，因控制对象反应迟延，该系统不能及时进行调节，但当迟延较小时，单冲量给水控制系统仍然能消除内扰的影响。

在外扰的影响下，即当蒸发量阶跃增加 ΔD 时，蒸汽流量大于给水流量，正确的调节作用应使给水调节阀开度 μ 增大，及时增加给水流量。但由于有"虚假水位"现象，水位 H 不仅不下降，反而是上升的。因 H 的上升，I_H 减小，控制器输入偏差 ΔI_H 小于零，I_T 下降，μ 减小，使 W_2 减小，使本来已有的流量不平衡进一步扩大了。此调节动作称之为虚假水位产生的误动作。因误动作的存在，虚假水位过后，水位将急剧下降，这就加大了动态偏差，延长了控制过程时间。另外，当水位下降后，在给水控制系统的控制作用下增加了给水流量，但由于给水内扰通道有较大的迟延，控制效果不能及时反映出来。这就是说，即使给水流量增加到大于蒸汽流量，汽包水位 H 并不能马上上升，控制器的输入偏差仍然大于零，通过系统的控制作用，进一步去增加给水流量，这可能使给水流量反过来远大于蒸汽流量，从而加剧系统的振荡，延长了控制时间，虚假水位严重时甚至不能满足生产过程的要求。所以，对大、中型锅炉，不宜采用单冲量控制系统。但对虚假水位不是很严重、迟延较小的小型锅炉或低负荷阶段的大型锅炉来说，单冲量给水控制系统仍然可以克服外扰的影响，使水位维持在允许范围内变化，并最终使水位稳定下来，其控制过程示意如图 5 - 8 所示。

3. 系统的整定

单冲量给水控制系统的整定与第二章单回路控制系统整定的方法一样，在此不再赘述。

4. 系统的特点

单冲量给水控制系统的优点是结构简单，运行可靠，其缺点如下：

（1）当负荷变化时，不能及时克服"虚假水位"产生的误动作。

（2）在给水流量自发扰动时，不能及时克服给水流量扰动带来的影响。

5. 适用对象

该系统适用于水容积较大，飞升速度小，负荷变化也不大，控制质量要求不高的小型锅炉。对于采用全程给水控制系统的大型锅炉，在锅炉启动时也采用单冲量给水控制系统。

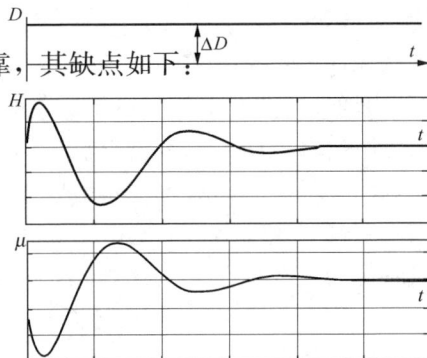

图 5-8　外扰下的控制过程

为了克服单冲量给水控制系统存在的不足，分别又引入给水流量信号和蒸汽流量信号，从而构成了单级三冲量给水控制系统。

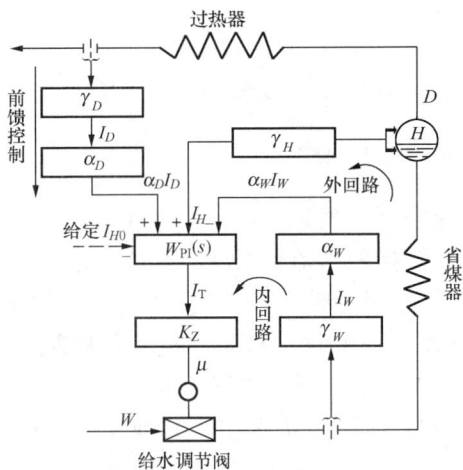

图 5-9　单级三冲量给水控制系统的原理

（二）单级三冲量给水控制系统

1. 系统构成

常用的单级三冲量给水控制系统的原理如图 5-9 所示，原理方框图如图 5-10 所示。从两图的结构中可以看出，这个系统由两个闭合的反馈回路及前馈部分组成：内回路由给水流量信号 W 和给水流量测量变送元件（γ_W）、分流器（α_W）、控制器 $[W_{PI}(s)]$、执行器（K_Z）、控制阀（K_μ）组成，也称副回路；外回路由水位控制对象 $[W_{OW}(s)]$，水位测量变送元件（γ_H）和内回路组成，也称主回路；前馈控制部分由蒸汽流量信号 D 及蒸汽流量测量变送元件（γ_D）、分流器（α_D）构成。该系统仍然只采用了一个控制器，但它引入了汽包水位 H、蒸汽流量 D 和给水流量 W 三个

信号（所以称为单级三冲量给水控制系统），其中汽包水位是被调量，以"＋"极性引入到控制器中，所以水位信号称为主信号，也称为校正信号；给水流量信号以"－"极性引入到控制器中，称为反馈信号；蒸汽流量信号以"＋"极性引入到控制器中的，称为前馈信号。这样组成的三冲量给水控制系统是一个前馈-反馈控制系统。

2. 系统的工作原理

（1）系统的静态特性。系统稳定时，控制器的输入偏差信号为零，输出控制信号稳定不变，且汽包水位等于水位给定值，蒸汽流量等于给水流量，其静态特性可表示为

$$\Delta I = I_{H0} - I_H + \alpha_D I_D - \alpha_W I_W = 0 \tag{5-4}$$

$$I_H = I_{H0}, \quad I_D = I_W \tag{5-5}$$

由水位静态关系可得

$$\alpha_D = \alpha_W \tag{5-6}$$

（2）系统的动态过程。单级三冲量给水控制系统在内扰（给水流量扰动）或外扰（蒸发

量扰动）影响下，如何进行调节？当给水流量产生自发性扰动时，W_1 阶跃增加 ΔW，经测量变送元件（γ_W）转换的电流信号 I_W 增大，经分流器（α_W）得到的给水流量的分流信号 $\alpha_W I_W$ 也增大，此时水位因控制对象的迟延还没有变化，蒸汽流量也没有变化，故控制器的偏差输入信号 ΔI 减小，控制器产生的控制指令 I_T 减小，通过执行器去关小给水控制阀的开度 μ，从而使 W_2 减少，抵消或减小了因自发性扰动增加的给水流量，从而可使汽包水位基本不变或变化较小。可见将给水流量信号作为反馈信号引入到控制器中，能够快速消除来自给水侧的内部扰动。

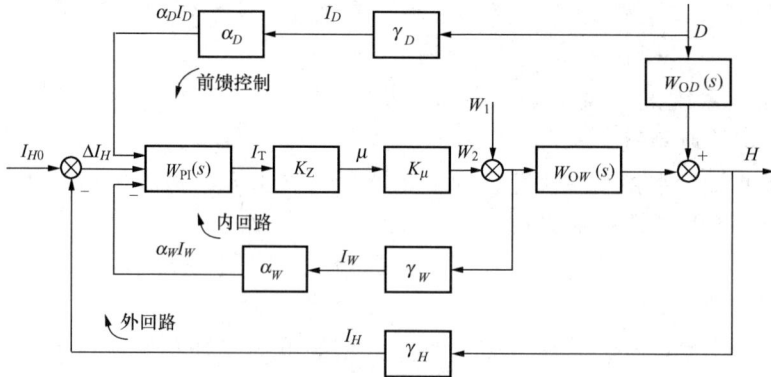

图 5 - 10   单级三冲量给水控制系统的原理方框图

当蒸汽流量增加时，一方面"虚假水位"现象要使控制器发出关小给水控制阀的信号；另一方面蒸汽流量作为前馈信号经测量变送元件（γ_D）转换的电流信号 I_D 增大，经分流器（α_D）得到的蒸汽流量的分流信号 $\alpha_D I_D$ 也增大，该信号使控制器的偏差输入信号 ΔI 增大，控制器产生的控制指令 I_T 增大，通过执行器去开大给水控制阀的开度 μ。这两种控制作用相互制约，相互影响，可使给水控制阀基本不动作或动作较小。可见将蒸汽流量信号作为前馈信号引入到控制器时，可减少或抵消因"虚假水位"现象产生的误动作，改善了系统的控制品质。

无论是外扰还是内扰的影响，在汽包水位偏离给定值时，控制器的输入偏差都会发生变化，从而改变控制器的输出指令，再通过执行器来改变给水控制阀的开度，改变给水流量，使水位朝着减小和消除被控量偏差的方向变化，并最终使汽包水位稳定在给定值上，达到控制水位的目的。由此可见，要使水位稳定到给定值上，水位信号是必不可少的校正信号。

3. 系统整定

（1）系统整定的目的：确定 PI 控制器的比例带 δ、积分时间 T_I、给水流量的分流系数 α_W 和蒸汽流量的分流系数 α_D 的值。

（2）系统整定的原则

1）按照快速消除内扰、稳定给水流量的要求，应将内回路整定成一个快速随动回路，即经整定后内回路应近似为一个比例环节。

2）确定给水流量的分流系数 α_W 的值。当内回路近似为一个比例环节时，外回路就近似为一个单回路系统，可根据水位在内扰时的动态特性 $W_{OW}(s)$，整定外回路等效控制器的比例带 $\delta_{外}$，即可确定 α_W 的值。

3）确定控制器比例带 δ 和积分时间 T_i 的值。用试凑法整定内回路控制器 PI 的比例带 δ 和积分时间 T_i。

4）确定蒸汽流量的分流系数 α_D 的值。根据无静差要求整定 α_D 的值，即 $\alpha_D=\alpha_w$（忽略排污）。

【例 5-1】　某汽包锅炉采用图 5-9 所示的单级三冲量给水控制系统。已知控制器采用 PI 控制规律，通过试验可知控制对象的传递函数为

$$W_{OW}(s)=\frac{H(s)}{W(s)}=\frac{\varepsilon}{s(1+\tau s)}=\frac{0.037}{s(1+30s)}$$

$$W_{OD}(s)=\frac{H(s)}{D(s)}=\frac{K_2}{1+T_2s}-\frac{\varepsilon}{s}=\frac{3.6}{1+15s}-\frac{0.037}{s}$$

给水流量测量单元和蒸汽流量测量单元的斜率为

$$\gamma_w=\gamma_D=0.075\left(\frac{mA}{t/h}\right)$$

水位测量单元的斜率为　　　$\gamma_H=0.033\left(\frac{mA}{mm}\right)$

执行机构和控制阀的比例系数为　$K_Z=K_\mu=1$

给水流量分流器和蒸汽流量分流器（α_w、α_D）均为比例环节，试整定 δ、T_1、α_w、α_D。

解　（1）内回路的等效方框图。

内回路的方框图如图 5-11 所示。可以把它作为一般的单回路系统进行分析。内回路的闭环传递函数为

$$\frac{W(s)}{\Delta I(s)}=\frac{\dfrac{1+T_1s}{\delta T_1s}K_ZK_\mu}{1+\dfrac{1+T_1s}{\delta T_1s}K_ZK_\mu\alpha_w\gamma_w}$$

闭环系统的特征方程式为

$$1+\frac{1+T_1s}{\delta T_1s}K_ZK_\mu\alpha_w\gamma_w=0$$

或　　　　$(\delta+K_ZK_\mu\alpha_w\gamma_w)T_1s+K_ZK_\mu\alpha_w\gamma_w=0$

从式中可见，对于一阶系统，无论控制器的比例带和积分时间取任何小的数值，内回路的控制过程总是不振荡的，而且数值越小，控制过程的衰减速度越快。但是实际上组成内回路的各个环节（如控制阀、变送器、执行机构等）都有一定的惯性，把它们看作为比例环节只能是近似的，而且执行机构还有明显的非线性，因此内回路实质上并不是理想的一阶系统，所以控制器的比例带和积分时间的取值还是有限制的（一般只能用试验方法来确定）。

内回路经过正确整定后，其控制过程是非常快的，当外来控制信号 ΔI 改变时，控制器几乎能立即成比例地改变给水流量 W，使 $\Delta I=I_w$，即 $\Delta I=W\alpha_w\gamma_w$ 或 $\dfrac{W}{\Delta I}=\dfrac{1}{\alpha_w\gamma_w}$。这样，图 5-11 的内回路方框图就可用图 5-12 的等效方框图来近似表示。

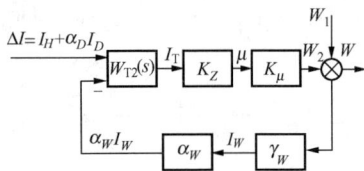

图 5-11   内回路方框图   图 5-12   内回路的等效方框图   图 5-13   外回路的等效方框图

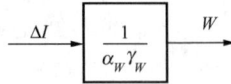

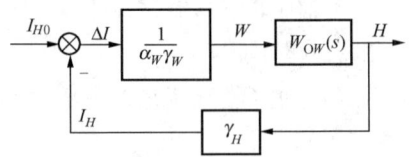

（2）确定给水流量的分流系数 α_w 的值。外回路的等效方框图如图 5-13 所示（暂略去蒸汽流量前馈控制部分），用近似计算公式 $\delta = \varepsilon\tau$ 来计算 α_w。

由图 5-13 可知：
$$\delta_{外} = \alpha_w \gamma_w = (\varepsilon\gamma_H)\tau_w$$

则
$$\alpha_w = \frac{(\varepsilon\gamma_H)\tau_w}{\gamma_w} = \frac{0.037 \times 30 \times 0.033}{0.075} \approx 0.49$$

还可以直接从系统的特征方程式中求出 α_w 的整定值。图 5-13 中所示二阶系统的特征方程式为

$$1 + \frac{1}{\alpha_w \gamma_w} \cdot \frac{\varepsilon\gamma_H}{s(1+\tau s)} = 0$$

或
$$2.25s^2 + 0.075s + \frac{0.037 \times 0.033}{\alpha_w} = 0$$

上式与二阶系统的标准形式比较，可得

$$2\xi\omega_n = \frac{0.075}{2.25}$$

$$\omega_n^2 = \frac{0.037 \times 0.033}{2.25\alpha_w}$$

从上两式中消去 ω_n 后，可得 $\xi = 0.72\sqrt{\alpha_w}$

若取整定指标 $\psi = 0.9$，对应 $\xi = 0.344$，从而得到

$$\alpha_w = \frac{1}{0.72} \times 0.344^2 = 0.23$$

比较两种方法整定结果，近似计算法所得的 α_w 值偏大。可见，当控制对象的阶数 $n < 3$ 时，近似计算法的误差大，本例以特征方程的结果为准。

（3）用试验法确定控制器的 δ 和 T_1。

试验步骤大致如下：断开外回路，保持负荷稳定；取 $T_1 \leqslant 10s$，δ 设置较大值；将已得出的 α_w 值设置好。通过操作器加给水流量阶跃扰动，调整比例带 δ 由大到小，观察给水流量变化曲线。直到给水流量在扰动作用下能既快又基本不振荡地稳定下来，此时的比例带 δ 即为所求。

第一次试验：取 $T_1 = 6s$，$\delta = 55\%$，$\alpha_w = 0.23$，试验曲线见图 5-14 中曲线 1。曲线平缓，说明 δ 偏大。

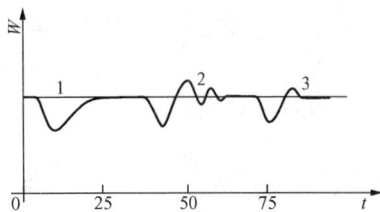

图 5-14   内回路现场试验曲线

第二次试验：取 $T_1 = 6s$，$\delta = 26\%$，$\alpha_w = 0.23$，试验曲线如图 5-14 中曲线 2。曲线振荡较明显，说明 δ 偏小。

第三次试验：取 $T_1 = 6s$，$\delta = 38\%$，$\alpha_w = 0.23$，试验曲线如图 5-14 中曲线 3。给水流量既能较快恢复，又

基本不振荡，说明 δ 合适。

（4）确定蒸汽流量的分流系数 α_D 的整定值

根据无静差原则得 $\qquad\qquad\qquad \alpha_D = \alpha_w = 0.23$

综上，最后整定的结果为 $T_I = 6\text{s}$，$\delta = 38\%$，$\alpha_w = 0.23$，$\alpha_D = 0.23$。

（5）用 MATLAB 的 SIMULINK 对其进行仿真的基本过程。

1）MATLAB 的 SIMULINK 建立如图 5-15 所示的仿真模型。

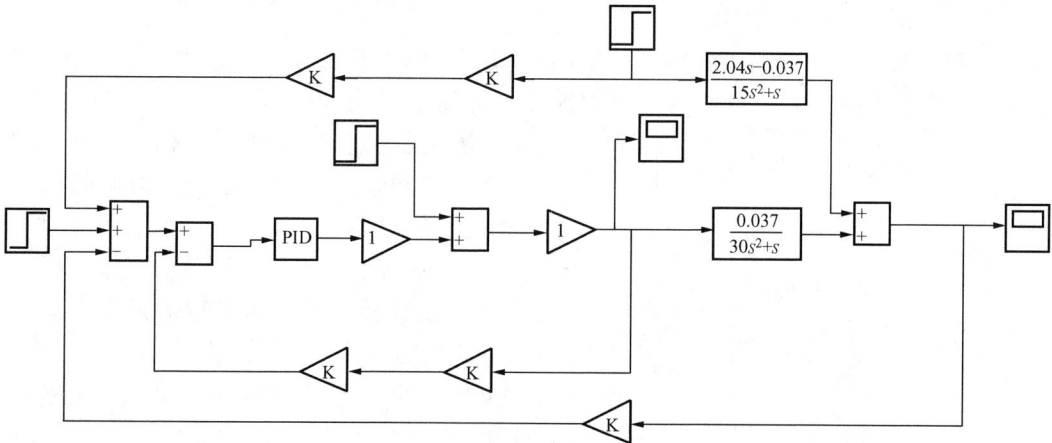

图 5-15　单级三冲量系统的仿真模型

2）将上述整定结果带入模型中，加入给水流量单位阶跃扰动，其水位变化过程仿真曲线如图 5-16 所示。

3）上述整定参数值要经过仿真投试的检验，如果在控制过程中主回路衰减率过高或过低时（观察水位记录曲线），应改变给水流量反馈装置的参数 α_w 值。例如，当主回路衰减率偏低时，应增加 α_w 值；反之则应减小 α_w 值。在调整 α_w 的数值时，应注意同时改变控制器的参数 δ 值，使 α_w/δ 的比值不变，以保证内回路能够保持试验整定时所选定的稳定性裕量。

由调整曲线可知衰减率偏低时，应增加 α_w 值，经调整后，其仿真曲线如图 5-17 所示。

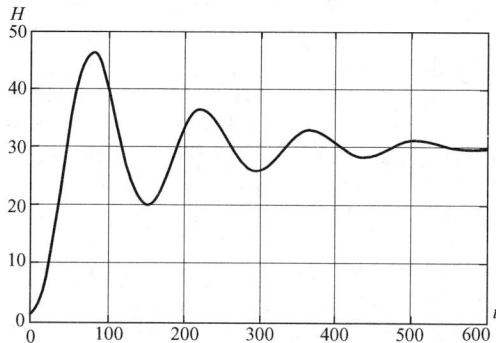

图 5-16　单级三冲量系统的仿真曲线

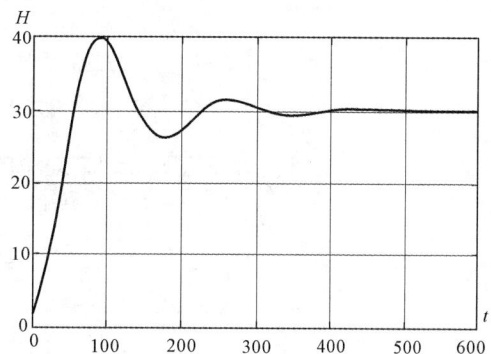

图 5-17　调整后的仿真曲线

4. 系统的特点

通过上述分析可知，单级三冲量给水控制系统既可快速消除给水流量的自发性扰动，保持给水流量的相对稳定，又可有效地减小虚假水位产生的误动作，提高系统的调节品质。但因蒸汽流量的分流系数 α_D 是由静态关系确定的，故不可能恰到好处地消除虚假水位产生的不正确调节；由于 α_W 既影响内回路，又影响外回路，所以在系统整定时，内、外回路相互有影响。另外，由于排污等原因要消耗一部分工质，在系统稳定时 W 不一定等于 D，所以实际水位也就不一定等于给定水位了。为了克服单级三冲量给水控制系统存在的不足，形成了串级三冲量给水控制系统。

（三）串级三冲量给水控制系统

1. 系统构成和工作原理

图 5-18、图 5-19 分别是串级三冲量给水系统的原理和方框图。这个系统也是由两个闭合的反馈回路及前馈部分组成的：内回路由给水流量信号 W 和给水流量测量变送元件

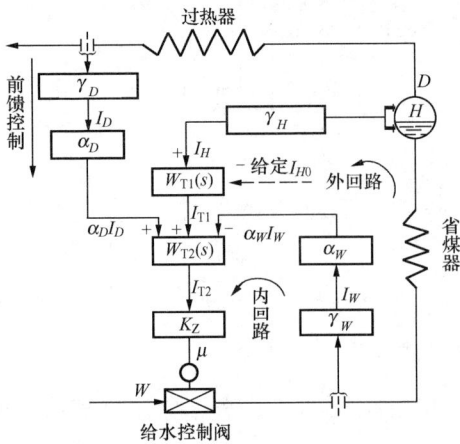

图 5-18　串级三冲量给水控制系统的原理

（γ_W）、分流器（α_W）、副控制器[$W_{T2}(s)$]、执行器（K_Z）、控制阀（K_μ）组成，也称副回路；外回路由水位控制对象[$W_{OW}(s)$]、水位测量变送元件（γ_H）、主控制器[$W_{T1}(s)$]和内回路组成，也称主回路；前馈控制部分由蒸汽流量信号 D 及蒸汽流量测量变送元件（γ_D）、分流器（α_D）构成。

与单级三冲量给水控制系统相比，串级三冲量采用了两个控制器。主、副控制器串联使用，共同排除干扰，稳态时保持汽包水位为给定值。它与单级三冲量给水控制系统相似之处是：含有内、外两个回路和一个前馈控制通道。由给水流量反馈形成内回路，其任务仍然是及时反映控制效果和迅速消除给水流量的自发性扰动。由水位信号反馈形成外回路，当水位偏离其给定值时，主控制器通过内回路调节给水流量，使稳态时水位回到给定值。由蒸汽流量前馈装置构成前馈控制通道，其信号与主控制器的输出信号之和作为副控制器的给定值，当蒸汽流量扰动时，内回路迅速改变给水流量，以补偿因虚假水位产生的误动作。

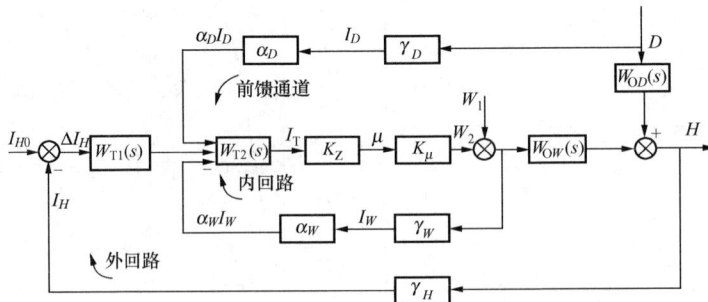

图 5-19　串级三冲量给水控制系统的原理方框图

为保证汽包水位无静差，主控制器采用 PI 控制规律；为保证副回路的快速性，副控制器采用 PI 或 P 控制规律。副控制器接受主控制器的输出信号、给水流量信号和蒸汽流量信号三个输入信号，信号之间有静态配合问题，但系统的静态特性由主控制器决定，因此蒸汽流量信号并不要求与给水流量信号相等。

通过上述分析可知：串级系统主、副控制器的任务不同，副控制器的任务是用以消除给水压力波动等因素引起的给水流量的自发性扰动以及当蒸汽负荷改变时迅速调节给水流量，以保证给水流量和蒸汽流量平衡；主控制器的任务是校正水位偏差。这样，当负荷变化时，水位稳定值是靠主控制器来维持的，并不要求进入副控制器的蒸汽流量信号的作用强度按所谓"静态配比"来进行整定，恰恰相反，在这里可以根据对象在外扰下虚假水位的严重程度来适当加强蒸汽流量信号的作用强度，从而改变负荷扰动下的水位控制品质。可见，串级三冲量系统比单级三冲量系统的工作更合理，控制品质要好一些。

2. 系统的整定

（1）内回路的整定：内回路可以看作是由副控制器 $W_{T2}(s)$ 和一个具有比例性质的被控对象（K_μ、K_z、α_w、γ_w）组成的一个闭合系统，因此 δ_2 和 T_{I2} 都可取得较小，α_w 一般取1。

（2）外回路的整定：在外回路中，如果把内回路近似看作比例环节，则外回路等效为一个单回路控制系统，外回路便可按单回路系统的整定方法整定。

（3）蒸汽流量分流系数 α_D 的选择：在串级三冲量给水控制系统中，水位偏差完全由主控制器来校正，使静态水位值总是等于给定值。因此，就不要求送到副控制器的蒸汽流量信号 $\alpha_D I_D$ 等于给水流量信号 $\alpha_w I_w$，所以蒸汽流量分流系数 α_D 的选择将不受静态特性无差条件的限制，而可根据锅炉"虚假水位"的严重程度来确定，从而改善负荷扰动时控制过程的质量。一般使蒸汽流量信号大于给水流量信号，即取 $\alpha_D > 1$，并通过试验减少 α_w。为了不降低内回路品质，同时要减小 δ_2。

由于在负荷扰动时，水位的最大偏差（第一个波幅）往往出现在扰动发生后不久（虚假水位现象造成），这个水位最大偏差的数值取决于扰动的大小、扰动的速度和锅炉的特性，蒸汽流量信号加强后的控制作用对水位的最大偏差的减小起不了多大作用。加强蒸汽流量信号的作用在于减少控制过程中第一个波幅以后的水位波动幅度和缩短控制过程的时间，因此蒸汽流量信号也不需过分加强。

3. 系统的特点

通过以上分析，可知串级三冲量给水控制系统具有以下特点：

（1）主、副控制器的任务不同。副控制器的任务是当蒸汽流量扰动时迅速改变给水流量，使水位较少变化；当给水流量自发扰动时，及时予以消除。主控制器的任务是校正水位，使稳态时水位等于给定值。两个控制器的工作相对独立，相互影响小，故两个控制器的参数整定也相对独立，这样，使整定的目的和步骤较简明。同时，调节质量也优于单冲量给水控制系统。

（2）串级三冲量给水控制系统维持水位无静差特性是靠主控制器来实现的。因此，蒸汽流量的分流系数可根据蒸汽负荷扰动下虚假水位的严重程度来适当选择，使在负荷变化时，蒸汽流量信号的前馈控制作用能更好地抑制虚假水位和实际水位的变化。

（3）串级控制系统的安全性较好。当变送器特性发生变化而引起 I_w 或 I_D 明显改变时，副控制器入口平衡条件被破坏。由于主控制器有较大的放大系数，只需很小的水位偏差便能使主控制器输出变化较大，以补偿副控制器入口不平衡，使调节系统暂时维持工作。单级三冲量系统在上述故障情况下无法控制水位在正常范围，故串级控制系统的安全性较好。

4. 适用对象

对于给水控制通道迟延较大、蒸汽负荷控制通道虚假水位严重的大型锅炉，采用串级三冲量给水控制系统具有较好的调节质量，调试整定也比较方便，因此，在大型汽包锅炉上普遍采用串级三冲量给水控制系统。

三、给水全程控制系统

（一）全程控制的概念

目前大型火电单元机组都采用机、炉联合启动的方式，锅炉、汽轮机按照启动曲线要求进行滑参数启动。随着机组容量的增大和参数的提高，机组在启停过程中需要监视和控制的项目也就越来越多，因此人工操作、监视的方式已远远不能满足运行的要求，而必须在启停过程中实现自动控制。所谓全程控制系统是指机组在启停过程和正常运行时均能实现自动控制的系统。全程控制包括启停控制和正常运行工况下控制两方面的内容。常规控制系统一般只适用于机组带大负荷工况下运行，在启停过程和低负荷工况下，一般要由手动进行控制，而全程控制系统能使机组在启动、停机、不同负荷工况下自动运行。

单元机组全程控制系统由机炉全程控制子系统组成。主要包括锅炉给水全程控制系统，主蒸汽温度全程控制系统，机炉全程协调控制系统等。其中，给水全程控制系统的应用最为广泛。

（二）对给水全程控制系统的要求

显然，汽包炉给水应该是在锅炉给水全过程中都是自动控制的。这个过程包括：锅炉点火，升温升压；汽轮机冲转，开始带负荷；带小负荷运行；带大负荷运行；降到小负荷运行，锅炉停火，冷却降温降压。在上述全过程中，在控制设备正常的条件下，不需要操作人员的干涉，就能保持汽包水位在允许范围内。这比常规给水控制要复杂得多，因此对给水全程自动控制系统有一些特殊要求：

（1）测量信号的修正。由于锅炉从启动到正常运行的过程中，蒸汽参数和负荷在很大范围内变化，这就使汽包水位、给水流量和蒸汽流量的测量准确性受到影响，必须对这三个信号进行修正。

（2）泵的最小流量和最大流量保护。现代大型单元机组的给水流量控制很少采用阀门节流的方式，而多通过控制变速给水泵的转速实现给水量的自动控制。因而在给水全程控制系统中不仅要满足给水流量控制的要求，同时还要保证给水泵工作在安全工作区内。

（3）控制系统运行方式的切换。由于锅炉给水对象的动态特性在不同负荷时是不一样的。因此在高、低负荷时要采用不同形式的系统。低负荷（一般指蒸汽流量低于额定值的30%）时，机组处于滑压运行过程，参数较低，负荷变化范围小，虚假水位不太严重，可以考虑采用单冲量控制系统，即仅取水位一个反馈信号构成单回路控制系统，高负荷时要采用三冲量控制系统。因此，随负荷的变化出现两种系统的切换问题，而且必须保证这种切换应是双向无扰的。

（4）控制机构的切换。在多种控制机构的复杂切换过程中，给水全程控制系统都必须保证无干扰，高、低负荷需用不同的调节阀，必须解决切换问题。在低负荷时采用改变阀门开度来保持泵的出口压力，高负荷时用改变调速泵的转速保持水位，这又产生了阀门与调速泵之间的过渡切换问题。

（5）给水全程控制必须适应机组定压运行和滑压运行工况，还必须适应冷态启动和热态启动情况。

（三）给水系统及控制机构

典型的 300MW 机组给水热力系统如图 5 - 20 所示。每台机组配有一台 50％容量的电动调速给水泵和两台各为 50％容量的汽动给水泵，在机组启动阶段，由于没有稳定的汽源，汽动泵无法运行，故先用电动泵。为满足机组启动过程中最小流量控制的需要，在电动泵出口至给水母管之间装有两条并联管路，一条支路上装有主给水截止阀，另一条支路上装有给水旁路截止阀和一只约 15％容量的给水旁路控制阀。启动时通过给水旁路控制阀控制汽包水位，当负荷达到一定容量时，打开主给水截止阀，通过调整电泵的转速来控制汽包水位。电泵转速通过液力偶合器调整。两台汽动泵由小汽轮机驱动，其转速的控制由独立的小汽轮机电液控制系统（MEH）完成。MEH 系统的任务是控制小汽轮机从转速升到一临界转速以上，当达到某一转速（例如 3100r/min）后，转速给定值由给水控制系统设置，此时，MEH 只相当于给水控制系统的执行机构。为防止给水泵在流量过低时产生汽蚀，每台给水泵出口都设有再循环管路到除氧器。

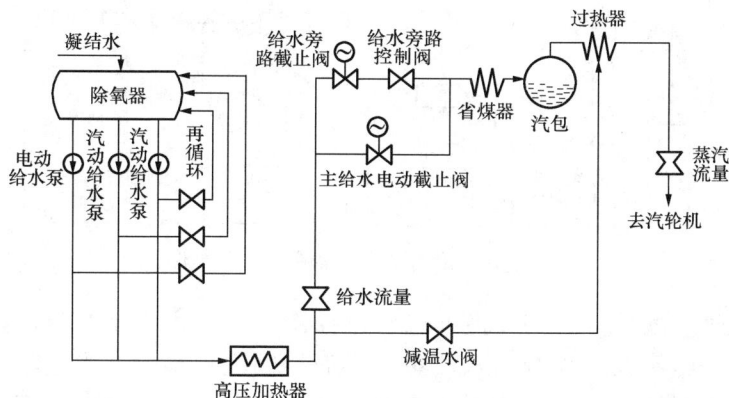

图 5 - 20　给水热力系统示意

（四）给水全程控制系统的举例

1. 给水全程控制系统的工作过程

一个实际应用的 300MW 机组给水全程控制系统的基本结构如图 5 - 21 所示。图中符号说明参见附录。该系统中，包含着多种给水控制方式，这些控制方式是根据机组不同的运行负荷，通过连锁逻辑及其切换器（如 T1、T2 等）来选取的。也就是说，该系统是按照机组不同的负荷阶段和不同的给水控制对象特性，选择与之相适应的控制方式，对给水实现连续控制的，且各控制方式之间的切换无扰动。具体地说，各个阶段的给水控制方式如下：

（1）0％～14％负荷阶段：在此负荷阶段范围内，主给水电动截止阀关闭，连锁逻辑通过切换器 T2 选通 PI1 控制器的输出，此时由电动给水泵控制给水旁路控制阀前后的差压，以保证旁路控制阀的正常有效工作，以及给水泵出口与汽包之间的差压，使汽包上水自如。而汽包水位的控制则是采用单冲量控制方式通过 PI2 控制旁路控制阀开度实现的，这是因为此阶段负荷低，需要的给水流量小，只有通过旁路控制阀才能有效控制汽包水位。

（2）14％～25％负荷阶段：当机组负荷升至 14％（接近旁路控制阀的最大流量）时，控制系统自动开启主给水电动截止阀。连锁逻辑自动地将给水旁路控制阀前后差压控制

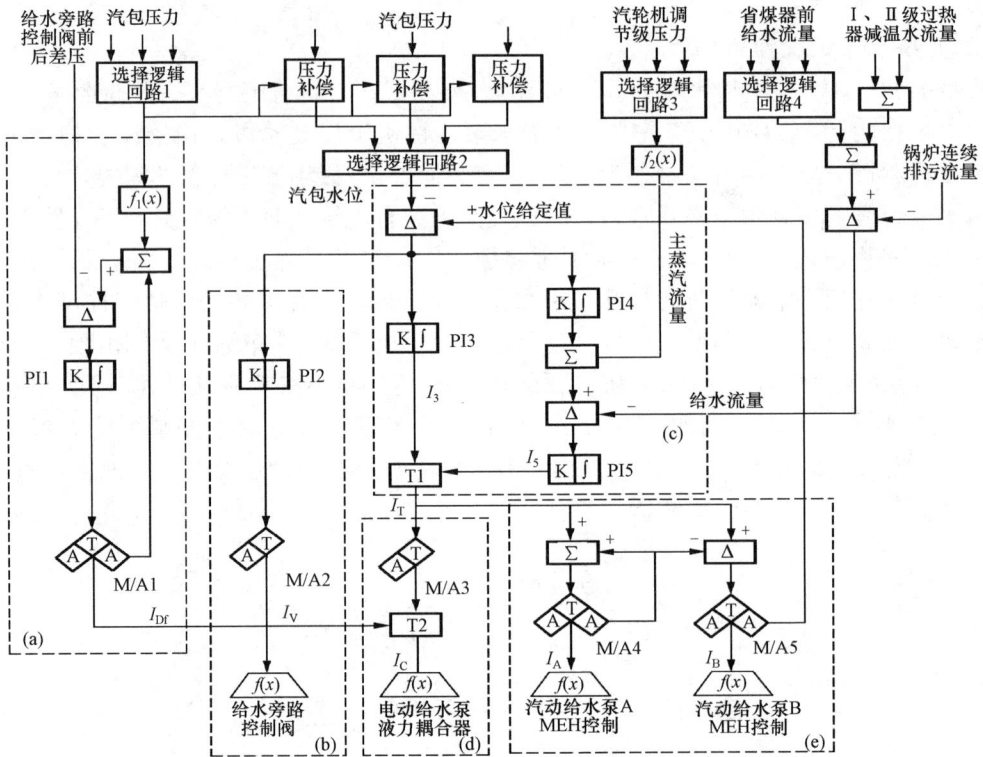

图 5-21　给水全程控制系统原理框图

切为手动，并通过切换器 T1、T2 将汽包水位控制转换到由 PI3 控制器控制的单冲量方式，通过控制电动给水泵来控制给水流量，进而控制汽包水位。当主给水电动截止阀已全开时，顺序控制系统自动关闭给水旁路电动截止阀，一旦给水旁路截止阀离开全开为止，旁路控制阀就切为手动方式，且强制开至 100%，以避免控制阀承受过大的差压而损坏。从 14% 负荷至给水旁路截止阀离开全开位置期间，汽包水位由给水旁路控制阀和电动给水泵共同控制；从给水旁路截止阀离开全开位置至 25% 负荷期间，汽包水位由电动给水泵采用单冲量方式控制。

（3）25%～35% 负荷期间：当机组负荷升至 25% 时，连锁逻辑通过切换器 T1 将汽包水位控制转换到由 PI4 和 PI5 控制器控制，即实现电动给水泵的串级三冲量控制方式。

（4）35%～50% 负荷期间：当机组负荷升至 35% 附近时，启动一台汽动给水泵。当汽动给水泵由 MEH 系统控制转速达临界转速以上的某一值时，将无扰动地转入由给水控制系统控制汽动给水泵转速的方式，此时，由一台汽动给水泵和一台电动给水泵并列运行，且采用串级三冲量方式控制汽包水位。

（5）50% 负荷以上阶段：当机组负荷升至 50% 附近时，另一台汽动给水泵启动，当其转速由 MEH 系统控制达临界转速以上某一值时，即无扰动地转入给水控制系统控制，并逐步降低电动给水泵负荷而增加汽动给水泵负荷。当电动给水泵负荷降到接近最低值、汽动给水泵工作正常、汽包水位稳定时，可停运电动给水泵以作备用。至此，系统由两台汽动给水泵采用串级三冲量方式控制汽包水位。

机组降负荷时，各负荷阶段的控制过程与升负荷阶段大致相反。

2. 系统的工作原理

该系统主要由输入信号处理、给水差压控制和给水旁路控制、给水量需求指令运算回路、电泵控制、汽泵控制组成。下面分别进行说明。

（1）输入信号处理。根据给水全程控制的要求，需要引入汽包水位信号、蒸汽流量信号、给水流量信号、汽包压力信号及给水旁路控制阀前后差压信号等。因该系统涉及较多的输入信号，为了提高信号的可靠性，对其进行了补偿和分析处理：

1）汽包水位信号。它由三个差压式水位变送器测量变送并经汽包压力补偿后送至"选择逻辑回路 2"选择后获得。

2）蒸汽流量信号。它由三个汽轮机调节级压力信号经温度修正和"选择逻辑回路 3"处理后，再经函数器 $f_2(x)$ 转换，并加上旁路流量而形成。

3）给水流量信号。它由省煤器前给水流量最终测量值加上过热器Ⅰ、Ⅱ级喷水减温器的减温水流量测量值后，减去锅炉连续排污流量测量值而形成。

4）给水旁路控制阀前后差压信号。它由电泵出口压力减去汽包压力信号获得。

系统中所用的汽包压力、汽包水位、汽轮机调节级压力、省煤器前给水流量等信号均采用三个测量变送通道进行检测，所测的三个信号由"选择逻辑回路"做出选择后，形成最终测量结果送到控制指令运算回路。

所谓"选择逻辑回路"，是控制系统中的一个"三选一"信号处理通道。它可在三个测量信号中选择"其中一个"或者"三者的中值"作为该对象的测量值输出，作为控制系统的输入信号。例如由 A、B、C 三个变送器分别测量汽包压力，如果运行人员设定了选择"其中一个"，选择逻辑回路将按如下逻辑工作：当选定 A 时，以 A 变送器输出作为系统的输入信号，如果 A 故障，则自动选 B。当选定 B 时，以 B 变送器输出作为系统的输入信号，如果 B 故障，则自动选 C。当选定 C 时，以 C 变送器输出作为系统的输入信号，如果 C 故障，则自动选 A。当运行人员设定了选择三个信号的中值时，如果三个信号均正常，则自动选择其中间值作为系统的输入信号；如果其中之一故障，则自动选择另外两个信号的平均值；如果三者中的两个均故障，则将自动选择第三者。实际运行中一般多采用选择中值方式。

（2）给水差压控制和给水旁路控制。给水差压控制和给水旁路控制是为启动和低负荷时的水位控制设计的。给水差压控制如图 5-21 中（a）部分所示，其控制任务是保持给水泵出口和汽包之间有合适的差压，以保证旁路控制阀两端有足够的差压，使控制阀能有效工作，又不会使差压过大，导致给水泵消耗过多的电能。为完成其控制任务，系统的被控量取的是电动给水泵出口与汽包之间的压力差，给定值是由运行人员通过软手操控制器 M/A1 设定的。在自动状态下，被控量差压信号与其给定值进行比较，形成的偏差信号经 PI1 运算后，输出的控制信号经软手操 M/A1 形成控制指令 I_{Df}，经切换开关 T2 和执行器，作用于电泵液力耦合器的勺管，控制电动给水泵的转速，以保证电动给水泵出口与汽包之间的压力差为给定值。在手动状态下，运行人员可用软手操控制器 M/A1 直接调整电动给水泵转速。软手操控制器 M/A1 由手、自动切换开关 T 和两个模拟给定器 A 组成，一个给定器供运行人员给定差压定值，另一个用于在手动状态下调整控制输出 I_{Df}。综上所述，启动过程中，随着汽包压力上升，控制输出将上升，使电动给水泵转速提高，给水压力上升，保持了给水旁路控制阀两端的差压，从而保证了给水旁路控制回路的正常工作。

　　给水旁路控制系统如图 5-21（b）所示，它由 PI2、M/A2 和给水旁路控制阀等组成。其控制任务是在启动和低负荷时保持汽包水位在允许范围内变化。该系统的被控量信号为汽包水位信号，给定值是由运行人员通过软手操控制器 M/A2 设定的。在自动状态下，当汽包水位下降时，它与其给定值进行比较形成的偏差信号增大，经 PI2 运算后，输出的控制信号经软手操 M/A2 形成控制指令 I_V 增大，使给水旁路控制阀开度增大，给水流量增大，使水位回升，直到水位重新等于水位定值为止。在手动状态下，运行人员可用软手操控制器 M/A2 直接调整给水旁路调节阀。在运行过程中，如果发现旁路控制阀开度较大而给水流量较低时，可通过 M/A1 适当提高差压定值，使旁路控制阀有较宽的流量调节范围，从而保证水位的有效控制。

　　（3）给水流量需求指令的形成。给水流量需求指令运算回路如图 5-21（c）所示，它由单冲量控制器 PI3、三冲量主控制器 PI4、比较器、三冲量副控制器 PI5 和切换开关 T1 组成。该回路的基本任务是接受汽包水位、给水流量和蒸汽流量信号，形成单冲量控制与三冲量控制从而得到给水流量需求指令 I_T，并通过系统连锁逻辑自动进行选择。在机组启动和低负荷阶段，系统选择单冲量控制，水位偏差信号经 PI3 形成流量需求信号 I_3 送切换开关 T1 的输入端。在三冲量控制时，水位偏差信号经三冲量主控制器 PI4 形成的控制信号，加上蒸汽流量信号与给水流量信号之差，作用于副控制器 PI5，形成流量需求信号 I_5 送切换开关 T1 的输入端。切换开关 T1 为单冲量控制与三冲量控制的选择开关。当电动给水泵、汽动给水泵 A 或 B 中有一台及以上在自动且机组负荷大于 25% 时，T1 自动选择三冲量控制器输出的流量需求指令 I_5，机组负荷小于 25% 时，T1 自动选择单冲量控制器输出的流量需求指令 I_3。

　　（4）电动给水泵控制。电动给水泵控制回路如图中 5-21（d）所示，切换开关 T2 是电动给水泵差压控制和水位控制的选择开关，当电动给水泵运行，且电动给水泵主给水截止阀未开时，T2 选择电动给水泵差压控制，即用 M/A1 的输出 I_{Df} 控制电动给水泵转速，以维持给水旁路阀上有足够的差压；当旁路调节阀接近全开（机组负荷约为 14%），系统连锁逻辑自动打开电动给水泵主给水截止阀，T2 选择电动给水泵水位控制，即用 M/A3 的输出 I_C 去控制电动给水泵转速。在电动给水泵自动条件下，给水流量需求指令 I_T 经 M/A3、T2 去控制电动给水泵转速，以实现水位控制。在电动给水泵手动时，利用软手操控制器 M/A3，直接调整电动给水泵转速。注意，此时调整电动给水泵转速的目的是为了控制汽包水位，而不再是保证差压了。

　　（5）汽动给水泵控制。汽动给水泵控制部分如图 5-21（e）所示，由加法器、比较器、M/A4、M/A5 等组成。该部分将给水流量控制指令 I_T 作为汽动给水泵负荷指令，经加法器、比较器和相应的 M/A 操作器、形成控制指令 I_A 和 I_B，送小汽轮机转速控制回路（MEH），实现汽动给水泵转速控制。M/A4 由一个切换器和两个给定器组成，一个给定器作为汽动给水泵 A 的手动输出，另一个输出作为偏置信号，用于控制两个汽动给水泵的负荷分配。由图可见，A 泵的控制指令等于给水流量控制指令加偏置信号，B 泵控制指令等于给水流量控制指令减偏置信号，当运行人员通过 M/A4 增加偏置时，A 泵控制指令 I_A 增加，B 泵控制指令 I_B 减少，控制指令作用于小汽轮机控制回路，使 A 泵转速提高、B 泵转速降低。所以调整汽动给水泵偏置信号，可调整两个汽动给水泵的负荷分配。M/A5 也是由一个切换器和两个给定器组成，一个给定器作为汽动给水泵 B 的手动输出，另一个给定器作为汽包水位给定器，运行人员可通过该设定器设定水位定值 H_0。注意，这是一个独立的给定器，只要旁路、电动给水泵或汽动给水泵控制回路有一个投入自动，就可在 M/A5 上设定水位定值 H_0，而不一定是以汽动给水泵 B 投入自动为条件。

第二节　蒸汽温度自动控制系统

汽包锅炉蒸汽温度自动控制系统包括过热汽温控制系统和再热汽温控制系统。

一、过热汽温控制系统

（一）过程汽温控制的任务

过热蒸汽温度自动控制的任务是维持过热器出口蒸汽温度在允许范围内，并且保护过热器，使管壁温度不超过允许的工作温度。过热蒸汽温度是影响大型锅炉生产过程安全性和经济性的重要参数。因为过热器是在高温、高压条件下工作的，过热器出口的过热蒸汽温度是全厂整个汽水流程中工质温度的最高点，也是金属壁温的最高处。过热蒸汽温度过高，容易烧坏过热器，也会使蒸汽管道、汽轮机内某些零部件产生过大的热膨胀变形而毁坏，影响机组的安全运行，因而过热汽温的上限一般不应超过额定值 5℃。过热蒸汽温度过低，又会降低全厂的热效率，一般蒸汽温度每降低 5～10℃，热效率约降低 1%，不仅增加燃料消耗量，浪费能源，而且还将使汽轮机最后几级的蒸汽湿度增加，加速汽轮机叶片的水蚀。另外，过热蒸汽温度降低还会导致汽轮机高压部分级的焓降减小，引起各级反动度增大，轴向推力增大，影响汽轮机的安全经济运行，因而过热汽温的下限一般不低于额定值 10℃。过热汽温的额定值通常在 500℃ 以上，例如高压锅炉一般为 540℃，就是说要使过热汽温保持在 $\left(540\pm\frac{5}{10}\right)$℃的范围内。

（二）过热汽温控制对象的动态特性

蒸汽从汽包出来以后通过过热器的低温段至减温器，然后再到过热器的高温段，最后到汽轮机。通常大中型锅炉都采用减温器减温的方式控制过热蒸汽的温度。各种锅炉结构不同，过热器的结构布置也不同（辐射式、屏式、对流式等）。影响过热器出口蒸汽温度变化的原因很多，如蒸汽流量变化、燃烧工况变化、锅炉给水温度变化、进入过热器的蒸汽温度变化、流经过热器的烟气温度和流速变化、锅炉受热面结垢、给水母管压力和减温水量等。但归纳起来，主要有三个方面。

1. 蒸汽流量（负荷）扰动下过热汽温对象的动态特性

引起蒸汽流量扰动的原因有两个：一是蒸汽母管的压力变化；二是汽轮机调节阀的开度变化。结构形式不同的过热器，在相同蒸汽流量的扰动下，汽温变化的静特性是不同的。对于对流式过热器的出口温度，随着蒸汽流量 D 的增加，通过过热器的烟气量也增加，此时汽温升高；对于辐射式过热器，随着蒸汽流量 D 的增加，炉膛温度升高较少，炉膛辐射给过热器受热面的热量比蒸汽流量的增加所需的热量要少，因此辐射式过热器的出口汽温反而会下降。对流式过热器和辐射式过热器的出口汽温对负荷变化的反应是相反的，其静态特性如图 5-22 所示。

实际生产中，通常把两种过热器结合使用，还增设屏式过热器，且对流方式下吸收的热量比辐射方式下吸收的热量要多，因此综合而言，过热器出口汽温是随流量的增加而升高的。动态特性曲线如图 5-23 所示。

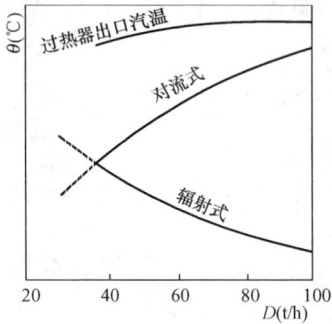

图 5-22　过热器出口汽温的静态特性

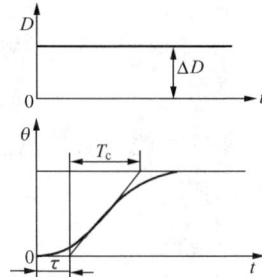

图 5-23　锅炉负荷扰动下过热器出口汽温的阶跃响应曲线

当锅炉负荷扰动时，蒸汽流量的变化使沿整个过热器管路长度上各点的蒸汽流速几乎同时改变，从而改变过热器的对流放热系数，使过热器各点的蒸汽温度几乎同时改变，因而汽温反应较快，迟延时间较小，约有 15s。其特点是：有迟延，有惯性，有自平衡能力，且 τ/T_c 较小。

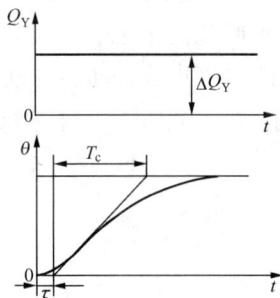

图 5-24　烟气热量扰动下过热汽温的阶跃响应曲线

2. 烟气热量扰动下过热汽温的动态特性

烟气传热量扰动引起的原因很多，如给粉机给粉不均匀、煤中水分改变、蒸发受热面结渣、过剩空气系数改变、汽包给水温度变化、燃烧火焰中心位置改变等。尽管引起烟气传热量扰动的原因很多，但对象特征总的特点是：有迟延，有惯性，有自平衡能力，其动态特性曲线如图 5-24 所示。

在烟气热量扰动（烟气温度和流速产生变化）时，由于烟气流速和温度的变化也是沿整个过热器同时改变的，因而沿过热器整个长度使烟气传递热量也同时变化，所以汽温反应较快，迟延时间只有 10~20s。其时间常数 T_c 和迟延 τ 均比其他扰动小。

现场当中是通过改变烟气温度（例改变燃烧器角度或改变燃烧器投入的个数）或改变烟气流量来求取汽温响应曲线的。

3. 减温水量扰动下的过热汽温动态特性

常见的减温方法有两种：喷水式减温和表面式减温，前者的效果比后者好。减温器一般装在末级过热器高温段前面，一方面保护了过热器高温段；另一方面又改善了控制性能。这种过热器的安装方法与在饱和侧装设表面式减温器相比，延迟时间能减小 1/4。

当减温水流量扰动时，改变了高温过热器的入口汽温，从而影响了过热器出口汽温，其动态特性曲线如图 5-25 所示。从图中可看出，其特点也是有迟延、有惯性、有自平衡能力的。但是由于现代大型锅炉的过热器管路很长，因而当减温水流量扰动时，汽温反应较慢。

对于一般高、中压锅炉，当减温水流量扰动时，汽温的迟延时间 $\tau \approx 30 \sim 60\text{s}$，时间常数 $T_c \approx 100\text{s}$，而当烟气侧扰动时 $\tau \approx 10 \sim 20\text{s}$，$T_c < 100\text{s}$。

（三）过热蒸汽温度的控制手段

通过上述分析可知，当负荷扰动或烟气热量扰动时，汽温的反应较快，而减温水量扰动时汽温的反应较慢，因而从过热汽温控制对象动态特性的角度考虑，改变蒸汽负荷或改变烟气侧参数（改变烟温或烟气流量）的控制手段是比较理想的。但因为蒸汽负荷的变化由用户决定，不能作为控制量；改变烟温或烟气流量在具体实现时有一定困难，所以一般很少被采用；喷水减温对过热器的安全运行比较有利，所以尽管对象的特性不太理想，但还是目前广泛被采用的过热蒸汽温度控制方法。

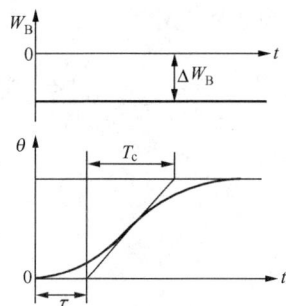

图 5-25　减温水扰动下过热器出口汽温的阶跃响应曲线

采用喷水减温时，由于对象控制通道有较大的迟延和惯性以及运行中要求有较小的汽温控制偏差，所以采用单回路控制系统往往不能获得较好的控制品质。针对过热汽温控制对象控制通道惯性迟延大、被控量信号反馈慢的特点，应该从对象的控制通道中找出一个比被控量反应快的中间点信号作为控制器的补充反馈信号，以改善对象控制通道的动态特性，提高控制系统的质量。

目前采用的过热蒸汽温度控制系统主要有串级控制系统和采用导前汽温微分信号的双回路汽温控制系统。

（四）过热汽温控制系统的组成方案

1. 串级过热汽温控制系统

（1）系统的结构。根据在减温水量 W_B 扰动时，过热蒸汽温度 θ_1 有较大的容积迟延，

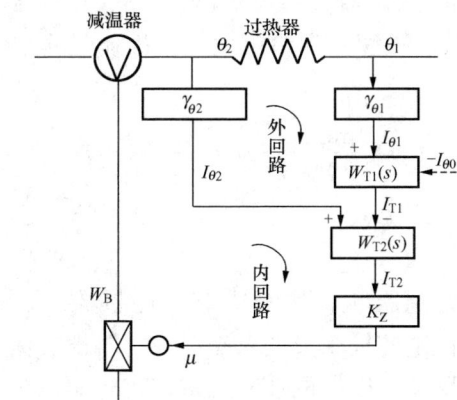

图 5-26　串级过热汽温控制系统结构

而减温器出口蒸汽温度 θ_2 比过热汽温响应快得多，且它的变化又可以预测过热汽温的变化趋势，有明显的导前作用，故可引入 θ_2 信号作为导前信号，θ_1 作为被控量信号的串级控制系统，系统结构如图 5-26 所示，对应的原理框图如图 5-27 所示。系统中有主、副两个控制器，主控制器 $W_{T1}(s)$ 接受过热汽温信号 θ_1，用于维持过热蒸汽温度，使其等于给定值；副控制器 $W_{T2}(s)$ 接受主控制器的输出信号和减温器出口温度信号 θ_2，副控制器的输出控制执行机构 K_Z 的大小，从而控制减温水控制阀的开度。

从两图中可以看出：串级过热汽温控制系统由内、外两个闭合的控制回路构成。内回路（副回路）由对象的导前区 $[W_{02}(s)]$，导前汽温变送器 $[\gamma_{\theta 2}]$，副控制器 $[W_{T2}(s)]$，执行器 (K_Z) 和减温水控制阀 (K_μ) 组成的；外回路（主回路）由对象的惰性区 $[W_{01}(s)]$，过热汽温变送器 $(\gamma_{\theta 1})$，主控制器 $[W_{T1}(s)]$，以及副回路组成。

（2）系统的工作原理。

1）系统的静态特性：在主、副控制器均采用 PI 调节规律的情况下，当系统不受任何扰

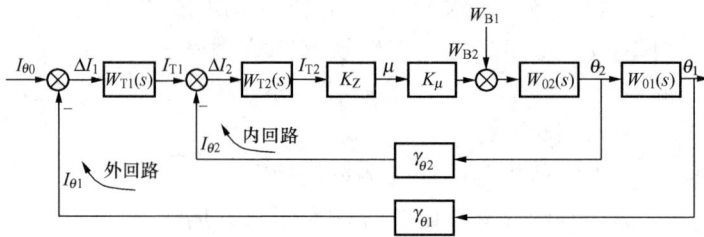

图 5-27　串级过热汽温控制系统原理方框图

动影响时，系统处于稳定状态，主、副控制器的输入偏差均为零，即

$$I_{\theta 1}=I_{\theta 0};\quad I_{\theta 2}=I_{T1}$$

即过热蒸汽温度等于给定值；导前汽温信号等于主控制器的输出信号 I_{T1}，故可认为 I_{T1} 是导前汽温信号的给定值。

2）系统的动态特性：当扰动进入内回路，如减温水侧的自发性扰动 W_{B1}，因导前汽温 θ_2 信号能快速反应扰动，则 θ_2 立即变化，内回路就立即动作，用副控制器 $W_{T2}(s)$ 的输出去控制减温水量，使 θ_2 维持在一定范围内，从而使过热汽温 θ_1 基本不变。如 W_{B1} 阶跃减小时，其控制过程表示为

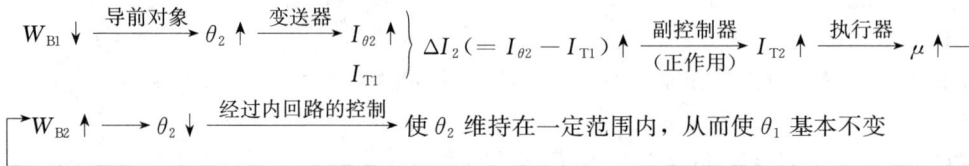

$$W_{B1}\downarrow \xrightarrow{\text{导前对象}} \theta_2\uparrow \xrightarrow{\text{变送器}} \left.\begin{matrix} I_{\theta 2}\uparrow \\ I_{T1} \end{matrix}\right\} \Delta I_2(=I_{\theta 2}-I_{T1})\uparrow \xrightarrow[\text{（正作用）}]{\text{副控制器}} I_{T2}\uparrow \xrightarrow{\text{执行器}} \mu\uparrow$$

$$\rightarrow W_{B2}\uparrow \longrightarrow \theta_2\downarrow \xrightarrow{\text{经过内回路的控制}} \text{使 } \theta_2 \text{ 维持在一定范围内，从而使 } \theta_1 \text{ 基本不变}$$

可见，内回路的任务是尽快消除减温水量的自发性扰动和其他进入内回路的各种扰动，对过热汽温的稳定起粗调作用，副控制器一般可采用 P 或 PD 控制器。

不论何种扰动，只要在主汽温 θ_1 偏离给定值时，由主控制器 $[W_{T1}(s)]$ 就发出校正信号 I_{T1}，通过副控制器及执行器改变减温水量，使过热汽温最终恢复到给定值。其控制过程可表示为

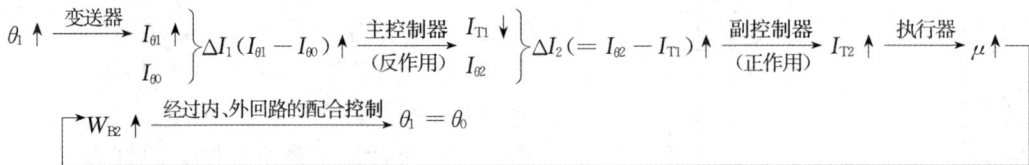

$$\theta_1\uparrow \xrightarrow{\text{变送器}} \left.\begin{matrix} I_{\theta 1}\uparrow \\ I_{\theta 0} \end{matrix}\right\} \Delta I_1(I_{\theta 1}-I_{\theta 0})\uparrow \xrightarrow[\text{（反作用）}]{\text{主控制器}} \left.\begin{matrix} I_{T1}\downarrow \\ I_{\theta 2} \end{matrix}\right\} \Delta I_2(=I_{\theta 2}-I_{T1})\uparrow \xrightarrow[\text{（正作用）}]{\text{副控制器}} I_{T2}\uparrow \xrightarrow{\text{执行器}} \mu\uparrow$$

$$\rightarrow W_{B2}\uparrow \xrightarrow{\text{经过内、外回路的配合控制}} \theta_1=\theta_0$$

外回路的任务是保持过热汽温等于给定值，所以主控制器可采用 PI 或 PID 控制器。

系统中控制器正反作用的原则是：依据控制器入口信号的接线极性来确定控制器正反作用开关的位置，从而保证系统中内、外回路全部实现负反馈，以保证系统正常进行。如果希望控制器的输入偏差信号增加时输出也增加，则选择控制器为正作用或标"INC"；反之，若希望控制器输入偏差信号增加时输出减小，则选择控制器为"反作用"或标"DEC"。

对副控制器来说：输入偏差 ΔI_2 增加时，要求输出 I_{T2} 也增加，故副控制器的正反作用开关置于"正作用"位置；对主控制器来说：当输入偏差 ΔI_1 增加时，输出 I_{T2} 减小，则主控制器的正反作用开关置于"反作用"位置。

（3）系统的整定。一般来说，过热汽温控制对象导前区的迟延和惯性比惰性区要小，而且副控制器又选用 P 或 PD 控制规律，在这种情况下，内回路的控制过程要比外回路的控制

过程快得多。此时，串级汽温控制系统可以采取内、外回路分别整定的方法进行整定。其具体整定方法可按第三章串级控制系统的整定进行，在此仅结合串级过热汽温控制系统的整定结果在 MATLAB 的 SIMULINK 的仿真中进行讲解。

【例 5 - 2】　串级过热汽温控制系统原理方框图如图 5 - 27 所示。已知系统中各环节的传递函数为

$$W_{T2}(s) = \frac{1}{\delta_2}, \qquad W_{T1}(s) = \frac{1}{\delta_1}\Big(1 + \frac{1}{T_{II}s}\Big)$$

$$W_0(s) = W_{01}(s)W_{02}(s) = \frac{9}{(1+15s)^2(1+25s)^3} \quad (\text{℃/mA})$$

$$W_{02}(s) = \frac{8}{(1+15s)^2} \quad (\text{℃/mA})$$

$$\gamma_{\theta 1} = \gamma_{\theta 2} = 0.1 \quad (\text{mA/℃})$$

$$K_Z \cdot K_\mu = 1$$

试确定 $\psi = 0.75$ 时，主、副控制器的整定参数。

解　根据控制对象及其导前区的传递函数，$n_0 T_0 = 2 \times 15 + 3 \times 25 = 105$，$n_2 T_2 = 2 \times 15 = 30$，$n_0 T_0 > 3 n_2 T_2$，故主、副控制器可分别整定。

1）副控制器的参数整定。断开主控制器，此时内回路方框图如图 5 - 28 所示，可得内回路的闭环特征方程式：

$$1 + W_{T2}(s)K_Z K_\mu W_{02}(s)\gamma_{\theta 2} = 0$$

带入传递函数式得

$$1 + \frac{1}{\delta_2} \cdot \frac{8}{(1+15s)^2} \times 0.1 = 0$$

整理得

$$s^2 + \frac{2}{15}s + \frac{1}{225}\Big(1 + \frac{0.8}{\delta_2}\Big) = 0$$

这是一个二阶系统，可求得

$$2\omega_n \xi = \frac{2}{15}, \qquad \omega_n^2 = \frac{1}{225}\Big(1 + \frac{0.8}{\delta_2}\Big)$$

当整定要求 $\psi = 0.75$ 时，对应的阻尼比 $\xi = 0.216$，由上两式可求出副控制器比例带数值：

$$\delta_2 = \frac{0.8}{\Big(\dfrac{1}{0.216}\Big)^2 - 1} = 0.04$$

2）主控制器的参数整定。当内回路整定好之后，可视为一个快速随动系统，外回路等效方框图如图 5 - 29 所示，此时广义被控对象的传递函数为

$$W_{01}^*(s) = W_{01}(s) = \frac{W_0(s)}{W_{02}(s)} = \frac{\dfrac{9}{(1+15s)^2(1+25s)^3}}{\dfrac{8}{(1+15s)^2}} = \frac{1.125}{(1+25s)^3}$$

可得其特征参数为　　　$K_1 = \dfrac{1}{\rho_1} = 1.125$，　　$n_1 = 3$，　　$T_1 = 25$

由表 1 - 3 得　　$n_1 = 3$ 时，有：$\tau_1/T_{c1} = 0.218$；　　$T_{c1}/T_1 = 3.695$

由此可得　　　　　　　　　　　　$T_{c1} = 3.695 T_1 = 92.38$

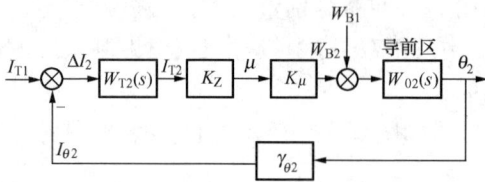

图 5 - 28　内回路的等效方框图　　　　　图 5 - 29　外回路的等效方框图

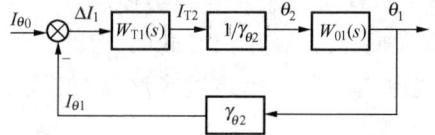

而等效主控制器的传递函数为

$$W_{T1}^*(s)=\frac{1}{\delta_1^*}\Big(1+\frac{1}{T_{I1}^* s}\Big)=W_{T1}(s)\frac{\gamma_{\theta 1}}{\gamma_{\theta 2}}$$

$$=\frac{\gamma_{\theta 1}}{\gamma_{\theta 2}}\cdot\frac{1}{\delta_1}\Big(1+\frac{1}{T_{I1} s}\Big)=\frac{1}{\delta_1}\Big(1+\frac{1}{T_{I1} s}\Big)$$

可得

$$\delta_1^*=\delta_1,\qquad T_{I1}^*=T_{I1}$$

下面可用响应曲线法查表可求得主控制器的整定参数。

据 $\tau_1/T_{c1}=0.218$，查表 2 - 4 可得等效主控制器的整定参数为

$$\delta_1^*=2.6\frac{1}{\rho_1}\frac{(\tau_1/T_{c1})-0.08}{(\tau_1/T_{c1})+0.6}=2.6\times1.125\times\frac{0.218-0.08}{0.218+0.6}\approx0.50$$

$$T_{I1}^*=0.8T_{c1}=0.8\times3.692\times25\approx74(\text{s})$$

从而得主控制器的整定参数为

$$T_{I1}=T_{I1}^*=74(\text{s}),\ \delta_1=\delta_1^*=50\%$$

若将整定指标提高到 $\psi=0.9$，则可按近似关系算出：

$$(\delta_1)_{0.9}=1.6(\delta_1)_{0.75}=1.6\times0.5=0.8\times100\%=80\%$$

$$(T_{I1})_{0.9}=0.8(T_{I1})_{0.75}=0.8\times74=59.2(\text{s})$$

3）用 MATLAB 的 SIMULINK 对其进行仿真的基本过程。

①MATLAB 的 SIMULINK 建立如图 5 - 30 所示的仿真模型。

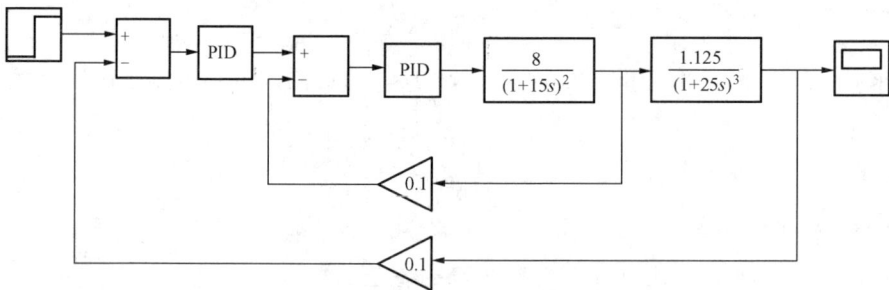

图 5 - 30　串级汽温控制系统的仿真模型

②将上述整定结果代入仿真模型中，加 10 的定值扰动，则得主蒸汽温度的仿真曲线如图 5 - 31、图 5 - 32 所示。

2. 采用导前汽温微分信号的双回路过热汽温控制系统

（1）系统的组成。采用导前汽温微分信号的过热汽温控制系统如图 5 - 33 所示。对应的系统的原理方框图如图 5 - 34 所示。从图中可以看出，该系统包括内、外两个闭合的控制回路：内回路（导前补偿回路）由控制对象的导前区 $[W_{02}(s)]$、导前汽温变送器（$\gamma_{\theta 2}$）、微

分器$[W_D(s)]$、控制器$[W_T(s)]$、执行器（K_Z）和减温水控制阀（K_μ）组成；外回路由控制对象的惰性区$[W_{01}(s)]$、主汽温变送器（$\gamma_{\theta1}$）和副回路组成。

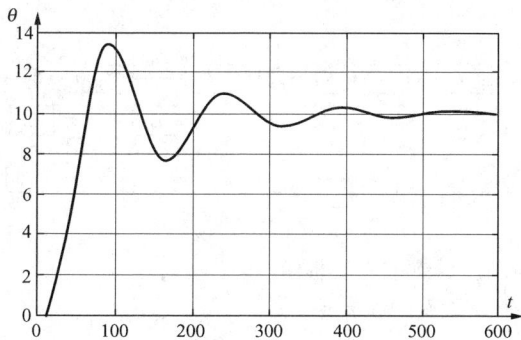

图 5 - 31　$\psi=0.75$ 时串级汽温控制系统的仿真曲线　　图 5 - 32　$\psi=0.9$ 时串级汽温控制系统的仿真曲线

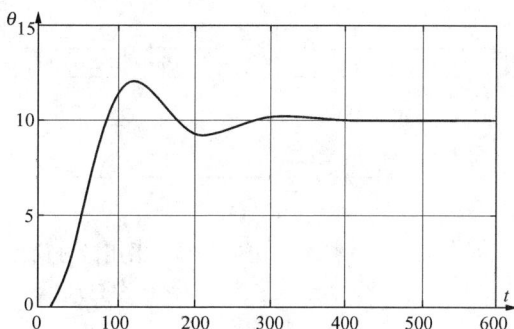

这个系统中引入了导前汽温 θ_2 的微分信号 $I'_{\theta2}$ 作为控制器的补充信号，以改善控制质量。因为 θ_2 和主汽温 θ_1 的变化趋势是一致的，且 θ_2 的反应比 θ_1 快得多，因此它能迅速反映 θ_1 的变化趋势。引入了 θ_2 的微分信号后，将有助于控制器的动作快速性。在动态时，控制器将根据 θ_2 的微分信号和 θ_1 与 θ_1 的给定值之间的偏差而动作；但在静态时，θ_2 的微分信号消失，过热汽温 θ_1 必然等于给定值。如果不采用导前信号 θ_2 的微分信号，则在静态时，控制器将保持（$\theta_1+\theta_2$）等于给定值，而不能保持 θ_1 等于给定值。

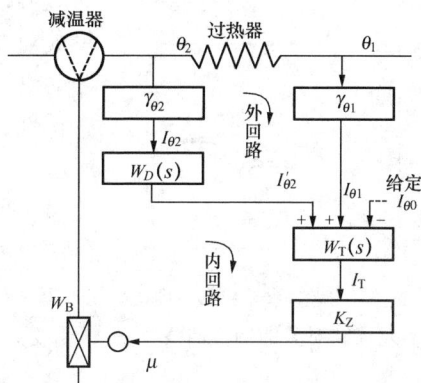

图 5 - 33　具有导前汽温微分信号的汽温控制系统原理结构图

（2）系统的分析。对于这个控制系统的工作原理，有两种不同的分析方法：

1）加入导前汽温的微分信号可以改善控制对象的动态特性。

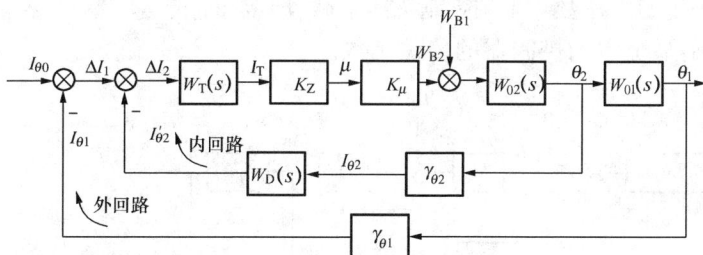

图 5 - 34　具有导前微分信号的汽温控制系统原理方框图

对于图 5 - 34 所示的控制系统，当去掉导前汽温的微分信号时，系统就成为单回路控制系统，如图 5 - 35（a）所示，控制对象 $[W_0(s)=W_{01}(s)W_{02}(s)]$ 的迟延、惯性较大。当系统加入导前汽温微分信号后，控制器将同时接受两个输入信号，系统也成了双回路结构。但对这个双回路系统作适当的等效变换后，发现仍可把它当作一个单回路系统来处理，如图 5 - 35（b）所示。只是由于微分信号的引入改变了控制对象的动态特性。这个新的控制对象的输入仍然是减温水流量信号 W_B，但输出信号为 $\theta_1^*=\theta_1+\mathrm{d}\theta_2/\mathrm{d}t$，等效控制对象的传递函数可以根据方框图求得

$$W_0^*(s) = \frac{\theta_1^*(s)}{W_B(s)} = W_{02}(s)\left[W_{01}(s) + W_D(s)\frac{\gamma_{\theta2}}{\gamma_{\theta1}}\right] \tag{5-7}$$

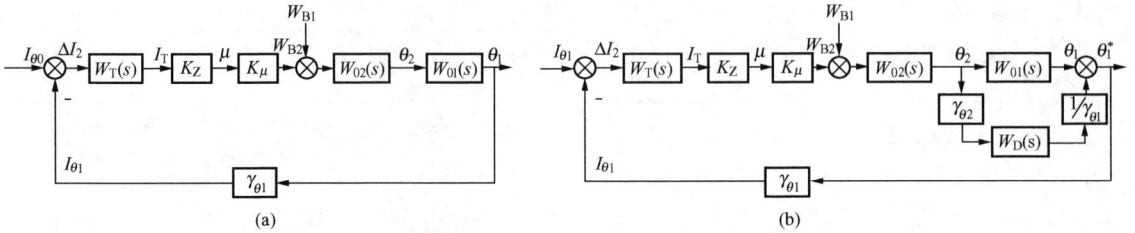

图 5-35　采用微分信号改变控制对象特性的方框图
(a) 单回路系统方框图；(b) 双回路系统的等效方框图

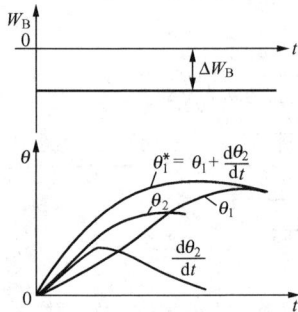

图 5-36　减温水阶跃扰动下等
效控制对象的响应曲线

在静态时，微分器输出为零，所以等效控制对象的输出 $\theta_1^* = \theta_1$；在动态过程中，等效控制对象的输出中除了主汽温信号 θ_1 外，还叠加了导前汽温的微分信号 $\mathrm{d}\theta_2/\mathrm{d}t$。由于 θ_2 的惯性迟延比 θ_1 的小得多，因而等效对象的输出 θ_1^* 的惯性迟延比 θ_1 的小得多。因此，加入导前汽温的微分信号的作用可以理解为改变了控制对象的动态特性，等效控制对象在减温水流量扰动下的特性如图 5-36 所示，可见等效对象的输出 θ_1^* 比主汽温 θ_1 的响应有很大的改善。所以，在控制对象惯性迟延较大的情况下导前汽温微分信号的双回路汽温控制系统的控制品质远比单回路控制系统好。

2）采用导前汽温微分信号的控制系统是串级控制系统的变形。

前面已经分析说明过，对于惯性迟延大的控制对象，采用串级控制系统能获得较好的控制品质。导前汽温微分信号的双回路系统虽然在形式上不同于串级系统，但把它当作一种变形的串级控制系统来研究也是可行的。只要把图 5-34 所示的采用导前汽温微分信号的控制系统等效变形为图 5-37 所示的串级控制系统，其中微分器传递函数的倒数 $1/W_D(s)$ 相当于串级控制系统中主控制器的传递函数，而控制器与微分器的传递函数乘积 $[W_T(s)W_D(s)]$ 则相当于串级控制系统中副控制器的传递函数。

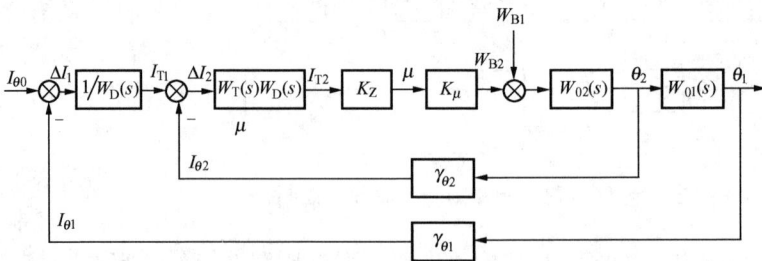

图 5-37　导前微分信号的双回路汽温控制系统等效串级系统方框图

在采用导前汽温微分信号的双回路系统中，微分器和控制器的传递函数一般分别为

$$W_D(s) = \frac{K_D T_D s}{1 + T_D s} \tag{5-8}$$

$$W_T(s) = \frac{1}{\delta}\left(1 + \frac{1}{T_I s}\right) \tag{5-9}$$

式中　K_D、T_D——微分器的微分增益和微分时间。

所以当等效为串级系统时，等效主、副控制器的传递函数应为

①等效主控制器：

$$W_{T1}^*(s) = \frac{1}{W_D(s)} = \frac{1 + T_D s}{K_D T_D s} = \frac{1}{K_D}\left(1 + \frac{1}{T_D s}\right) = \frac{1}{\delta_1^*}\left(1 + \frac{1}{T_{I1}^* s}\right) \tag{5-10}$$

可见，等效主控制器具有比例积分控制器的特性，它的参数为

等效比例带 $\qquad\qquad\qquad \delta_1^* = K_D \tag{5-11}$

等效积分时间 $\qquad\qquad\qquad T_{I1}^* = T_D \tag{5-12}$

②等效副控制器：

$$W_{T2}^*(s) = W_T(s) W_D(s) = \frac{1 + T_I s}{\delta T_I s} \cdot \frac{K_D T_D s}{1 + T_D s} = \frac{K_D T_D}{\delta T_I}\left[\frac{\dfrac{T_I}{T_D}(1 + T_D s) + 1 - \dfrac{T_I}{T_D}}{1 + T_D s}\right]$$

$$= \frac{K_D}{\delta}\left(1 + \frac{\dfrac{T_D}{T_I} - 1}{1 + T_D s}\right) = \frac{K_D}{\delta}\left(1 + \frac{\dfrac{1}{T_I} - \dfrac{1}{T_D}}{\dfrac{1}{T_D} + s}\right) \tag{5-13}$$

在实际应用中，通常 T_D 比 T_I 大得多，因此

$$W_{T2}^*(s) \approx \frac{K_D}{\delta}\left(1 + \frac{1}{T_I s}\right) = \frac{1}{\delta_2^*}\left(1 + \frac{1}{T_{I2}^* s}\right) \tag{5-14}$$

所以，等效副控制器也近似为具有比例积分控制器的特性，它的参数为

等效比例带 $\qquad\qquad\qquad \delta_2^* = \delta / K_D \tag{5-15}$

等效积分时间 $\qquad\qquad\qquad T_{I2}^* = T_I \tag{5-16}$

当把采用导前微分信号的双回路控制系统等效为串级控制系统来分析时，可以清楚地看出微分器参数 K_D、T_D 和控制器参数 δ、T_I 对控制系统性能的影响：

①微分器参数 K_D、T_D 相当于串级系统中主控制器的比例带和积分时间。按串级控制系统的分析方法，当副回路为快速随动系统时，增大 K_D 将使主回路（主汽温）的稳定性提高，但使主汽温的动态偏差增大。增大 T_D 也会提高主回路的稳定性，但影响不太显著，T_D 增大后，主汽温控制过程的时间拉长。

②等效副控制器的比例带是 δ / K_D，积分时间是 T_I。T_I 主要影响副回路的控制过程时间，而 δ / K_D 则影响副回路的稳定性和动态偏差。

但是 K_D 既是副回路的控制器参数，又是主回路的控制器参数。当 K_D 增大时，虽然提高了主回路的稳定性，却使副回路的稳定性下降。所以，当需要增大 K_D 时，为了保持副回路的稳定性，应相应增大 δ，使 δ / K_D 的比值保持不变。

3. 两种汽温自动控制系统的比较

前面讨论了串级过热汽温控制系统和导前汽温微分信号的双回路过热汽温控制系统，它们在实际应用中一般都能满足生产上的要求，但这两种控制系统在控制质量、系统构成、整定调试等方面各有特点：

（1）把采用导前汽温微分信号的双回路系统转化为串级系统来看待时，其等效主、副控

制器均是 PI 控制器，但对于实际的串级汽温控制系统，为了提高副回路的快速跟踪性能，副控制器应采用 P 或 PD 控制器，而主控制器应采用 PI 或 PID 控制器。因此，采用导前汽温微分信号的双回路系统的副回路，其快速跟踪和消除干扰的性能不如串级系统。在主回路中，串级系统的主控制器具有微分作用，故控制品质也比双回路系统好，特别对于惯性迟延较大的系统，双回路系统的控制质量不如串级系统。

（2）串级控制系统主、副两个控制回路的工作相对比较独立，因此系统投运时的整定、调试直观方便，而有导前汽温微分信号的双回路控制系统的两个回路在参数整定时相互影响，不易掌握。

（3）从仪表硬件结构上看，采用导前汽温微分信号的双回路系统较为简单。

一般情况下，双回路汽温控制系统已能满足生产上的要求，因此得到了广泛的应用。若被控对象的迟延较大，外扰频繁，而且要求有较高的控制质量时，则应采用串级控制系统。目前，利用 DCS 多采用的是串级汽温控制系统。

（五）单元机组过热汽温控制系统实例

某 300MW 机组过热蒸汽温度控制系统，采用二级喷水减温控制方式，对过热器设计两级喷水减温，除可以有效减小过热蒸汽温度在减温水扰动下的迟延、改善过热蒸汽温度的控制品质外，还具有防止过热器超温、确保机组安全运行的作用。过热器一级喷水减温的控制目标是：保证屏式过热器出口汽温与负荷变化相适应，并保证屏式过热器入口的过热蒸汽温度不低于对应蒸汽压力下的蒸汽饱和温度，以防止湿蒸汽出现而使蒸汽带水。过热器二级喷水减温的控制目标是：机组在不同负荷下，维持锅炉过热器出口的蒸汽温度为给定值。

1. 一级减温控制系统

图 5-38 是某 300MW 机组过热器一级减温控制系统的原理简图，它是一个串级控制系统，PI1 是主控制器，PI2 是副控制器。被控量是一级过热器出口汽温，导前信号是一级减温器出口汽温。

（1）主控制器给定值形成。主控制器给定值由两部分构成，第一部分与负荷变化及机组的运行方式有关。这是因为定压运行或者滑压运行时，机组对汽温的要求不一样，滑压运行要求汽温有更稳定的范围，如有的机组规定：定压运行方式下，负荷为 50% 额定负荷时主汽温应达额定值，而在滑压运行方式下，负荷为 40% 额定负荷时，就要求主汽温达额定值，因而机组选择不同运行方式时，汽温定值与负荷的函数关系不同。所以系统的设定值分别由 $f_1(x)$ 和 $f_2(x)$ 两个函数器产生，分别对应滑压运行和定压运行，由切换器 T 根据运行方式选择。第二部分设计有运行人员手动干预给定值的手段，当运行条件发生变化（例如煤种改变）时，运行人员可以通过操作站改变加法器的偏置值，以方便对过热汽温给定值进行适当的修正。

（2）副控制器给定值的形成。在正常工况下，副控制器的给定值由主控制器的输出产生。在特殊工况下，为防止喷水量过大而产生湿蒸汽或蒸汽带水，可采用汽包压力经函数模块 $f_5(x)$ 运算后加上 10℃ 的过热度形成副控制器的汽温给定值。两者同时送入大值选择器。经高选可以确保一级减温器出口温度高于相应压力下蒸汽的饱和温度 10℃ 以上，只要控制系统运行正常，就不会出现蒸汽带水的现象。

（3）串级控制部分。只要导前汽温（第一级减温器后的汽温）发生变化，副控制器的输出信号就能迅速改变一级喷水控制阀的开度来维持一级减温器的汽温在一定范围内变化，起

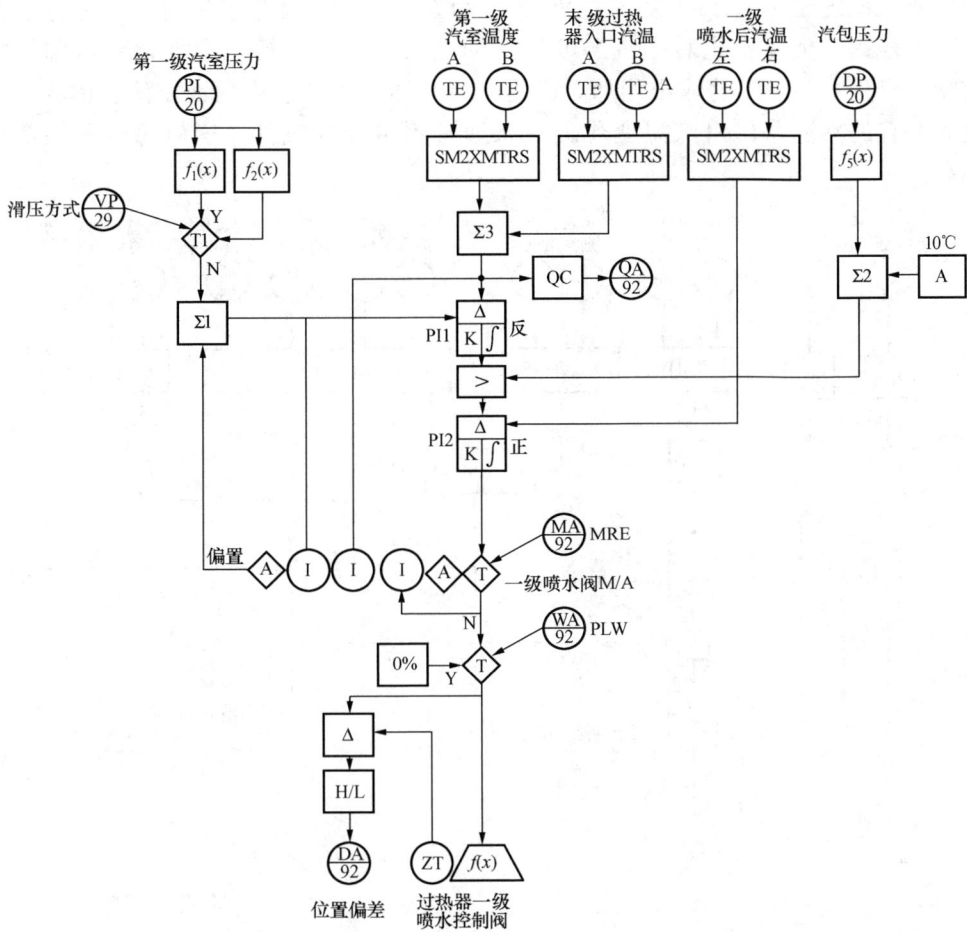

图 5-38　过热器一级减温控制系统的原理简图

粗调作用。而二级减温器前的温度（末级过热器入口汽温）的控制，则是通过主控制器来校正的。只要末级过热器入口汽温偏离给定值，主控制器的输出信号就将不断地变化，并通过副控制器不断去改变一级减温水量，直到末级过热器入口温度回到给定值。

2. 二级减温控制系统

二级减温控制系统如图 5-39 所示，它作为喷水减温的细调，保证主蒸汽温度在允许的范围内变化，其结构与一级减温控制系统一致，差别仅仅是在主控制器 PI1 和副控制器 PI2 之间用了一个加法器，用来接受喷燃器倾角指令、空气总流量、辅助风挡板开度指令及汽包压力等形成的综合前馈信号。系统引入锅炉烟气流量作为前馈信号来消除锅炉负荷变化对主汽温的影响。由于烟气流量是对主汽温的直接的扰动因素，目前多数锅炉的过热器仍以对流吸热为主，锅炉负荷增加时，对流过热器的汽温升高，增大过剩空气流量也将使过热汽温上升。摆动喷燃器角度会直接改变炉膛内的火焰高度，从而改变炉内温度的分布和炉膛出口的烟温，同时，改变辐射和对流传热的比例，对辐射受热面（屏式过热器）的温度影响较大。通常燃烧器倾角上调，火焰中心升高，炉膛辐射传热减少，因而使过热汽温升高。因此，系统引入燃烧器角度位置信号作为前馈指令也将有利于过热汽温的控制，这对锅炉出口汽温的稳定是有利的。为了快速消除机组负荷变化对主汽温度的扰动，系统还引入了汽包压力和第一级汽室压力的偏差作为前馈指令，该前馈指令有利于减轻锅炉负荷变化对主汽温度的扰动，以及锅炉运行压力变化对汽温特性的影响。前馈综合信号与 PI1 的输出相加，成为二级减温器出口温度的设定值。因为前馈信号的变化而引起的减温器出口汽温变化的关系通常不可能为线性，所以每个前馈信号都使用了函数器。

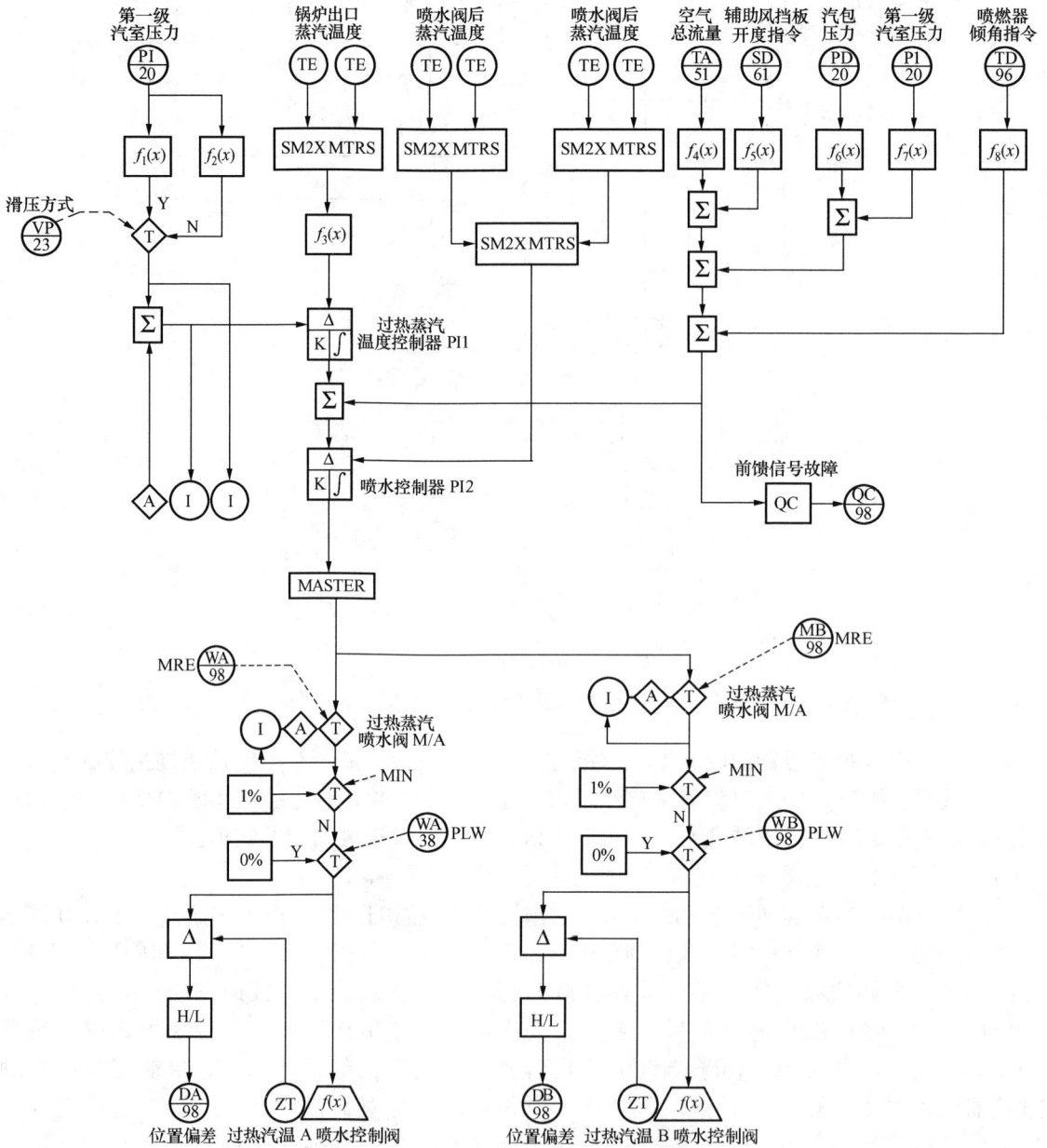

图 5-39 过热器二级减温控制系统的原理简图

可见，在二级减温系统中，由于加入了由汽包压力、空气流量和喷燃器倾角位置指令等作为综合前馈信号，从而有效地减少了未级过热器出口汽温的动态偏差，提高了整个汽温控制系统的调节品质。

3. 过热汽温控制连锁逻辑

为了防止减温器喷水控制阀的漏流影响，在喷水控制阀前后设置了喷水截止阀。通常，需要减温水时（控制阀控制指令大于约5%），全开截止阀，不需要时，则全关截止阀。

(1) 一级减温喷水控制逻辑。

1) 当一级过热器出口温度变送器或第一级喷水减温器后的温度变送器故障、喷水调节阀执行器故障、主燃料跳闸（MFT）或负荷小于 x（%）（$x=20\%$MCR）时，一级减温喷水阀 M/A 站从自动切至手动（MRE）。

2) 当一级喷水阀指令大于 y（%）（$\approx 5\%$），但一级喷水截止阀未开时，一级减温器喷水控制阀置位在1%开度上（对应 M/A 操作站换站后切换器选择"MIN"）。

3) 当一级喷水阀指令等于0%时，关闭一级减温器前、后截止阀。

4) 当主燃料跳闸或负荷小于20%MCR时，PLW（超驰减）信号使一级喷水阀迅速关闭，同时关闭电动截止阀。

(2) 二级减温器喷水控制逻辑。

1) 当综合前馈信号故障、锅炉出口汽温信号故障、二级减温器后温度信号故障、二级喷水控制阀故障、主燃料跳闸（MFT）或负荷小于 x（%）（$x=20\%$MCR）时，二级减温喷水阀 M/A 站切至手动（MRE）。

2) 当 MFT 动作或负荷小于 x（%）时，输出 PLW 逻辑，迅速关闭二级喷水控制阀。

3) 若二级喷水阀指令大于 y（%）与一级电动截止阀关闭同时成立，则将二级喷水阀控制阀设置在1%的最小开度位置上。

4) 当 MFT 动作或负荷小于 x（%）条件之一成立时，则关闭所有电动截止阀。

5) 当一级（或二级）减温器喷水阀指令大于0%时，则全开一级（或二级）喷水截止阀。

二、再热汽温自动控制系统

(一) 再热汽温控制的任务

再热循环可以降低汽轮机尾部叶片处的蒸汽湿度，降低汽耗，提高电厂的热循环效率，所以单元机组普遍采用中间再热技术。因此，再热器出口蒸汽温度的控制成为大型火力发电机组不可缺少的一个控制项目。

再热汽温控制的意义与过热汽温控制一样，是为了保证再热器、汽轮机等热力设备的安全，发挥机组的运行效率，提高电厂的经济性。再热汽温控制的任务是保持再热器出口蒸汽温度在动态过程中处于允许的范围内，稳态时等于给定值。

(二) 再热汽温的控制特点

(1) 再热汽温调节的幅度大：由于再热蒸汽的汽压低，流量小，传热系数小，所以再热器一般布置在锅炉的后烟井或水平烟道中，它具有纯对流受热面的汽温静态特性——单位质量工质的吸热量随负荷的下降而降低。因而在锅炉运行中，再热汽温随负荷变化较大。当机组负荷降低30%时，再热汽温如不加以控制，锅炉再热器出口汽温将降低28～35℃（相当于负荷每降低1%时汽温降低1℃）。

(2) 负荷降低时，再热汽温的给定值也随之下降：当机组负荷下降时，再热汽温较过热汽温下降的幅度大，所以当负荷下降较大时，再热汽温就达不到额定值。为了使再热汽温控制系统能正常工作，要考虑随负荷降低而降低再热汽温的给定值。

（3）再热汽温的控制手段以改变烟气流量为主：影响再热汽温的因素很多，例如机组负荷的大小，火焰中心位置的高低，烟气侧的烟气温度和烟速（烟气流量）的变化，各受热面积灰，给水温度变化，燃料改变和过量空气系数的变化等。在各种扰动下，再热汽温的动态响应特性与过热汽温相类似，共有的特点为有迟延，有惯性，有自平衡能力。其中最为突出的影响因素是负荷扰动和烟气侧的扰动。

从控制的角度讲，以对被控量影响最大的因素作为控制手段对控制最有利。但在再热汽温控制中，由于蒸汽负荷由用户决定，故对于再热汽温控制，几乎都采用改变烟气流量作为主要控制手段，例如改变再循环烟气流量；变化烟气挡板位置，从而改变尾部烟道通过再热器的烟气分流量；改变燃烧器的倾斜角度；采用多层布置圆形燃烧器等方法。改变烟气流量的控制方式比喷水控制方式有较高的经济性，因为再热器采取喷水减温时，将减少效率较高的高压汽缸内的蒸汽流量，降低电厂热效率，所以在正常情况下，不采用喷水调温方式，但喷水减温方式简单，可靠，所以可以把它作为再热汽温超过极限值的事故情况下的保护控制手段。

（4）再热汽温的控制会引起过热汽温的变化：因再热汽温控制采用的是以改变烟气流量为主的控制手段，而烟气流量的变化对过热汽温的影响也较大，故再热汽温在进行控制时，必将导致过热汽温也发生变化，使过热汽温控制更加频繁。

因此在组织再热汽温控制系统时应考虑上述特点。

（三）再热汽温控制系统

1. 采用烟气挡板控制再热汽温的控制系统

该方法常称为"旁路烟道法"，即通过控制烟气挡板的开度来改变流过过热器受热面和再热器受热面的烟气分配比例，从而达到控制再热汽温的目的。烟气挡板在炉内的布置情况如图 5 - 40 所示，采用这种方法时，锅炉的尾部烟道分为两部分，在主烟道中布置低温过热器，旁路烟道中布置低温过热器，烟气挡板布置在烟温较低的省煤器下面。采用烟气挡板调温的优点是设备结构简单，操作方便；缺点是调温的灵敏度较差，调温幅度也较小。此外，挡板开度与汽温变化也不成线性关系，为此，通常将主、旁两侧挡板按相反方向联动连接，以加大主烟道的烟气量的变化和克服挡板的非线性。

当采用改变烟气流量作为控制再热汽温的手段时，控制通道的迟延和惯性较小，因此原则上只需采用单回路控制系统控制再热汽温，考虑到负荷变化是引起再热汽温变化的主要扰动，把主蒸汽流量（负荷）作为前馈信号引入控制系统将有利于再热汽温的稳定，图 5 - 41 给出了改变烟气挡板位置控制再热汽温的一种方案。

系统工作原理如下：正常情况下，即当再热汽温处于给定值附近变化时，通过改变烟气挡板开度来消除再热汽温的偏差，蒸汽流量 D 作为负荷前馈信号通过函数模块 $f_3(x)$ 去直接控制烟气挡板，当 $f_3(x)$ 的参数整定合适时，能使负荷变化时的再热汽温保持基本不变或变化很小。反相器 $(-K)$ 用以使两个挡板反向动作。

喷水减温控制器 PI2 也是以再热汽温 θ 作为被调信号，但此信号通过比例偏置器 $\pm\Delta$ 被叠加了一个负偏置信号（它的大小相当于再热汽温允许的超温限值）。这样，当再热汽温正常时，喷水减温控制器 PI2 的入口端始终只有一个负偏差信号，它使喷水减温阀全关。只有当再热汽温超过规定的限值时，控制器的入口偏差才会变为正，从而发出喷水减温阀开的指令，这样可防止喷水减温阀过分频繁的动作而降低机组热经济性。

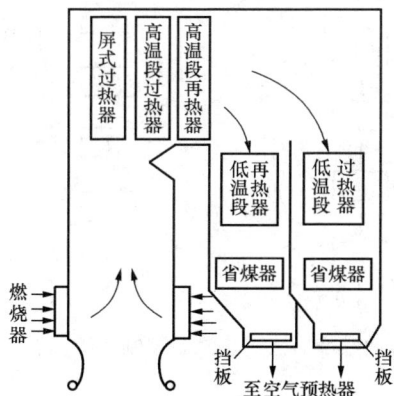

图 5-40　烟气挡板控制再热
汽温烟道布置示意

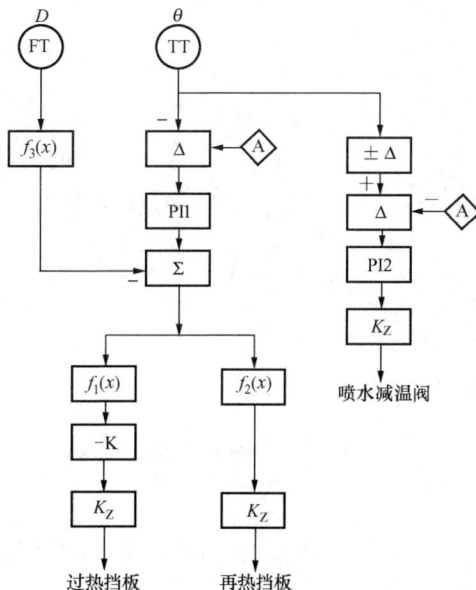

图 5-41　采用改变烟气挡板位置控制再
热汽温的系统

当再热汽温的内扰动态特性有较大的迟延（例如 SG-935-170 型直流锅炉）时，应该采用串级控制系统控制再热汽温，在此不再举例。

2. 采用摆动火嘴法控制再热汽温的自动控制系统

通过改变燃烧器倾斜角度来改变炉膛火焰中心的位置和炉膛出口的烟气温度，使各受热面的吸热比例相应发生变化，达到控制再热汽温的目的。燃烧器摆动角度对炉膛出口烟温的影响如图 5-42 所示，由图可见，燃烧器上倾时可提高炉膛出口烟气温度，燃烧器下倾时可以降低炉膛出口烟气温度，因此改变燃烧器倾角能够控制再热汽温，例如低负荷时可通过上倾燃烧器来提高再热汽温使其维持给定值。图 5-43 是采用该方法的一个控制系统图。燃烧器控制系统是一个单回路控制系统，定值器 A 给出的再热汽温设定值经过主蒸汽流量 D 的 $f_1(x)$ 修正后作为控制器的设定值，与再热器出口汽温 θ 比较，其偏差值送入 PI1 控制器。为了抑制负荷扰动引起的再热汽温变化，系统增加了主蒸汽流量的前馈补偿回路，补偿特性由两个函数模块 $f_2(x)$、$f_3(x)$ 决定，前馈回路由两个并行支路构成，送入小选模块的一路在动态过程中可以加强控制作用。例如，当出现负荷增加的瞬间，前馈控制迅速动作，动态瞬间 $f_3(x)$ 的输出值小于控制器 PI1 的输出，经小选后，可以使燃烧器快速下摆，以抑制再热汽温的上升。当控制器的输出减小以后，小选模块平稳地过渡到输出 PI1 控制值来控制燃烧器摆角，反之亦然。在负荷降低时，$f_2(x)$ 输出值增大，使燃烧器迅速上摆，以抑制再热汽温的下降。

当再热汽温超出给定值，偏差达一定值时，喷水减温系统便自动投入，通过喷水减温来限制再热汽温的升高。该系统 PI2 控制器的测量值为再热汽温的偏差信号，设定值为再热汽温偏差允许值。同样为了改善控制过程的品质，这里也引入了由 $f_4(x)$ 构成的蒸汽流量动态补偿，原理同前述。

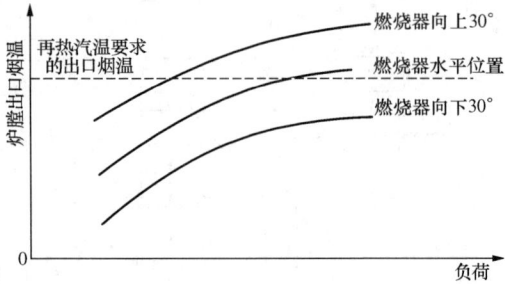

图 5 - 42　燃烧器倾角对炉膛出口烟温的影响　　图 5 - 43　摆动燃烧器法再热汽温控制系统示意

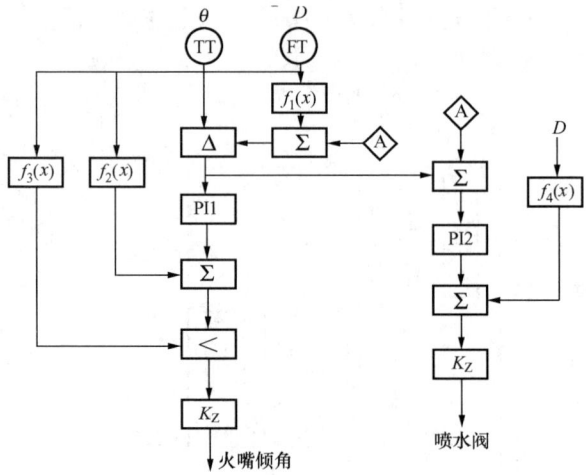

第三节　燃烧过程自动控制系统

一、引言

（一）燃烧控制的任务

电站锅炉燃烧过程实质是将燃料中的化学能转变为蒸汽热能的能量转换过程。燃烧过程控制的根本任务是使燃料所提供的热量适应锅炉蒸汽负荷的需要，并保证锅炉安全经济运行。燃烧过程控制的具体任务及其控制策略因燃料种类、制粉系统、燃烧方式以及机炉运行方式不同而有所区别。燃烧控制系统的基本任务可归纳为三个方面。

（1）维持过热蒸汽出口压力稳定。锅炉过热蒸汽出口压力 p_T（简称主汽压）作为表征锅炉运行状态的重要参数，不仅直接关系到锅炉设备的安全运行，而且它是否稳定还反映了燃烧过程中的能量供求关系。在单元机组中，锅炉主汽压控制与汽轮机负荷控制是相互关联的，锅炉燃烧控制系统的任务是及时调整锅炉燃料量，使锅炉的能量输出与汽轮机为适应对外界负荷需求而需要的能量输入相适应，其标志是主汽压的稳定。

（2）保证燃烧过程的经济性。保证燃烧过程的经济性是提高锅炉效率的重要方面，一般可通过维持进入炉膛的燃料量与送风量之间的最佳比值来实现，即在有足够风量使燃料得以充分燃烧的同时，尽可能减少排烟造成的热损失。目前一般用烟气中含氧量的大小来判断燃烧是否经济。烟气含氧量过高说明空气量过大，降低了烟气温度和炉膛温度，燃烧不经济，应当减少空气量；烟气含氧量过低说明空气量过小，燃料燃烧不完全，也不经济，应适当增加空气量。如果烟气含氧量在以某一给定的范围内变化，则认为燃烧是经济的。

（3）维持炉膛压力稳定。锅炉炉膛压力 p_f 是否稳定反映了燃烧过程中进入炉膛的风量与流出炉膛的烟气量之间的工质平衡关系。若送风量大于引风量，炉膛压力升高，太高的压力会造成炉膛向外喷火；反之，送风量小于引风量，炉膛压力下降，过低的压力会造成漏风而降低炉膛温度，影响燃烧工况，经济性下降。所以说，炉膛压力是否在允许范围内变化，关系到锅炉的安全经济运行。

设置燃烧过程自动控制系统来完成这三项控制任务时，可以用三个控制器去控制三个控制变量，即燃料量 B、送风量 V 和引风量 G，以维持三个被控量——主汽压（或负荷）p_T、最佳烟气含氧量 O_2 和炉膛压力 p_f。

（二）燃烧过程控制的特点

燃烧过程的控制系统有三个被控量和三个控制变量。锅炉的运行实践表明，对燃烧过程的三个被控量的控制存在着明显的相互影响。这主要是由于对象内部（各控制变量与各被控量之间）存在相互作用，即其中每个被控量都同时受到几个控制变量的影响，而每个控制变量的改变又能同时影响几个被控量。图 5-44 表示了燃烧对象的控制变量对被控量的这种影响，所以燃烧过程控制对象是一个多输入多输出的多变量相关控制对象，燃烧过程的自动控制具有如下特点：

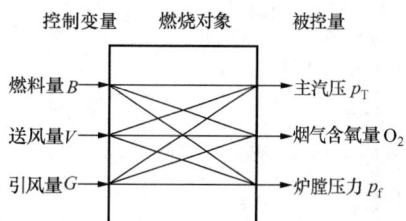

图 5-44　燃烧对象调节变量
对被控量的影响

（1）燃烧过程中，主汽压是锅炉燃烧产生的发热量与汽轮机需要能量是否平衡的标志；烟气含氧量是燃料量和送风量是否保持适当比例的指标；炉膛压力是送风量和引风量是否平衡的指标。因此，虽然对象的几个控制变量对几个被控量都有严重影响，但如果在锅炉运行过程中，严格保持燃料量、送风量和引风量这三个控制变量的比例，就能保持汽压、烟气含氧量和炉膛压力基本不变。也就是说，当锅炉的负荷要求变化时，燃烧控制系统应使这三个控制变量同时按比例地快速改变，以适应外界负荷的需要，并使 p_T、O_2、p_f 基本不变；当锅炉的负荷要求不变时，燃烧过程的三个控制系统应能迅速消除各自的内扰，保持各自的控制变量 B、V 和 G 稳定不变。

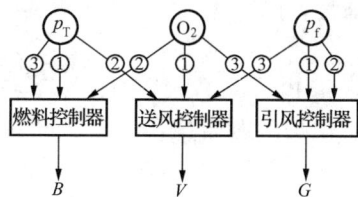

图 5-45　燃烧控制系统的组合方式

（2）燃烧过程的三个控制系统，虽然必须保持相互间的协调动作，以实现燃烧过程的三项控制操作，但究竟由哪一个控制器去完成哪一项任务，并没有一成不变的规定，一般有三种组合方案，如图 5-45 所示。这几种控制方案的最终控制结果并无差别，主要是动作的先后次序略有不同。

（3）燃烧自动控制系统的方案与锅炉的运行方式以及负荷调度等生产工艺有密切的关系。例如母管制还是单元制？带变动负荷还是带固定负荷？锅炉的燃料是油、燃气还是煤粉？若是煤粉炉，则有无中间储粉仓等。设备和工艺条件不同，锅炉的燃烧过程自动控制系统的方案也有所差别。

（4）对直吹式煤粉锅炉，其制粉系统的自动控制也是燃烧控制系统的组成部分。

（三）燃烧控制对象的动态特性

为便于分析研究，在燃料、送风和引风三个子系统协调动作的基础上，将单元机组燃烧控制对象划分为汽压控制对象、送风控制对象和引风控制对象。下面分别讨论它们的动态特性。

1. 汽压控制对象的动态特性

汽压控制对象生产流程示意如图 5-46 所示，主蒸汽压力 p_T 受到的主要扰动来源有两个：一是燃料量扰动，称为基本扰动或内部扰动；二是汽轮机耗汽量的扰动，称为外部扰动。图 5-46 所示系统由炉膛 1、蒸发受热面 2（水冷壁）、汽包 3、过热器 4 和汽轮机 5 等组成。工质（水）通过炉膛吸收了燃料燃烧发出的热量，不断升温，直到产生饱和蒸汽汇集于汽包内，最后经过过热器成为过热蒸汽，输送到汽轮机做功。

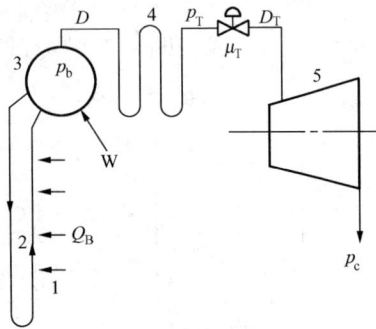

图 5-46 汽压控制对象生产
过程流程示意

1—炉膛；2—蒸发受热面（水冷壁）；
3—汽包；4—过热器；5—汽轮机；
Q_B—炉膛热量；p_b—汽包压力；
p_T—主汽压；D—锅炉蒸发量；
D_T—汽轮机用汽量；
μ_T—汽轮机进汽阀开度；
p_c—汽轮机背压

（1）内扰下汽压控制对象的动态特性。

汽压变化的动态特性与汽轮机的用汽条件有关，可分为两种情况：

1）用汽量不变时，汽压控制对象的动态特性。在燃烧率阶跃增加时，调整汽轮机的进汽阀使用汽量保持不变，所得的汽压阶跃响应曲线如图 5-47（a）所示。在燃料量、送风量和引风量协调配合时，可以用燃料量 B 代表燃烧率。当燃料量阶跃增加时，炉膛热负荷增加，汽水循环加强到汽压上升，要有一个过程，所以汽压变化一开始有迟延，以后直线上升。这是由于燃料量增加后燃料所放出的热量始终大于蒸汽带走的热量，其差值是不变的，这部分热量以压力能的方式储存。由此可见，此时的锅炉汽压是一个有迟延的、无自平衡能力的控制对象。在燃烧率阶跃扰动前后，因用汽量不变，所以汽包压力 p_b 与主汽压 p_T 两者的压力差不变，即 $\Delta p_1 = \Delta p_2$。p_b 与 p_T 的阶跃响应曲线形状基本相同，它们的近似传递函数均可写成积分环节与一阶惯性环节串联后的传递函数，即

$$W_{bT}(s) = \frac{p_b(s)}{\mu_B(s)} \approx \frac{p_T(s)}{\mu_B(s)} \approx \frac{K_B}{C_b s (T_B s + 1)} \qquad (5-17)$$

式中 C_b——锅炉管系的蓄热系数，汽包压力每改变 1MPa 时锅炉的蒸汽量；

T_B——燃烧、传热过程的惯性时间常数；

K_B——燃烧、传热过程的稳态放大系数。

以上参数可依据第一章所讲，通过阶跃响应曲线求得。

2）汽轮机进汽阀开度不变时，汽压控制对象的动态特性。

在燃烧率阶跃增加，保持汽轮机进汽阀开度不变时，所得的汽压阶跃响应曲线如图 5-47（b）所示。与保持用汽量不变所得的汽压阶跃响应曲线相比，前面的迟延过程是一样的，即当燃料量阶跃增加，到汽压上升得需要一个过程。所以汽压一开始并不变化，经过一段时间后，才逐渐上升，由于汽轮机进汽控制阀开度不变，汽压升高使得蒸汽流量也相应地增加，蒸汽带走的热量也相应增多，反过来自发地限制了汽压的升高，汽压上升的速度变慢。当蒸汽带走的热量与燃料量增加后蒸汽的吸热量相平衡时，汽压稳定不变，动态过程结束。此时的锅炉汽压是一个有迟延的、有自平衡能力的控制对象。在燃烧率阶跃扰动后，因蒸汽流量增加，所以汽包压力 p_b 与主汽压 p_T 两者的差值增大，即 $\Delta p_2 > \Delta p_1$，其主汽压的近似传递函数为

$$W_T(s) = \frac{p_T(s)}{\mu_B(s)} = \frac{K_B}{(T_B s + 1)^2} \quad \text{或} \quad W_T(s) = \frac{p_T(s)}{\mu_B(s)} = \frac{K_B}{T_B s + 1} e^{-\tau_B s} \qquad (5-18)$$

汽包压力的传递函数与主汽压的传递函数基本一致，只是汽包压力的传递函数的放大系数较主汽压的放大系数要大。

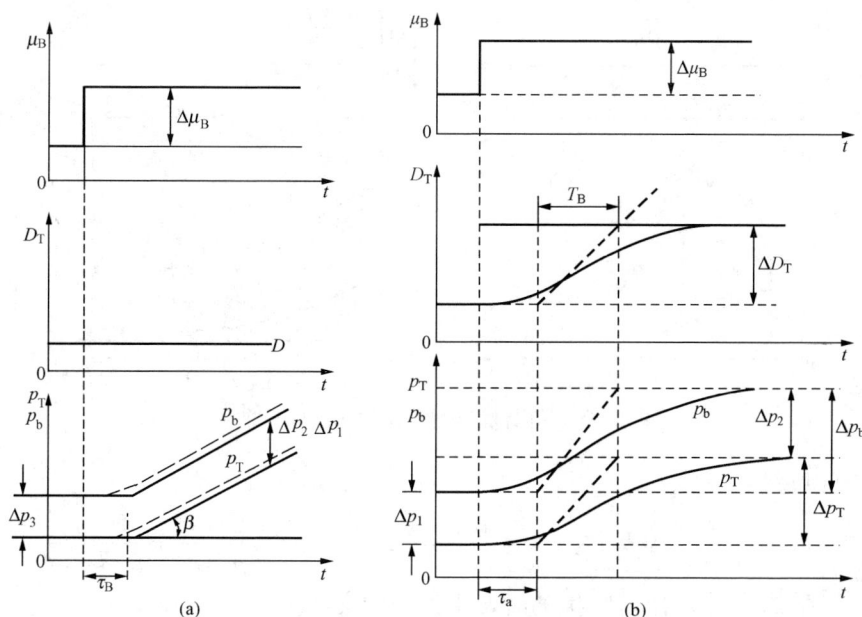

图 5 - 47　内扰作用下的汽压阶跃响应曲线

（2）外扰下的汽压控制对象的动态特性。

外部扰动是指电网负荷变化的扰动，它是通过改变调节阀开度 μ_T，使汽轮机用汽量 D_T 变化而施加的扰动，也可由负荷（汽轮机用汽量）的改变（不断地调整控制阀位置，以保证新的用汽量）而施加的扰动。

1）汽轮机用汽量阶跃扰动时，汽压控制对象的动态特性。

图 5 - 48（a）为汽轮机用汽量阶跃扰动时的汽压反应曲线。当汽轮机用汽量阶跃增加时，由于燃烧率没有发生变化，即用汽量始终大于燃烧供热量，能量供求一直得不到平衡，在扰动一开始，汽压 p_T 立即下降 Δp_0，然后一直等速下降。又因蒸汽流量在压力的动态变化过程中始终保持不变，所以整个过程中的压力差保持不变，即 p_b 和 p_T 的压差始终保持 $\Delta p_2 = \Delta p_1 + \Delta p_0$ 的数值。此时的锅炉汽压是一个无迟延的、无自平衡能力的控制对象。其传递函数可以写为

$$W_T(s) = \frac{p_T(s)}{\mu_T(s)} = -\left(K_0 + \frac{1}{T_T s}\right), \quad W_b(s) = \frac{p_b(s)}{\mu_T(s)} = -\frac{1}{T_T s} \qquad (5-19)$$

2）汽轮机进汽进汽阀开度阶跃扰动时，汽压控制对象的动态特性。

图 5 - 48（b）为汽轮机进汽阀 μ_T 扰动时，汽压变化的响应曲线。当汽轮机进汽阀阶跃增大 $\Delta \mu_T$ 时，汽轮机用汽量也阶跃增加，致使主汽压 p_T 跳跃地下降 Δp_0。此时由于燃料量不变，用汽量的增加使汽包压力 p_b 开始缓慢下降，主汽压 p_T 也跟着缓慢下降，并导致用汽量逐渐回降，最后回到扰动前的数值。在响应过程中，用汽量的暂时上升是靠消耗储存在蒸发受热面、过热器受热面和管道中的热量而获得的。由于蓄热量被消耗掉一部分，稳定后的压力 p_b 和 p_T 会比扰动前的数值低。主汽压 p_T 的起始跳跃值 Δp_0 决定于过热器的流动阻力和扰动量的大小。由于蒸汽流量在扰动结束后恢复到原来的数值，所以汽包压力 p_b 与主汽压 p_T 之差压也逐渐恢复到原来的数值，即 $\Delta p_2 = \Delta p_1$。汽压动态特性具有自平衡特性，

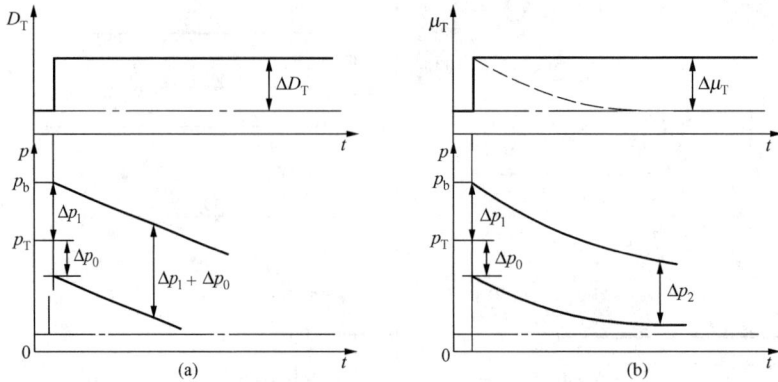

图 5-48　负荷扰动时汽压的阶跃响应曲线

其传递函数可以写为

$$W_T(s)=\frac{p_T(s)}{\mu_T(s)}=-\left(K_0+\frac{K_T}{T_Ts+1}\right), \quad W_b(s)=\frac{p_b(s)}{\mu_T(s)}=-\frac{K_T}{T_Ts+1} \qquad (5-20)$$

式中　K_0——在 $\Delta\mu_T$ 作单位阶跃扰动时，主汽压的突跳值。

　　由此可以看到，在外扰的开始瞬间主汽压会有跳跃变化，不存在迟延，因而会很快地反应外部扰动。

　　在负荷扰动时，锅炉出口汽压没有迟延而有一个与负荷变化成比例的跳变，它的反应时间与燃烧率扰动时相同。

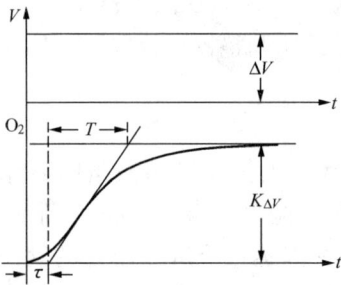

图 5-49　送风量扰动下
氧量阶跃响应曲线

　　2. 送风控制对象的动态特性

　　炉烟含氧量是保证经济燃烧的重要指标。维持炉烟含氧量的主要调节手段是控制送风机入口挡板控制的送风量，也是其主要扰动，称为内扰；煤量变化、炉膛负压变化也影响含氧量，称为外扰。含氧量的动态特性主要是指在送风量阶跃扰动下，含氧量随时间变化的特性，如图 5-49 所示。该动态特性具有滞后、惯性和自平衡能力，其传递函数一般为

$$W_V(s)=\frac{O_2(s)}{V(s)}=\frac{K_V}{(T_Vs+1)^2}$$

或

$$W_V(s)=\frac{O_2(s)}{V(s)}=\frac{K_V}{T_Vs+1}e^{-\tau_Vs} \qquad (5-21)$$

　　3. 引风控制对象的动态特性

　　炉膛负压的控制对象，是引风机入口挡板所控制的引风量，称为内扰；送风量变化会影响炉膛负压，称为外扰。炉膛负压动态特性是引风量阶跃变化时，炉膛负压随时间变化的特性，如图 5-50 所示。由于炉膛负压反应很快，可作比例特性来处理。

　　燃烧过程被控对象的被控量 O_2 和 p_f 都是保证良好燃烧条件的锅炉内部参数。只要使送风量 V 和引风量 G 随时与燃料

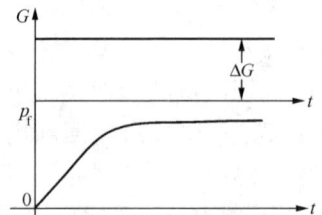

图 5-50　引风量扰动下
负压阶跃响应曲线

量 B 在变化时保持适当比例就能保证 O_2 和 p_f 不会有多大变化。当送风量 V 或引风量 G 单独变化时，炉膛压力 p_f 的惯性很小，可近似认为是比例环节。当燃料量 B 或送风量 V（相应的引风量 G）单独改变时，烟气含氧量也立即发生变化。根据以上所述，这样的动态特性是容易调节的。

二、单元机组燃烧过程自动控制系统的基本方案

通过上述对燃烧控制的任务、控制对象的特点和动态特性的分析，对燃烧过程自动控制系统方案设计可以得出下列认识：

（1）锅炉燃烧过程自动控制的任务是使锅炉的燃烧率随时适应外界负荷的需求。在外界负荷改变时，主蒸汽压力能迅速、成比例地发生改变，因此，主蒸汽压力可以被选作为反映锅炉燃烧率是否满足外界负荷要求的被控量，即根据汽压的变化去改变燃烧率，以适应负荷的需要。

（2）锅炉燃烧过程控制对象是复杂的多变量相关控制对象，因此在燃烧控制的过程中，为了减小系统之间的相互影响，保证系统的稳定性，必须快速而严格地保持着三个调节变量的比例关系。为此当负荷要求改变时，在控制系统中应考虑采用前馈控制技术，以实现克服外扰的及时性；在负荷不变时，各控制系统中应采用负反馈技术，以维持系统的稳定。

（3）燃烧过程三个控制对象的内扰动态特性的惯性迟延都不大，因此从系统原理上看，燃烧过程的自动控制是不难实现的。

（4）燃烧过程自动控制的实现，需要涉及较多的信号，如 p_T、O_2、p_f、B、V、G 等。因此需要正确而又快速地测量出这些信号，其中特别是燃料量信号 B、风量信号 V 以及烟气含氧量信号 O_2，这些信号测量问题的解决是实现燃烧自动控制的基本前提。下面介绍几个燃烧自动控制系统的基本方案。

（一）"燃料－空气"燃烧控制系统

"燃料－空气"燃烧控制系统的组成如图 5-51 所示。该系统包括三个相对独立而又紧密联系的子系统。

1. 燃料控制子系统

燃料控制的任务在于使进入锅炉的燃料量随时与外界负荷要求相适应。因为汽压是锅炉燃烧发热量与汽轮机能量需求平衡的标志，并且在负荷扰动下汽压具有近似比例的响应特性，因此汽压可以作为燃料控制系统的被控量。原则上可以采用以汽压作为被控量的单回路控制系统，但是对于燃煤锅炉来说，运行中的煤量自发性扰动（煤粉的阻塞与自流、燃料发热量变化等）是经常出现的，所以在设计燃煤锅炉的燃料控制系统时，必须考虑使系统具有快速消除燃料自发性扰动的措施——引入燃料量的负反馈。所以，燃料量控制系统大都采用串级系统的结构方案，这样就可以把燃料量信号作为负反馈信号引入副控制器（燃料控制器），如图 5-51 所示。

当机组负荷增加时，主汽压力下降，压力控制器输入偏差增加，代表燃料量需求的控制器输出增加，通过燃料控制器，发出增加燃料量的指令，直到实际燃料量 B 与其指令平衡、且汽压等于汽压给

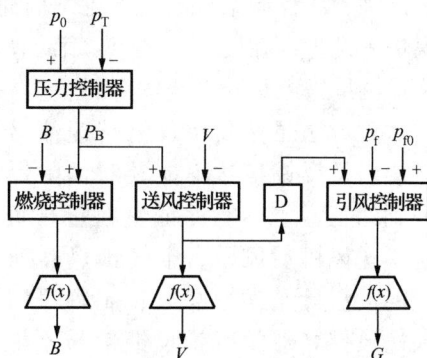

图 5-51　"燃料－空气"燃烧控制系统

定值为止。当机组负荷不变时，燃料量需求指令不变，燃料量 B 自发增加（或减少）时，燃料控制器的输入偏差减少（或增加），燃料控制器发出减少（或增加）燃料量的指令，使实际燃料量回到原来的数值，故将燃料量 B 作为负反馈信号引入副控制器，能迅速消除内扰。

稳态时，主汽压力等于给定值，负荷指令与燃料量保持平衡，即

$$p_T = p_0, \quad P_B = K_1 B \tag{5-22}$$

2. 送风控制子系统

送风控制的任务在于保证燃烧过程的经济性，具体地说就是要保证燃烧过程中燃料量与风量有合适的比例。送风控制系统接受来自压力控制器的锅炉负荷指令 P_B，作为送风量的给定值，送风量信号 V 作为反馈信号引入送风控制器而构成送风调节系统，如图 5-51 所示。动态中，送风量跟踪负荷指令信号而变，调节效果由送风量负反馈信号反映。当送风量发生自发扰动时，依靠送风量信号予以消除。稳态时，送风量与负荷指令信号平衡，即

$$P_B - K_2 V = 0 \tag{5-23}$$

由式（5-22）和式（5-23）可得

$$\frac{V}{B} = \frac{K_1}{K_2} = K \tag{5-24}$$

式中　K——风煤比系数。

只要保证系数 K 为适当的值，控制系统就能使进入锅炉的送风量与燃料量保持合适的比例，达到经济燃烧的目的。

3. 引风控制子系统

引风控制的任务是保持炉膛压力在规定的范围内。由于引风控制对象的动态响应快，压力测量也容易，所以引风控制系统一般只需采取以炉膛压力作被控量的单回路控制系统，如图 5-51 所示。由于送风量的变化是引起负压波动的主要原因之一，为了能使引风量 G 快速地跟踪送风量 V，以保持二者的比例，可将送风量指令作为前馈信号经补偿器 D 引入引风控制器，这样当送风控制系统动作时，引风控制系统将立即跟着动作，而不是等炉膛压力偏离给定值后再动作，从而减小炉膛压力的波动。所以引风控制系统引入送风量指令前馈信号利于提高引风控制系统的稳定性，减小炉膛压力的动态偏差。

前馈补偿器实际上是一个微分控制器，当系统处于静态时，补偿器的输出为零，以保证炉膛压力等于给定值。

这种燃烧控制系统的优点是结构简单。但它对于燃烧煤粉的、具有中间储仓式制粉系统的锅炉来说，存在较大的缺点：第一，具有中间储仓式制粉系统的锅炉，目前尚无法直接、准确地测量进入炉膛燃烧的煤粉量。一般都采用间接测量方法，如用给粉机转速代表煤粉量。这种方法虽然简单，但转速信号不能反映煤粉的自发性扰动和煤发热量的变化。因此，燃料量反馈信号不能及时消除燃料量的自发扰动，要等此扰动波及主汽压变化后才能得到纠正。也不能保证燃料量与负荷要求准确适应，要靠主汽压进行校正。第二，目前常用送风机后风压、空气预热器前后差压或在风道中安装测量装置的办法来测量送风量，而无法计入锅炉漏风、制粉系统漏风及工况变化、送风再循环改变等影响。因此，进入送风控制器的风量反馈信号不能代表进入炉内的实际空气量。所以，此系统保持的风煤比不能保证燃烧的经济性。

对于燃煤锅炉来说，燃料量（煤粉量）的直接测量还是一个尚待解决的问题，因此在设计燃烧控制系统时，一般都采用间接测量的方法，如采用给粉机转速、热量信号代表煤粉量。用给粉机转速代表煤粉量的方法简便，但转速信号不能反映煤粉量的自发性扰动。用"热量信号"代表煤粉量的方法采用的最为普遍。由于煤粉量与送风量难以测准，煤种常有变化及最佳过量空气系数随锅炉负荷而变等原因，所以用保持风煤比的办法，不能保证炉膛过量空气系数为最佳值，即不能保证经济燃烧。而通过测量烟气含氧量可以反映过量空气系数的大小，故对中间储仓式制粉系统锅炉提出采用"热量－氧量"燃烧控制系统。

（二）"热量-氧量"燃烧控制系统

1. 热量信号

热量信号是基于下面的考虑提出来的，稳态时，只需用蒸汽流量 D 即可准确地度量燃料发热量中被利用的部分；动态时，尚有部分热量储存（或放出）在锅炉内部，表现为汽包压力 p_b 的变化。把上述热量的利用和储存两部分适当组合起来称为热量信号 D_Q，所谓热量信号，是指燃料进入炉膛燃烧后，在单位时间内所产生的热量，即

$$D_Q = D + C_b \frac{\mathrm{d}p_b}{\mathrm{d}t} \qquad (5-25)$$

式中 C_b——锅炉的蓄热系数。

根据这个关系式可画出热量信号的构成方框图如图 5-52 所示。

从形式上看，热量信号是蒸汽流量与汽包压力微分信号之和，从本质上看，热量信号只反映燃烧率（燃料燃烧发热量/秒）的变化（内扰），而不反映负荷的变化（外扰），即当燃烧率扰动时，热量信号应成正比例变化，而当汽轮机消耗量变化时，只要进入炉膛的燃料量不变，热量信号就不应该变化。否则，就失去了用热量信号代表实际参加燃烧的煤粉量的意义。理想的热量信号在燃烧率和负荷阶跃扰动下的响应曲线如图 5-53 所示。

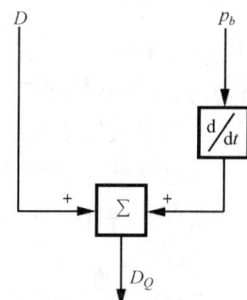

图 5-52 热量信号的构成

在燃料量不能准确测量的情况下，一般都采用热量信号代替燃料量信号。热量信号反映的是燃烧率，所以它不仅能反映燃料数量的变化，而且也能反映燃料质量的变化，因此比燃料量信号能更准确地反映燃烧率。

2. 氧量信号

在"燃料-空气"系统中，通过保持燃料量与送风量为固定比例的送风控制系统，在锅炉的长期运行过程中，不能始终确保燃烧过程的经济性。因为送风量和燃料量的最佳比值 K 是随负荷和燃料的品质等因素变化的。因此，一个完善的燃烧经济性控制系统，应该考虑用反映燃烧经济性指标的参数来修正送风量，使之

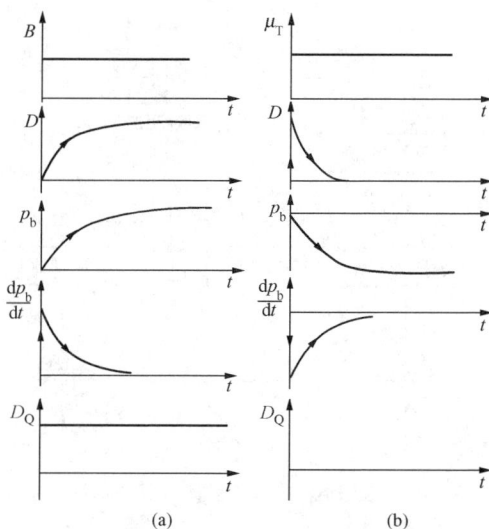

图 5-53 热量信号的阶跃响应曲线
(a) 燃料量扰动；(b) 蒸汽流量扰动

与燃料量之间比值达到最佳，并采取随负荷、燃料品种变化而修正送风量的送风控制系统。采用氧化锆传感器测量锅炉排烟中的含氧量，氧量信号反应迅速可靠，烟气中最佳含氧量与煤种无关，对于煤种变化大的锅炉或煤油混烧的锅炉的燃烧自动化控制具有重大意义。根据氧化锆的测氧性能，可以用氧量信号作为送风控制系统的控制信号。

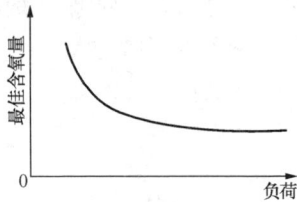

图 5 - 54　最佳含氧量与负荷关系曲线

送风控制器仅接受氧量信号并与定值信号平衡，为一个单参数单回路控制系统，定值信号可将氧量定在最佳值。同时，送风控制器可采用纯比例型控制器。因为，锅炉最佳含氧量是随负荷增加而减小的，如图 5 - 54 所示，比例控制器的静态偏差也正好随负荷增加而减小，适当地调整比例带，可保证锅炉在不同负荷下的静态配合，使锅炉在最佳含氧量条件下经济运行。

送风控制器是单信号、单参数（纯比例控制），故参数整定简单，系统稳定性好。

该系统省去了风量信号，无须风量测量装置，节约了设备，解决了风量信号难以测准问题，同时也解决了炉膛部分漏风问题，因为炉膛的漏风都包含在烟气里，故在漏风严重时（如除灰期间的漏风）送风系统会自动减少送风以维持最佳含氧量，这对减少漏风损失稍有好处。当然最根本的办法是消除漏风。

采用氧量信号直接控制送风的燃烧系统的缺点是：

（1）很难找出能代表整个炉膛含氧量的准确测点，因而氧量计测出的信号不能保证是最佳含氧量值。

（2）氧量计测出的是整个炉膛的平均最佳含氧量，因此不能保证每个喷燃器处在完全燃烧。对于大型锅炉，尤其是直吹式锅炉，氧量仍有可能达到最佳，而实际上这台锅炉燃烧并没有达到最佳。

综上所述，若采用氧量信号直接控制送风的燃烧系统，则只适用于中、小型锅炉，对于大型锅炉还是用氧量作为校正信号为佳。

3. 系统构成

"热量 - 氧量"燃烧控制系统是采用热量信号和氧量信号的一种组合方案，结构如图 5 - 55 所示。该系统与"燃料 - 空气"系统的主要区别如下：

（1）把送入燃料控制器的燃料量反馈信号换成了热量信号，当系统受到外部扰动（负荷变化）时，工作过程与"燃料 - 空气"燃烧控制系统一样，而当燃料发生自发性扰动时，由于热量信号能及时地反映燃料的变化，所以燃料控制器能迅速消除燃料侧的扰动，而不致使出口汽压变化，这有利于锅炉的稳定运行。

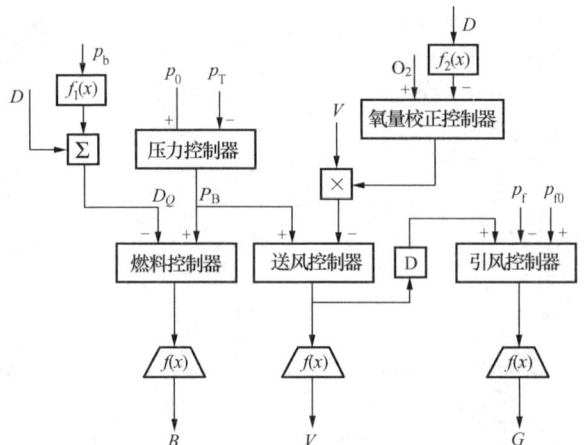

图 5 - 55　"热量 - 氧量"燃烧控制系统

（2）送风控制系统中采用氧量作为校正信号，增加了一个控制器，该控制器接受氧量信号与氧量定值信号，故称为氧量校正控制器。蒸汽流量经函数器 $f_2(x)$ 转换成图 5-54 所示规律的最佳氧量给定值，与氧量测量值进行比较，其偏差通过乘法器修正送风量 V。当烟气中含氧量高于最佳给定值时，氧量校正控制器产生校正信号，修正送风控制系统的给定值，此时，经修正后的风量反馈信号将增大，它以"一"极性接入送风控制器，这时将关小送风机挡板；反之，则开大挡板。

当送风机挡板开度改变时，送风机的反应较氧量信号反应快，所以动态过程中，先是靠送风量反馈进行粗调，然后，由氧量信号对风煤比进行修正。为了使校正动作不会引起主汽压、汽温、炉膛压力等其他参数发生大的变化，应使校正动作进行得缓慢些，这是整定氧量校正控制器时应注意的。

当送风量发生自发扰动时，依靠氧量信号能迅速予以消除。

该系统与"燃料-空气"系统相比，因为用热量信号替换了燃料量信号，解决了煤粉量难于测量的问题，因而能及时消除燃料量的自发性扰动；同时增加了氧量信号，当燃料种类及负荷发生变化时，能通过氧量校正控制器保证燃烧的经济性，故该方案在实际应用中经常被采用。

（三）直吹式制粉系统锅炉燃烧过程自动控制系统的基本方案

1. 直吹式锅炉燃烧过程控制的特点

为了节省基建投资和运行费用，现代大型锅炉多采用直吹式制粉系统，其汽压生产过程如图 5-56 所示。

直吹式燃烧系统工作过程是：原煤进入制粉设备制成煤粉，借助一次风送入炉膛，煤粉在炉膛由二次风助燃。可见，该燃料系统不存在中间储粉仓，制成的煤粉直接送入炉膛，这样省去了细粉分离器和中间储粉仓而节约投资。

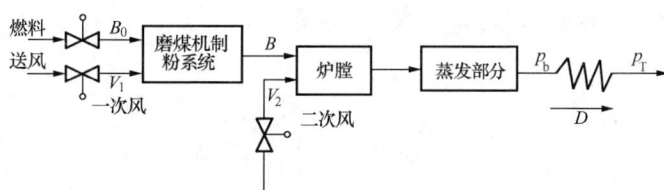

图 5-56 汽压生产过程

直吹式制粉系统中的制粉设备，目前有钢球磨、中速磨、竖井磨和风扇磨等。磨煤机工作方式又有负压直吹系统和正压直吹系统和风扇磨直吹系统。负压工作方式的优点是不会往外喷粉，但排粉机叶片易磨损。正压方式解决了排粉机磨损问题，但需要解决密封问题。风扇磨直吹系统由于其本身具有的排粉能力而省去了排粉机。

针对直吹式燃烧系统的特点，在设计锅炉燃烧控制系统时应注意以下几点：

（1）在直吹式制粉系统锅炉中，改变燃料控制机构——给煤机转速后，还需经过磨煤制粉的过程，才能使进入炉膛的煤粉量发生变化。显然，直吹式制粉系统锅炉在适应负荷变化或消除燃料内扰方面的反应均较慢，因而更容易引起汽压较大的波动。

（2）由于一次风在磨煤机之前引入，因而对制粉系统的正常工作影响很大。一次风量过大，进入炉膛的煤粉颗粒大，风量过小又影响送粉而易造成磨煤机堵塞。

（3）不同种类的制粉设备，不同工作方式，他们各具特点。因此设计燃烧控制系统时必须区别对待。

因此，当机组负荷变化时，如何快速改变进入炉膛的煤粉量；当机组负荷不变时，如何及早地发现和克服燃料量的扰动，就成为设计直吹式制粉系统锅炉燃烧自动控制系统时两个需要特别予以考虑的问题。

通过对磨煤机运行特性的分析、研究，可以提出解决上述两个问题的措施：

由于磨煤机出力有较大的迟延和惯性，直吹式系统在单独改变给煤量时不能快速使煤粉量发生变化，但改变一次风量却能迅速改变进入炉膛的煤粉量，因此，为了提高直吹式制粉系统锅炉的负荷响应能力，机组负荷变化时，在改变给煤量的同时，可改变一次风量。

为尽早消除燃料量的自发性扰动，首先要及时地测量进入磨煤机的给煤量，即要快速准确测出磨煤机中的存煤量。其测量方法随着磨煤机的类型不同而不同，例如对于中速磨和钢球磨，可以用磨煤机进出口风压差的大小来间接代表磨煤机中的存煤量多少，也可用磨煤机的电动机功率的大小来代表磨煤机中的存煤量。

2. "一次风 - 燃料"系统

对于直吹式制粉系统来说，磨煤机装煤量越大，在给煤量扰动下，出粉量变化的惯性和迟延就越大。同时，磨煤机通常有一定蓄粉量，装煤量越大，其蓄粉量就越大。对于装煤量大的磨煤机，改变一次风量以吹出磨煤机中的蓄粉，是解决制粉系统惯性迟延问题的有效方法。图 5 - 57（a）给出了磨煤机给煤量和一次风量扰动下的出粉量的阶跃响应曲线：曲线 1 是磨煤机给煤量阶跃增加时出粉量的响应曲线，曲线 2 是一次风量阶跃增加时出粉量的响应曲线，曲线 3 是给煤量与一次风量同时扰动时的出粉量响应曲线。显然，一次风量参与给粉量的调节，有效地减少了燃料控制通道的惯性和迟延。采用一次风量作为燃料控制手段的燃烧控制系统，称为"一次风 - 燃料"系统。

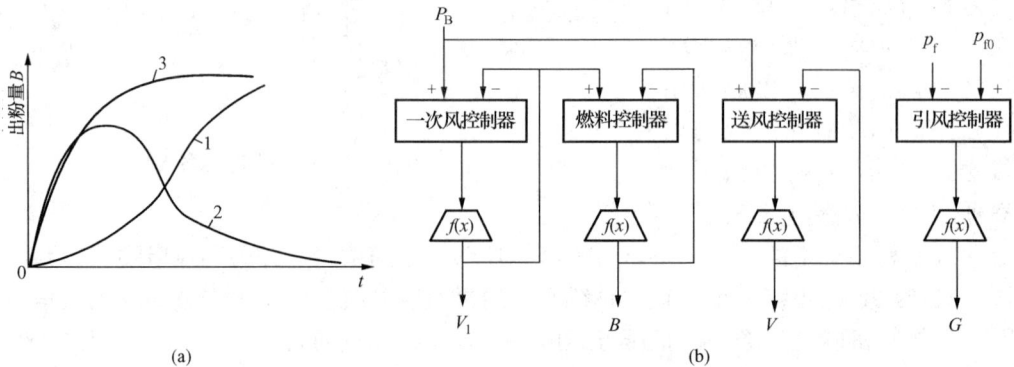

图 5 - 57　"一次风 - 燃料"控制系统
（a）阶跃响应曲线；（b）一次风 - 燃料控制系统
1—给煤量扰动；2——次风量扰动；3—给煤量和一次风量扰动

"一次风 - 燃料"系统如图 5 - 57（b）所示。系统由四个子系统组成，根据锅炉负荷指令 P_B 控制一次风量 V_1 和送风量 V，并用一次风量控制给煤量。其工作原理如下：

当机组负荷增加时，首先由一次风控制器和送风控制器根据负荷指令增加一次风量和送风量。一次风量的增加，可以迅速吹出磨煤机中的蓄粉，以适应负荷变化对炉膛发热量的需要。系统用一次风量信号作为燃料控制器的给定值，一次风量变化后调节给煤量，使给煤量跟踪一次风量变化。总风量随负荷指令改变，保证了一次风量与二次风量的比例关系，有利于保证燃烧过程的经济性。

系统在稳定状态时，一次风量与燃料量和送风量平衡，间接保证了燃料量与送风量的比例关系，基本保证了燃烧过程的经济性。

炉膛压力控制如前所述，必要时还可引入送风机指令前馈信号。

如上所述，负荷指令增加时，"一次风-燃料"系统首先增加一次风量和送风量，并利用一次风量信号去增加给煤量，以适应负荷的需要。

3. "燃料-风量"系统

随着机组容量越来越大，增加负荷通常是增加运行磨煤机的台数，相对来说磨煤机的装煤量越来越少。对于装煤量少的磨煤机，由于磨煤机中蓄粉量相应也少，这就不宜采用"一次风-燃料"燃烧控制方案。通常采用直接改变磨煤机的给煤量来适应负荷的变化，同时调节总风量（二次风量和一次风量），使之与燃料量直接变化。这种采用直接改变给煤机转速作为燃料控制手段的直吹式锅炉燃烧控制系统称为"燃料-风量"系统。

图5-58是"燃料-风量"控制系统原理框图。在调节锅炉燃烧率时，由燃料和送风控制器根据负荷指令改变燃料量 B 和送风量 V，使之迅速满足燃烧及制粉过程的需要。一次风量由一次风控制器根据燃料量的变化进行调整，使一次风量 V_1 与燃料量 B 成一定比例。

"燃料-风量"系统中，由于一次风量不直接参与燃料量调节，要

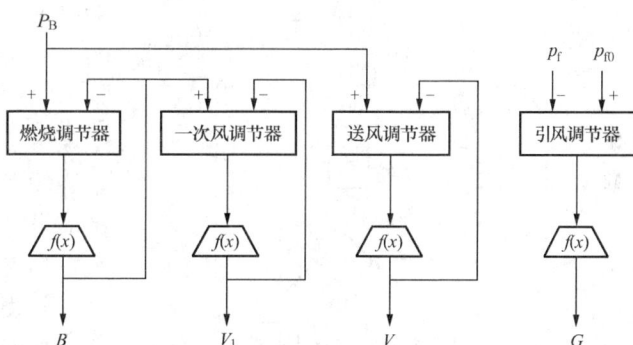

图5-58　"燃料-风量"控制系统

求系统在负荷变化时，能迅速准确地改变磨煤机的给煤量，因此要求燃料量反馈信号 B 能正确代表给煤量的变化。工程上采用的给煤量反馈有以下三种：一是以给煤机的给煤量为燃料量反馈信号，如采用电子称重装置直接测量给煤机的给煤量；二是以给煤机转速代表给煤量；三是以磨煤机功率代表给煤量。

在直吹式锅炉燃烧过程自动控制中，对于磨煤机蓄粉量较多，磨煤机动态响应慢的系统宜采用"一次风-燃料"系统，以加快系统的负荷响应；而对于磨煤机蓄粉量少、磨煤机煤粉量输出迟延和惯性较小的系统（如采用风扇磨的制粉系统），仅用一次风量作为调节手段并不能有效增加进入炉膛的煤粉量，就可采用"燃料-风量"系统。这时，直吹式系统与中间储仓式系统的燃烧调节方案就没有太大区别了，事实上，图5-55所示的"热量-氧量"系统与图5-58所示的"燃料-风量"系统基本上是一致的。与中间储仓式系统燃烧过程控制一样，风量调节也可采用氧量校正。

三、单元机组燃烧过程自动控制系统举例

某600MW机组采用直吹式制粉系统，六台给煤机对应六台磨煤机，形成六个同样的制粉单元。六台给煤机中只要有五台正常运行，就能保证机组满负荷运行，一台作为备用。下面以一台的燃烧控制系统为例进行分析。根据燃烧控制的任务，该机组的燃烧控制系统主要包括六个子控制系统，即燃料控制系统，磨煤机一次风量、磨煤机出口温度、一次风压力、二次风量，炉膛压力控制系统。下面一一进行介绍。

（一）燃料控制系统

燃料控制系统是燃烧控制系统的组成部分，它根据锅炉燃烧率指令调整进入炉膛的燃料

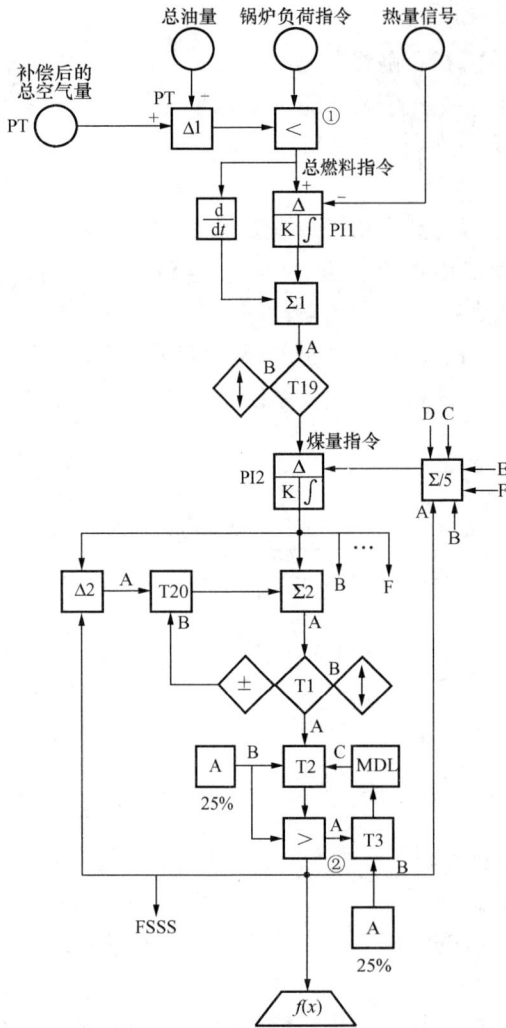

图 5-59　燃料控制系统

量，使锅炉的热负荷满足汽轮机蒸汽负荷的需要。燃料控制系统如图 5-59 所示，接受的是锅炉负荷指令，反馈信号是热量信号，控制的是给煤机转速，以给煤机转速代表煤量信号。为了说明系统的工作原理，可将该系统分成给煤量指令形成和燃料量控制两部分。

1. 给煤量指令的形成

在图 5-59 中，给煤量指令是通过小值选择器①选择机组主控系统来的锅炉负荷指令和偏差器 Δ1 输出的燃煤所需风量（由总风量减去燃油总油量所需风量所得）中的小值形成的。通过小值选择器①选择的给煤量指令作用是为了保证锅炉在燃烧过程中，风量始终大于燃煤量，保证燃煤在炉膛中能完全燃烧，提高燃烧的经济性。在稳态时，锅炉负荷指令与风量信号及燃煤量近似相等，达到适当的燃料/风量静态配比。

2. 燃料量控制

如图 5-59 所示，小值选择器①的输出作用到燃料（主）控制器 PI1，PI1 控制器接受的反馈信号是热量信号，在稳态时燃料产生的热量等于总燃料指令。燃料控制器 PI1 的输出在加法器 Σ1 中加了总燃料指令的微分信号后，通过手动/自动转换器 T19 作用到串级副控制器 PI2，PI2 接受的反馈信号是五台给煤机转速的平均值。当煤量指令和五台给煤机的平均值信号不相等时，PI2 就有输出，该输出同时作用到五台给煤机的控制系统，使之改变给煤量，作为每台给煤机的负荷要求。当某台给煤机的输出（给煤机 A）与平均值不等，则通过减法器 Δ2、转换器 T20、加法器 Σ2、转换器 T1、T2 去修正给煤机 A 的给煤量。这样设计的目的是使每台给煤机的负荷能接近平均负荷。

图 5-59 中转换器 T19 用来实现燃料控制器 PI1 的手动/自动转换，自动时，T19 选通 A 端；手动时，T19 选通 B 端，即煤量指令可以自动方式产生，也可以手动方式产生。当煤量指令达到极限值时，将发出信号，对机组负荷指令进行增减闭锁。

转换器 T1 的作用是实现给煤机的手动/自动转换，每台给煤机可投自动，也可由人工操作，也可因工作异常而自动地由 T1 切换成手动方式。当 T1 选通 A 端时，转换器 T20 也自动地选通 A 端，这时给煤机 A 的内扰可通过减法器 Δ2、转换器 T20、加法器 Σ2 自动进行修正。当给煤机 A 在手动方式运行时，转换器 T1 选通 B 端，这时转换器 T20 也自动地选通 B 端，如有给煤机 A 的内扰，通过人工操作加减器（±）修正给煤机 A 的给煤量。

转换器 T2 在给煤机 A 自动方式运行时，选通 A 端；当 FSSS（炉膛安全监控系统）来信号要求"给煤机 A 转速为最小"时，选通 B 端。当有 MDL（最大偏差限制）信号时，选通 C 端，当 T2 选通 C 端时，转换器 T3 同时选通 B 端，使给煤机 A 在一定的速率限制下快速返回到 25％的给煤量。

小值选择器①的作用是使每台给煤机的最小给煤量为 25％，大值选择器②的输出除了去改变给煤量外，还送至 FSSS。ST 给煤机 A 转速信号，它也送至 FSSS，当给煤机 A 转速信号大于 50％时，将发出信号给 FSSS。

（二）磨煤机风量、温度控制系统

600MW 单元机组每台给煤机对应一台磨煤机，每台磨煤机的控制系统都是相同的，下面以一台磨煤机 A 的控制系统为例，说明控制系统的组成和控制原理。

磨煤机的控制系统包括磨煤机出口的煤粉和空气混合物的温度控制和用于输送和干燥煤粉的一次风量控制。磨煤机出口温度、一次风温度、一次风量测量的简图如图 5-60 所示。一次风温度的测量信号

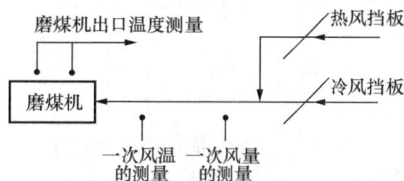

图 5-60 一次风温度、一次风量的测量

在控制系统的作用是修正一次风量并保证磨煤机出口温度维持在要求的温度范围之内（一般为 60～90℃之间）。

1. 磨煤机一次风量控制系统

（1）控制任务。煤粉管道中的煤粉和空气混合物的流速应保持在一定范围内（20～30m/s），流速太低会使煤粉沉积在管道内，也会造成磨煤机内煤的溢出，另外，流速过低还会使着火点移近燃烧器喷口，使燃烧器过热或烧坏；流速过高，带入炉膛的煤粉颗粒将过粗，使着火减慢，煤粉和空气在炉膛的混合度不高，使不完全燃烧增加，同时可能造成结渣。因此，磨煤机的一次风量必须保持在给定值。

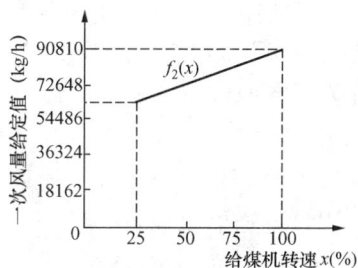

图 5-61 给煤机转速与一次风量给定值的关系

（2）一次风量的给定值。一次风量的给定值是随给煤机给煤量的改变而改变的，其函数关系为 $f_2(x)$，如图 5-61 所示，$f_2(x)-x$ 的关系曲线是参考曲线。

由图 5-61 可知，给煤机转速（代表给煤量）在 25％～100％之间改变时，对应的一次风量给定值的改变为线性关系，给煤机转速不会低于 25％。当给煤机转速为最低 25％时，对应的一次风量给定值满足大于煤粉和空气混合物的最低允许速度（约 22m/s），当给煤机转速达 100％时，对应的一次风量给定值能满足煤粉和空气混合物的最高允许速度（约 30m/s），当给煤机转速在 25％～100％之间时，应保证有适当的风煤比，以保证煤粉在炉膛内完全燃烧。$f_2(x)$ 函数关系在炉膛运行一段时间后会有所改变，那么一次风量的给定值也应加以调整。

（3）系统构成。磨煤机一次风量控制系统如图 5-62 所示，一次风量和一次风温度信号均采用双变送器测量，一个为主变送器，一个为副变送器，两个变送器之间有偏差比较器，当两个变送器间的偏差超过规定值时，表示两个变送器之一或者两个变送器同时发生了故障，这时将发生报警信号，并通过逻辑控制电路，使磨煤机一次风量控制由自动控制方式自

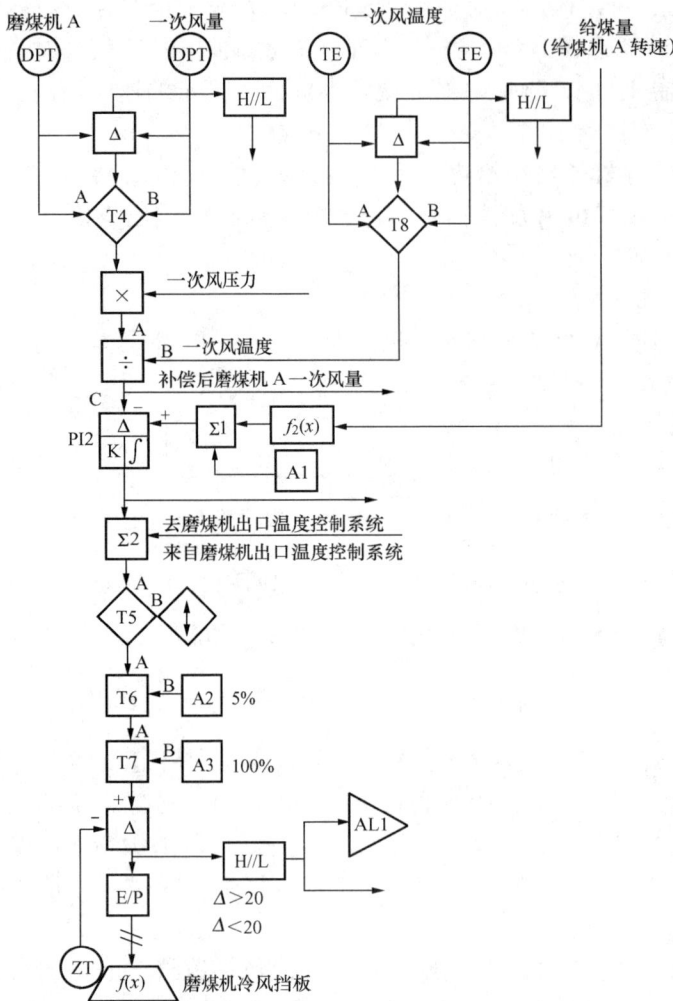

图 5-62　磨煤机一次风量控制系统

动地切换到手动方式，以免发生误调。

一次风量信号由转换器 T4 输出后，先经乘法器被一次风压力进行修正，再经除法器被一次风温度进行修正。除法器输出（C 端）信号 c 与两个输入（A 端和 B 端）信号 a 和 b 之间的关系为

$$c = \frac{\sqrt{a}}{0.000\,14b + 0.004}$$

经温度压力补偿修正后的一次风量一方面送入一次风量控制器 PI2，同时送至总风量测量系统（见二次风量控制系统）。

当进入 PI2 的一次风量信号与给定值有偏差时，控制器 PI2 就有控制输出，通过 T6、T7 去改变磨煤机冷风挡板，同时输出一信号去磨煤机出口温度控制系统，经过比例器 K 改变热风挡板的开度，以减少一次风量控制对磨煤机出口温度的影响。

转换器 T5 的作用是实现磨煤机一次风量控制的手动/自动切换，当来自 FSSS 的"使冷风挡板至 5％"指令时，转换器 T6 切换到 B 端，使冷风挡板的开度为 5％。当来自 FSSS 的"打开冷风挡板至 100％"指令时，转换器 T7 切换到 B 端，使冷风挡板的开度为 100％。

在正常情况下，一次风量和一次风温的主变送器和副（备用）变送器是通过手动按钮切换转换器 T4 和 T8 实现的，如果两个变送器之间测出的偏差大于允许值，则磨煤机 A 一次风量控制将自动地切换成手动方式。

ZT 是冷风挡板位置反馈信号，当该信号与 T7 的输出信号（正常运行时 T7 的输出信号也就是控制输出信号）偏差 Δ 超过允许的范围时（$\Delta > 20$，$\Delta < 20$），将发出报警信号及发出"磨煤机不响应指令"，磨煤机 A 一次风量控制系统将自动地切换成手动方式。

2. 磨煤机出口温度控制系统

（1）控制任务。磨煤机出口温度控制的任务是保持出口温度在一定的范围内变化，因为如果温度太低，煤和煤粉将得不到足够的干燥，造成制粉困难，甚至会造成堵塞，影响煤粉的输送；如果温度太高，可能会引起制粉系统某些地方着火，发生事故。因此输送煤粉的一次风必须满足一定的温度。从图 5-63 可知，改变冷、热风挡板的开度，能够改变一次风的温度，从而使磨煤机出口温度保持在给定值。

（2）系统构成。磨煤机出口温度控制系统如图5-63所示，磨煤机 A 出口温度的测量采用了双变送器的设计，其作用原理、采用的原因和偏差报警等与磨煤机一次风量控制系统的温度测量相同，这里不再赘述。

磨煤机出口温度信号经变送器及转换器 T1 进入温度控制器 PI1 与给定值进行比较，如有偏差，则控制器 PI1 有控制信号输出，通过 T2、T3 去改变磨煤机热风挡板的开度，使磨煤机出口温度恢复到给定值，同时经过比例器 K 发出一信号去磨煤机一次风量控制系统，改变冷风挡板的开度，以减少磨煤机出口温度控制对一次风量的影响，保证进入磨煤机的一次风量恒定。

转换器 T2 的作用是实现磨煤机出口温度控制的手动/自动方式切换，自动方式时 T2 选通 A 端，手动方式时 T2 选通 B 端。当 FSSS 发出指令"关闭热风挡板"时，转换器 T3 自动选通 B 端，使0%作用到磨煤机 A 热风挡板，使挡板迅速关闭。

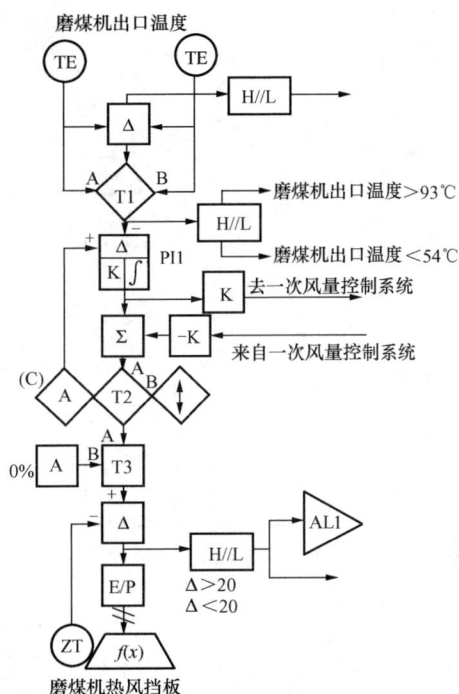

图5-63　磨煤机出口温度控制系统

磨煤机出口温度超过高限93℃、低于低限54℃时通过"三态信号监视器"发出信号给FSSS，FSSS 将采取相应的措施。

ZT 是热风挡板位置反馈信号，当该信号与 T3 的输出信号（正常运行时 T3 的输出信号也就是控制输出信号）偏差 Δ 超过允许的范围时（Δ＞20，Δ＜20），将发出报警信号及发出"磨煤机不响应指令"，磨煤机 A 出口温度控制系统将自动地切换成手动方式。

（三）风量控制系统

风量控制系统的基本任务是为保证燃料在炉内充分燃烧提供足够的风量。在大型单元机组中，通常配有一、二次风机各两台。一次风机负责将煤粉送入炉膛，而锅炉的总风量主要由二次风机来控制，用于满足炉膛内燃料燃烧所需要的氧量，以保证燃烧的经济性和安全性。二次风由两台轴流式送风机供给，通常用改变送风机入口动叶节距来控制送入炉膛的二次风量的大小，用二次风挡板来维持二次风箱与炉膛差压为给定值，从而控制二次风速的大小。所以风量控制系统包括一次风压力、总风量和二次风控制系统。

1. 一次风压力控制系统

为了使磨煤机冷风挡板的位置变化和一次风量相对应，要求一次风母管压力恒定，因此设计了一次风压力控制系统。一次风由两台动叶可调轴流式一次风机产生，并采用改变一次风机动叶节距来保持一次风压力等于给定值，称为一次风压力控制系统，如图5-64所示。

一次风压力控制系统的被控量是进入炉膛的一次风压力，测量装置采用双变送器，主、副变送器的切换由转换器 T1 实现的。主、副变送器的信号同时送到偏差器 Δ1，当某一只变送器有故障时，就会超过允许值，发出报警信号，提醒运行人员要及时进行检查与修理。

一次风压力的给定值即控制器 PI1 的给定值，是代表锅炉负荷或内扰变化的煤量信号

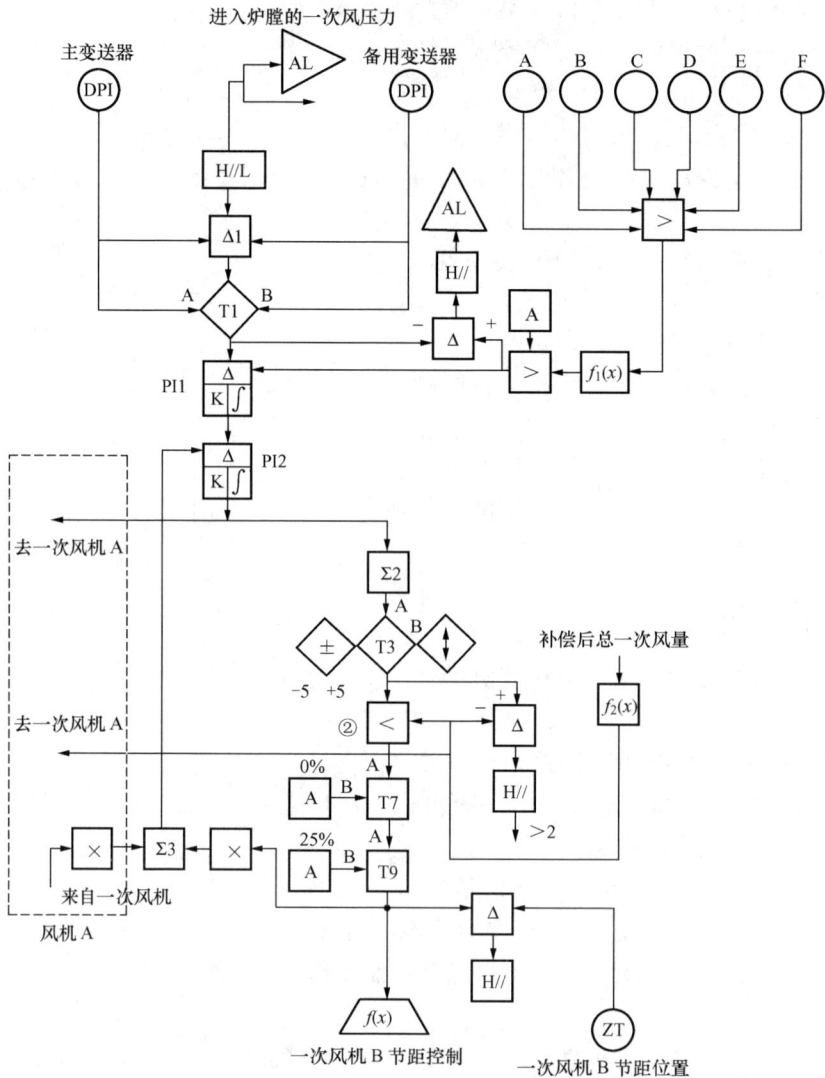

图 5 - 64　一次风压力控制系统（A 机控制系统未画出）

（给煤机转速）经函数器 $f_1(x)$ 转换后的指令，$f_1(x)$ 的输出还要经过大值选择器后再作用到控制器 PI1。大值选择器的作用是保证一次风压力不低于最小压力（6.5kPa），如果一次风压力的测量值与给定值的偏差超过 0.3kPa，将发出报警信号。$f_1(x)$ 的函数关系如图 5 - 65 所示。

主控制器 PI1 的输出作为副控制器 PI2 的给定值指令，控制器 PI2 的反馈信号是两台一次风机（一次风机 A 和 B）节距信号（代表风量）之和。在正常情况下，副控制器 PI2 的输出分别送到加法器 Σ1 和 Σ2，再分别经转换器 T2、T5、T8 和转换器 T3、T7、T9 改变一次风机 A 和 B 动叶节距，来改变一次风机 A 和 B 的风量，保证一次风压力为要求的给定值。转换器 T2 和 T3 用来实现自动/手动方式切换。

当发来"一次风机 A 或 B 关闭"指令时，转换器 T5 或 T7 选通 B 端，使一次风机 A 或 B 关闭。当一次风机 A 或 B 探针失速，要求快速返回（RB）时，转换器 T8 或 T9 选通 B

端，使一次风机 A 和 B 动叶节距快速关小到 25％。

加法器 $\Sigma 1$ 和 $\Sigma 2$ 的作用是：可由运行人员通过操作加减器（±）来改变两台一次风机承担负荷的比率。两只小值选择器①和②输入的比较信号是转换器 T2 和 T3 的输出和补偿后总一次风量经函数器 $f_2(x)$ 转换后的一次风机动叶节距开度。它的作用是限制过分地要求开大一次风压。$f_2(x)$ 的函数关系如图 5-66 所示。

ZT 信号是一次风机 A 和 B 的动叶节距位置反馈信号，当要求的节距变化的信号过分大于当时的节距位置时，将发出报警信号并采取相应的措施。

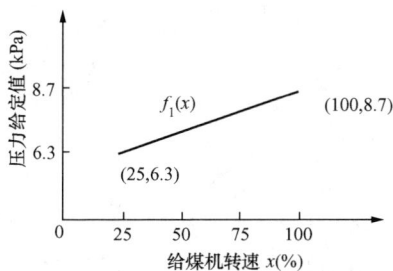

图 5-65　$f_1(x)$ 的函数关系　　　　　图 5-66　$f_2(x)$ 的函数关系

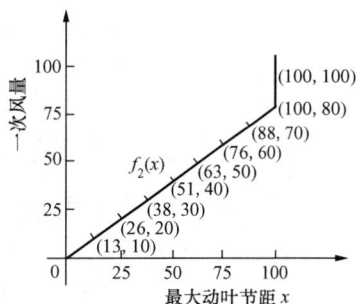

2. 总风量控制系统

总风量控制的目的是用于满足炉膛内燃料燃烧所需要的氧量，以保证燃烧的经济性和安全性。总风量控制系统如图 5-67 所示，补偿后总风量作为主控制器 PI1 的反馈信号（测量信号）。主控制器 PI1 的给定值是风量指令，它是由经氧量校正信号校正后的锅炉负荷指令与热量信号、实际总燃料量信号、最小风量设定值（30％），分别经过三个大值选择器比较后，取三者的最大值送入主控制器 PI1，以保证总风量大于总燃料量，因而保证在炉膛中能完全燃烧。

在正常情况下，主控制器 PI1 的输出送到副控制器 PI3，副控制器 PI3 有两路输出：一路经转换器 T1、T2、T3 和 T11（图中略）到送风机 A，去改变送风机 A 的节距，增加或减少送风机 A 的送风量；一路经转换器 T5、T6、T7 和 T12 到送风机 B，去改变送风机 B 的节距，增加或减少送风机 B 的送风量。副控制器 PI3 的反馈信号为送风机 A 和 B 改变后风量信号的平均值。主控制器 PI1 的输出是副控制器 PI3 的给定值，这样保证了稳态时总风量等于所需的风量指令。

转换器 T1 和 T5 用来实现自动/手动方式切换。转换器 T2 和 T6 的功能是送风机 A 和送风机 B 节距快速返回（RB）到 25％ 时的切换。转换器 T3 和 T7 的功能是送风机 A 和送风机 B 定向增减闭锁时的切换。转换器 T4、T8、T11 和 T12 的功能是送风机 A 和送风机 B 接受"送风机节距全关"和"送风机节距全开"信号时的切换。转换器 T13 和 T14 的功能是平衡送风机 A 和送风机 B 之间的风量。当送风机 A 和送风机 B 都在自动方式时，转换器 T13 和 T14 均选通 B 端，可由运行人员通过操作加减器（±）来平衡送风机 A 和送风机 B 之间的风量。当送风机 A 和送风机 B 都在手动方式时，转换器 T13 和 T14 均选通 A 端，当副控制器 PI3 的输出［跟踪（T1＋T5）/2］与 T1 的输出偏差超过允许值时，偏差器 $\Delta 1$ 发出信号，通过转换器 T13 和 T14 的 A 端去加法器 $\Sigma 1$，调整送风机 A 的风量以达到平衡送风机 A 和送风机 B 之间风量的目的。

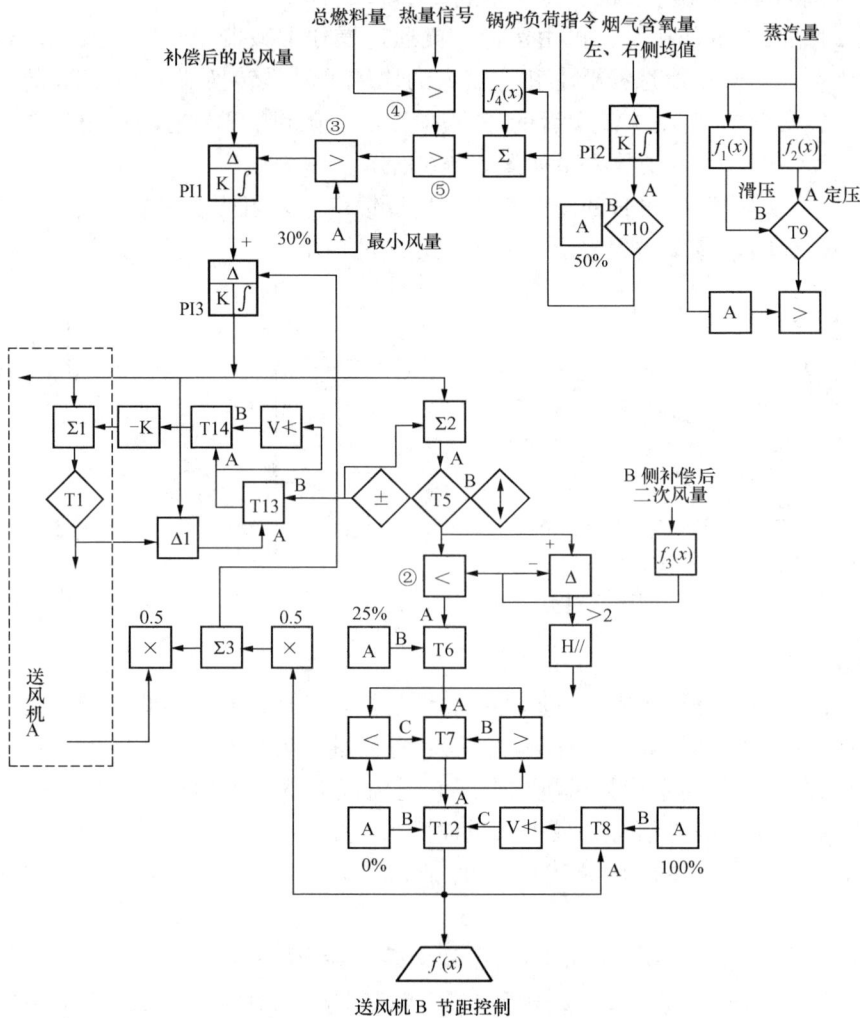

图 5-67　总风量控制系统

　　A、B 侧补偿后的二次风量信号经函数器 $f_3(x)$ 分别作用到小值选择器①和②，小值选择器①和②的输入信号是转换器 T1 和 T5 的输出（代表要求的风量指令）和补偿后 A、B 侧补偿后的二次风量反馈信号，因此，小值选择器①和②的作用是限制过分地要求开大送风机来提高送风量。

　　总风量控制系统中还对锅炉负荷指令进行氧量（O_2）校正，炉膛出口过量空气系数 α 是衡量锅炉安全、经济运行的一个最重要的指标。在锅炉运行中，如果过量空气系数 α 过大，可能使火焰中心上移，引起过热器结焦和超温，且炉内温度降低，燃烧恶化，不完全燃烧损失增大。与此同时，排烟损失也将增大，锅炉效率降低。如果过量空气系数 α 过小，由于空气扩散，风量和煤粉混合接触机会减小，不完全燃烧损失增大，锅炉效率也将降低。因此，炉膛内过量空气系数 α 应适当，不能过大也不能过小。反映炉膛内过量空气系数 α 大小的值就是烟气中的含氧量（O_2），过量空气系数 α 和烟气中的含氧量（O_2）的关系为

$$\alpha = \frac{21}{21 - O_2}$$

因此保证了烟气中最佳的含氧量（O_2）就是保证了炉膛中最佳的过量空气系数 α。

机组要求的含氧量范围为 $0\sim10\%$。含氧量（O_2）的测量分左、右两侧，每侧用双变送器来测量，左、右两侧含氧量信号平均后送入氧量校正信号控制器 PI2，PI2 的给定值由蒸汽量经函数器 $f_1(x)$（滑压运行用）和函数器 $f_2(x)$（定压运行用）转变后产生，$f_1(x)$ 和 $f_2(x)$ 的函数关系由制造厂提供。

3. 二次风挡板控制系统

经总风量控制后的二次风从送风机出口经空气预热器加热后送入二次风箱，再经过风箱控制挡板控制后进入炉膛，帮助进入炉膛的燃料燃烧。一般来说，每一层二次风室都配有二次风挡板，并可通过执行器控制挡板开度。挡板开度采用层控制，即在同一标高上的四个执行器同步动作。风箱挡板的作用是合理分配燃烧器各层喷口之间的配风，调节燃烧器出口二次风的风速，以维持炉内燃烧火焰的稳定和经济燃烧。二次风又分为辅助风、燃尽风、燃油风和燃料风。某 600MW 机组四角直流燃烧器二次风门布置如图5-68 所示。下面要介绍各二次风挡板控制系统的原理。

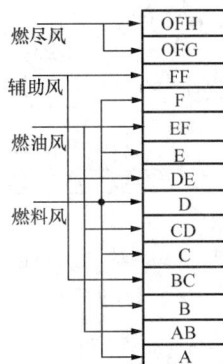

图 5-68　燃烧器二次风门布置

（1）燃料风挡板控制系统。A、B、C、D、E、F 六层为燃料风，也称为一次风的周界风。燃料风比辅助风能更早地参与燃料燃烧，其作用是供给一次煤粉以适当的空气，来补充由于煤粉高度集中，在燃烧初期可能出现的氧量不足，以利于煤粉气流着火和燃烧的扩展，同时它可以防止一次风偏斜和煤粉离析，避免气流冲刷炉墙形成大量还原性气体而结焦。调整的周界风还可增强卷吸高温烟气的能力，有利于煤粉气流着火。另外，它还对一次风喷口起到冷却保护作用。

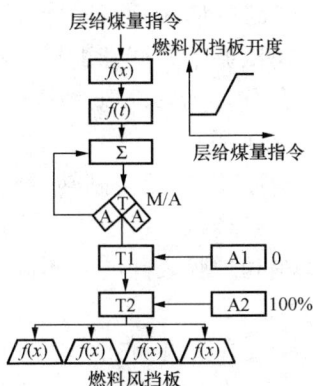

图 5-69　燃料风挡板
控制系统图

图 5-69 是燃料风挡板控制系统图（表示六层燃料风中任意一层）。在自动状态下，每层燃料风挡板的开度是相应层给煤机（或给粉机）转速的函数，该函数器 $f(x)$ 的函数曲线表示在图的右上方。函数器 $f(x)$ 的输出经过一超前/滞后环节 $f(t)$，以实现加燃料时先开大燃料风挡板，减燃料时关小燃料风挡板。每层燃料风挡板控制系统都有一个软手操站 M/A，在自动状态，运行人员可通过 M/A 站适当调整本层控制指令偏置；在手动状态，可直接控制本层四角燃料风挡板的开度。

当发生 MFT 或本层给煤机（或给粉机）转速测量信号故障时，本层燃料风挡板控制转手动；当 FSSS 发出关本层燃料风挡板控制指令时，通过切换器 T1 和 0% 给定器 A1，超驰关燃料风挡板；当 FSSS 发出开全部燃料风挡板控制指令时，通过切换器 T2 和 100% 给定器 A2，超驰开燃料风挡板。为保护燃烧器喷口，燃料风挡板的最小开度（A1）不一定是 0，而是有一个最小值，以保证有一定的冷却风。

（2）辅助风挡板控制系统。辅助风是二次风控制的主体，它的作用是调整二次风箱和炉膛之间的差压，从而保持进入炉膛的二次风有适当的流速，使煤粉和空气更好地混合，以保证燃料在炉膛中的最佳燃烧。BC、DE、FF 层为辅助风，AB、CD、EF 层为燃油风。当某层燃油退出运行时，该层燃油风挡板和辅助风挡板一起参加二次风箱和炉膛之间差压的控制。

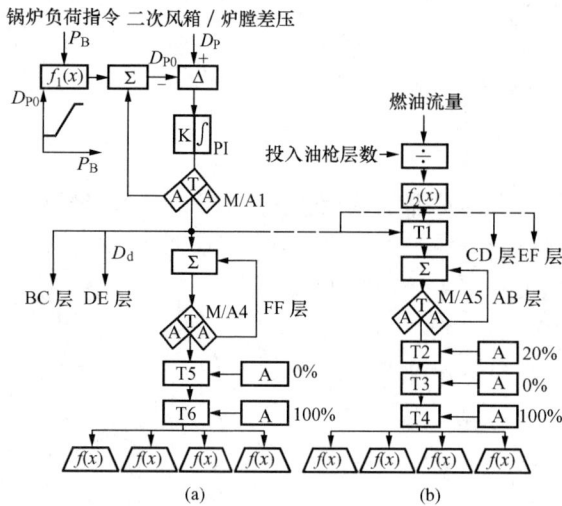

图 5 - 70　辅助风挡板控制系统和燃油风挡板控制系统
(a) 辅助风挡板控制系统；(b) 燃油风挡板控制系统

FF 辅助风挡板控制系统如图 5 - 70 (a) 所示，这是一个单回路控制系统。

二次风箱和炉膛之间的差压信号共有两个，经输入通道处理后作为被控量信号 D_P 送入比较器，其给定值 D_{P0} 是负荷的函数。根据机组锅炉主控来的锅炉负荷指令 P_B，经过函数器 $f_1(x)$ 给出随锅炉负荷变化的二次风箱/炉膛差压给定值 D_{P0}，$f_1(x)$ 的输出进入辅助风控制器 PI 之前还要加上运行人员在软手操控制器 M/A1 上给出的偏置，以便运行人员根据运行情况对二次风箱和炉膛之间的差压定值进行修正。给定值 D_{P0} 与负荷 P_B 的关系曲线如图 5 - 70 所示。当负荷低于某一数值（约 35%）时，给定值 D_{P0} 为常数，约为

380Pa。此后随着负荷增加，差压逐步提高，当负荷大于另一值（约 75%）后，差压再次变为常数（典型值约为 1000Pa）。这样设计的目的是保证高负荷有足够的空气量，用较高的差压来维持较高的风速，使煤粉充分混合，以便更好地燃烧。在低负荷时，炉内燃烧强度低，应使二次风箱和炉膛之间维持较低的差压，用降低风速来保证正常燃烧。

当二次风箱/炉膛差压控制处于自动控制状态时，给定值 D_{P0} 与测量值 D_P 的偏差经过 PI 控制器控制运算后输出控制指令 D_d 并列控制 BC、DE、FF 层辅助风挡板。每层辅助风都有各自软手操控制器（M/A2～M/A4），并有各自的偏置回路，可以调整各层辅助风负荷分配。对某层油枪全部未投运的燃油风挡板来说，其在控制系统中的作用与辅助风挡板完全相同。

当二次风箱和炉膛之间的差压过高或过低以及发生 MFT 时，辅助风挡板控制转手动；当 FSSS 来"关"某层辅助风挡板指令时，通过切换器 T5 和 0% 给定器 A，超驰关对应层辅助风挡板；当 FSSS 来"开"某层辅助风挡板指令或发生二次风箱和炉膛之间的差压高限报警时，通过切换器 T6 和 100% 给定器 A，超驰开相应层辅助风挡板。

(3) 燃油风挡板控制系统。与油层相对应，燃油风挡板有 AB、CD、EF 三层，AB 层控制系统如图 5 - 70 (b) 所示。燃油流量除以油枪投用层数，得到平均每层燃油流量，由函数器 $f_2(x)$ 给出该层燃油流量与燃油风挡板开度的对应关系。油枪投用层数是这样计算的：如果本层的四支油枪至少有一支投运，则本层油枪按投用计算；如果本层四支油枪全部未投运，则本层油枪按未投用计算。

如果本层油枪投用，则函数发生器给出的燃油风挡板开度指令通过切换器 T1、软手操控制器 M/A5～M/A7 等作用于本层四角的执行器，控制燃油风挡板开度；如果本层油枪未投用，则通过切换器 T1 选择辅助风差压控制指令 D_d 控制该层燃油风挡板开度，燃油风挡板和辅助风挡板共同承担控制二次风箱/炉膛差压的任务。如果运行人员认为计算机自动给出的燃油风挡板开度指令不太合适，可通过 M/A5 在原指令基础上予以正负偏置。

当 FSSS 来某层点火指令时，通过切换器 T2 和 20％给定器 A，将对应层燃油风挡板强制在点火位；FSSS 来"关"某层燃油风挡板指令时，通过切换器 T3 和 0 给定器 A，超弛"关"对应层燃油风挡板；当 FSSS 来"开"某层燃油风挡板指令或发生二次风箱和炉膛之间的差压高限报警时，通过切换器 T4 和 100％给定器 A，超弛"开"相应层燃油风挡板。

（4）燃尽风挡板控制系统。燃尽风是从燃烧器最上两层的二次风喷口引入炉膛的，主要用在锅炉高负荷段。其作用是降低炉膛火焰中心，减少烟气中 NO_x 生成量，同时也为煤粉颗粒的后期燃烧提供适当的空气。锅炉 50％负荷以下时，两层燃尽风挡板全关。50％～70％负荷段 OFG 层燃尽风挡板由全关到全开；70％～100％负荷段 OFH 层燃尽风挡板由全关到全开。每层燃尽风有各自的偏置回路，可以保证手动时运行人员干预某一负荷下的燃尽风挡板开度。

如图 5-71 所示，M/A1 是燃尽风控制总站，可同时对两层燃尽风挡板实施控制，其输出分别通过函数器 $f_2(x)$、$f_3(x)$ 和 M/A2、M/A3 作用于相应的执行器，最终实现对 OFG 和 OFH 层燃尽风挡板的控制。函数器 $f_2(x)$ 和 $f_3(x)$ 分别实现 OFG 层和 OFH 层燃尽风挡

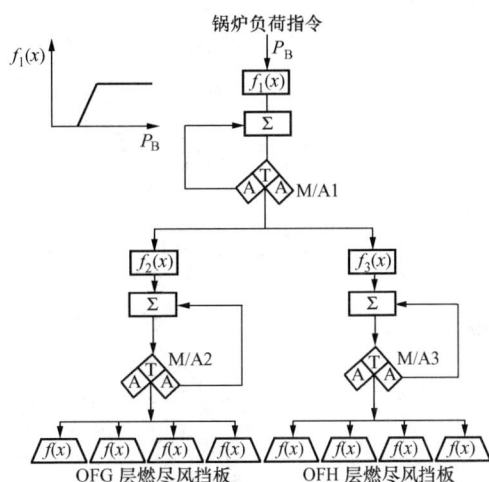

图 5-71　燃尽风挡板控制系统

板开度与机组负荷之间的关系。为了简化系统，也可略去总站 M/A1，而直接将锅炉负荷指令加到函数器 $f_2(x)$ 和 $f_3(x)$ 的输入端。

（四）炉膛压力控制系统

锅炉运行时，如果机组要求的负荷指令（ULD）改变，则进入炉膛的燃料量和送风量将跟着改变，燃料在炉膛中燃烧后产生的烟气量也将随之改变，这时，为了维持炉膛内的正常压力，必须对引风量进行相应的调节。如果炉膛压力过高，炉膛内火焰和高温烟气就会向外面泄漏，影响锅炉的安全运行；如果炉膛压力过低，炉膛和烟道的漏风量将增大，可能使燃烧恶化，燃烧损失增大，甚至会燃烧不稳定或灭火。因此炉膛压力必须保持在一定的允许范围之内。炉膛压力控制系统的基本任务是通过控制两台双速离心式引风机动叶节距的位置，使引风量与送风量相适应，以保持炉膛压力在一定的允许范围内，保证锅炉的经济与安全运行。炉膛压力控制系统如图 5-72 所示，从图中可以看出该系统具有以下几方面的特点。

1. 炉膛压力的测量

炉膛压力的测量采用三个差压变送器，三个差压变送器的输出分别送到三个小值选择器，三个小值选择器的输出再送到大值选择器，大值选择器的输出为三个差压变送器的输出（测量）值的中间值。采用三个差压变送器的目的是防止因变送器故障或信号管路堵塞而影响测量值的可靠性，从而影响炉膛压力控制的可靠性。

测量的中间值与差压变送器的输出（测量）值进行比较，如果偏差超过一定范围，则将发出报警信号。炉膛压力大于＋0.75kPa 或小于－0.996kPa，通过"三态信号监视器"发出报警信号。

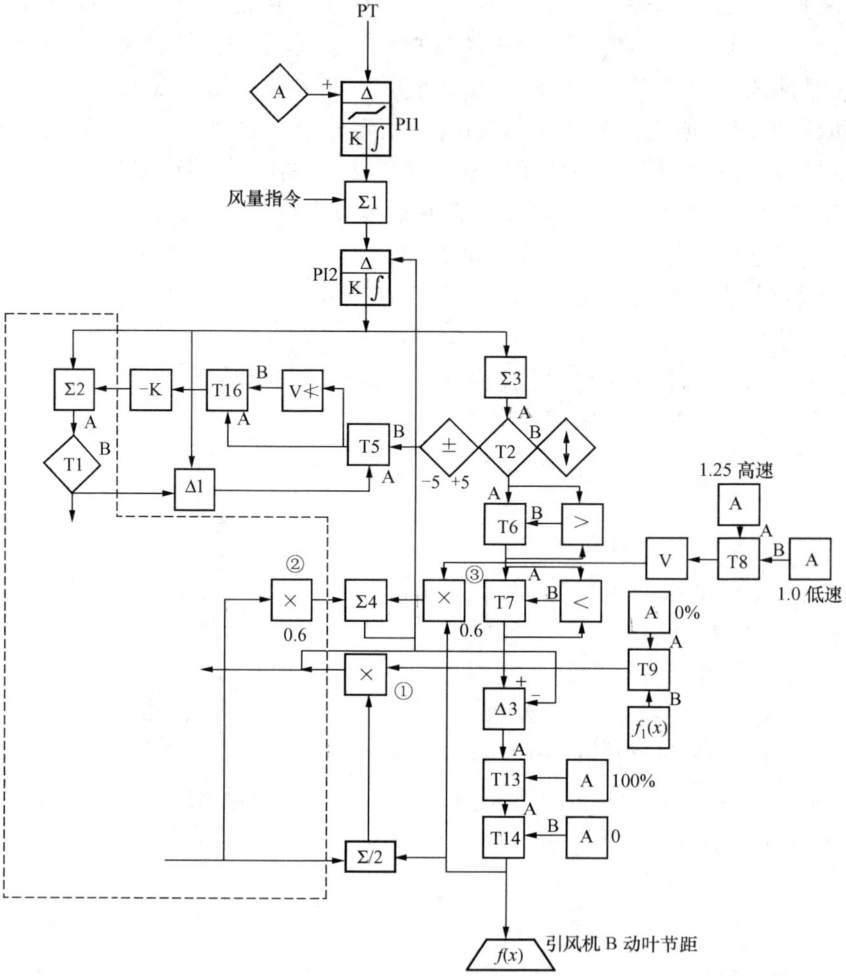

图 5 - 72　炉膛压力控制系统方框图

2. 采用死区非线性环节的炉膛压力控制

炉膛压力信号与给定值的偏差经死区非线性环节送入炉膛压力主控制器 PI1，如果炉膛压力的偏差在死区（不灵敏区）内，主控制器 PI1 不动作；如果炉膛压力的偏差超过死区（不灵敏区），主控制器 PI1 将有输出。采用死区非线性环节的目的是为减少因经常有的微小波动而频繁动作调节机构，增加机械磨损和动力消耗。

3. 送风机动叶位置的前馈控制

风量指令即送风机动叶位置信号送入加法器 Σ1，风量指令是炉膛压力控制系统的前馈信号，当送风量改变时如果以炉膛压力的变化调节引风量，必然使炉膛压力的动态偏差较大，采用送风量的前馈信号，使引风量能及时随着送风量的改变而改变，这样可以减少炉膛压力的动态偏差。

主控制器 PI1 和副控制器 PI2 组成炉膛压力的串级控制系统，其目的是消除引风机进口动叶位置的自发的内部扰动，提高炉膛压力的调节品质。

4. 内爆保护

为了防止锅炉内爆的发生，炉膛压力控制系统采取了两个措施。

（1）炉膛压力高/低的定向闭锁。引风机 A 的定向闭锁是由转换器 T3 和 T4、大值、小值选择器构成；引风机 B 的定向闭锁是由转换器 T6 和 T7、大值、小值选择器构成。当炉膛压力大于高限（＋0.75kPa）时，逻辑控制电路将实现"减"闭锁，锁住引风机进口动叶节距的进一步关小；当炉膛压力小于低限（－0.996kPa）时，逻辑控制电路将实现"增"闭锁，锁住引风机进口动叶节距的进一步开大。

（2）引风机进口动叶节距到预定开度。当发生主燃料跳闸（MFT）时，由于熄火将会引起炉膛压力大幅度下降，进一步会引起炉膛发生内爆事故。因此对炉膛压力控制系统设计了一组电路去关闭引风机进口动叶节距到预定开度，这组电路由转换器 T9、定值器 A（0）、函数发生器 $f_1(x)$、乘法器①组成。正常情况下，转换器 T9 选通 A 端，乘法器①没有输出信号（定值器 A 的 0 的作用结果），不影响引风机 A 和引风机 B 的正常控制。当发生主燃料跳闸时，转换器 T9 自动切换到 B 端，通过函数发生器 $f_1(x)$ 的作用，乘法器①就有输出信号，函数发生器 $f_1(x)$ 的函数关系如图 5-73 所示。

当发生主燃料跳闸时，函数发生器 $f_1(x)$ 输出信号开始为 0.25，即将引风机 A 和 B 的进口动叶指令以减小到 $\frac{1}{4}$ 后去关小引风机进口动叶节距[$f_1(x)$ 减小多少可以调整]。当达到预先整定的时间（10～15s，可以调整）10s 后，减小量逐渐下降，使引风机进口动叶又慢慢开大，到主燃料跳闸发生后20s，引风机进口动叶节距又恢复到原来的开度[$f_1(x)$ 的输出在 10～20s 时间内，由 0.25 变化到零]。函数发生器 $f_1(x)$ 的斜率、整定时间、最大值均可根据主燃料跳闸发生后炉膛压力的偏差情况来调整。

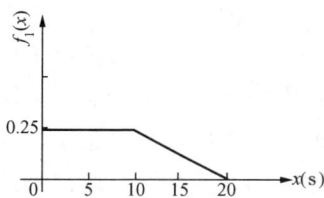

图 5-73　$f_1(x)$ 的函数关系

5．引风机 A 和 B 的双速调节

为了减少引风机进口动叶节距改变的节流损失，采用两台双速离心式引风机来控制炉膛压力。引风机有高、低两种速度，当锅炉负荷较高时，引风量也相应地较大，这时可以采用引风机的高速挡；当锅炉负荷较低时，引风量也相应地减小，这时可以采用引风机的低速挡。在高速挡和低速挡切换时，为了不使引风量产生突然改变，达到无扰动切换，本系统采用了改变控制系统闭环增益的措施。当引风机 A（或 B）由低速改变到高速时（T2 或 T8 切换到 A 端），乘法器②或③的输出将增加，因而加法器∑4 的输出也将变大，从而使副控制器 PI2 的负反馈信号加强，因而使加法器∑2 和∑3 的输出减小，使引风机 A（或 B）的进口动叶节距关小。由低速挡改变到高速挡时，引风量能基本不变，达到无扰动切换的目的。引风机 A（或 B）由高速改变到低速时，情况与上述相反，这里不再赘述。

6．引风机 A 和 B 的手动/自动切换

引风机 A 和 B 的手动/自动切换是通过转换器 T1 和 T5 来实现的。

7．引风机 A 和 B 间的风量平衡

引风机 A 和 B 间的风量平衡与总风量控制系统的风量平衡系统类似。

本章小结

一、给水控制系统

给水控制的目的是维持汽包水位在允许范围内变化，同时保持给水流量的相对稳定。影

响水位变化的主要因素有给水流量、蒸汽流量、燃料量等，在给水流量阶跃扰动下，水位的变化特性表现为有迟延的无自平衡特性；在蒸汽流量（或燃料量）阶跃扰动下，水位的变化特性表现为有虚假水位的无自平衡特性。

给水控制的基本方案有单冲量给水控制系统、单级三冲量给水控制系统、串级三冲量给水控制系统。单冲量给水系统为单回路控制系统，而单级与串级三冲量给水控制系统在结构上相同之处是：都有两个回路（由给水流量反馈构成内回路，由水位反馈构成外回路）和一个开环前馈通道；不同之处是串级比单级系统增加了一个副控制器。不论单级还是串级控制系统，内回路的基本要求都是：能迅速反映控制效果和迅速消除给水流量的自发扰动，避免给水流量过大超调和反复振荡。外回路的基本要求是：消除扰动对水位的影响，其控制过程应平稳进行，使给水流量不致过分超调和水位不会反复波动。

在锅炉启动、停止、正常运行时均可投入自动控制水位的系统，称为全程给水控制系统。全程给水控制系统有采用汽动泵为主泵，电动泵为辅泵，及全采用电动变速泵等基本方案。在启动及低负荷时，采用单冲量控制系统，控制手段用电动泵和给水旁路阀；在正常负荷时，用三冲量控制系统，控制手段为变速汽动泵或变速电动泵。全程给水控制系统存在系统之间的切换、泵与阀之间的切换、电动泵与汽动泵之间的切换、自动与手动切换等，所以需要功能完善的逻辑控制系统来实现上述切换与跟踪。

二、汽温控制系统

汽温控制就是对主蒸汽温度和再热蒸汽温度进行控制，两者均为机组正常运行的重要指标。对主蒸汽温度的控制一般采用喷水减温器，将水直接喷入过热器中，达到调节温度的目的。对再热蒸汽温度的控制，喷水减温仅作为辅助手段，而主要是以调节烟气为主。

影响主蒸汽温度变化的主要因素有减温水流量扰动、蒸汽负荷侧扰动以及来自烟气侧的扰动。汽温调节对象动态特性的特点是有迟延、有惯性、有自平衡能力。

过热汽温控制系统的基本方案有串级汽温控制系统和具有导前微分信号的汽温控制系统。串级汽温控制系统由内、外回路组成，内回路的任务主要是迅速消除减温水流量的自发变化和及时反映控制效果；外回路的任务是消除未进入内回路的其他扰动，稳态时保持汽温等于给定值。当内、外回路的工作频率之差较大时，内、外回路可以分别进行整定；当内、外回路的工作频率比较接近时，就应将串级系统等效为单回路系统进行整定。采用导前微分信号的双回路汽温控制系统的导前汽温的微分信号相对于主汽温信号有显著的超前作用，使主汽温的动态偏差大为减小；稳态时，导前汽温的微分信号消失，主汽温等于其给定值。采用导前微分信号的双回路系统，可以等效为串级系统分析整定，也可用补偿对象法等效为单回路系统来分析整定。导前微分信号的双回路系统是串级控制系统的一种变形。

再热汽温的基本控制手段是改变烟气流量或烟温，常用的有烟气旁路挡板、摆动燃烧器角度等，在这些控制系统中，还要设置喷水减温系统作为辅助和事故控制手段，也可以用减温水或汽—汽交换器为主要控制手段。

三、燃烧控制系统

燃烧控制对象的三个控制量对三个被控量相互间都有显著影响，是一个多变量控制对象。燃烧控制系统的组成与许多因素有关，例如，锅炉运行方式、结构形式、制粉系统及磨煤机的类别，等等。但不论哪种情况，燃烧控制系统的组成应符合一个总原则：当负荷改变时，燃料量、送风量、引风量应协调地成比例改变，以迅速适应负荷改变的要求；同时维持主汽压、过剩空气系数、炉膛压力不致偏离其给定值过大。稳态时，保持各被控量等于其给定值。当燃料量或送风量出现自发扰动时，能迅速予以消除。

燃烧控制系统是一个较大的综合性控制系统，它主要由燃料量控制、送风量控制和引风量控制三个子系统组成。燃烧控制系统的基本方案有燃料-空气控制系统。对中间储仓式制粉系统的锅炉来说，此方案适用于小型锅炉。但对采用直吹式制粉系统的大型锅炉来说，却常采用这种控制方式。热量信号代表燃烧率。中间储仓式以及直吹式制粉系统的锅炉，都广泛采用热量信号为燃烧率的测量信号，它代表燃料量作为燃料子控制系统的反馈信号。热量信号也可用于送风子控制系统，用于维持适当的风煤比。用锅炉排烟中的含氧量作为风煤比的测量信号得到较为广泛的应用。目前，采用氧量校正风量的热量 - 空气燃烧控制系统得到了普遍应用。为了减小锅炉燃烧过程的惯性和迟延的影响，常采用有负荷前馈信号的燃烧控制系统。

思考题及习题

5-1　在蒸汽流量、给水流量、燃烧率阶跃分别扰动下，汽包水位的阶跃响应特性有何异同？

5-2　画出给水控制对象的动态特性，说明给水控制对象的动态特性的特点。

5-3　虚假水位现象是怎样形成的？什么叫虚假水位？如何克服虚假水位？虚假水位对水位调节造成的影响是什么？

5-4　试述三冲量控制系统的组成及特点。三冲量指的是什么？各起什么作用？

5-5　试画出单级与串级三冲量给水控制系统的方框图，说明它们在结构与整定方法、步骤方面的区别。

5-6　单级三冲量与串级三冲量给水控制系统在突然失去蒸汽流量信号以后，水位将怎样变化？能否继续工作？

5-7　什么叫水位全程控制？全程给水自动控制系统的特点是什么？

5-8　写出过热蒸汽控制系统的被控量及常用的控制手段。

5-9　说明过热蒸汽控制对象的动态特性的特点。

5-10　汽温控制对象为什么是有惯性、有自平衡的特性？为什么在烟气侧扰动下汽温的动态特性较好？

5-11　试述采用导前微分信号的双冲量汽温控制系统中的导前信号及其作用。

5-12　采用导前微分信号的双冲量汽温控制系统，在导前微分信号中断时，系统能否正常工作？

5-13　串级过热蒸汽温度控制系统中，中间汽温信号中断时，控制系统能否正常工作？

5-14　大型锅炉过热蒸汽温度控制为什么要采用分段控制？在什么情况下采用按温差的分段控制系统？

5-15　画出常规串级汽温控制系统的方框图，简要说明两种分析整定方法的要点。

5-16　再热汽温有哪些控制方法，每种控制方法的特点是什么？

5-17　锅炉燃烧控制的任务有哪些？

5-18　分别画出内扰特性和外扰特性的汽压控制对象的阶跃响应曲线，并说明其动态特性的特点是什么?

5 - 19　为什么采用热量信号? 理想热量信号与实际热量信号有什么不同?

5 - 20　采用"热量信号"的燃烧控制系统与采用"燃料-空气"的燃烧控制系统有哪些相同和不同点?

5 - 21　可用哪些方法来保持风煤比为适当值? 其中哪种方法更好些?

5 - 22　为什么送风控制系统中采用氧量校正?

5 - 23　直吹式制粉设备锅炉的燃烧控制方法与中间仓储式锅炉的燃烧控制方法有何异同?

5 - 24　试分析在锅炉负荷变化时,如何能快速改变进入炉膛的煤粉量? 当锅炉负荷不变化时如何能及早地发现原煤量的扰动?

第六章

直流锅炉自动控制系统

近年来，国内外电力企业纷纷降低发电的主要成本，以追求更大的经济效益。电力工业逐渐向大电网、大机组、高参数的方向发展。由于高参数、大容量机组发展迅速，装机容量日益增多，因此对机组自动化的要求也日益提高。

超临界压力机组的煤耗比同容量同温度的亚临界压力机组可降低 2%，随着两次再热的利用和超临界压力机组的发展，还可进一步降低 5%～10%，不仅提高了经济效益，还有利于煤炭资源的储备和空气污染的减轻。超临界压力机组容量愈大，这种趋势越明显。

直流炉由于没有汽包，又不用或少用下降管，因而可节省钢材 20%～30%（与汽包锅炉相比）。同时，直流锅炉的制造工艺比较简单，运输安装也比较方便，受热面可自由布置，可快速启停。在直流锅炉中，由于蒸发受热面不构成循环，无汽水分离问题，因此，当工作压力增高，汽水密度减少时，对蒸发系统工质的流动并无影响，所以在超临界压力以上时，直流锅炉仍能可靠地工作，直流炉更适合用于超高压以上的发电机组。

可见，随着发电厂容量的增大和参数的提高，超临界压力直流炉将越来越被广泛地采用。

本章主要讲述直流锅炉控制的任务和特点、动态特性、基本方案及工程实例。

第一节　直流锅炉控制的任务和特点

锅炉按工质在蒸发区中流动的推动力不同，可分为自然循环锅炉和强制循环锅炉两大类。前者蒸发区内工质流动的推动力是由锅炉下降管和上升管中的汽水重力差产生的，后者是借助水泵的压力。直流锅炉属于强制循环锅炉类型。

随着锅炉朝着大容量高参数的方向发展，直流锅炉由于其自身的许多优点而被日益广泛地采用。直流锅炉的工作原理与汽包锅炉不同，在结构和运行方面也有其本身的特点。它制造安装方便，节省金属，启停迅速，但正常运行及启停过程的控制比较复杂。图 6-1 是直流锅炉结构简图。给水在给水泵压头推动下，顺序流过省煤器、下辐射区（蒸发受热面）、过渡区Ⅰ和Ⅱ、上辐射区、对流过热区，给水流量全部变成过热蒸汽流量送往汽轮机。直流

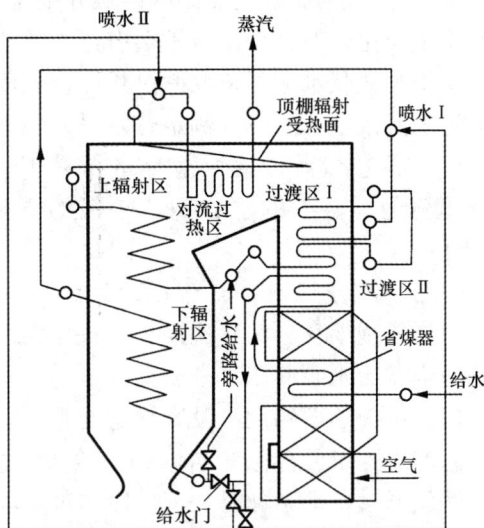

图 6-1　直流锅炉结构简图

锅炉的主要特点是没有汽包，水汽流程是连续的，循环倍率等于1。

一、直流锅炉的控制任务

直流锅炉的控制任务和汽包锅炉基本相同：

（1）使锅炉的蒸发量迅速适应负荷的需要；

（2）保持过热蒸汽压力和温度在一定范围内；

（3）保持燃烧的经济性；

（4）保持炉膛压力在一定范围内。

因此，直流锅炉的控制系统也包括给水、燃料、空气、炉膛压力和汽温等控制系统。但是，由于直流锅炉在结构上与汽包锅炉有很大的不同，因此在具体完成上述控制任务时就与汽包锅炉有很大的差异。

二、直流锅炉的结构与控制特点

直流锅炉与汽包锅炉的区别在于汽水流程不同。为了说明直流锅炉的控制特点，不妨与汽包锅炉作一对比。

1. 汽包锅炉汽水系统的主要特点

（1）自然循环。汽包锅炉的汽水流程图见图 5-1。一般汽包锅炉的蒸发段中工质的循环是靠水冷壁中汽水混合物和下降管中水的重力差来推动的，即形成自然循环（也有靠循环泵进行强制循环的汽包锅炉）。

（2）受热面的界限是固定的。汽包既是汽水分离容器，又是省煤器、水冷壁、过热器的汇合容器，它把锅炉各部分受热面，如加热段、蒸发段、过热段明确地分开，不论负荷、燃烧率如何变化，各受热面的大小是固定不变的。因此：①锅炉蒸发量主要由燃烧率的大小决定（蒸发量由加热段受热面的吸热量 Q_1 和蒸发段受热面的吸热量 Q_2 决定），而与给水流量 W 的大小无关。所以在汽包锅炉中由燃烧率控制负荷，由给水流量控制水位。这两个控制系统的工作可以认为是相对独立的。②燃料量或给水流量的改变对过热汽温的影响较小，因为过热蒸汽温度主要取决于加热段、蒸发段吸热量与过热段吸热量 Q_3 的比值（Q_1+Q_2）：Q_3。由于汽包锅炉各受热面的区域界限是固定的，所以当燃烧率变化时，即使 Q_1、Q_2、Q_3 都发生了变化，但这个比值不会有过大的改变，因而对汽温的影响幅度较小。因此在汽包锅炉中采用改变喷水流量来控制过热蒸汽温度原则上只是一种细调节，一般锅炉设计中规定的最大喷水流量（3%～5%额定蒸发量）也是不大的。

（3）蓄热量大。锅炉蓄热量是其工质和受热面金属中储存热量的总和。汽包锅炉有重型汽包、较大的水容积、较粗的下降管和联箱等，所以其蓄热能力比直流锅炉大2～3倍。

2. 直流锅炉汽水系统的主要特点

（1）强制循环。由直流锅炉的汽水流程图 6-2 可知，工质从水变成为过热蒸汽的加热流动完全靠给水泵的压力来驱动。

（2）各受热面的大小没有固定的界限。直流锅炉没有汽包，因此加热面、蒸发面及过热面没有严格固定的界限。当锅炉的给水流量或燃烧率改变时，各个受热面的分界就发生移动。例如当燃烧率增加时，蒸发段与过热段之间的分界向前移动（加热段、蒸发段缩短，过热段伸长）；当给水流量增加时，蒸发段与过热段之间的分界则向后移动。由于受热面界限的变化，锅炉的蒸发量和过热蒸汽温度发生很大的变化，如图 6-3 所示。若燃料量不变而给水流量增大，这时加热、蒸发所需热量增多，故汽水流程中加热段和蒸发段受热面向流动方向增长，而过热段缩短，过热汽温将显著下降。若给水流量不变而燃料量增大，由于给水加热、蒸发等所需的热量不变，燃料量增大使加热段和蒸发段受热面朝逆流动方向缩短，过热段增长，过热汽温将显著上升。由此可见，当给水流量与燃料量的比值（简称燃水比）发生变化时，将引起过热汽温显著变化。通常，燃水比失调 1%，出口汽温的变化可达 8～10℃。当给水量或燃料量单独变化相同百分数时，出口汽温的变化大小相同，方向相反。因此，直流锅炉汽温控制的根本手段是保持给水量与燃料量成适当比例，喷水减温只能作为调节汽温的一种辅助手段，以使过热汽温精确地等于给定值。

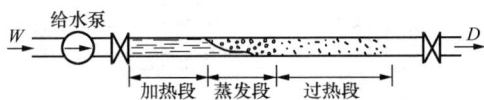

图 6-2　直流锅炉的汽水流程图

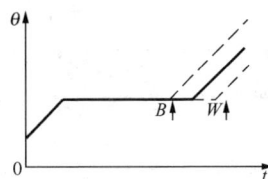

图 6-3　燃料量、给水流量改变对过热汽温的影响

（3）蓄热量小。由于直流锅炉蓄热量小，所以直流锅炉在外界负荷变动时，其主汽压的波动比汽包剧烈得多，这就给运行和自动控制带来了困难。但在主动变负荷时，由于直流锅炉的热惯性小，其蒸汽流量能迅速变化，所以它在负荷适应性方面比汽包锅炉来得快，有利于机组对电网尖峰负荷的响应。

综上所述，直流锅炉的给水控制、燃烧控制和汽温控制不能像汽包锅炉那样相对独立，而是密切相关的。这是直流锅炉控制的主要特点。在组织直流锅炉控制系统时，应做到：当负荷改变时，给水流量和燃料量同时按比例协调变化，这不仅满足了负荷改变的要求，同时也能维持过热汽温基本不变。当负荷不变时，则保持给水量与燃料量之比稳定不变，以稳定负荷和汽温。

第二节　直流锅炉的动态特性

直流锅炉是一个多输入、多输出的多变量控制对象。单元机组中的直流锅炉的主要输入量有汽轮机调节阀开度 μ_T、给水流量 W、燃料量 B、送风量 V、引风机挡板开度 μ_g 等，几乎都要影响各主要被控量，如功率 P_E、主汽压 p_T、主汽温 θ、烟中含氧量 O_2 和炉膛负压 p_f 等，如图 6-4 所示。对于不同结构的直流锅炉，其动态特性各不相同，下面以无分离器的直流锅炉为例，说明直流炉的动态特性。

一、汽轮机进汽阀开度阶跃扰动时的动态特性

单元机组运行时，汽轮机进汽阀开度变化是经常出现的一种负荷扰动。保持其他输入量（给水流量、燃料量等）不变时，汽轮机进汽阀开度阶跃变化时的响应曲线如图 6-5 所示。

当汽轮机进汽阀阶跃开大时，汽轮机耗汽量 D_T 立即成比例地增大，主汽压 p_T 随之下降，锅炉放出蓄热，暂时维持增加的蒸汽流量 D_T。但由于给水流量未变，直流锅炉的

蓄热系数又小，D_T 随 p_T 降低而逐渐减小回到原值。p_T 又随 D_T 逐渐减小继续惯性下降，当 D_T 回到原值时，p_T 稳定在较低的数值上。p_T 的下降值与直流锅炉的蓄热系数（压力变化 1MPa，锅炉所吞吐的蒸汽量）密切相关。直流锅炉的蓄热系数比汽包锅炉小得多，例如，SG-1000-170 型直流锅炉与 670t/h 汽包锅炉的蓄热系数分别是 132.6kg/MPa 和 343kg/MPa。可见，

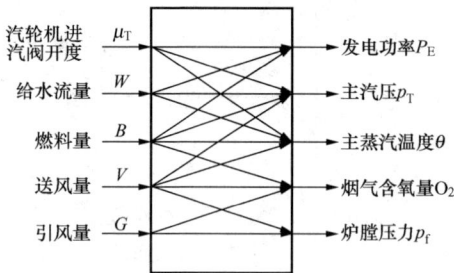

图 6-4　直流锅炉输入、输出之间的关系

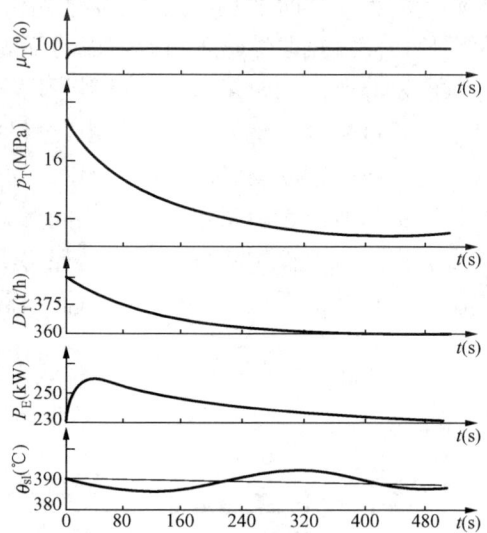

图 6-5　汽轮机进汽阀开度阶跃下
直流锅炉的响应曲线

在汽轮机进汽阀开度扰动下，直流锅炉的汽压的变化幅度比汽包锅炉的大很多。

负荷变化时，微过热汽温（指受热面某处过热度不大的汽温，常用作给水流量与燃料量配比的校正信号）略有波动。这是由于：当给水泵压头和给水控制阀开度不变的情况下，主汽压下降，给水流量 W 自发增大，水燃比 W/B 增大，微过热汽温降低；随水、汽温度降低，烟气与水、汽的热交换加强，又使微过热汽温回升。通常可以不考虑汽温这种不大的（约 $\pm 3.5℃$）波动。

二、燃烧量扰动下的动态特性

给水流量、汽轮机进汽阀开度等保持不变，燃烧率阶跃增大时的响应曲线如图 6-6 所示。

当燃烧率（燃料量、送风量、引风量协调动作时用燃料量代表）阶跃增大时，蒸发强度增强，蒸汽流量（图 6-6 上由汽轮机调节级后汽压 p_1 代表）一开始惯性地增大（由于传热、蒸发过程存在惯性），主汽压 p_T、输出功率 P_E 随之增大。由于加热段、蒸发段受热面缩短，过热段增长，所以主汽温 θ 和微过热汽温 θ_{sl} 都上升，在初期，汽温上升出现较大惯性（τ、T_c 值如图上所注）。由于给水流量未增加，故蒸汽流量逐渐下降到初始值，主汽压和功率也逐渐回降到初始值。随后，因汽温逐渐上升，主汽压和功率又逐渐上升，形成一个不大的波浪形曲线。

三、给水流量扰动下的动态特性

燃料量、汽轮机进汽阀开度不变、给水流量阶跃增大时的响应试验曲线如图 6-7 所示。燃料量不变而给水流量增大时，加热段和蒸发段受热面伸长，蒸汽流量 D 和功率 P_E 都惯性增大。由于过热段受热面缩短，主汽温 θ 在经一段较长迟延时间（约为 320s）后惯性下降，微过热汽温 θ_{sl} 的迟延时间则要短得多（约为 80s）。当汽温下降到与缩短后的过热段传热量

相适应时，便稳定在较低数值。此时汽压和功率随汽温下降而下降，最后稳定在较扰动前略高的数值。稳态时蒸汽流量等于给水流量，稳定在较高值。

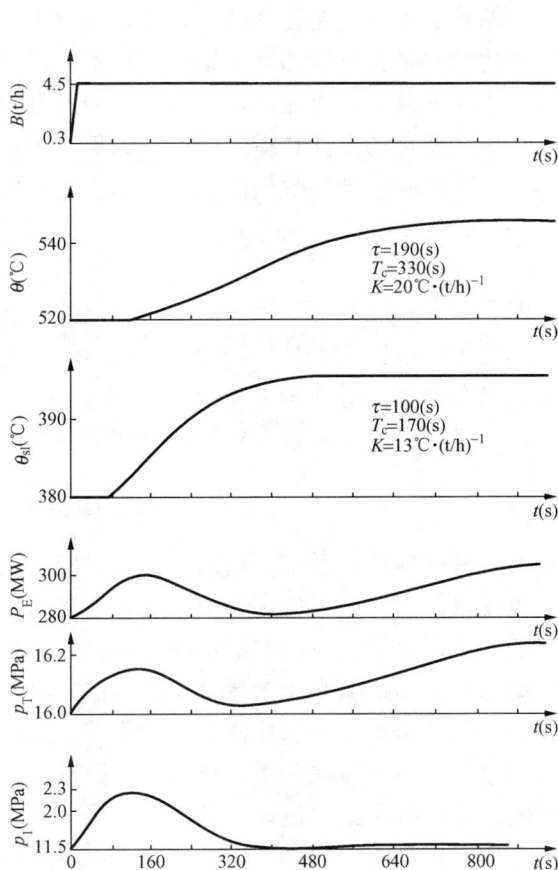

图 6-6　燃烧率阶跃下直流锅炉的响应曲线

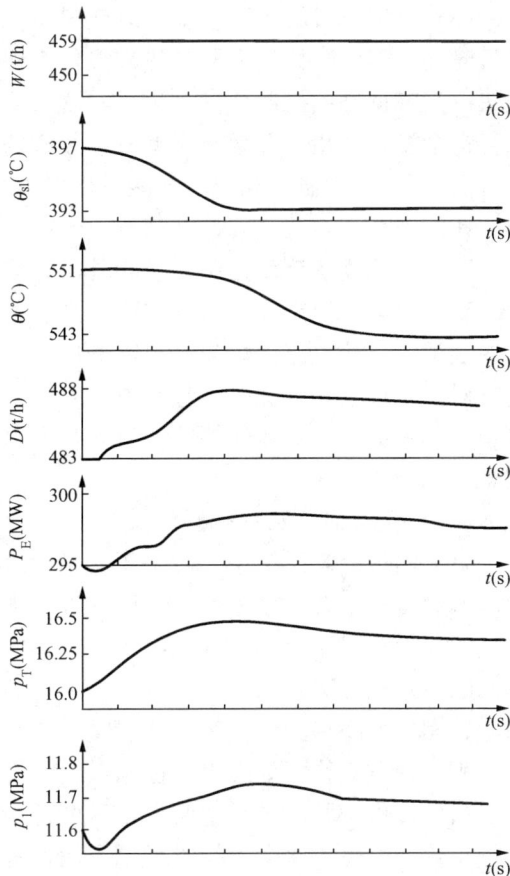

图 6-7　给水流量阶跃下直流锅炉的响应曲线

第三节　直流锅炉基本控制方案

一、直流锅炉自动控制系统设计的基本依据

通过对直流锅炉进行动态特性试验，以及对其结构特点进行分析，了解了直流锅炉的一些重要控制特点，这些特点可以作为设计直流锅炉自动控制系统方案时的基本依据。

（1）负荷扰动时，主汽压力反应迅速，没有迟延，而且变化幅度较大，因此和汽包锅炉的负荷控制系统一样，除了采取功率信号（机跟炉负荷控制方式）以外，也可以采取主汽压力（炉跟机负荷控制方式）作为直流锅炉负荷控制系统的被控量信号。

（2）单独改变燃烧率或给水流量对汽温、汽压、蒸汽流量、输出功率都有显著影响。所以，无论是改变燃烧率或是改变给水流量都可以作为锅炉的负荷控制手段，但负荷改变的最终实现既需要保持物质平衡，又需要保持能量平衡，即需要给水流量和燃烧率两者同时调节。在燃烧率或给水流量扰动下，汽压响应的迟延都不大，所以实现直流锅炉的负荷控制在原则上并不困难。

（3）燃烧率或给水流量的单独改变，都使汽温发生明显的变化，因此，当负荷需求改变时，为了使汽温的变化较小，必须使燃烧率和给水流量保持适当比例。

（4）燃烧率或给水流量单独改变时，汽温变化的特点不仅是变化幅度大，并且有很大的迟延时间，因此，如果采用过热汽温作为检查燃水比控制是否正确的平衡指标，将不能保证过热汽温有良好的控制质量。运行实践表明，当燃水比失调时，直流锅炉汽水行程中各点的温度都会发生变化，并且越靠近汽水行程的入口，温度变化的惯性和滞后越小。如果将微过热汽温 θ_{sl} 与主汽温 θ 相比，就能看出微过热汽温 θ_{sl} 是能较快地反映出燃烧率和给水流量之间的比例关系是否适当的检查信号。

二、直流锅炉自动控制系统的基本方案

直流锅炉的控制任务与汽包锅炉基本相同，但是由于直流锅炉与汽包锅炉在水汽流程方面差别很大，故直流锅炉与汽包锅炉保持燃料量与给水流量比例关系的控制系统有很大的差别。对于汽包锅炉，保持汽包水位为给定值便间接地保持了给水流量与燃料量的比例关系。对于直流锅炉，要直接保持给水流量与燃料量的适当比例，其控制系统较复杂，调试也比较困难。

（一）直流锅炉的负荷控制

直流锅炉控制系统中，最主要的是给水控制系统和燃料控制系统，这两个控制系统的正确协调动作和配合，使锅炉的负荷达到要求值，也使过热汽温基本稳定。由于燃料量和给水流量的变化都对输出功率（或汽压）产生明显影响，所以对于直流锅炉的负荷控制就有两种不同的原则性方案：第一种方案称之为水燃比控制系统，即用给水流量调整主汽压或发电机功率，燃料量跟踪给水流量，然后，再由某一个反映两者是否成适当比例的信号来校正燃料量；第二种方案称之为燃水比控制系统，即用燃料量调整主汽压或功率，给水流量跟踪燃料量，然后，再由某一个反映两者是否成适当比例的信号来校正给水流量。若应用微过热汽温为校正信号，采用水燃比控制系统有较好的控制品质，得到广泛应用。

本节只介绍直流锅炉水燃比控制系统的基本方案。

1. 以微过热汽温为校正信号的控制系统

若能保持直流锅炉水燃比例一定，就可近似保持水汽流程各点工质温度不变。因此，原则上可以取水汽流程中任意一点工质温度作为水燃比的信号。为使所选取的校正信号能较快反映水燃比的变化，一般在离水汽行程入口不远的地方，取过热度不大的蒸汽温度作为校正信号。对于不同类型的锅炉，微过热汽温的测点位置可能不同，例如，对 SG - 1000 - 170 型直流锅炉，取包覆管出口汽温作为校正信号；对 SG - 220 - 100 型直流锅炉，取过渡区后汽温作为校正信号，它们统称为微过热汽温。

微过热汽温作为校正信号的好处是：当水燃比失调时，微过热汽温变化的惯性小、变化幅度大，能明显改善控制品质；从水汽行程入口至微过热汽温测点之间的受热面的辐射吸热与对流吸热之比，与主蒸汽的总辐射吸热与总对流吸热之比较为接近，所以，保持微过热汽温不变，也就间接地大致保持了锅炉出口主汽温不变。因此，微过热汽温作为水燃比校正信号得到了广泛应用。

以微过热汽温为校正信号的控制系统如图 6 - 8 所示，图（a）表示基本控制方案。给水控制器 PI1 接受锅炉负荷指令 P_B 与给水流量反馈信号 W，使给水流量与负荷指令成比例。燃料控制器 PI3 接受锅炉负荷指令 P_B 为前馈信号，调节燃料量 B，使燃料量与给水流量基

本成比例。微过热汽温控制器 PI2 根据微过热汽温 θ_{sl} 与其给定值 θ_{sg} 之差，对燃料控制器 PI3 发出校正信号，校正燃料量，以保持适当的水燃比。

图中两条虚线表示去 PI3 的另外两种前馈信号方案，PI3 使燃料量直接与给水流量基本成适当比例，然后由 PI2 校正燃料量得到准确的水燃比。这些方案均可应用。

变压运行直流锅炉的水燃比控制系统如图 6-8（b）所示。变压运行时，汽压可能在很大范围内变化，因微过热汽的过热度随汽压改变，故作为校正信号的微过热汽温给定值亦应随负荷（或微过热蒸汽压力 p_{sl}）而变。图 6-8（b）中，以微过热蒸汽压力 p_{sl} 为 θ_{sl} 的给定值。为避免 p_{sl} 给定值变化太快，在微过热蒸汽压力信号中，串联了惯性环节 $f(t)$。

变压运行的直流锅炉在低负荷时，在燃料量（或给水流量）扰动下微过热汽温的动态特性变坏。所以，对微过热汽温控制器 PI2 输入控制信号，使控制器的整定参数随负荷而改变。

2. 采用加热段某点水温作为导前信号的控制系统

在图 6-8 所示系统中，燃料量子控制系统内回路的反馈信号为燃料量 B。对中间储仓式制粉系统的直流锅炉，煤粉量无法直接测量，间接测量又难于测准。为避免燃料量的测量，又确保水燃比为最佳值，可取锅炉加热段某点水温 θ_w 为导前信号，如图 6-9 所示。当负荷变化时，锅炉负荷指令 P_B 除控制给水流量 W 外，还通过微分器 1 控制燃料量 B，使燃料量与给水量大致成比例。加热段某点水温 θ_w 是 θ_{sl} 的导前信号，通过微分器 2 改变燃料量以初步

图 6-8　以微过热汽温为校正信号的控制系统
（a）基本控制方案；（b）水燃比控制系统

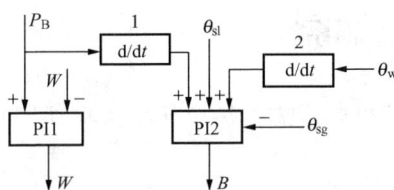

校正水燃比，使微过热汽温动态偏差小，并较快恢复到给定值。当燃料量发生自发扰动时，加热段某点水温 θ_w 的微分信号能迅速予以消除。

3. 采用烟气温度作为导前信号的控制系统

采用烟气温度为导前信号的控制系统，如图 6-10 所示。此系统的结构与图 6-9 所示系统相同，仅把加热段某点水温 θ_w 换成烟气温度 θ_g 即可。烟气温度能较快地反映燃料量扰动，是一个较好的导前信号。实现本控制方案的关键是如何设计和安装好测量烟气温度的热电偶测量装置。验证说明，为了取得烟道中烟气的平均温度，在水平烟道安装五个热电偶，串联使用，热电偶插入深度为 1m，热电偶尖端露出套管长度为 206mm，可以取得较好的测量效果。

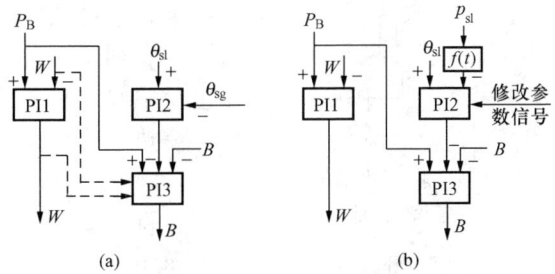

图 6-9　采用加热段某点水温为导前信号的控制系统

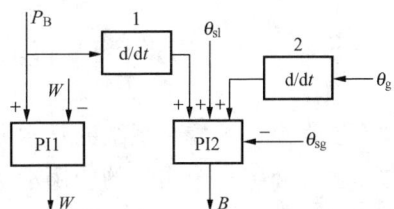

图 6-10　采用烟气温度为导前信号的控制系统

若将图 6-10 中的烟温信号 θ_g 换成炉膛火焰温度信号,就成为以火焰温度为导前信号的控制方案了。用辐射高温度计测出炉膛火焰温度,它能很快地反映燃料量扰动,对提高控制品质很有利。本方案在俄罗斯等国已有不少应用。

4. 采用热量信号的控制系统

微过热蒸汽的热量信号 Q_{ds} 为

$$Q_{ds} = q_{ds} + K_1 \Delta p_{sl} + K_2 \frac{dp_{sl}}{dt} \tag{6-1}$$

式中 q_{ds} ——微过热蒸汽流量信号,kg/s;

p_{sl} ——微过热蒸汽压力,MPa;

K_1 ——与微过热蒸汽的比体积、流量有关的系数;

K_2 ——单位转换、信号强弱的比例系数,kg/MPa。

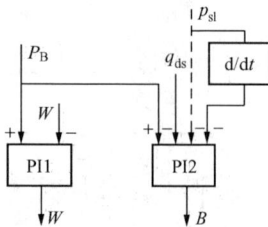

图 6-11   采用热量信号的控制系统

采用热量信号的控制系统如图 6-11 所示。实际上,K_1 很小,可以略去 $K_1 \Delta p_{sl}$ 项,即略去图 6-11 上的虚线。在燃料量扰动下,微过热蒸汽的热量信号的变化比微过热汽温的变化要快得多,有利于改善控制品质。另外,微过热蒸汽的热量信号的测点也简单些,只要不进入饱和区即可。所以,现在已有采用微过热蒸汽热量信号作为燃料控制器的反馈信号的方案。

(二)过热汽温控制

在直流锅炉的自动控制中,最困难的是过热汽温控制,过热汽温控制需要通过两个控制系统的共同工作来实现,其中保持燃水比的控制是对汽温的粗调,喷水减温则作为汽温的细调,它们可使汽温精确地等于给定值。喷水减温控制系统的方案采用和汽包锅炉过热汽温控制系统完全相似的串级控制系统方案,以过热汽温为被控量,以减温器出口温度为导前信号,以减温水量为控制量,构成串级汽温控制系统。保持燃水比的汽温粗调系统采用负荷控制的几种方案可实现。

直流锅炉的汽温控制比汽包锅炉的汽包水位控制要困难得多,这不仅是因为汽温控制的要求比水位控制高得多,而且因为作为被控量的过热蒸汽温度对给水流量改变的响应迟延时间要比汽包水位对给水流量改变的响应迟延时间长得多。因此,通常采用响应较快的微过热汽温作为燃水比控制是否正确的检查信号。

综上所述,与汽包锅炉的控制相比,直流锅炉控制的特点主要反映在燃料量与给水流量的控制上,其他对于燃烧经济性、炉膛压力及再热汽温等的控制,则与汽包锅炉没有原则性的差别,故在此不再赘述。

第四节   直流锅炉自动控制系统举例

在讨论了直流锅炉控制系统的基本方案后,为了得到直流锅炉单元机组自动控制系统的总体概念,下面介绍一个实际的应用示例。

图 6-12 所示为某单元机组带变动负荷的直流锅炉自动控制系统。该系统以给水流量为主动流量,调节锅炉负荷。燃料量为从动流量,调节汽温,送风量与燃料量协调变化,确保燃烧的经济性。图 6-12 (a) 为机、炉主控回路,图 (b) 为给水、燃料(及送风)子控制

系统组成的水燃比控制系统。引风和一级减温器后的喷水减温主汽温控制系统与汽包锅炉相同，图上未画出。

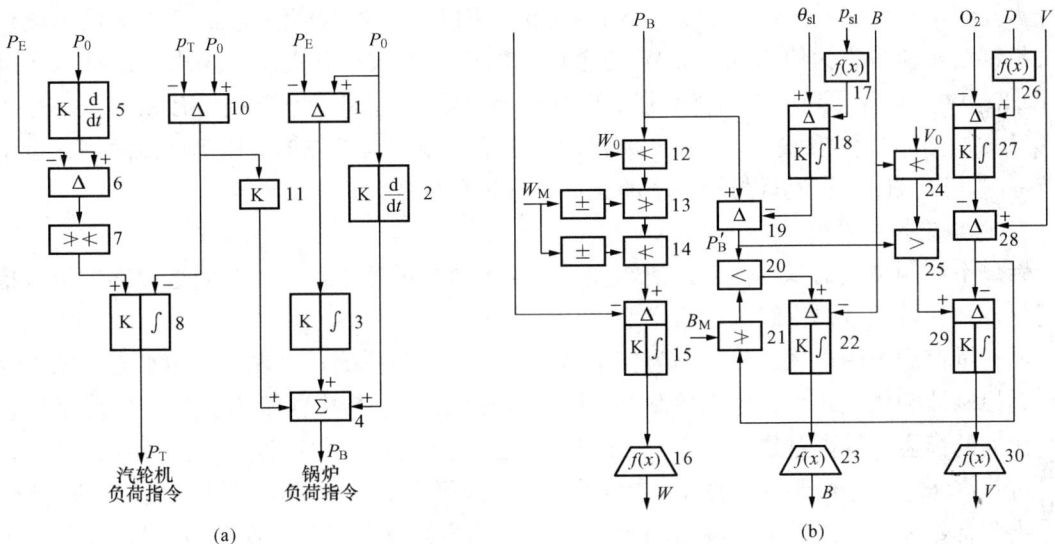

图 6-12 带变动负荷直流锅炉控制系统

(a) 机、炉主控回路；(b) 水燃比控制系统

一、主控回路

由于超临界压力直流锅炉和汽轮机对外界负荷变化的响应特性相差很大，因此要求控制系统采取措施增加锅炉负荷变化的跟踪，加强动态响应能力，同时限制汽轮机调节阀过度开大或关小造成动态"过调"，为此设置锅炉－汽轮机协调控制系统，使机炉能协调，达到最佳运行。协调控制的负荷指令处理回路的原理构成与汽包锅炉相似。

主控回路是在机跟炉控制方式的基础上加以改进而成的。当机组负荷指令 P_0 增大时，比较器 1 输出功率偏差 $(P_0 - P_E)$，经锅炉控制器 3 作用后进入加法器 4 作为锅炉负荷指令 P_B。为减小锅炉对加负荷的惯性，采用机组负荷指令 P_0 经前馈装置比例微分器 2 作为前馈信号，使机组能够快速响应加负荷的变化。同时，还根据汽压偏差 $(p_0 - p_T)$ 来加强锅炉负荷调节，以补偿动态中由于汽压降低而引起的锅炉蓄热量减少。

如果等到汽压 $p_T > p_0 + \Delta$（Δ 为允许汽压偏差）时，汽轮机控制器 8 才开大调节阀，则机组实发功率 P_E 的迟延和惯性都很大。为此，比较器 6 输出功率偏差 $[P_0 K_P (1 + T_D s) - P_E]$，经限幅器 7 使控制器 8 提前开大汽轮机进汽阀，利用锅炉蓄热，加速机组功率响应。功率偏差信号的引入，可以看成（相当于）降低了汽压给定值 p_0，p_0 的降低幅值由限幅器 7 的限幅值确定。此限幅范围也是汽压 p_T 的允许变化范围。机组负荷指令 P_0 经比例微分器 5 作用，目的是要使汽轮机高压缸进汽阀动态过开，以补偿中、低压缸功率响应的惯性。

稳态时，锅炉控制器 3 保持 $P_E = P_0$，汽轮机控制器 8 保持 $p_T = p_0$。

二、水燃比控制系统

1. 给水控制系统

给水控制系统的基本任务是使给水流量与锅炉负荷指令保持适当比例。给水控制系统采用单回路控制系统。机组主控系统输出的锅炉负荷指令 P_B 为给水流量指令。为了确保低负荷时锅炉的安全运行，由低值限幅器根据最小给水流量信号限制锅炉的最小给水流量。如当锅炉负荷指令 P_B 变化，且大于最小给水流量 W_0 时，P_B 通过低值限制器 12 作为给水流量指令去控制给水流量的大小，如 P_B 小于 W_0 时，则 W_0 通过低值限制器 12 作为给水流量指令去控制给水流量。为使给水流量 W 与燃烧率的比例不致过分失调，采用了浮动双向限幅单元 13、14。设 W_M 表示与燃烧率相适应的给水量，则给水流量指令只有在 $(W_M-\Delta)$ 与 $(W_M+\Delta)$ 范围内才能通过 13、14，即将动态中给水流量与燃烧率的比例偏差限制在设定的 Δ 范围内，以保证给水流量与燃烧率的比例不致过分失调。

2. 燃烧率控制系统

燃烧率控制系统的基本任务是使燃烧率与给水流量成适当比例，共同适应锅炉负荷指令的变化，并保持微过热汽温等于给定值。

燃料量控制采用以微过热汽温为校正信号的串级控制系统，主控制器为水燃比校正控制器，副控制器为微过热汽温校正控制器，因微过热汽温 θ_{sl} 是检验给水流量与燃烧率是否成适当比例的标志，故微过热汽温 θ_{sl} 等于其给定值 θ_{sg}（负荷变化过程中，汽压变化较大，则由微过热汽压力信号经函数组件 17 作为微过热汽温给定值）时，微过热汽温校正控制器 18 的输出为常数 a_0。比较器 19 输出的实际锅炉负荷指令 $(P'_B=P_B-a_0)$，P'_B 与 P_B 只差一个常数 a_0，此时按锅炉负荷指令 P_B 调节燃烧率。当 $\theta_{sl} \neq \theta_{sg}$ 时（例如 $\theta_{sl} > \theta_{sg}$），说明燃烧率与给水流量的比例失调，此时微过热蒸汽校正控制器 18 输出 a（其大小与 $\theta_{sl}-\theta_{sg}$ 有关），比较器 19 输出实际锅炉负荷指令 $(P'_B=P_B-a)$ 减小，使燃烧率减小，与给水流量恢复适当比例。由上分析可知：微过热汽温的偏差信号经校正控制器后作为燃料量校正信号，与锅炉负荷指令相比较，组成实际锅炉负荷指令 P'_B。P'_B 信号分别送往燃料量和送风量子控制系统，使二者协调动作。

由于燃料量不仅要与给水流量协调变化，保持一定水燃比例，而且要与送风量协调变化，保持一定风煤比例，且在动态过程中，比例失调不能过大，同时为了在加负荷时先加风后加燃料，减负荷时先减燃料后减风，始终保持风量有一定动态富裕，以使燃料完全燃烧，系统中采用了小值选择器 20 和大值选择器 25。经氧量校正的风量信号经高值限制器 21 进入小值选择器 20。加负荷时 P'_B 信号增大，P'_B 不能通过小值选择器 20，因此不能立即增加燃料量。只有增加风量之后，P'_B 才能通过小值选择器 20，使燃料控制器 22 增加燃料量 B。与此同时，燃烧率指令 P'_B 通过大值选择器 25 使送风控制器 29 增加送风量。送风控制采用氧量信号校正风量的串级控制系统。低值限制器 24 的作用是防止送风量低于最小送风量 V_0。高值限制器 21 的作用是防止燃料量超过最大燃料量 B_M。

本章小结

一、直流锅炉的控制特点

直流锅炉结构上的特点是没有汽包。当给水流量和燃烧率的比例变化时，加热、蒸发、过热受热面的界限会发生移动，由此带来的主要特点是给水控制与燃烧率控制密切相关。不论动态或静态（特别是静态）必须保持给水流量与燃烧率为适当比例，协调变化，共同满足负荷变化的要求，同时保持微过热汽温为给定值。

二、直流锅炉的动态特性

直流锅炉是一个多输入、多输出的多变量对象，单独改变给水流量或燃烧率都会对过热汽温以及蒸汽流量、机组功率、汽压等发生显著影响。所以，直流锅炉各子控制系统之间耦合关系密切。

三、直流锅炉基本控制方案

直流锅炉最基本的控制方案是水燃比控制方案，即用给水流量调整主汽压或机组功率，燃料量跟踪给水流量，并用微过热汽温或其他物理量校正燃烧率，以使燃烧率与给水量成适应比例。

本章介绍了以微过热汽温为校正信号的水燃比控制系统（见图 6-8），其中还可以采用加热某点水温为导前信号（见图 6-9）或采用烟气温度为导前信号（如图 6-10 所示，仍以微过热气温为校正信号）的水燃比控制方案。另外，还介绍了以热量信号为校正信号的水燃比控制系统。

思考题及习题

6-1　直流锅炉有何控制特点？为什么？

6-2　对照图 6-6、图 6-7，比较在给水流量或燃料量扰动时，主汽温和微过热汽温的变化规律有什么特点？若两种扰动的百分比相同，汽温如何变化？

6-3　什么是微过热汽温？以它为校正信号的常用方案有几种？

6-4　什么是水燃比控制系统和燃水比控制系统？

第七章

汽 轮 机 控 制 系 统

现代大型汽轮机的自动控制系统通常包括以下子系统：汽轮机电液控制系统、汽轮机保护系统、汽轮机机械量监视系统、汽轮机自启停系统、汽轮机热应力监视系统及汽轮机旁路控制系统。本章仅讲述汽轮机电液控制系统和旁路控制系统，其余子控制系统在有关专业课中讲述。

第一节 概 述

从控制方面着眼，中间再热式机组有如下主要特点。

1. 中间再热器改变了机组的功率特性

机组的功率特性是指在蒸汽流量阶跃扰动下，其输出功率随时间变化的特性。

对于无中间再热的凝汽式机组，当蒸汽流量阶跃变化 ΔD 时，机组功率几乎无惯性、无迟延地跟着变化 ΔP。二者之间可用式（7-1）表示：

$$\Delta P = K\Delta D \tag{7-1}$$

式中　ΔD ——蒸汽流量变化量；

　　　ΔP ——机组的功率变化量；

　　　K ——比例系数。

可知，无中间再热的凝汽式机组的功率特性是一比例环节。对额定功率 P_0 与额定蒸汽流量 D_0 来说，存在如下关系：

$$P_0 = KD_0 \tag{7-2}$$

上面两式相除，得出用相对量表示的关系式如下：

$$\frac{\Delta P}{P_0} = \frac{\Delta D}{D_0} \tag{7-3}$$

这时的比例系数（即传递系数）为1。

对于中间再热式机组，汽轮机被再热器分隔为高压缸和中、低压缸两部分。高压缸的功率特性与无中间再热机组的功率特性相似，即高压缸蒸汽流量变化 ΔD_H 与高压缸功率变化 ΔP_H 成正比关系

$$\Delta P_H = K\Delta D_H \tag{7-4}$$

用相对量表示时

$$\frac{\Delta P_H}{P_{0H}} = \frac{\Delta D_H}{D_{0H}} \tag{7-5}$$

式中　D_{0H} ——高压缸的额定蒸汽流量；

　　　P_{0H} ——高压缸的额定功率。

高压缸的功率 P_{0H} 只占汽轮机额定功率 P_0 的一部分，即

$$P_{0H} = C_H P_0 \tag{7-6}$$

式中 C_H——高压缸额定功率占汽轮机额定功率的百分数，一般 $C_H \approx 1/3$。

于是

$$\frac{\Delta P_H}{C_H P_0} = \frac{\Delta D_H}{D_{0H}} \tag{7-7}$$

或

$$\frac{\Delta P_H / P_0}{\Delta D_H / D_{0H}} = C_H \tag{7-8}$$

若以 $\Delta D_H / D_{0H}$ 为高压缸的输入信号，$\Delta P_H / P_0$ 为其输出信号，则高压缸的传递函数为

$$W_H(s) = C_H \tag{7-9}$$

对于中、低压缸来说，其功率特性有所不同，主要原因是中、低压缸前面有一个容积相当大的中间再热器。若设某时刻从高压缸流出的蒸汽流量有一阶跃增大，它流进再热器则使再热器内压力升高。由于再热器（设为单容对象）具有容量，而且流入侧和流出侧都有自平衡能力，所以其压力只能呈惯性上升，最后稳定在某值，如图 7-1 所示。图中 T_{rh} 为再热器的惯性时间常数。再热器管道越长，容积就越大，自平衡率就越小，则惯性时间常数 T_{rh} 就越大。一般 T_{rh} 为 6～15s。

以流进中间再热器的蒸汽流量相对变化量 $\Delta D_H / D_{0H}$ 为输入信号，以压力的相对量 $\Delta p_{rh} / p_{0rh}$（p_{0rh} 为中间再热器在额定功率时的压力）为输出信号，则再热器的传递函数为

$$W_{rh}(s) = \frac{1}{T_{rh} s + 1} \tag{7-10}$$

它是一阶惯性环节。

中间再热器压力的变化立即引起流进中、低压缸的蒸汽流量 D_{ML} 变化，中、低压缸功率 P_{ML} 无惯性、无迟延地随之变化。所以，中间再热器内压力或蒸汽流量与中、低压缸功率之间为比例环节特性，即

$$\frac{\Delta D_{ML}}{D_{0ML}} = \frac{\Delta p_{rh}}{p_{0rh}}$$

或

$$\frac{\Delta P_{ML}}{P_{0ML}} = \frac{\Delta D_{ML}}{D_{0ML}} \tag{7-11}$$

式中 P_{0ML}——中、低压缸的额定功率；

D_{0ML}——中、低压缸的额定蒸汽流量。

中、低压缸的额定功率 P_{0ML} 仅占机组额定功率 P_0 的一部分，即

$$P_{0ML} = C_{ML} P_0 \tag{7-12}$$

式中 C_{ML}——中、低压缸的额定功率占机组额定功率的百分数，一般 $C_{ML} \approx 2/3$。

于是

$$\frac{\Delta P_{ML}}{C_{ML} P_0} = \frac{\Delta D_{ML}}{D_{0ML}} \tag{7-13}$$

以相对蒸汽流量 $\Delta D_{ML} / D_{0ML}$ 为输入信号，相对功率 $\Delta P_{ML} / P_0$ 为输出信号，则中、低压缸的传递函数为

$$W_{ML}(s) = C_{ML} \tag{7-14}$$

包括中间再热器在内的中、低压缸的传递函数为式（7-10）与式（7-14）的乘积为

$$W'_{ML}(s) = \frac{1}{T_{rh} s + 1} C_{ML} \tag{7-15}$$

整个汽轮机以相对蒸汽流量为输入信号，相对功率为输出信号的传递函数为

$$W_T(s) = C_H + \frac{C_{ML}}{T_{rh}s + 1} \tag{7-16}$$

对应的方框图如图 7-2 所示。

综上所述，中间再热式汽轮机在蒸汽流量阶跃变化（或高压缸控制汽阀开度变化，但保持汽压不变）时，高压缸功率（约占 1/3）能无惯性、无迟延地随之变化；而中、低压缸功率（约占 2/3）则呈惯性变化，如图 7-3 所示。这说明中间再热式汽轮机的功率响应特性较无中间再热机组的差，为此，需要设法加以改善。

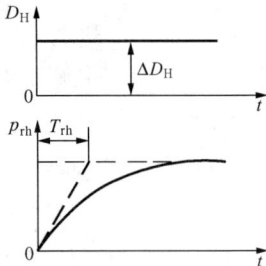

图 7-1 中间再热器汽
压阶跃响应特性

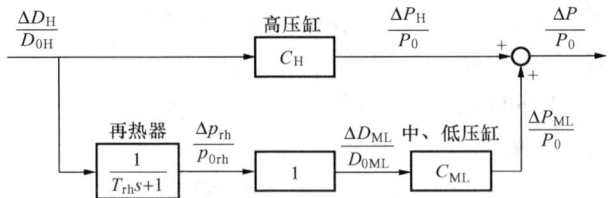

图 7-2 中间再热式汽轮机
功率特性方框图

2. 中间再热器降低了机组一次调频能力

电网的调频过程分为一次调频和二次调频。电网中负荷变化将引起电网频率变化，如图 7-4（a）所示。当并网运行的汽轮机的测频元件（如调速器的飞锤）感受到电网频率变化后，这些机组立即按其静态特性改变自己的实发功率，以减小电网频率波动的幅度，这就是一次调频。一次调频要求汽轮机具有快速的功率响应特性，即在机组（指锅炉-汽轮机单元机组）还来不及保证电网有功功率的供需平衡时，就暂由一次调频来保证电网频率不致变化过大而造成严重后果。一次调频功率变化曲线如图 7-4（b）中曲线 1 所示。

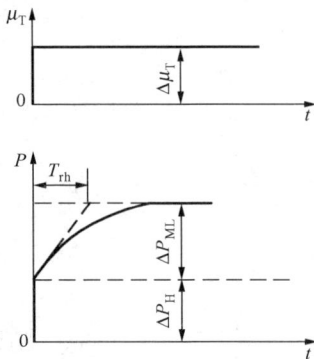

图 7-4 机组参与一次及二次调频的功率变化示意
（a）频率变化曲线；（b）调频功率变化曲线
1——一次调频曲线；2——二次调频曲线

图 7-3 中间再热式汽轮
机功率响应特性

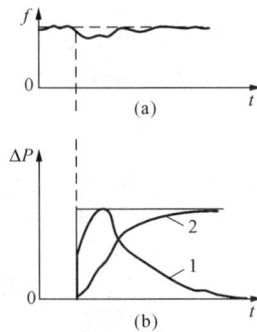

当电网负荷变化后，只有增大某些机组的实发功率，使电网达到新的供需平衡，才能使电网频率恢复到给定值，这一过程叫做二次调频。参加二次调频的机组叫调频机组。二次调频机组承担的功率变化幅度较大，但变化速度较慢，其调频功率变化曲线如图 7-4 中曲线 2

所示。

前面已指出，中间再热式机组的功率响应特性较慢，显然不能满足一次调频要求汽轮机功率迅速改变的情况。至于二次调频，虽然中间再热式机组仍比非再热式机组的功率响应慢，但二次调频的过程时间较长；另外，增减功率的速率还受到汽缸壁温变化的速率、热应力、转子热膨胀等因素的限制。所以相对来说，二次调频的功率响应速率问题还不算突出。

为提高再热式机组的一次调频能力，目前多采用汽轮机高压缸进汽阀动态过开的办法。当电网负荷增大使频率降低时，采取某种措施（通常在负荷指令中增加比例微分成分）有意把高压缸进汽阀多开一些，让高压缸迅速多发功率来补偿中、低压缸功率响应的惯性。等中、低压缸功率增大后，再将高压缸进汽阀开度回关到适当位置。高压缸进汽阀动态过开的功率特性如图 7 - 5 所示。

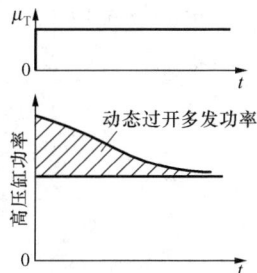

图 7 - 5　高压缸进汽阀动态过开功率特性

采用高压缸进汽阀动态过开的优点是简单，不需要进行什么结构上的改动，又可以有效利用锅炉的蓄热来产生蒸汽量；其缺点是高压缸的设计功率占整机额定功率的 1/3，且高压缸仅允许超发 10%～20% 功率，显然不能完全补偿中、低压缸占 2/3 功率响应的惯性。

3. 采用单元制运行方式

中间再热式机组都采用单元制运行方式，这是由于：

(1) 为使锅炉正常运行，必须使新汽流量与流过再热器的蒸汽流量之间保持严格的比例，故对不同汽轮机供汽的各锅炉的主蒸汽管路不能互相连通。

(2) 再热器压力随机组负荷变化而变化，这一特点使不同汽轮机的再热器之间不能连通。

当外界负荷变化（增大）时，单元机组只有一台锅炉的蓄热可供利用（用来产生更多蒸汽使机组能很快适应负荷要求），以致主汽压下降较大，因此要求控制系统具有使主汽压变化不超过允许范围的能力。

此外，单元机组在启动、并网、加负荷、调峰调频、事故处理、停机以及电力系统的稳定性等方面都对控制系统提出了更多更高的要求。

过去只接受转速信号的机械式液压控制系统很难满足上述各方面要求，因此，约在 30 多年前出现了电液控制系统。信号的检测、综合比较、运算、放大、转换等均采用电子技术的手段来实现，但执行器仍保留液压式油动机，因为它有体积小、输出功率大、惯性小（时间常数一般为 0.1～0.5s）、可靠性高等优点。这样，电液控制系统具有如下优点：

(1) 系统灵敏度高，动态响应快，稳定度高；

(2) 易于综合各种信号；

(3) 易于实现各种控制规律，如 PID、最佳控制规律等；

(4) 容易满足各种运行方式的要求；

(5) 容易实现各种逻辑控制；

(6) 便于与计算机连接，实现高度自动化等。

目前，电液控制系统已由模拟式发展到数字式。数字式电液控制系统具有可以灵活改变的软件及可靠的数据处理中心，因而可适应广泛的运行要求，是汽轮机控制系统的发展方向。

第二节　汽轮机数字电液控制系统

一、系统概述

（一）DEH 系统的构成

汽轮机数字电液控制系统（DEH）就硬件结构来说，可划分为如下三大部分，如图 7-6 所示。

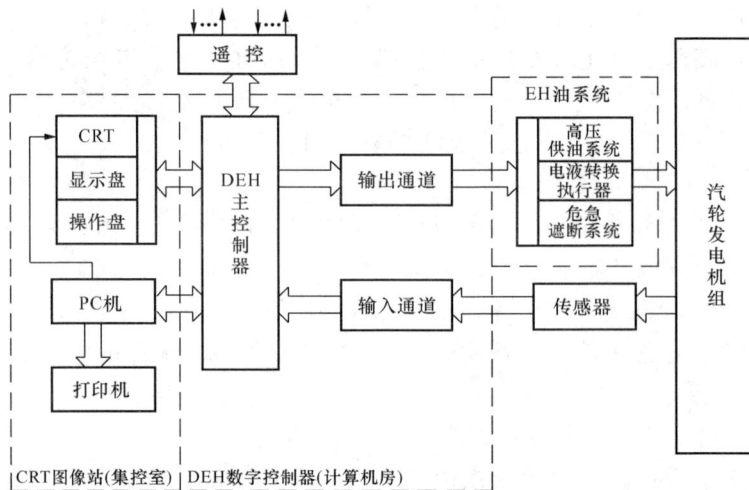

图 7-6　DEH 系统构成

1. 汽轮发电机组（对象部分）

它是 DEH 控制系统中的被控对象，这种被控对象通常是大功率、高参数、具有蒸汽中间再热的单元制机组，它由高、中压主汽门，高、中压控制门，高压缸，再热器，中、低压缸，汽轮发电机转子等部分组成。图 7-7 为 DEH 系统的被控对象示意。

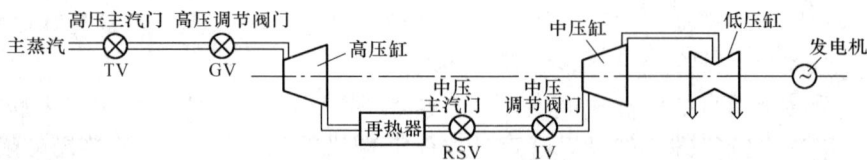

图 7-7　DEH 系统的被控对象示意

由锅炉来的主蒸汽经高压主汽门（TV）和高压调节阀门（GV）进入高压缸，在高压缸做完功的排汽经再热器再热后，通过中压主汽门（RSV）和中压调节阀门（IV）进入中、低压缸，蒸汽在高、中、低压缸膨胀做功，冲动汽轮机，从而带动发电机发电。调整阀门开度或蒸汽参数可达到调节汽轮发电机组的电功率或频率的目的。目前进口西屋技术国产的 300MW 机组，设有两个高压主汽门、六个高压调节阀门和两个中压调节阀门、两个中压主汽门。两个中压主汽门在机组正常运行时不参与调节，异常工况时，关闭所有的阀门可起到保护机组的作用。

2. 数字控制器（数字部分）

它以计算机为主体，配以控制柜、操作台、CRT 图像站、调试终端等设备，它们通过双以太网和串行口连接，是 DEH 控制系统的指挥中心，实现汽轮机运行的控制运算。

位于集控室内的 CRT 图像站由 CRT 显示器、工业用 PC 机、打印机、操作盘和显示盘等外围设备构成，它用来实现人-机对话功能。操作员可将对机组的控制命令（如目标转速/负荷及其变化率）、运行方式、控制方式和阀门试验方式的选择等操作指令通过操作盘送至主控制器，从中获得机组的状态信息并进行监视。

位于计算机室内的数字控制器由输入通道、主控制器和输出通道等构成。输入通道通过传感器将反映机组状态的参数（如油开关状态、金属温度、振动等）和被控量（转速、发电机功率、调节级压力等）进行转换、隔离、放大等处理后送入主控制器。在主控制器内部，一方面对外部命令和机组状态量进行处理后，送 CRT 显示屏、打印机等，将系统的运行方式以及目前机组的状态告诉操作员，为操作运行提供信息；另一方面，将运行人员输入或者是外部输入的增、减机组转速/负荷的命令变成机组所能接受的指令，经现时刻的被控量的校正（如频率校正、发电机功率校正，调节级压力校正）后，形成相应的控制量。该控制量经输出通道校正、D/A 转换、比较及功率放大后送至电液转换执行机构以改变阀位的开度，实现机组的转速（或负荷）控制。

DEH 系统中，需检测的模拟量信号有汽轮机转速（n）、发电机功率（MW）、调节级压力（IMP）、主蒸汽压力（TP）、中压缸排汽压力（IEP）、再热器入口压力（RCP）、再热器压力（RHP），其测量环节为

现场信号→变送器/传感器→DEH ISO 隔离→A/D 转换放大→主机

为了提高系统的可靠性，功率、调节级压力、主汽压均采用双变送器，高选后送三块 MCP 板进行 A/D 转换，经三选二逻辑处理进入控制回路，转速信号使用三个变送器分别送三块 MCP 板，转换后的信号在计算机内进行三选二逻辑处理后，再进入控制回路。

基本控制的开关量信号有挂闸（ASL）和油开关（并网）（BR）输入，输出开关量都是常开、无源触点闭合有效的方式，采用二级隔离回路。

现场开关量信号→继电器电路→光电隔离→主机 DEH 回路

主计算机输出→光电隔离→小继电器隔离→大继电器隔离→现场输出

3. EH 油系统（模拟部分）

EH 油系统由 EH 供油系统（也称为高压抗燃油供油系统）、电液转换执行机构和危急遮断控制系统（ETS）构成。

EH 供油系统主要提供一定质量、温度、压力的高压抗燃油，一方面为油动机提供压力油；另一方面，经节流孔进入 AST 母管，在 OPC 和 AST 电磁阀、隔膜阀关闭的前提下，建立 OPC、AST 油压，一旦机组运行状况达到 OPC 和 AST 电磁阀动作及隔膜阀开启的条件，相应母管油压卸掉，阀门在弹簧力的作用下迅速关闭，实现机组的自动保护功能。

电液转换执行机构是控制系统的模拟部分，由伺服放大器、电液转换器、油动机、线性位移差动变压器、卸油阀等组成，其伺服回路如图 7-8 所示。它接收数字控制器输出的数字指令，经 D/A 转换后，形成模拟量阀位控制信号 V，与阀位信号变送器输出的代表阀门开度的位置信号 V_f 进行比较，再由伺服放大器进行功率放大，在电液伺服阀中将电气量转

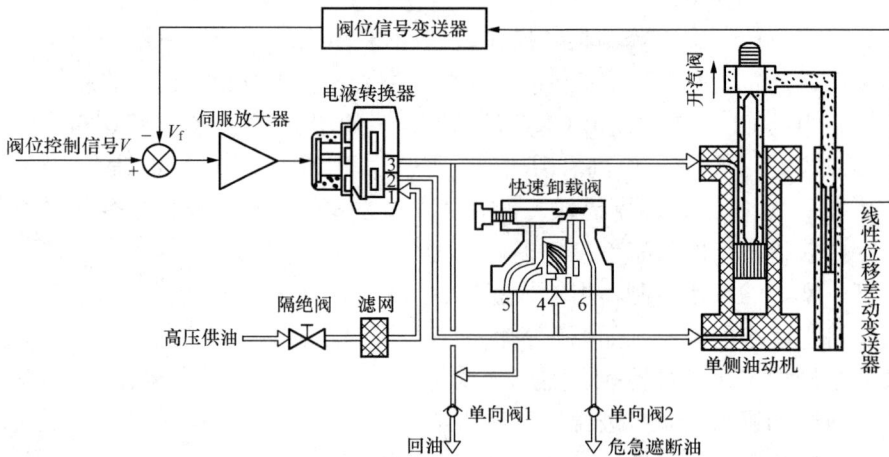

图 7-8 伺服回路示意图

换成液压控制信号，控制油动机活塞向上或向下运动，并通过连杆的传递，对阀门位置进行控制。当输入信号 V 增加时，V 大于 V_f，电液伺服阀输出的油压升高，电液转换器 1 室与口 2 接通，EH 系统高压供油进入油动机下腔，使油动机的活塞向上运动，通过连杆带动汽阀开启，线性位移阀位传感器的输出 V_f 增加；当输入信号 V 减少时，V 小于 V_f，电液伺服阀输出的油压下降，电液转换器口 2 与口 3 接通，油动机下腔的油在弹簧力作用下进入活塞上部，使油动机的活塞向下运动，通过连杆带动汽阀关小，线性位移阀位传感器的输出 V_f 减小；V 等于 V_f，输入偏差为零时，电液伺服阀主阀回到中间位置，关断了口 2 和口 3，高压油不再进入油动机下腔，同时油动机也不再泄油，于是汽阀停止运动，在新的工作位置上达到平衡。

在汽阀的油动机旁，设有一个快速卸载阀。机组发生故障需要迅速停机时，通过危急保安系统使危急遮断油迅速失压。卸载阀通过单向阀 2 泄压，使口 4、5 连通，泄放了油动机下腔的高压油，依靠弹簧力的作用，迅速关闭汽阀，实现对机组的保护。在快速泄放阀动作的同时，工作油经单向阀 1 排入回油系统，由于回油与油动机活塞的上腔室相连，因而不会引起回油管路的过载。

电液转换执行机构可将数字控制器来的阀位控制信号转换成 EH 油压信号，使油动机产生动作，直接操纵汽轮机的各个蒸汽阀门（高压主汽门和高、中压调节阀门）的开度，以控制蒸汽流量，从而达到控制汽轮机转速和负荷的目的。

危急遮断控制系统（ETS）的任务是对机组的一些重要参数进行监视，并在其中之一超过规定值时，发出遮断信号给 DEH 去关闭汽轮机的全部进汽阀门，实行紧急停机，确保机组安全。该部分内容在后面进行介绍。

（二）DEH 系统的主要功能

1. 实现汽轮机的自动启停

DEH 系统有高压缸冲转和中压缸冲转两种启动方式。一般情况下，高压缸冲转适应于机组的冷态启动方式，而中压缸冲转适应于机组的热态启动方式。高压缸冲转时，由高压主汽门和高压调节阀门控制机组的升速与升负荷，中压调节阀门和中压主汽门在整个启停过程中均处于全开状态。中压缸冲转时，除了高压主汽门和调节阀门外，中压调节阀门也参与机组的转速和负荷控制。两种启动方式下各阀门的状态可由表 7 - 1、表 7 - 2 示出。

表 7 - 1　　　　　　　　　高压缸冲转时，阀门在升速阶段所对应的状态

阀门	冲转前	0～2900r/min	阀切换（2900r/min）	2900～3000r/min
TV	全关	控制	控制→全开	全开
GV	全关	全开	全开→控制	控制
IV	全关	全开	全开	全开

表 7 - 2　　　　　　　　　中压缸冲转时，阀门在升速阶段所对应的状态

阀门	冲转前	0～2600 r/min	阀切换 (2600r/min)	2600～2900r/min	阀切换 (2900r/min)	2900～3000r/min
TV	全关	全关	全关→控制	控制	控制→全开	全开
GV	全关	全开	全开	全开	全开→控制	控制
IV	全关	控制	控制→保持	保持	保持	保持

2. 实现汽轮机的负荷自动控制

机组并网后带上 $5\%P_0$ 的初始负荷时，如果机组是冷态启动，则由高压调节阀门控制机组的升/降负荷；如果是热态启动，中压调节阀门参与高压调节阀门的负荷控制，在机组负荷大于 $35\%P_0$ 以后，中压调节阀门全开，将由高压调节阀门控制机组的升/降负荷。

3. 实现汽轮发电机组的状态监视

汽轮发电机组的运行状态以及 DEH 系统的运行方式状态等，主要通过操作员站上的 CRT 画面进行监视。一般显示 16 幅画面，各页的内容分别为：运行参数曲线；差胀和轴向位移；轴承振动；轴承温度；调节级温度；汽温和壁温；进水检测；系统硬件故障显示；发电机参数；发电机定子温度；重要传感器故障；ATC 启动曲线；模拟趋势显示；阀位指令及线性差动变送器反馈；控制装置硬件故障显示；报警测点显示。此外，还有一些与操作有关的接口画面。

汽轮机的应力状况也可在 CRT 上显示，对振动、金属温度等重要参数定期扫描监视，越限时输出报警。在正常运行时，每隔 1s 记录 20 个汽轮发电机组运行状态的重要参数，如：转速、功率、汽压、汽温、调节级压力、真空、差胀、振动等，一旦发生故障后能自动地将故障前 1min 内的数据全部打印出来，同时拷贝当时运行参数趋势曲线画面，为分析事故起因提供依据。

运行人员的操作、DEH 的运行方式、控制方式及本身的状态等，也在 CRT 上进行显示。

4. 实现汽轮机的全自动启停

当操作人员选择启动后，就能使汽轮机从盘车转速自动升至同步转速，并网后可接着带负荷，同时尽可能降低启动过程的热应力，使机组启动和加负荷时间减少。设置汽轮机自启动，有以下几方面功能：

（1）ATC 启动。

1）核对所有有关汽轮发电机组启动的参数，在这些参数达到所规定范围之前，机组不

脱离盘车。

2）在升速过程中，若有关转速保持的任意一个输入值超过其报警极限，则立即产生转速保持。

3）若不存在报警或遮断状态，则可根据要求升至暖机转速。

4）可以自动计算暖机时间。

5）暖机结束后将转速升到 TV/GV 的切换转速。

6）升速过程中，根据转子的热应力及预计转子热应力确定升速率。

7）TV 控制向 GV 控制的转换自动地进行，并可自动升速到同步转速。

（2）ATC 负荷控制。ATC 负荷控制有两种方式，即 ATC 管理和 ATC 控制。

1）ATC 管理：在此方式下，ATC 进行机组状态监视，运行人员完成对机组的控制。监视汽轮发电机组的各种参数，并将这些参数与其限值进行比较，打印出所得的信息，通知操作人员，除了这些在线运行的参数外，运行人员还可获得其他所希望显示的数据，如转子应力、转子的预应力或预计胀差。

2）ATC 控制：由 ATC 程序确定汽轮机的负荷变化率，以保持系统各种变量如金属膨胀量、蒸汽压力和温度、转子热应力、轴承振动等在其允许运行范围之内。当参数超过报警极限时，可将报警信息打印出来。若负荷变化率的调整纠正不了运行参数不正常的变化，而该值超过遮断极限时，则 ATC 程序会将 ATC 控制方式自动转入操作员自动方式，并发出遮断状态的报警。在此方式下，将保留 ATC 管理方式中全部监视功能。

5. 实现汽轮发电机组的自动保护

为了维护汽轮发电机组的安全运行和电网的稳定，在目前的大机组中均设有多项保护措施，如 OPC 超速保护控制器、危急遮断控制系统（ETS）、机械超速和手动脱扣等。

（1）OPC 超速保护控制器。OPC 超速保护控制器由中压调节阀门快关功能（CIV）、负荷下跌预测功能（LDA）和超速控制功能三部分组成：

1）CIV 功能：CIV 是在电力系统故障、出现部分甩负荷时，快关中压调节阀门，延迟 0.3~1s 后再开启，以便在部分甩负荷瞬间维护电力系统稳定。

2）LDA 功能：LDA 是在发电机主开关跳闸全甩负荷，而汽轮机仍带有 30% 以上负荷时，及时关闭高、中压调节阀门，防止大量蒸汽进入汽轮机而引起超速，经延时，转速下降到小于 103% 额定转速时，再开启调节阀，维持机组空转以利于故障消除后机组迅速重新并网。

3）超速控制功能：超速控制功能是当机组在非 OPC 测试情况下出现转速高于 103% 额定转速时，将高、中压调节阀门关闭，并将负荷控制改变为转速控制，由高压调节阀门来控制汽轮机转速，同时根据转速来调整中压调节阀门，逐步将积聚在再热器中的蒸汽排出。

上述三项功能是通过超速保护控制器控制 OPC 电磁阀、释放 OPC 母管油压实现的。

（2）危急遮断控制系统（ETS）。在 300MW 及以上机组上都设有危急遮断控制系统，用来监视下述参数：凝汽器真空低、轴承油压低、推力轴承磨损、EH 油压低、机组 110% 超速，并提供一个可接受外部遮断的遥控信号。当上述被监视的状态任意一个出现时，都将使 AST 电磁阀失电，释放自动停机跳闸母管压力油——泄掉油动机的压力油，使阀门在弹簧作用下迅速关闭，切断机组的进汽，停机处理，避免事故进一步扩大。

（3）机械超速和手动脱扣。当机组转速超过 110% 的额定转速时，或运行人员要求停机时，机械超速和手动脱扣系统，通过释放润滑系统经节流孔在机械超速和手动跳闸母管建立的压力油，打开常闭隔膜阀，释放自动停止跳闸母管油压，实现紧急停机。

6. 手动控制，无扰切换、冗余切换及其他

DEH 系统的手动控制是通过阀门控制卡（VCC 卡），和操作盘上的增、减按钮，快、慢选择按键来直接控制阀门的开度。

手动控制有一级手动与二级手动两种方式，如图 7-9 所示。

一级手动与二级手动的区别在于，一级手动增减阀门开度时还有一些逻辑条件，起到防止误操作和保护机组的作用；二级手动是 DEH 最后一级硬件备用。通过操作台上的增减按钮，对每种阀门进行控制，无其他逻辑条件。此外，一级手动精度高于二级手动，故常采用一级手动。

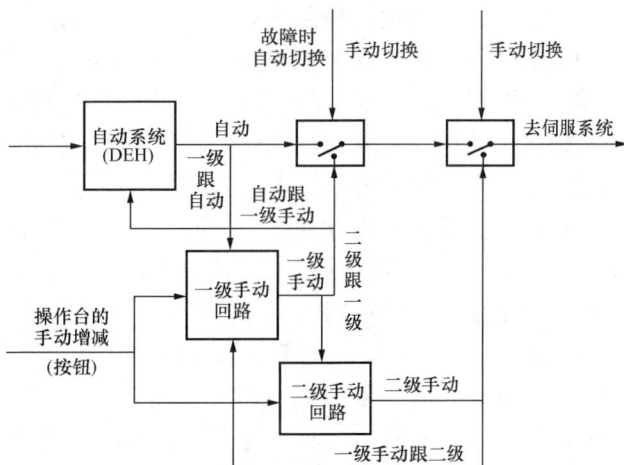

图 7-9　手动控制回路

自动、一级手动、二级手动三者中任何一种投入控制时，其他两种均处于自动跟踪状态。当自动故障时由容错系统切换到一级手动。一级手动故障时由操作员切换到二级手动，切换与投入的顺序如下：

DEH 系统采用 A、B 机切换运行方式，A 机故障时切换至 B 机，反之亦然。故障的检测、判别和切换由容错系统进行。故障类型包括：电源故障，通信故障，差值故障，通道检测故障等。

（三）系统的工作方式

DEH 系统中设置的机组工作方式如下：

（1）操作员自动方式（OA）。OA 方式是 DEH 系统的基本运行方式。在机组第一次启动时，指定使用 OA 方式。在该方式下，不论机组是处于转速控制还是负荷控制下，DEH 系统均根据操作员在操作台上设定的转速（或负荷）目标值以及升速率等来控制机组升速（或带负荷）。在机组运行的各个阶段，如盘车、暖机、升速、同步、并网、升负荷的各个阶段，操作台上均有人工确定断点按钮，在由操作员确认上一阶段的进程后，才进入下一个流程。

（2）自动汽轮机控制方式（ATC）。自动汽轮机控制的目的在于保证汽轮发电机组安全正确地启动和加负荷。当机组选择 ATC 方式时，若机组处于速度控制下，ATC 程序在监控汽轮机运行的同时，决定其转速目标值和适应转子应力的升速率；处于负荷控制下，由操作员给定目标值后，ATC 程序监控汽轮发电机组运行报警和跳闸情况的同时，将控制升负荷率；处于综合控制下，当遥控源，如 ADS、CCS 投入，且"ATC 启动"同时按下时目标值和给定值都受遥控源控制，ATC 程序监视与转子应力有关的负荷率。在 ATC 运行时，对必

要的信息，可以定时显示和打印。

（3）自动同步控制方式（AS）。在 AS 方式下，机组转速的增或减，受自动同步装置所产生的脉冲信号控制。机组在自动同步控制器下并网。机组并网或"自动同期控制允许"触点断开后，DEH 系统将从 AS 方式自动回到 OA 方式。

（4）遥控方式或远方控制方式（REMOTE）。遥控方式是指机炉协调控制方式（CCS）和自动调度系统控制方式（ADS），其目的用于实现机炉的协调控制或实现经济负荷调度运行。DEH 系统处于远方控制方式时，负荷控制的设定值可由远方系统（CCS 或 ADS）送来的模拟信号，或增、减的脉冲信号来调整。从而使汽轮机的负荷与电厂其他系统的出力进行协调或满足电网调度系统的要求。

（5）电厂计算机控制方式（PLANT COMP）。在该方式下，厂计算机一方面可从 DEH 系统的公共数据区收集数据，也可从 ATC 中获得信息；另一方面厂计算机可改变 DEH 系统的负荷设定值，达到控制汽轮机负荷的目的。

（6）手动控制方式。在计算机发生故障或运行人员需要时，控制系统可以自动或人工转为手动。手动运行时，万一发生汽轮机超速或油开关跳闸，超速保护（OPC）功能块输出快关阀门信号直接送到阀门驱动卡上，将阀门快速关闭。当自动系统恢复后，其输出会自动跟踪手动输出，可以人工在控制台上按下相应按钮，使系统重新投入自动。

二、DEH 系统的速度和负荷控制原理

根据机组所选取的运行方式的不同及运行状态的不同，DEH 控制系统有三种不同的控制方式，即高压主汽门控制（TV 控制）、高压调节阀门控制（GV 控制）、中压调节阀门控制（IV 控制）。各阀门的控制可分自动控制和手动控制两部分。

（一）阀门的自动控制

DEH 系统在发电机主开关合闸之前（BR＝0）所控制的是机组的转速，合闸之后（BR＝1）控制机组负荷，故又可将汽轮发电机组的控制分为转速控制与负荷控制。如图 7 - 10 所示，DEH 控制系统由以下几部分组成。

1. 设定值处理回路

设定值处理回路的逻辑如图 7 - 11 所示。它的作用是将相应工作方式下的目标值（转速或负荷）及其变化率转变成机组所能接受的转速（或负荷）设定值（也称实际设定值）。设定值处理回路的工作原理是，在比较器的输入端，如果实际设定值小于目标值，它将输出一个增加信号，使计数器以给定的速率趋近于目标值；反之亦然，直到实际设定值与目标值相等时，设定值处理回路才停止工作。

实际设定值是由"设定值计数器"产生的，该设定值计数器受控于增（RAISE）、减（LOWER）和速率（RATE）三个信号。

送至设定值计数器的增加或减少信号来源于两个方面：比较器的输出和各个外部信号源。到底是来自于比较器的输出和还是来自于各个外部信号源，这取决于 DEH 的工作方式：

（1）当 DEH 系统处于 OA 工作方式时，操作员设置的转速（或负荷）目标值与现有设定值进行比较后，产生一个增加或减少信号，使设定值计数器以操作员设置的速率改变设定值，从而获得了机组所能接受的实际转速（或负荷）设定值，且在 OA 方式下，操作员需建立"GO"标志后，实际设定值才能逐渐向目标值逼近。

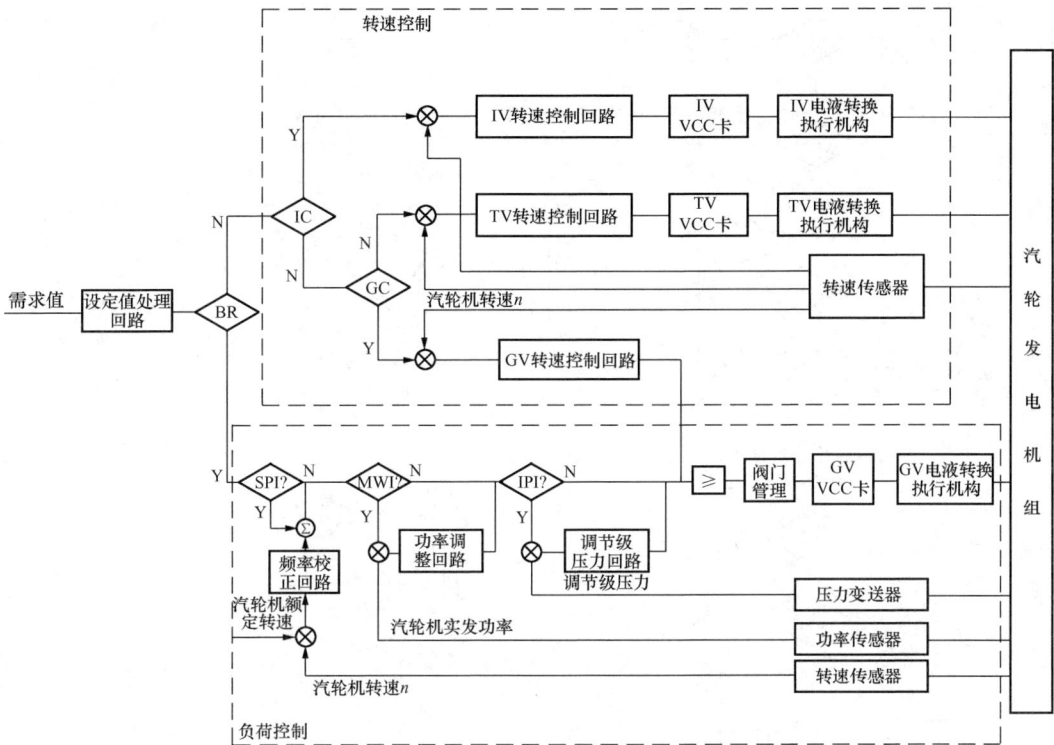

图 7 - 10　DEH 系统控制系统构成图

（2）如果 DEH 系统处于 ATC 启动方式时，设定值产生过程与 OA 方式的不同之处在于：转速目标值及变化率是由 ATC 软件包计算出来的，而不是由操作员在操作盘上设定的。若处于 OA - ATC 联合控制方式，目标负荷值则由运行人员通过操作盘设定，通过比较器去控制设定值计数器；计数器的速率则由 ATC 软件包确定，它首先根据汽轮机允许的负荷变化速率和发电机允许的负荷变化速率选择其中较小的一个，然后再依次与电厂允许的负荷变化速率、操作人员设置的负荷变化速率相比较，每次都选择较小值。经过这些低值选择后，得到一个负荷变化速率送到设定值计数器，控制它的计数速率，其中汽轮机允许的负荷变化速率，由 ATC 程序根据机组运行时转子的应力确定。

（3）当 DEH 处于其他工作方式时，外部信号源来的信号进入系统，要求的设定值变化量不必通过比较器，可直接进入设定值计数器，改变负荷的设定值。其中，来自远方控制和电厂计算机改变设定值的请求信号是互斥的，即两者只能选择其一。它们的信号可以在 ATC 工作方式下送入，也可以在非 ATC 工作方式下送入。当在 ATC 工作方式下送入时，出现 ATC 保持状态（ATC HOLD=1），外部信号源送来的设定值请求信号就被禁止。除上述信号外，DEH 还接受其他一些降负荷请求信号。

（4）当机组投入了主蒸汽压力控制器（TPC）时，若 GV 的开度大于 20％的开度，且机组的实际主汽压小于主汽压力控制器规定的限值时，则 TPC 发出一个低限负荷设定值及变化速率送至设定值计数器，从而控制计数器按规定的速率减小计数值，降低机组的负荷，直至主汽压力高于规定值或者 GV 关至最小允许开度时，计数器才停止计数，机组也停止减负荷。

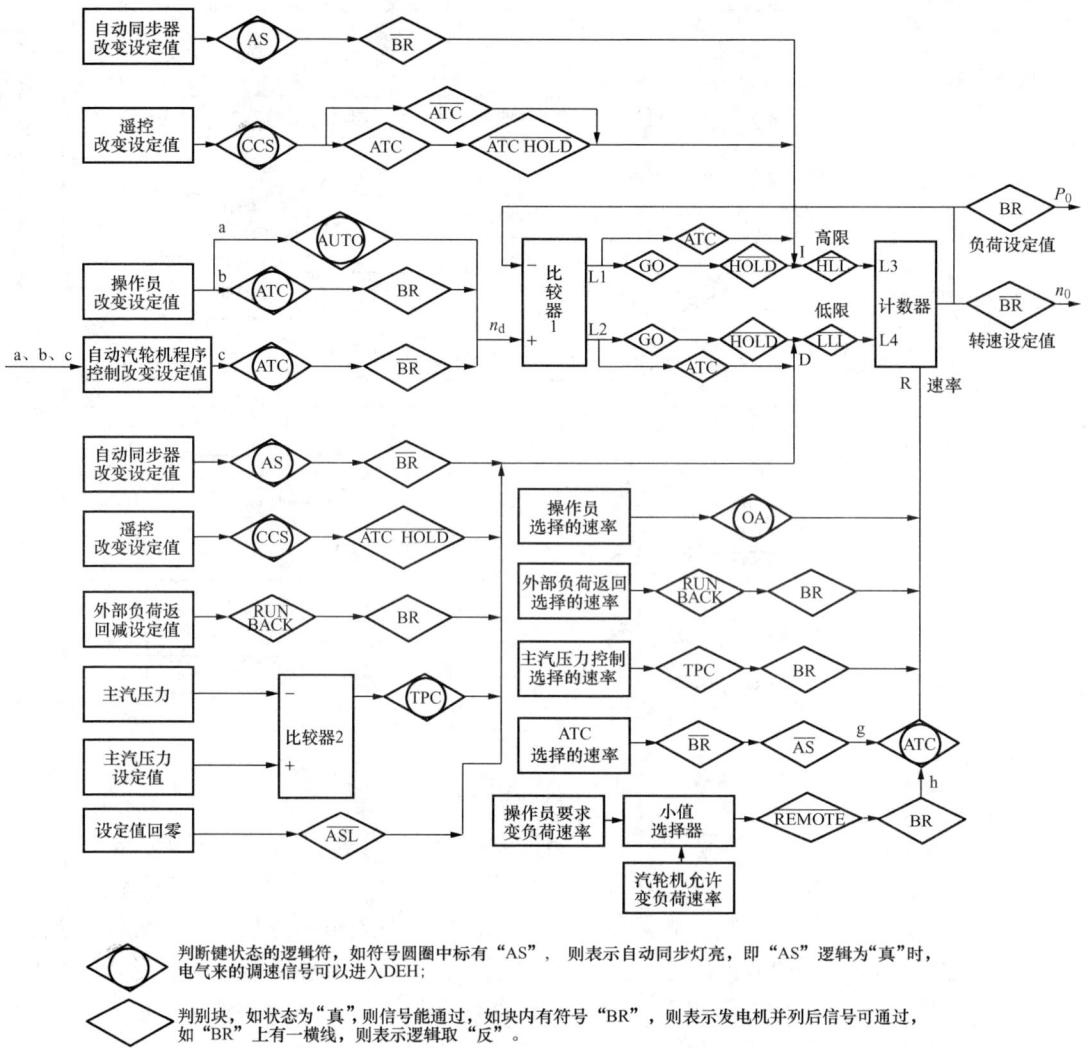

图 7-11　设定值处理回路的逻辑图

（5）当 DEH 系统处于 OA 方式时，若 DEH 系统接受到外部负荷返回信号（RUN BACK），则设定值计数器按一定的负荷变化率减小计数值，机组就减负荷，直到 RUN BACK 信号断开或负荷达到最小负荷值（一般为 20% 额定负荷）为止。在遥控方式下，DEH 可以接受来自 CCS 的 RUN BACK 信号而按一定的速率在维持机组主蒸汽参数额定的情况下，将负荷减至规定值（一般为 50% 额定负荷）。

（6）一旦出现汽轮机跳闸信号（ASL=0），则送入一个置零信号，使设定值计数器置零，主汽门和调节阀门均关闭，机组停机。

所有送往设定值计数器的增加或减少信号，都先经过高负荷限值（HLL）和低负荷限值（LLL）的状态检查。该高低限值可由运行人员调整，一旦超出高低负荷限值范围，计数器就不能接受各种增减信号，从而禁止计数。

在 DEH 系统的工作方式识别及设定值处理的过程中，先采用查询标志确定工作方式，然后将此方式下的目标转速（和负荷）逐步转变为转速（或负荷）设定值去控制机组的转速

（或负荷）。

2. 速度控制

由 DEH 系统的自动启动功能可知：当机组处于转速控制阶段，无论 DEH 选择哪种控制方式以及哪种运行方式，在启动过程中只有一个阀门处于控制状态，其阀门控制状态由图 7 - 12 所示的逻辑条件决定。

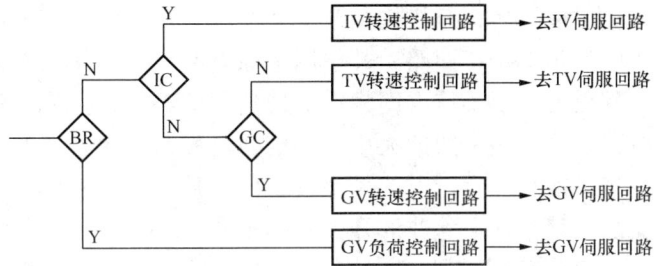

图 7 - 12　阀门控制逻辑框图

由上述逻辑条件可知：在不同的条件下，分别进入不同的转速控制回路。虽然不同的阀门有不同的转速控制回路，但它们的转速控制都采用了单回路控制，如图 7 - 13 所示。其共同之点是给定值与机组的转速被控量进行比较，经 PI 校正环节校正，并经电液转换执行机构去控制阀门的开度，从而达到控制汽轮发电机组转速的目的。不同之点表现在对于不同的控制方式，给定值的来源不同，对于不同的启动方式和处于不同的启动阶段，控制变量送至不同的阀门执行机构，

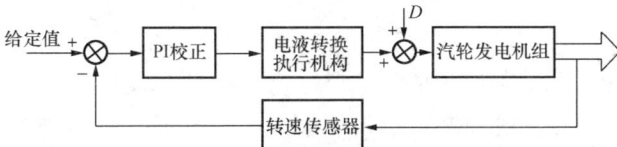

图 7 - 13　速度控制原理

不同的阀门执行机构对应于不同的控制回路。DEH 系统中设计有主汽门控制回路（TV）、高压调节阀门控制回路（GV）和中压调节阀门控制回路（IV）。各回路按一定的逻辑协调工作。

3. 负荷控制

机组并网后（BR=1）机组进入负荷控制阶段。若为冷态启动，整个负荷控制阶段都由高压调节阀门来进行调整。若为热态启动，在机组带 35% 额定负荷之前，中压调节阀门与高压调节阀门一起进行负荷调节，此时，中压调节阀门控制为一随动系统，它以一定的旁通流量的百分比随高压调节阀门的开度而变。这里主要介绍高压调节阀门负荷控制，其控制原理如图 7 - 14 所示。

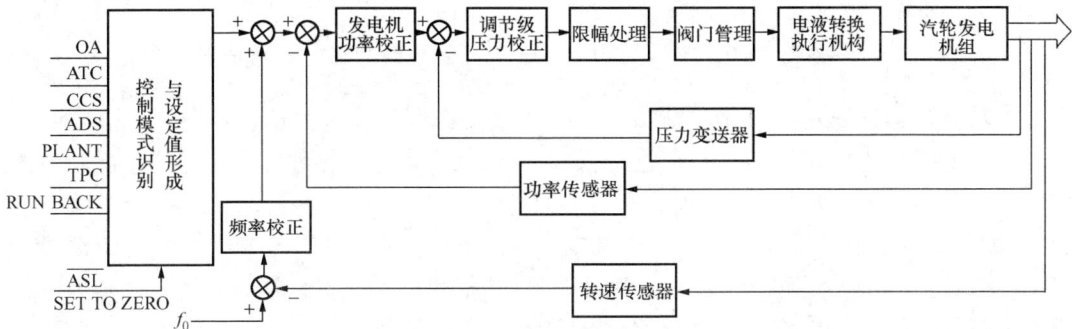

图 7 - 14　调节阀门负荷控制原理图

由设定值处理回路所得到的负荷指令，在调节阀门控制回路中经频率校正、发电机功率

校正、调节级压力校正后，作为现工况下的流量请求值再经限幅处理和阀门管理程序处理后，送电液转换执行机构，改变调节阀门的开度，以控制机组的负荷。

（1）频率校正回路。其作用是当电网负荷变化引起电网频率变化时，并网运行的机组应改变其出力，以维持电网频率的稳定，即 DEH 系统的负荷指令要经过速度控制回路进行频率校正，改变其出力的大小，该回路也称为一次调频回路。

当机组并网运行时，频率校正回路是自动投入的（SPI＝1）。该回路一旦投入，运行人员无法将其切除，除非油开关跳闸（非 BR＝1），或者速度通道故障，才会自动切除。

频率校正回路原理如图 7 - 15 所示。它是将机组的实际转速 n 与额定转速 n_0（n_0＝3000r/min）比较后的差，经过"死区—线性—限幅"非线性处理后，得到速度补偿系数 x，x 与负荷设定值 REFDMD 之和形成了频率修正后的负荷设定值 REF1。

（2）发电机功率校正回路。负荷指令 REF1 是否经过发电机功率校正，取决于发电机功率反馈回路是否投入。处于自动控制方式下的机组，一旦并网发电，功率反馈回路是由操作员键入"功率投入"按键来投入的。

在功率回路投入逻辑 MWI＝1 的情况下，其工作原理如图 7 - 16 所示。负荷指令 REF1 一方面进入乘法器，另一方面进入比较器。如果机组处于正常运行，电功率反馈信号 MW 通过选择开关送至比较器和负荷指令 REF1 进行比较，比较的结果经 PI 校正及上、下限幅后与乘法器的负荷指令 REF1 相乘，其积作为功率补偿后的负荷指令 REF2 送至调节级压力校正回路。

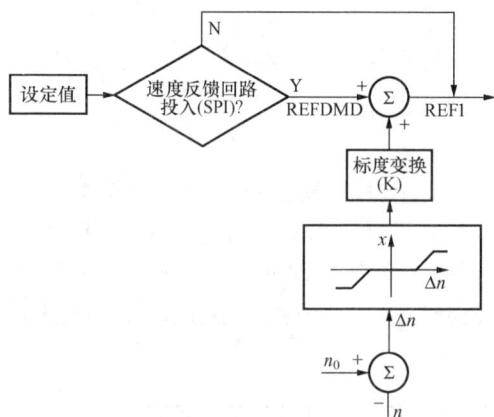

图 7 - 15　频率校正回路

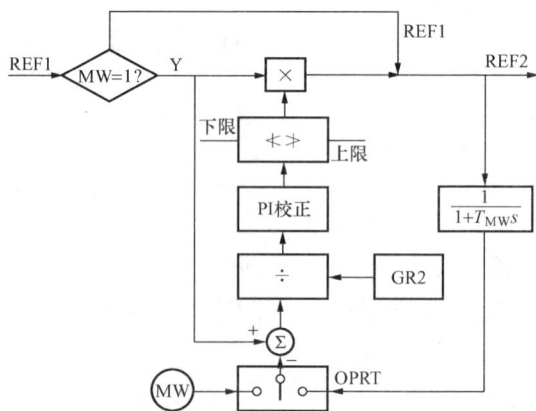

图 7 - 16　功率控制回路

如果功率反馈回路切除，则负荷指令 REF1 直接送调节级压力校正环节。

（3）调节级压力校正回路。负荷指令 REF2 经标度变换后，判断是否需要进行调节级压力校正（即 IPI＝1）。如图 7 - 17 所示，如"调节级后压力投入"中标（IPI＝1），状态标志 IPI 可以通过操作盘上"调节压力投入"中标。在 IPI＝1 时，以压力单位表示的功率请求值 PISP（PEF2 通过标度变换得到），与调节压力反馈信号 IP 进行比较（OPRT＝0），经 PI 校正及上、下限幅后，转换成流量百分比信号送阀门管理程序。

在调节级压力反馈回路切除时，则 PISP 将被转换成流量百分比信号，并经限幅处理后，作为流量的请求信号直接送阀门管理程序。

与电功率信号及转速信号相比，汽轮机第一级汽室压力信号能快速反应汽轮机侧功率的

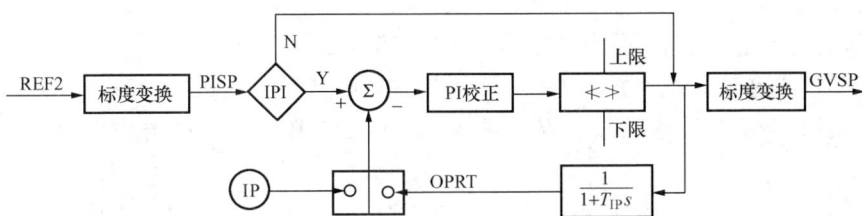

图 7-17　调节级压力校正回路

变化及蒸汽参数的内部扰动，故由第一级压力反馈信号组成的 PI 校正网络是一快速内回路，起消除内扰、粗调机组负荷的作用。机组负荷的细调是通过慢速电功率反馈回路进一步调整、修正 REF2 完成的。

（4）阀门位置限制功能。在 DEH 系统中，无论是转速控制程序计算得到的调节阀门开度值（SPD），还是负荷控制程序计算得到的调节阀门开度值（GVSP），它们都要受到阀位限制（VPOSL）的处理。

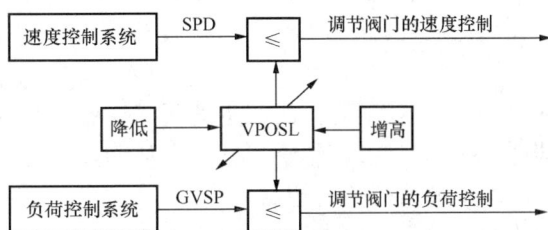

图 7-18　调节阀门位置限制框图

如图 7-18 所示，VPOSL 方框的斜向箭头表明该阀值可由控制盘上的增高或降低键钮连续地进行调整。如果机组跳闸，VPOSL 复位置零。在机组未挂闸之前，系统禁止操作员提高 VPOSL。当流量请求值等于阀位上限时，阀位限制逻辑置零，点亮操作盘上的指示灯或者 CRT 画面上的系统图，告之运行人员、阀位限制正在起作用。

当机组调峰时，阀位限制正在起作用的触点信号送至 CCS 系统，机组可投滑压运行，同时会切除功率反馈和调节级压力反馈回路，GV 全开或限制在某一阀位，不参与机组的控制。

当用增加或降低键钮调整阀门位置时，VPOSL 的变化率由一个键盘输入常数 VPOSLINC 控制，在键钮被按下并保持按下状态时，VPOSL 随时间的变化是一个非线性函数。

（5）阀门管理程序（VMP）。根据大型单元机组安全和经济运行的需要，DEH 对调节阀门的控制有顺序阀（喷嘴调节）和单阀（节流调节）两种控制方式。顺序阀控制方式是随着机组负荷的增加逐个开启调节阀，因开启阀门的总数是随负荷增加而增加的，这种方式称为部分进汽方式。当机组带部分负荷运行时，采用部分进汽方式能使调节阀门的节流损失最小，因而使机组有较高的热效率。但这种方式可能存在金属受热不均和叶片受到冲击产生应力，而使机组变负荷速度受到限制。

单阀控制方式是用所有调节阀同时开大或关小来调节负荷的，故对汽轮机来说是全周进汽方式。在冷态启动或发电机作尖峰负荷时的调峰机组情况下，则希望选用全周进汽的方式，因为这样能使汽轮机高压缸第一级汽室的温度变化比较均匀，使汽轮机转动部分与静止部分之间的温差减小，因而使调频机组能承受更大的负荷变化率。但这种方式由于存在节流损失，对机组经济性是不利的。

DEH 系统阀门管理程序的主要作用是将负荷控制回路输出的流量请求值变成阀位请求

信号，并能在运行人员的干预下，根据机组安全、经济运行和变负荷要求实现在线单阀/顺序阀的无扰切换及阀门流量特性线性化等工作。其主要功能如下：

（1）保证机组在"单阀"控制与"顺序阀"控制之间切换时，负荷基本不变。

（2）实现阀门流量特性的线性化，将某一控制方式下的流量请求值转换为阀门开度信号。

（3）在阀门控制方式转换期间，流量请求值如有变化，阀门管理程序（VMP）能提供流量改变。

（4）保证 DEH 系统能平衡地从手操方式切换到自动方式。

（5）主汽压的改变为汽轮机的进汽流量提供前馈信号。

（6）提供最佳阀位指示。

在 DEH 控制器内部，控制任务程序调用 VMP，将计算得到的流量请求值转换成阀门位置请求值，去控制 GV。如果直接以流量请求值去定位 GV，则无法克服阀门的非线性影响。

经过上述处理后，所产生的阀门控制指令送至对应的阀门伺服回路，通过电液转换装置转换成液压信号去调整阀门开度，从而达到控制机组转速或负荷的目的。

（二）阀门的手动控制

图 7-19 是阀门 VCC 卡原理框图，机组处于自动控制方式时，单片机将 DEH 控制系统部分产生的控制信号直接送 D/A 转换器以模拟量的形式送加法器，与阀门的反馈信号（LVDT 高选）比较，再经功率放大后送伺服阀门。机组切至手动运行时，系统首先进入一级手动——数字手动。计算机根据机组状态进行逻辑推理判断，在满足一定的条件后按操作员给出的命令去计算控制量，并通过 D/A 转换送至加法器。在一级手动故障时，系统切至二级手动——模拟手动，操作员控制阀门信号直接送至可逆计数器，以给定的速率去增减控制量，无需控制器去判断机组状态后确定控制量。在机组跳闸（ASL=0）时，或者是超速保护控制器要求快关中压调节阀门（CIV）或关闭高、中压调节阀门（OPC）

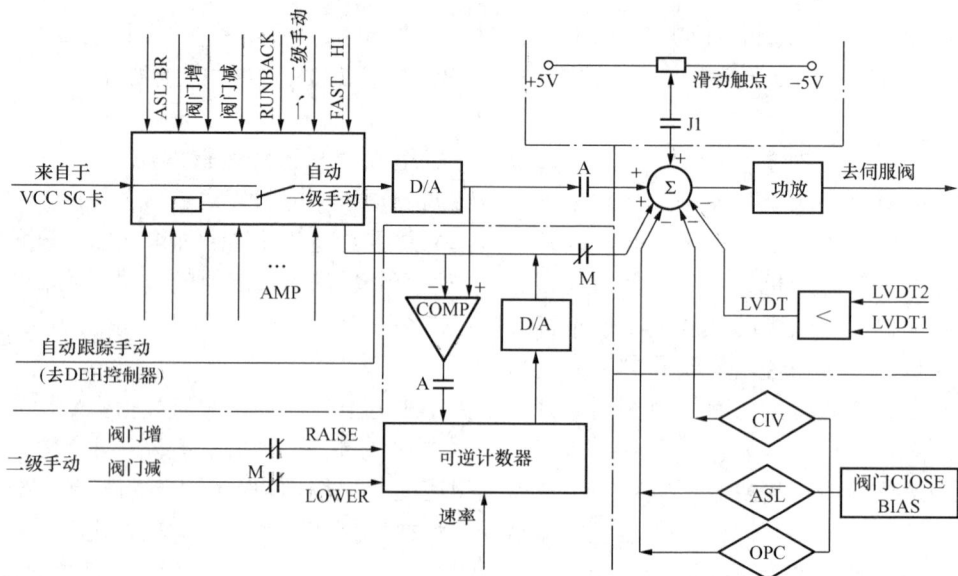

图 7-19   VCC 卡原理框图

时，VCC卡上的偏置信号加至加法器，无论此时输入控制信号幅值有多大，它都能关闭相应的阀门。

1. 二级手动——模拟手动

如图7-19所示，二级手动由可逆计数器、D/A转换器、数字跟踪比较器COMP、二级手动投入继电器M等组成。当操作盘上手动/自动钥匙开关切至二级手动时，数字自动继电器A断开，二级手动继电器M闭合。控制信号通过硬接线送至VCC卡上可逆计数器的增加或减少端，使可逆计数器以一固定的速率去增加或减少其输出量。输出值经D/A转换后，通过继电器M以模拟量的形式与阀门的LVDT反馈信号比较放大后去伺服阀门执行机构。

在数字手动操作时，经D/A的控制信号也送至跟踪比较器COMP与可逆计数器进行比较，控制可逆计数器的输出，实现二级手动对数字手动的跟踪，以便一级手动无扰切换到二级手动。

2. 一级手动——数字手动

一级手动也称数字手动，因为阀门的控制虽然是通过操作盘的手动按钮加入，但它随同机组的状态逻辑一起进入VCC卡的单片机中，由单片机上的CPU对机组状态进行逻辑推理判断，满足一定的条件后形成手操时的控制量，去控制阀门的开度。

单片机实现一级手动的功能原理如图7-20所示，它类同于设定值处理原理，一级手动的核心部分为双向计数器。双向计数器的输出变化取决于增、减输入端，输出的变化速率取决于速率给定值。当无增减信号时，输出保持不变；当有增（或减）信号时，输出按给定速率增（或减），给定速率由速率选择器确定。在手操方式下，不按"FAST"键时系统选中时钟1（CLOCK1），它是手操方式下的正常速率，以

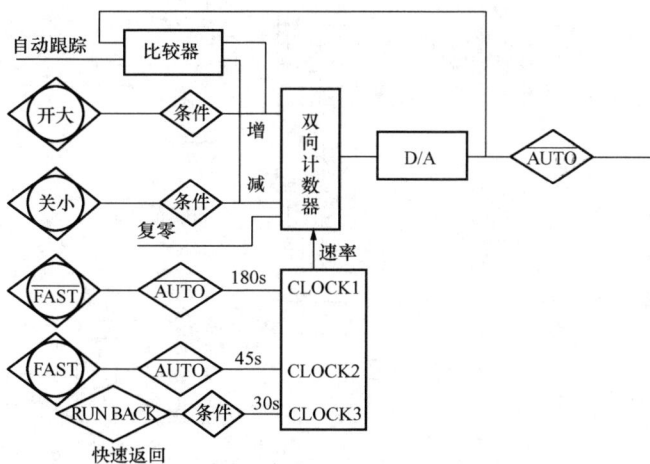

图7-20　一级手动工作原理

5%/min的速率去改变转速或负荷。若按下"FAST"键，系统将选中时钟2（CLOCK2），则为快速，以35%/min的速率去改变转速或负荷。如果是带负荷（BR）运行的机组，手操时当有外部负荷返回信号（RUNBACK），且GV未关至20%（GVORB＝1），则阀门将以200%/min的速率关闭。

当系统为自动方式时，一级手动处于跟踪方式，计数器的输出变化速率取决于手操与自动输出值之间的偏差大小，偏差越大，计数器输出变化越快。当双向计数器的复零端有信号时，计数器输出直接变为零。计数器增、减端的信号由手动开大、关小信号，跟踪增、减信号或其他要求增、减的信号决定，但必须满足一定的允许条件。当运行人员按下开大（或关小）键，并满足开大（或关小）的条件时，计数器的输出方能增加（或减小）。当系统处于自动状态时，双向计数器的增、减端接受自动系统来的跟踪信号，使计数器的输出跟踪自动系统的输出，以便实现由自动到手动的无扰切换。在手操状态，双向计数器的输出经D/A

转换后作为阀位请求信号送到伺服机构。

三、汽轮机的自动保护

汽轮发电机组向高参数、大功率方向发展，对自动控制系统提出了更高要求。与锅炉安全监控系统 FSSS 一样，汽轮机组自动保护是维持单元机组安全运行的主要技术措施之一。本部分主要介绍 DEH 系统的超速保护（overspeed protection controller，OPC）及汽轮机危急遮断保护（emergency trip system，ETS）。

（一）DEH 的超速保护控制系统

DEH 的超速保护控制系统具有下面三个超速保护功能：

（1）中压调节阀门快速关闭 CIV（close intercepted valve）。

（2）负荷下跌预测 LDA（load drop anticipator）。

（3）超速控制。

DEH 的超速保护控制原理如图 7-21 所示。其中汽轮机输出机械功率由中压缸排汽压力（即 OPC 压力）代表，用 IEP 表示。机组的输出功率用 MW 表示，来自发电机电功率测量回路。

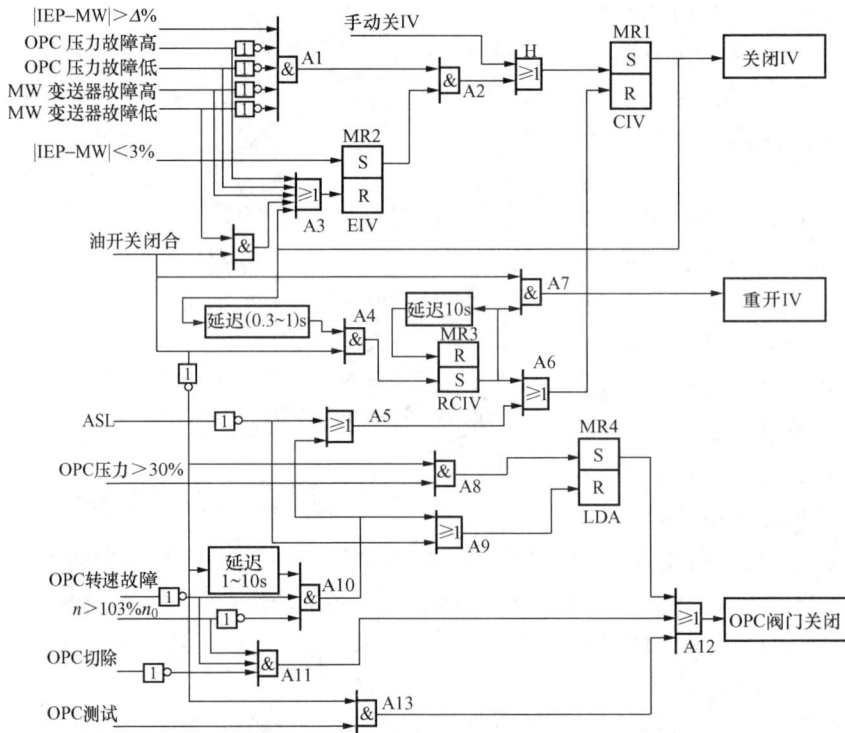

图 7-21 DEH 的超速保护控制原理

1. 中压调节阀门快关控制

中压调节阀门快关控制（CIV）是为了提高电力系统稳定性而采取的一种保护措施。机组正常运行时，汽轮机机械功与电功率相等，中压调门禁止关闭，只有在电力系统故障，如瞬间短路、并列运行线路部分故障切除等，导致发电机部分甩负荷时使中压调门迅速关闭，瞬间减小汽轮机输出的机械功率，以免因机械功率的不平衡引起发电机功角过大，使发电机失步、电力系统失稳。

中压调节阀门快关之前，机组处于稳定运行状态。当发现电功率突然下跌，机械功与电功率之差超过某一设定值时，可判断为发电机部分甩负荷，中压调节阀门迅速关下。调节阀关闭一段时间（0.3～1s可调）后，再迅速开启，10s之内（可调）不允许再关闭。中压调门开启后，机械功与电功率未达到新的平衡之前，不允许CIV功能再次动作。这些过程由一些相关逻辑实现，以构成CIV功能。

（1）EIV使能逻辑。EIV使能的条件如图7-22所示，当机组运行（发电机出口油开关闭合）、OPC压力和功率变送器信号可靠且快关没有动作时，"或"门输出"0"，如测的发电机功率（MW）和机械功率（IEP）相等（MW与IPE之差的绝对值很小），则记忆复位元件MR2的置位信号为"1"，复位信号为"0"，MR2输出"1"，即EIV＝1时，允许快关动作，开关处于准备状态。

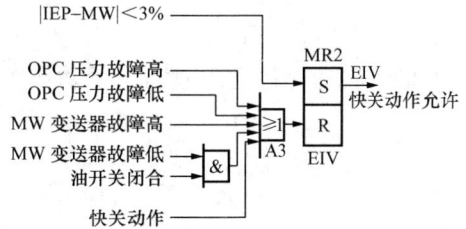

图7-22　EIV使能逻辑

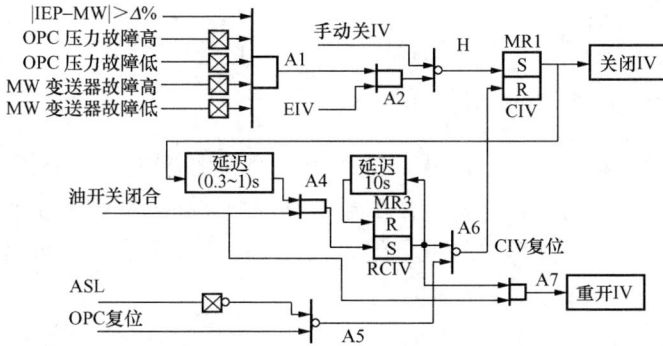

图7-23　EIV触发与复位逻辑

（2）CIV动作逻辑。如图7-23所示，在压力和功率测量信号可靠的条件下，如果检测到机械功率大于发电机功率超过一定值，则与门A1输出"1"，发出CIV请求信号。如此时EIV为"1"，则"与"门A2输出"1"，CIV触发器（MR1）输出"1"，发出快关中压调节阀门信号。关闭IV的信号还反馈到图7-22中的"或"门A3的输入端，使A3输出"1"，记忆复位元件MR2的复位信号为"1"，EIV为"0"，复位EIV，封锁了CIV请求信号，这说明发电机部分甩负荷时，自动快关IV功能只能执行一次。如果确有必要，也可由运行人员手动（或通过"或"门H）关闭一次中压调门。

（3）CIV复位与IV重开信号。快关动作后，延时0.3～1s，如果发电机未跳闸，"与"门A4输出"1"，使CIV复位触发器RCIV（记忆复位元件MR3）置位，"或"门A6输出"1"，从而使CIV触发器复位，解除了快关信号。RCIV的输出通过延时元件，延时10s后作用于复位端，使RCIV输出"0"，解除了CIV的复位信号。这就是说，快关动作0.3～1s、RCIV置位后的10s内，A6输出恒为"1"，CIV的复位信号一直存在，因而不管请求是自动的还是手动的，都无法再次响应CIV请求。

使CIV复位的信号还有两个：一是汽轮机跳闸，二是负荷下跌复位信号，此时"或"门A5输出"1"，发出CIV复位信号。

快关动作0.3～1s后，若发电机仍在运行，则A7输出"1"，发出快速重新开启中压调门信号。

2. 负荷下跌预测

负荷下跌预测功能是基于负荷大幅度下降时，为避免机组超速过大，引起汽轮机危急遮断系统动作的一种保护措施。其基本出发点是根据热力过程变工况的理论，即负荷大幅度下降时，再热蒸汽压力大幅度下降，OPC 压力也随之下降的规律，以测量甩负荷时 OPC 压力变化为手段，实现负荷下跌的预测功能。

如图 7-24 所示，当发电机出口断路器断开、汽轮机机械功率（OPC 压力）高于 30% 额定功率时，控制器判断为发电机全甩负荷，"与"门 A8 输出"1"，负荷下跌触发器 LDA 置位。通过"或"门 A12 发出指令，迅速关闭高、中压调节门，以避免汽轮机转速达到 110% 额定转速，使危急遮断系统动作而导致停机。

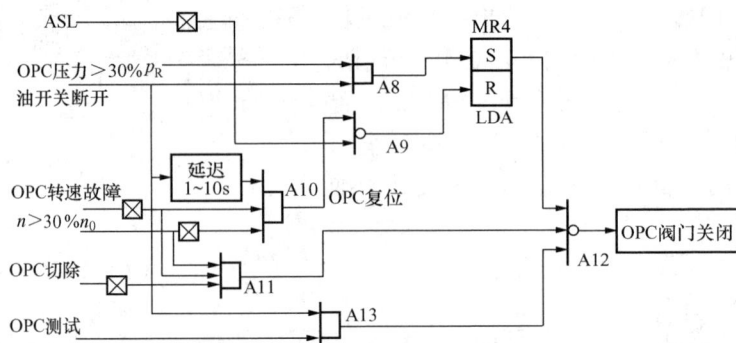

图 7-24　负荷下跌预测与 OPC 逻辑

经过一定时间（1~10s）后，若转速测量可靠，且转速小于 103% 额定转速，"与"门 A10 输出"1"，OPC 复位信号建立，LDA 自行复位，OPC 电磁阀断电，EH 系统重新建立超速母管油压，IV 被重新打开，GV 的开度重新接受 DEH 系统控制。DEH 系统将机组转速控制在额定转速附近，随时准备重新并网。

3. 超速保护控制

超速保护控制功能是由图 7-24 的下部分逻辑实现的。如图 7-24 所示，当超速保护钥匙开关不在"切除"位置时，无论 DEH 是处于转速控制或负荷控制，只要转速测量可靠，其转速值大于 103% 额定转速，"与"门 A11 输出"1"，控制器逻辑系统将发出信号，关闭高、中压调门。

最下部分的"OPC 测试"，是为整定 OPC 动作转速或检查超速保护功能用的。在发电机并网前，当操作盘上超速保护钥匙开关在"试验"位置时，可以进行 OPC 动作试验，控制器动作将激励 OPC 电磁阀，关闭高、中压调节阀门。

当超速保护钥匙开关在"切除"位置时，"与"门 A11 输出恒为"0"，DEH 系统的超速保护功能切除，可以进行机械超速测试。这样，当转速达到 110% 额定转速时，超速保护控制器不动作，以整定或检查机械超速保护功能。

（二）汽轮机危急遮断系统（ETS）

1. 概述

汽轮机危急遮断系统（emergency trip system，ETS）是在紧急情况下，迅速关闭汽轮机进汽阀门，切断汽轮机所有进汽的保护系统。一般系统构成如图 7-25 所示。

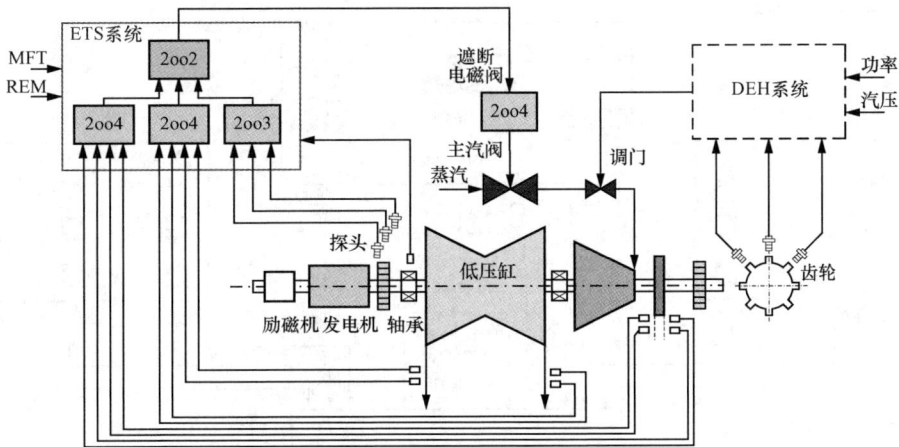

图 7-25　ETS 构成

汽轮机电液调节系统 DEH 完成汽轮机转速、负荷、压力等的控制、调节和限制功能。汽轮机监视仪表系统 TSI 完成对汽轮机本体参数的采集、监视、判断功能。ETS 是在汽轮机的主要参数运行在非正常范围内，达到或超出机组安全运行限制值时，完成紧急停机的功能。ETS 可以有效避免机组设备的损坏或防止事故的进一步扩大。ETS 系统与 DEH 系统、TSI 系统以及电厂机、炉、电等其他系统有着完善的接口。

上海新华公司的 ETS 监测的项目有：EH 油压低 63/LP-1、EH 油压低 63/LP-3、润滑油压低 63/IBO-1、润滑油压低 63/IBO-3、真空低 63/LV1、真空低 63/LV3、转子轴向位移大、轴承振动大、发电机故障、高压缸排汽温度高、备用-1、备用-3、ASP-1、EH 油压低 63/LP-2、EH 油压低 63/LP-4、润滑油压低 63/-2、润滑油压低 63/-4、真空低 63/LV2、真空低 63/LV4、DEH 失电、DEH 超速、轴瓦温度高、转子胀差大、MFT、压比低。其系统框图如图 7-26 所示。

随着机组容量的增大，汽轮机的安全运行显得尤其重要，对汽轮机的保护系统提出了更高的要求。新华公司从设计、生产、调试、维护的各个环节，采用高可靠性的设计方法，保证汽轮机保护系统的可靠性。

2. ETS-Ⅴ 的组成

ETS-Ⅴ 由保护逻辑模件 LPC、分散处理单元 DPU、危急遮断试验块、危急遮断控制块、跳机电磁阀以及其他相关模件、I/O 端子等组成，如图 7-27 所示。

一般情况下，中、小机组或非再热机组采用双冗余 ETS 结构，由 2 块 LPC 模件组成。每块 LPC 模件接受同样的跳机信号，分别进行逻辑判断，并同时输出跳机信号。每块 LPC 模件均能独立完成遮断机组的功能。

对于大型机组，或保护要求更高的机组，一般采用三重冗余的 ETS 结构，由 3 块 LPC 模件组成。每块 LPC 模件接受同样的跳机信号，分别进行逻辑判断，并同时输出跳机信号。这 3 路跳机信号在 LPC 端子板上实现"3 选 2"判断，当超过 2 块 LPC 模件输出跳机信号时，才发出最终遮断机组的信号。在上述两种配置中，各种跳机信号均可以实现冗余，如"3 选 2""4 选 2"等。LPC 模件外，ETS-Ⅴ 还配备了危急遮断控制块、危急遮断试验块。

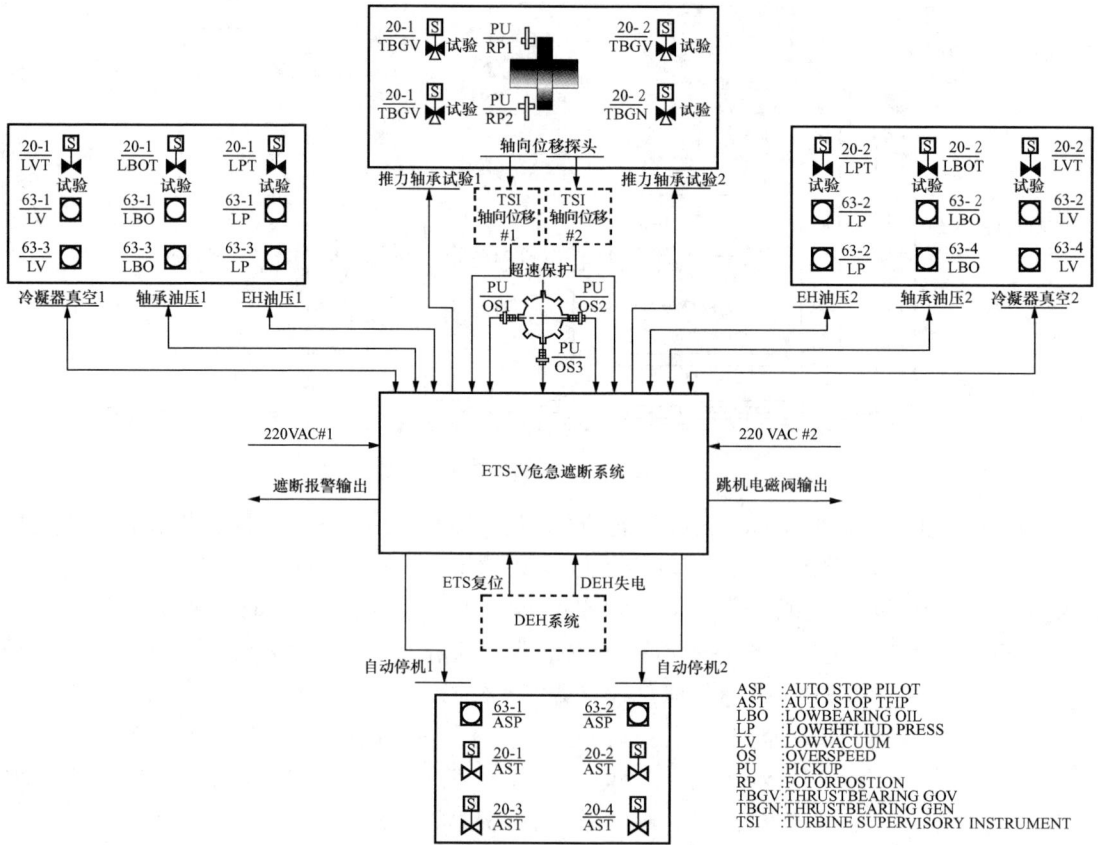

图 7-26　ETS-V

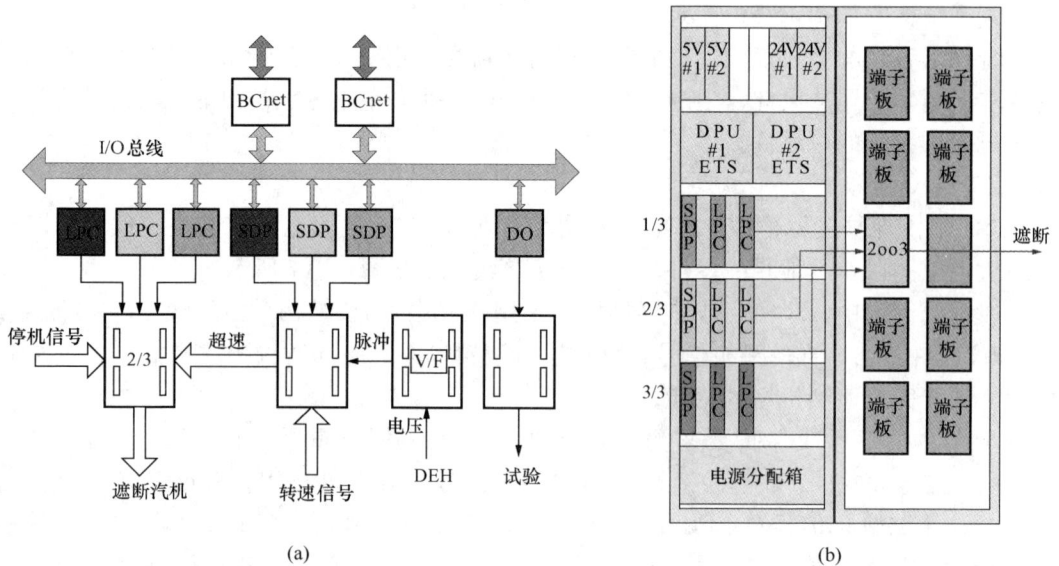

(a)　　　　　　　　　　　(b)

图 7-27　三重冗余 ETS 结构

（1）LPC 模件。LPC 模件专门为紧急停机系统而设计。LPC 模件采用 CPLD 器件的硬件，可实现各种 ETS 跳机保护功能与联锁逻辑，LPC 模件示意图如图 7 - 28 所示。通过编程的方法，将逻辑固化在 LPC 模件上后，即作为硬件执行。LPC 模件动作速度快，可靠性高，LPC 模件的执行周期小于 5ms，可以保证在出现紧急情况下，立即停止汽轮机的运行，保证机组的安全。

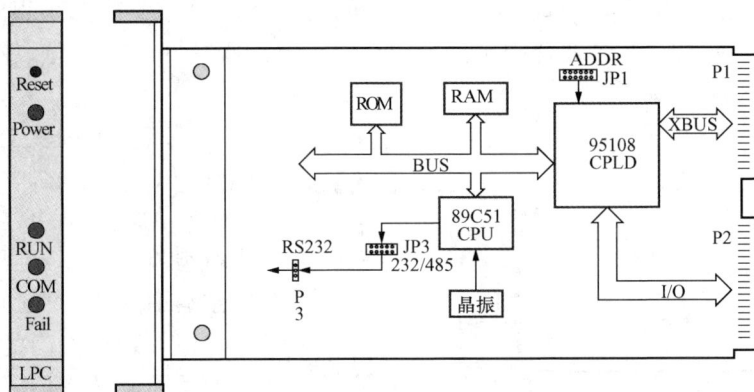

图 7 - 28　LPC 模件示意图

LPC 模件的主要特性：

1）高性能，高可靠性设计。

2）双可编程逻辑器件 CPLD，分别实现总线接口和保护逻辑。

3）24 路开关量输入，隔离电压＞1500V；24/48V DC，干接点，1ms SOE。

4）6 路开关量输出，隔离电压＞1500V；阻性：250V AC/10A，30V DC/10A，感性：250V AC/5A，30V DC/3A。

5）支持热插拔设计，单电源 24V 或 5V。

6）全新低功耗设计 P_{max}＜4.50W。

7）可并联使用，构成冗余控制。

（2）危急遮断试验块。对于汽轮机的重要保护项目，ETS - V 提供了具有在线试验的组件，包括润滑油压低遮断试验块、EH 油压低遮断试验块和真空低遮断试验块。每个独立的试验组件块分别由钢制试验块、压力表、截止阀、电磁阀和针阀组成。

这几项保护功能，均设置为左、右两个通道，分别由 4 个检测元件检测上述每项参数。如图 7 - 29 所示，为润滑油压低保护遮断试验块，而 EH 油压低、真空低保护遮断试验块与此结构相似。这 4 个元件分成两个通道，只有两个通道，都检测到该参数超过运行极限时，才发出停机信号，该逻辑在 ETS - V 内完成，可防止误动或拒动情况的发

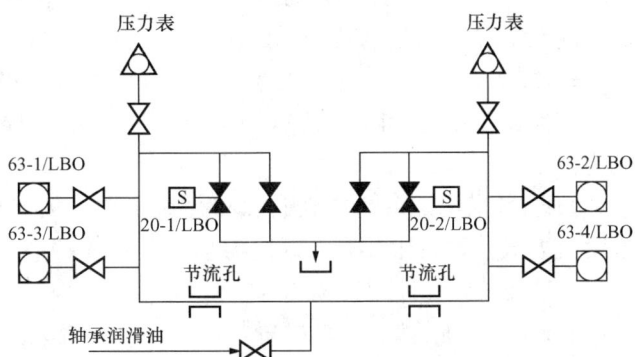

图 7 - 29　润滑油压低遮断试验块原理图

生。同时由于 4 个元件分布在 2 个通道上，因此可进行在线试验。ETS-V 控制逻辑禁止同时试验两个通道，保证试验时不发生误动，同时具有正常保护功能。

（3）危急遮断电磁阀。通常在前轴承座上附近的危急遮断控制块中装有六个电磁阀，其中四个电磁阀是 AST 停机遮断电磁阀，在正常运行时它们被励磁关闭，从而封闭了自动停机危急遮断总管中抗燃油的泄油通道，使所有蒸汽阀执行机构活塞下的油压可以建立起来。当电磁阀打开，则总管泄油，导致所有蒸汽阀关闭而停机。AST 电磁阀是组成串并联布置，具有多重冗余的保护性。每个通道中至少必须有一个电磁阀打开，才可导致停机。图 7-30 所示为高压抗燃油危急遮断系统。

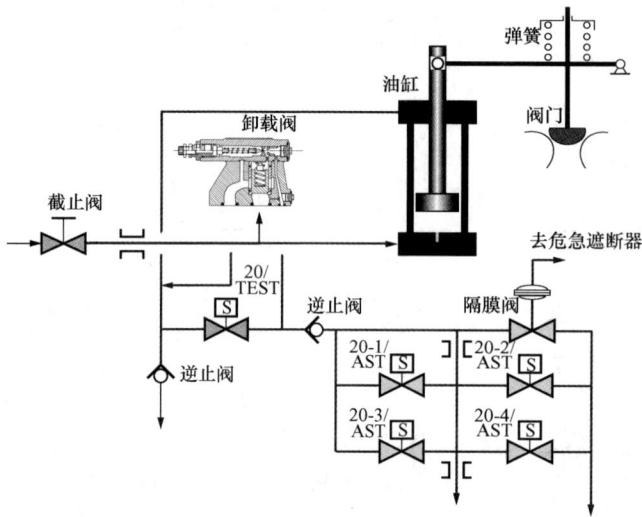

图 7-30 高压抗燃油危急遮断系统

安装于控制块上的另外两只电磁阀为 OPC 电磁阀，它接受 DEH 系统来的超速保护控制信号控制，当机组发生甩负荷或超速达 103% 额定转速时，OPC 电磁阀带电动作，泄去调节汽门的 OPC 安全油，快速关闭调节汽门。当转速降到低于 103% 额定转速时，该两电磁阀关闭，调节汽阀和再热调节汽阀重新打开，从而由调节汽阀来控制转速，使机组维持在额定转速。

在自动停机危急遮断油路和 OPC 油路之间的止回阀是用来维持危急遮断油路中的油压，可以在 OPC 油压泄去时，使主汽门和再热汽门保持全开。而当 AST 安全油泄去时，能够通过止回阀泄去 OPC 油压，联动关闭调节汽阀。

3. ETS-V 操作界面

图 7-31 为 ETS 遮断试验操作画面。

4. ETS-V 的特点

ETS 作为使汽轮机紧急停机的保护系统，其可靠性必须得到保证。ETS-V 的特点是：

（1）ETS-V 的设计本着简洁、直接、独立、快速的原则设计，将各种转接、扩展和转换等中间环节和时间延迟减少到最小。

（2）ETS-V 是一个独立系统，与调节系统分开设计。可以避免故障集中。ETS-V 可以保证即使调节系统 DEH 故障，失去调节功能的时候，保护系统仍具有使汽轮机停止运行的能力。

（3）ETS 采用冗余的直流电源和交流电源。失电后保护逻辑不能被执行时，则设计成失电跳机方式。系统中具有在线电源监视、报警功能。

（4）ETS-V 设计为失励遮断方式。

（5）ETS-V 设计成冗余配置，即为一套系统故障时，另一套仍然具有使汽机停止运行的一切功能，且故障的一套系统可进行在线维修、更换，而不对保护功能和机组运行有任何影响。

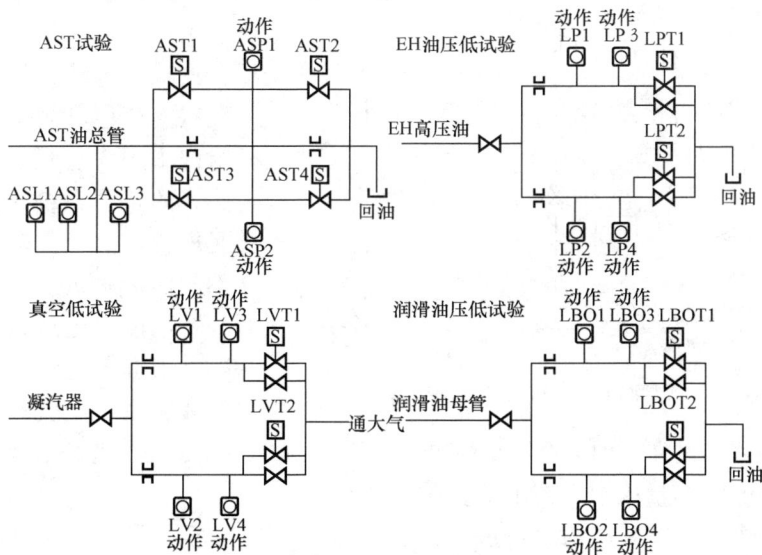

图 7 - 31　ETS 遮断试验操作画面

（6）ETS - V 提供了主要保护功能在线试验的手段。试验可通过 ETS 画面，在 DEH 或 DCS 系统中进行。试验时，在机组运行允许的情况下，应能验证 ETS 的检测元件、保护逻辑、保护线路以及保护的执行元件，但不会造成主汽门的关闭。

（7）对重要的保护功能，采用冗余输入输出通道，冗余的信号在保护系统内进行三选二或四选二等表决方式，并可对冗余的测量通道进行试验。

（8）硬件采用与 DEH - V 同一系列，实现了 DEH、ETS 系统一体化，节省了 ETS 单独投资，降低了设备造价，减少了备品、备件的种类和数量，降低了系统维护、运行成本。

（9）采用 LPC 模件双冗余或 3 冗余的配置模式，提高了保护系统的可靠性。

（10）LPC 模件具有智能 CPU，可将所有保护信号通过 I/O 总线送到 DPU，供显示、记录、报警，并记录跳机首出原因。

（11）LPC 模件还具有顺序事件记录功能，时间分辨率小于 1ms，便于查找故障和分析问题。

第三节　旁 路 控 制 系 统

一、旁路系统的组成与功能

1. 旁路系统的组成

汽轮机旁路系统是指与汽轮机并联的蒸汽减温、减压系统，如图 7 - 32 所示。它由旁路管道，减压、减温阀门及控制机构等组成。其作用是在机组启动阶段或事故状态下将锅炉产生的蒸汽不经过汽轮机而引入下一级管道或凝汽器。大型再热凝汽式机组的旁路系统一般分为两级，即高压旁路和低压旁路。高压旁路（HP）为锅炉过热器出口蒸汽经减温减压后到

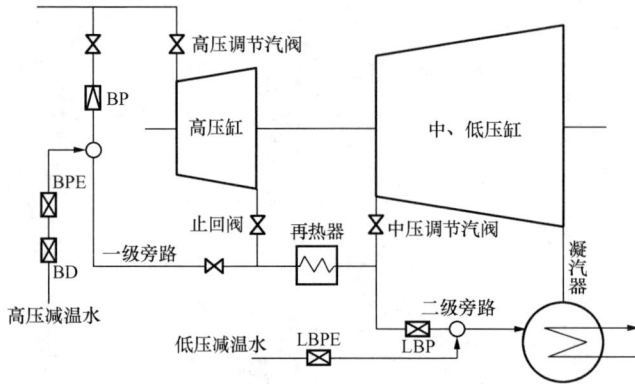

图 7-32　汽轮机旁路系统的组成

再热器进口；低压旁路（LP）为再热器出口蒸汽经减温减压后去凝汽器。汽轮机旁路系统是随发电机组的发展而产生和发展的。大型火电机组都采用大容量、高参数、中间再热式的热力系统，且采用机炉电单元配置，由于汽轮机和锅炉的特性不同而带来机炉之间的某些不协调问题，可以通过设置旁路系统来解决。根据各机组的不同情况，汽轮机旁路系统配置有不同的型号和不同的容量。旁路容量在国内多数设计是 30％MCR 或 40％MCR（锅炉最大连续蒸发量），少数引进机组的旁路容量达 100％MCR。

在旁路系统中，没有做功的锅炉过热器出口蒸汽经过高压旁路减压阀（BP）到再热器入口，再热蒸汽经过低压旁路减压阀（LBP）到凝汽器中。为了防止再热器超压、超温和凝汽器过负荷，必须对旁通蒸汽进行减温、减压。高压旁路蒸汽减温，利用给水经喷水隔断阀（BD）和高压旁路喷水减温阀（BPE）完成。低压旁路蒸汽减温，利用凝结水经过低压旁路减温水阀（LBPE）在减温器中喷水完成。

相应的，旁路控制系统由高压旁路压力和高压旁路温度控制系统，低压旁路压力和低压旁路温度控制系统组成。

2. 旁路系统的功能

汽轮机旁路系统的主要作用是协助机组以最短的时间完成热态启动，在机组甩负荷时与锅炉和整个机组配合，实现甩负荷后的一些较复杂的运行方式（如机组快速切负荷 FCB 等），并进行锅炉超压防护。合适的旁路容量和完善的自动控制系统可以配合机组协调控制系统来完成机组的压力全程控制。汽轮机旁路系统应具有以下功能：

（1）改善机组启动性能。机组冷态或热态启动初期，当锅炉输出的蒸汽参数尚未到达汽轮机冲转条件时，这部分蒸汽就由旁路系统通流到凝汽器，回收汽水工质，以适应机组暖管的要求。特别是在热态启动时，使用旁路系统后，锅炉能以较大的燃烧率、较高的蒸发量运行，加速提高汽温，使之快速与汽轮机的金属温度匹配，从而缩短启动时间。

（2）在机组启动时可以控制主汽压和中压缸进汽压力，以适应机组进行中压缸启动、定压和滑压运行的要求。

（3）启动工况或者汽轮机跳闸时，旁路系统可保证再热器有一定的蒸汽流量，避免再热器干烧，使其得到足够的冷却，从而保护再热器。

（4）当主汽压或再热汽压力超过规定值时，旁路系统迅速开启，进行减压、泄流，减少对空排汽，避免锅炉超压并回收工质。

（5）实现机组快速切负荷功能。电网发生事故时，可以维持汽轮机空载运行或带厂用电运行；汽轮机事故时，若相关系统正常，则允许停机不停炉，锅炉处在热备用状态，以便故障排除后能使机组迅速恢复并网发电，从而减少停机时间，有利于整个系统的稳定。

　　综上所述，汽轮机旁路系统有启动、溢流和安全三项功能。启动功能是指利用旁路系统改善机组的启动条件，用旁路系统控制锅炉蒸汽温度，可以使汽轮机的进汽温度与汽缸温度的匹配过程更加合理和更加快速；旁路系统还可以配合有条件的汽轮机实现中压缸启动并带低负荷，在较低的热应力和寿命消耗条件下缩短机组的启动时间。溢流功能是指在事故情况下，旁路系统可以排放机组在负荷突降的过渡过程中的剩余蒸汽，从而保证在汽轮机低负荷运行（带厂用电运行或空载运行）或停止运行的情况下，维持锅炉在不投油的最低稳燃负荷下运行，其目的是当事故排除后，能以最快的速度恢复带负荷。安全功能是指当汽压过高时旁路系统可以快速开启，将多余蒸汽排入凝汽器，以代替锅炉安全门的功能，且不会产生工质的损失和噪声。此三项功能在调峰运行机组上作用更为明显，单元机组实行两班制运行时，利用旁路系统可以缩短热态启动时间，提高机组的负荷适应性。

　　国内大型火电机组使用较多的是苏尔寿公司生产的带液压执行机构的旁路控制系统和西门子公司生产的带新型电动执行机构的旁路控制系统，也有成套引进机组的带气动执行机构的旁路控制系统。这里以苏尔寿公司生产的 AV-6 型系统为例，介绍汽轮机旁路系统的工作原理与作用。

二、高压旁路控制系统

（一）高压旁路系统的运行方式

　　高压旁路系统由高压旁路减压阀（BP）、喷水减温阀（BPE）和喷水隔断阀（BD）以及相应的三个控制系统组成，三个控制系统分别为高压旁路减压控制系统、喷水减温控制系统和喷水隔断阀控制系统。

　　高压旁路减压控制系统的主要作用是在机组启动过程中，通过调整高压旁路阀门的开度来控制主汽压，以适应机组启动的各阶段对主汽压的要求。其主要任务有：①从锅炉点火至机组带 30% 额定负荷阶段，使主汽压按规定的升压曲线滑压运行；②正常情况下，负荷超过 30% 额定负荷后，高压旁路系统停止工作，此阶段只在主汽压突然升高，超过最大允许值、安全系统动作时，才快速开启 BP 阀，当主汽压恢复到允许值，安全系统复位后，系统逐渐关闭 BP 阀；③在启动过程中，若主汽压变化速度过大，达到安全动作值时，第二套安全系统将 BP 阀快速打开，使主汽压恢复正常，然后由主汽压控制系统控制，使 BP 阀恢复正常开度。

　　高压旁路控制系统有三种运行方式，机组从锅炉点火、升温升压到机组带负荷运行至满负荷，旁路系统经历阀位方式、定压方式、滑压方式三个运行阶段。三种运行方式的逻辑关系如图 7-33 所示。

　　当旁路控制系统投入自动、锅炉点火且主汽压小于汽轮机冲转压力时，运行人员可以选择阀位方式；当主汽压达到汽轮机冲转压力时，旁路系统进入定压运行方式；当主汽压力达到 8MPa（可调），机组负荷达 30% 时，高压旁路减压阀关闭，系统自动转入滑压运行方式，对主汽压进行监视和保护。

1. 阀位方式（启动方式）

　　阀位方式是从锅炉点火到汽轮机冲转前的旁路运行方式。锅炉点火初期，因主汽压 p 小于最小压力定值 $p_{\min}$（0.6MPa），BP 阀不能自动打开，而是通过预置一个最小开度 $\mu_{\min}$ 来强制打开 BP 阀。最小开度 $\mu_{\min}$ 可根据机组运行情况确定，如 25% 左右开度，这时 BP

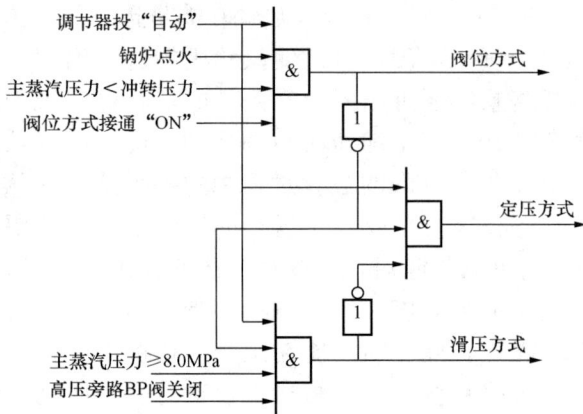

图 7-33 高压旁路控制系统的运行方式

阀保持最小开度，蒸汽通过高压旁路流动，并经过再热器和低压旁路加热管道系统，此阶段也称为最小开度控制阶段。当主汽压升高到 p_{min} 时，控制回路维持最小压力定值，使 BP 阀逐渐开大，最后达到所设定的最大开度 μ_{max}，此阶段也称为最小压力控制阶段。接着 BP 阀保持最大开度，随着主汽压 p 的不断增加，其定值 p_{set} 跟踪升高，此阶段也称为最大开度控制阶段。

2. 定压方式

当主汽压升高到大于 2MPa 的汽轮机冲转压力时，旁路控制系统自动转为定压运行方式。这时压力定值 p_{set} 保持一定，以保证汽轮机启动时的主汽压稳定，实现定压启动。当主汽压和主蒸汽温度满足冲转要求时，汽轮机开始冲转升速。随着耗汽量增加，BP 阀相应关小，以维持机前主蒸汽压力在 2.0MPa。在此压力下，汽轮机达到中速暖机转速。在暖机结束后，操作人员将压力定值手动增加到 3.5～4.0MPa，汽轮机升速到 3000r/min。在机组并网带 5% 的初负荷时，旁路系统仍在定压运行状态，BP 阀起调节主汽压的作用，$p > p_{set}$ 时，BP 阀开大；$p < p_{set}$ 时，BP 阀关小。

随着锅炉燃烧率的增加，逐渐增加压力定值 p_{set}，BP 阀渐渐关小，当主汽压增加到 8.0MPa 且 BP 阀关闭时，系统自动进入切为滑压运行方式。

在定压方式下，压力定值由运行人员设定，具体数值可根据运行需要确定。

3. 滑压方式

滑压方式运行时，主汽压设定值自动跟踪主汽压实际值，只要主汽压的升压率小于设定的升压率限制值，压力定值总是稍大于实际压力值，即 $p_{set} = p + \Delta p$，这样就能保持旁路阀门在关闭状态。

在运行中，如果锅炉出口主汽压受到某种扰动，其变化率大于设定的压力变化率（一般设定在 0.5MPa/min），则 BP 阀会瞬间打开。扰动消失后，压力定值大于实际压力，BP 阀再度关闭。BP 阀一旦开启，滑压方式立即转为定压方式。压力定值等于转变瞬间的压力值加上压力阀限值 Δp。

图 7-34 是某 300MW 机组滑参数

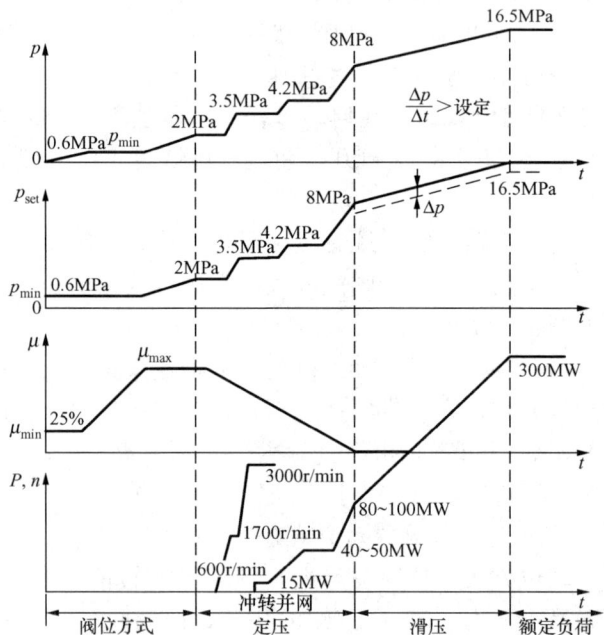

图 7-34 高压旁路的三种运行方式启动曲线

启动时，高压旁路的三种运行方式启动曲线。

（二）高压旁路压力控制系统的工作原理

如图 7-35 所示，高压旁路压力控制系统主要由比例控制器 P、压力定值发生器 RIB、比例积分控制器 PI1 及切换继电器 KE、KF 等组成。

压力定值发生器 RIB 由压力变化率限制器和上、下限幅环节组成。当输入压力定值的变化率小于设定的变化率 $\Delta p/\Delta t$ 时，输出压力定值等于输入压力定值；当输入压力定值高于压力上限 p_{max} 时，输出压力定值取压力上限值；当输入压力定值低于压力下限 p_{min} 时，输出压力定值取压力下限值。

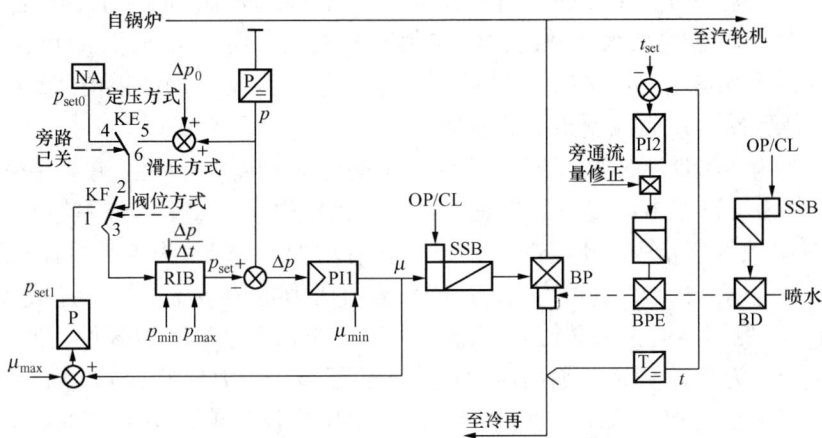

图 7-35　高压旁路压力、温度控制系统原理

在汽轮机未冲转前，主汽压的大小取决于锅炉燃烧率的大小和蒸汽管路的流动阻力，因此可通过调节高压旁路减压阀 BP 的开度来控制主汽压为给定值。在图 7-35 中，高压旁路减压阀 BP 的开度跟随 PI1 控制器输出的控制指令 μ 变化，控制指令 μ 是 PI1 控制器对输入偏差 Δp 进行运算处理后的输出信号。当主汽压力 $p > p_{set}$ 时，Δp 为正，控制器输出的控制指令 μ 增加，BP 阀开大；若主汽压力 $p < p_{set}$ 时，Δp 为负，控制器输出的控制指令 μ 减小，BP 阀关小。调整 BP 阀的开度可使主汽压 p 等于其设定值 p_{set}。以下分析高压旁路系统在不同的运行方式下的工作原理。

1. 阀位控制阶段

锅炉点火后，运行人员在旁路系统操作站上按下锅炉"启动"按钮，并将高压旁路压力控制投入"自动"，图 7-35 中切换继电器 KF 动作，使触点 1、3 接通。阀位指令 μ 与最大阀位 μ_{max} 的偏差经比例控制器 P 形成主汽压设定值 p_{set1}，输入到压力定值发生器 RIB，如图 7-36 所示。

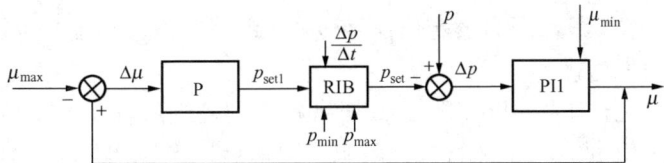

图 7-36　阀位控制阶段高压旁路压力控制原理

由于 RIB 设置了最小压力限值 p_{min}，在锅炉点火之后，主汽压 p 从零开始增加，PI1 控制器前压力偏差 Δp 为负，其输出的高压旁路减压阀的控制指令 μ 应为 0，为了疏水和加

速锅炉的升温升压过程，需要给控制器设定最小开度 $\mu_{\min}$（一般为 25% 左右）和最大开度 $\mu_{\max}$（一般为 50% 左右）。锅炉启动初期，在主汽压 $p < p_{\min}$ 时，PI1 控制器输出一直保持在 $p_{\min}$，即高压旁路减压阀 BP 一直保持在最小开度上。

随着锅炉燃烧率提高，一旦主汽压 p 上升到高于最小压力 $p_{\min}$，则 $\Delta p > 0$，控制器的输出 μ 就在 $\mu_{\min}$ 的基础上增加，高压旁路减压阀 BP 的开度从最小开度开始逐步开大。此后，只要开度指令 $\mu < \mu_{\max}$，尽管锅炉燃烧率在不断增加，由于 BP 阀也在同时开大，通过 PI 控制器的比例积分控制作用，使主汽压维持在 $p_{\min}$ 附近。因为这一阶段 $\mu < \mu_{\max}$，$\Delta\mu < 0$，比例控制器 P 输出的压力定值 p_{set1} 小于 0，RIB 的输出只能限制在最小压力 $p_{\min}$ 上。

随着锅炉燃烧率的进一步提高，高压旁路减压阀开度继续增加，当其开度大于设定的最大开度时，$\Delta\mu > 0$，经高放大倍数的比例控制器 P 放大，使输出 p_{set1} 大于零，RIB 以设定的压力变化率计算其输出，p_{set} 在 $p_{\min}$ 基础上线性上升。p_{set} 上升的结果使 Δp 减小或小于零，从而抑制了高压旁路减压阀控制指令的增加。

事实上，当高压旁路减压阀开度 μ 达到设定的最大开度 $\mu_{\max}$ 后，可以基本上维持开度不变。从图 7-36 可以看出，因为 P 控制器的放大倍数很高，如果燃烧率的增加使主汽压力上升，Δp 增加导致控制指令 μ 上升时，只要 μ 稍有增加，使 $\Delta\mu$ 为正，尽管偏差很小，经 P 控制器也能使 p_{set1} 增加较大幅度，从而使 RIB 输出压力定值 p_{set} 增加，造成 $p_{\mathrm{set}} > p$，使 $\Delta p < 0$，经 PI1 控制器运算后又使 μ 下降。相反，如果主蒸汽压力降低，通过 PI1 控制器使 μ 减小，使 $\Delta\mu$ 为负，使 RIB 输出压力定值 p_{set} 下降，压力偏差 Δp 增加，经 PI1 控制器运算又使 μ 上升。压力控制系统动作的结果，可使压力设定值以不大于 RIB 设定的压力变化率，跟踪主蒸汽压力的上升。但是，如果锅炉燃烧率增加过快，主蒸汽压力的上升速度超过了 RIB 设定的压力变化率，就会产生很大的压力偏差 Δp，这时，如果限制了 BP 阀的最大开度 $\mu_{\max}$，系统就会脱离正常的工作状态。所以在这一阶段，如果燃烧率调整得当，主蒸汽压力的上升速度始终小于或等于 RIB 设定的压力变化率时，压力定值 p_{set} 就会跟踪实际压力变化，而高压旁路减压阀维持在最大开度附近。

在阀位控制阶段，旁路减压阀开度指令 μ、主蒸汽压力定值 p_{set}、主蒸汽压力 p 随时间变化的规律如图 7-34 所示，这一过程直到主蒸汽压力达到汽轮机冲转压力为止。

2. 定压控制阶段

当主蒸汽压力大于汽轮机冲转压力时，旁路控制系统进入定压运行方式。图 7-35 中开关 KF 复归，触点 2、3 接通，KE 的触点 4、6 接通。这时，主蒸汽压力定值不再是比例控制器 P 输出的 p_{set1}，而是采用运行人员通过压力给定器 NA 设定的 p_{set0}。在阀位控制方式时，NA 跟踪压力设定值信号 p_{set}（跟踪电路未画出），故转入定压方式时不会因压力定值切换而发生扰动。

在定压控制方式下，高压旁路压力控制系统是一个单回路控制系统，运行人员设定的压力定值 p_{set0}，经 RIB 进行限幅、限速后，形成实际压力定值 p_{set}，与主蒸汽压力 p 比较，经 PI1 控制器控制高压旁路减压阀的开度 μ，以维持实际压力 p 等于压力设定值 p_{set}。

汽轮机开始冲转后，用汽量逐渐增加，主蒸汽压力下降，PI1 控制器的输入偏差下降，其输出控制指令减小，高压旁路减压阀逐步关小，从而使主蒸汽压力回升，所以，在汽轮机冲转、升速至并网带负荷之前，是用旁路控制系统维持主蒸汽压力，用逐步关小旁路阀的方法，使原先完全由高压旁路系统旁通的蒸汽，逐步进入汽轮机高压缸中做功。

　　机组并网后，在提高锅炉燃烧率的同时，可逐步提高主汽压的设定值 p_{set0}，使 p_{set} 增加，高压旁路减压阀继续关小，主汽压 p 进一步上升。当主汽压 p 达到 8MPa，机组负荷达到 30% 左右时，高压旁路减压阀完全关闭，即原先通过高压旁路的蒸汽流量完全转移到汽轮机。

　　在定压运行阶段，主汽压并不是不变，而是由运行人员根据运行情况逐步提升。当运行人员改变压力定值后，旁路控制系统就通过改变高压旁路减压阀的开度来控制主蒸汽压力为运行人员设定的压力定值。

　　从锅炉点火到机组带约 30% 负荷这一启动过程可以看出，高压旁路系统的作用是：利用旁路系统来平衡机、炉之间的能量需求不平衡矛盾，在汽轮机启动之前，锅炉产生的蒸汽由旁路通流而不需对外排汽，避免损失大量工质。一旦汽轮机启动，旁路控制系统自动将蒸汽逐步转移到汽轮机去做功，这就是高压旁路的自动调节功能。

　　3. 滑压控制阶段

　　当高压旁路阀 BP 关闭后，图 7-35 中继电器 KE 的触点 5、6 接通，系统进入滑压控制方式。当主蒸汽压力设定值为实际压力加上 Δp_0，从而使得压力定值高于实际压力一个 Δp_0，即 $p_{set0} = p + \Delta p_0$。而实际压力定值 p_{set} 是 p_{set0} 经 RIB 进行限幅、限速后形成的。当主汽压的变化率小于或等于 RIB 设定的变化率 $\Delta p / \Delta t$ 时，$p_{set} = p_{set0}$，PI1 控制器前的输入偏差正好等于 Δp_0，控制器输出等于零，高压旁路减压阀处于关闭状态（这阶段最小开度限制已由逻辑回路取消）。如果由于某种外部原因使主蒸汽压力发生突变，如上升时，p_{set} 跟不上 p 的变化速度，而使 PI1 控制器前的输入偏差大于零，高路减压阀开启，进行泄流减压。

　　4. 高旁减压阀的保护功能

　　高旁减压阀设有快速"开"行程开关和快速"关"行程开关 SSB。在机组运行过程中，如果汽轮机甩负荷或主汽压过高超过规定值时，逻辑回路发出快开指令（OP），作用到执行机构，执行快开动作，快速开启高压旁路减压阀 BP，实行泄流减压，当压力恢复时自选关闭。

　　若高压旁路减压阀已开启而低压旁路减压阀打不开，或高压旁路后蒸汽温度过高或减温水压力低时，逻辑回路发出快关指令（CL），高压旁路减压阀 BP 快速关闭，而且快关优先于快开。

三、高压旁路温度控制系统的工作原理

　　在机组启动过程中，高压旁路流通的蒸汽将直接引入到再热器，根据再热器运行要求，其入口温度要保持在一定范围，一般要求再热器冷端温度保持在 330℃ 左右。在机组正常运行时，主蒸汽温度达 540℃。因此，不减温的蒸汽是不能进入再热器的。

　　高压旁路温度控制系统是通过改变喷水阀 BPE 的开度，调节减温水量来控制高压旁路后蒸汽温度的。图 7-35 所示是一个单回路控制系统，由变送器测得的高压旁路后汽温 t，与运行人员的设定值 t_{set} 进行比较，其偏差送比例积分控制器 PI2，运算结果控制减温水阀门 BPE 开度，以实现汽温控制。

　　为了改善温度控制特性，该系统引入了旁路蒸汽流量来修正喷水控制强度。考虑到在不同负荷下，相同的温度差应有不同的喷水强度，系统中使用主蒸汽压力与高压旁路减压阀开度，经处理计算出旁通蒸汽流量，用该蒸汽流量信号作为乘法系数修正喷水量控制信号，从而使喷水阀开度指令随着旁通蒸汽流量增加而增加。

在机组启动过程中，如果高压旁路减压阀快速关闭，则喷水减温阀也快速关闭。

图 7-35 中高压旁路喷水先经过高压旁路喷水隔离阀 BD。BD 阀的作用有两个：一个是降低给水压力，BD 阀前后压差在 BD 阀全开时，大约降低到 3/5；另一个是当旁路阀门关闭后作为隔离阀使用。BD 阀是两位式控制，与高压旁路减压阀 BP 经逻辑回路连锁。BP 开度大于 2% 时，BD 全开；BP 开度小于 2% 时，BD 全关。BD 阀的开启或关闭在操作台上有灯光显示。如果 BD 不在"关"或"开"的位置，故障指示灯将闪光。

四、低压旁路控制系统

（一）低旁压力控制系统

对于高压旁路和低压旁路以串联方式构成的旁路系统，在机组启动过程中，高、低压旁路必须协调动作，才能实现旁路系统的功能。在汽轮机未冲转前，锅炉产生的新蒸汽经高压旁路进入再热器，再热器送出的蒸汽由低压旁路通流至凝汽器，因此低压旁路系统的运行状态会影响到凝汽器的安全运行，这是旁路系统运行时必须注意的问题。

根据中间再热式机组的运行要求，再热蒸汽压力应与机组负荷相适应，再热蒸汽压力随机组负荷变化而变化，这是再热蒸汽压力控制系统所必须遵循的原则。低压旁路压力和温度控制系统的组成原理如图 7-37 所示。低压旁路压力控制系统由压力定值形成回路、低压旁路压力控制器 PI3、减压阀 LBP 等组成。

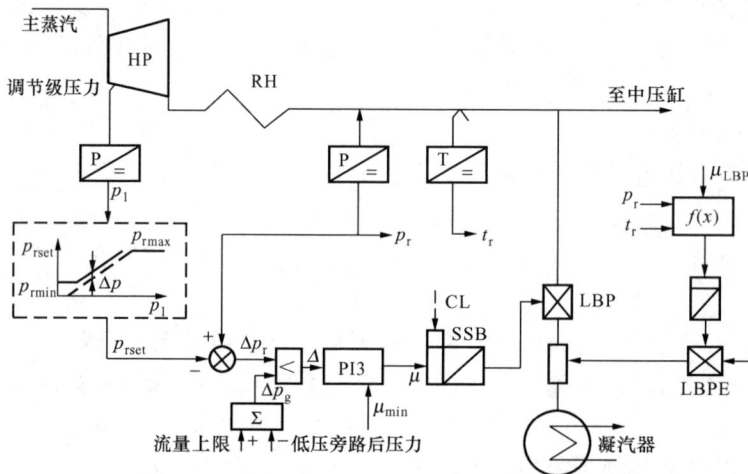

图 7-37　低压旁路压力和温度控制系统原理示意

1. 低压旁路压力设定值

在启动、低负荷阶段或甩负荷时，低压旁路压力控制系统为定压运行方式，压力设定值为最小值 p_{rmin}。p_{rmin} 可以由运行人员设定，以维持一定的蒸汽流量通过再热器。在额定负荷的 30% 以上时，再热器出口压力定值与负荷成正比。在此阶段，低压旁路运行在滑压方式，低压旁路的压力定值为再热器出口压力定值 p_{rset} 加上一个小的限值 Δp，以保持 LBP 在关闭状态。再热器出口压力定值由实测的汽轮机调节级压力 p_1 乘上一个系数后得到。该系数为机组 100% 负荷时，再热器出口压力设计值和调节级压力设计值的比值确定。如某机组再热器出口压力和调节级压力设计额定值分别为 3.3MPa 和 12.9MPa，则其比值为 0.256。在滑压阶段，再热器出口压力定值为

$$p_{rset} = 0.256p_1 + \Delta p$$

图 3-37 中，p_{rmax} 为低压旁路最大压力设定值，它略小于再热器安全门的动作压力。p_{rmin}、p_{rmax}、Δp 的值都可预先设定。

2. 低压旁路压力调节回路的工作原理

启动初期为阀位方式，低压旁路减压阀 LBP 与高旁减压阀相同，有一个最小开度值 μ_{min}。当再热器压力 p_r 低于最小压力 p_{rmin} 时，低压旁路阀 LBP 保持最小开度。低压旁路压力设定值 p_{rset} 由汽轮机调节级压力信号 p_1 乘上转换系数后与 Δp 叠加，再经过上、下限幅后得到。p_{rset} 与再热器出口压力 p_r 进行比较得压力偏差 Δp_r。当再热器出口压力 p_r 低于最小压力 p_{rmin} 时，Δp_r 为负，经低选后加到控制器输入端的偏差信号 Δ 也为负，低压旁路阀 LBP 保持在最小开度 μ_{min}。当再热器出口压力大于最小压力时，系统进入滑压运行状态。如果再热器出口压力 p_r 高于压力定值 p_{rset}，Δp_r 将大于零，在正常情况下，该偏差信号经低选送入低压旁路压力控制器 PI3 进行处理，其输出将使低压旁路压力控制器 LBP 开度增加。调节的结果，是使再热器出口压力与机组负荷相适应，即与代表机组负荷的调节级压力成比例变化。

为了防止汽轮机旁路运行时凝汽器过载，必须限制低压旁路的蒸汽流量。再热器出口压力一定时，低压旁路后压力越高，低压旁路流量越大。这里用低压旁路阀后压力来代表低压旁路流量，当低压旁路后压力高于某一代表低压旁路流量上限的压力值时，其差值 Δp_g 小于零，经低选作为偏差信号输入到控制器 PI3，使低压旁路减压阀向关闭方向动作，此时操作台上最大蒸汽流量显示灯亮，并报警。

为了保护凝汽器，低压旁路减压阀的执行机构上还装有 SSB 快速行程开关，当出现凝汽器压力高、凝汽器温度高或凝结水压力低信号时，逻辑回路将使 SSB 动作，优先关闭低压旁路减压阀。

（二）低压旁路温度控制系统

如图 7-37 所示，低压旁路温度控制系统是利用低压旁路减压阀开度 μ_{LBP} 来控制喷水减温阀 LBPE 开度的随动系统，其逻辑关系是，LBP 开，LBPE 就可开；LBP 关闭后，LBPE 可关。低压旁路减温阀开度由低压旁路蒸汽流量决定，是低压旁路减压阀开度 μ_{LBP}、再热汽压力 p_r、再热汽温度 t_r 的函数，由函数器 $f(x)$ 计算得到。

为了在小流量下有足够的喷水量，LBPE 的最小开度一般在 20% 左右。

本章小结

一、再热式机组的控制特点

（1）改变了机组的功率响应特性。当高压缸控制汽阀开大时，高压缸功率成比例增大，中、低压缸功率响应出现惯性。

（2）降低了机组一次调频的能力。

（3）改变了动态过程中转速与功率之间的关系。

针对以上特点，在控制系统中应采取相应的措施。

二、DEH 系统

DEH 系统由被控对象、CRT 图像站、数字控制器及 EH 油系统构成，实现汽轮机的转速控制、负荷控制、自动监视与控制、自动保护等功能。

DEH 系统的主要工作方式有操作员自动方式、自动汽轮机控制方式、自动同步方式、遥控方式及手动控制方式。

DEH 系统的阀门控制可分为自动控制和手动控制两大部分，而自动控制部分由设定值处理回路、速度控制和负荷控制等部分组成，用于实现对阀门的自动控制；手动控制部分可分为一级手动和二级手动，用于实现对阀门的手动控制。

三、旁路控制系统

旁路控制系统的主要功能是便于机组安全、快速地启停；主汽压超压时及时溢流泄压；汽轮机甩负荷时，迅速排汽泄压并保护再热器不致过热毁坏。

旁路控制的中心内容是，按运行工况要求控制旁路阀前的压力和旁路阀的出口温度。通过改变旁路阀开度的手段来调节阀前压力；通过改变喷水阀开度的手段来调节旁路阀出口温度。

思考题及习题

7-1　再热式机组有哪些调节特点？为何会产生这些特点？

7-2　DEH 系统由哪些部分组成？各组成部分的作用是什么？

7-3　DEH 系统的主要功能有哪些？

7-4　DEH 的自动保护系统包括哪几个部分，各部分的作用是什么？

7-5　DEH 系统的工作方式有哪些？

7-6　DEH 系统的设定值处理回路的作用是什么？如何进行设定值处理？

7-7　DEH 系统速度控制的作用是什么？基本控制原理是什么？

7-8　DEH 系统负荷控制由哪几部分组成？各部分的作用是什么？

7-9　阀门管理程序的主要作用是什么？其主要功能有哪些？

7-10　DEH 系统的一级手动与二级手动有什么区别？一级手动的基本原理是什么？

7-11　什么是危急遮断保护功能？

7-12　汽轮机旁路系统有哪些基本功能？

7-13　高压旁路控制系统有哪几种控制方式，各有何特点？

7-14　按照图 7-33 简述高压旁路控制的组成及工作过程。

7-15　按照图 7-35 简述低压旁路控制的组成及工作过程。

第八章

炉 膛 安 全 监 控 系 统

目前，国内外大、中型发电机组都装有炉膛安全监控系统（furnace safeguard supervisory system，FSSS），也可称为燃烧器管理系统（burner management system，BMS）。炉膛安全监控系统是现代大型机组自动化不可缺少的组成部分，它能在锅炉正常工作和启停等各种运行方式下，连续地密切监视燃烧系统的大量参数与状态，不断地进行逻辑判断和运算，必要时发出动作指令，通过各种连锁装置使燃烧设备中的有关部件（如磨煤机组、点火器组、燃烧器组等）严格按照既定的合理程序完成必要的操作，或对异常工况和未遂性事故作出快速反应和处理。防止炉膛的任何部位积聚燃料与空气的混合物，防止锅炉发生爆燃而损坏设备，以保证操作人员和锅炉燃烧系统的安全。其实质是把燃烧系统的安全运行规程用一个逻辑控制系统予以实现。采用 FSSS 不仅能自动完成各种操作和保护动作，还能避免运行人员在手动操作时的误动作，并能及时执行手动操作不及时的快动作，如紧急切断和跳闸等。它对炉膛的正常燃烧，锅炉的安全运行起着决定性的作用。

本章主要介绍大型火力发电机组普遍采用的炉膛安全监控系统的组成、工作原理及主要功能。重点介绍了炉膛安全监控系统在锅炉机组运行的不同阶段所起的作用，包括点火前炉膛吹扫、点火程控、投粉监控、连续参数与状态监控、跳闸保护过程等，从而说明炉膛安全监控系统是如何来保证锅炉机组的安全运行、避免发生锅炉爆炸事故的。

第一节　概　　述

一、炉膛爆炸的原因与防止措施

（一）炉膛爆炸的原因

过去，在火力发电生产过程中，由煤质变化、低负荷运行和启动、运行操作不当等多种原因引起炉膛灭火的现象时有发生，甚至在灭火后发生炉膛爆燃事故，造成锅炉设备的严重损坏。所谓炉膛爆燃是指在锅炉的炉膛、烟道中积存的可燃混合物突然同时被点燃，而使炉膛压力急剧升高，造成炉膛破坏，炉膛爆燃也称为外爆。而当炉膛压力过低，炉膛受到由外向内的挤压，炉膛内外差压超过炉墙所能承受的压力时，炉墙向内受到损坏，这就是发生了内爆。

在正常运行工况下，送入炉膛的燃料立即被点燃，燃烧后生成的烟气也随时排出，炉膛和烟道内没有可燃混合物积存，因而也就不会发生爆燃。但如果运行人员操作不当，处理出错以及设备控制系统出现故障，有可能会发生爆燃事故。一般说来，符合下列三个条件时才会有可能发生爆燃：

（1）炉膛或烟道内有一定浓度的燃料和助燃气体积存。

（2）积存的燃料和空气混合物达到爆燃的浓度范围，具有易燃易爆性。

（3）具有足够的点火能源（例如炉内有明火）。

三个条件中有一个不存在时，就不会发生爆燃。在锅炉工作时不可能没有可燃混合物，也不可能没有点火能源。因此，防止爆燃的主要措施是设法防止可燃混合物积存在炉膛或烟道中；而当炉内有可燃混合物积存时，又应防止明火的出现。

所以，防止炉膛爆炸，关键是防止可燃物在炉内积存。通常发生可燃物积存的原因有以下几个方面：

（1）燃料、空气或点火能源中断，造成炉膛内瞬时失去火焰，从而形成可燃物的堆积，而接着再点火或火焰恢复时就可能引起爆燃，或称打炮。

（2）在多个燃烧器正常运行时，一个或者几个燃烧器突然失去火焰，从而堆积可燃混合物。

（3）整个炉膛熄火，造成燃料和空气可燃混合物的积聚，而后再次点火或者其他点火源出现时，这些可燃混合物爆燃。

（4）燃料漏入停用的炉膛。

（5）燃煤的燃烧器停运时，操作顺序不当，如先停一次风，后停给粉机，可能引起煤粉在输粉管道中存积。同时，由于进入炉膛四角的输粉管道的长度和阻力不一样，调节不当也会引起煤粉在输粉管道中存积。

（6）油的燃烧热值高，防止油泄漏到炉膛的问题更重要。同时也要关注燃油雾化情况，防止油嘴将油漏入炉膛。

（二）防止炉膛爆炸的措施

1. 防止炉膛爆燃的原则性措施

如前所述，如能防止可燃混合物在炉内积存，就可防止炉膛爆燃。实践证明，大多数炉膛爆燃事故发生在点火、暖炉期间，以及低负荷运行或停炉熄火过程中，对于不同的运行工况，要采用不同的预防方法，原则上，做到以下几点就可以防止炉膛爆燃：

（1）在主燃料与空气混合物进口处（燃烧器）有足够的点火能量，点火器的火焰要稳定，要有恰当的位置和一定的能量，以便将进入炉膛的燃料迅速点燃。

（2）当有未点燃的燃料进入炉膛时，将这段时间尽可能缩短，以减少可燃混合物在炉膛的积存数量。

（3）对于已进入炉膛的未燃的可燃混合物，要尽快给予冲淡，使之避开易燃、易爆的范围，并不断把可燃物吹扫出去。

（4）当送入炉膛的燃料只有部分燃烧时应立即切断未燃烧的燃料，并应冲淡未燃烧的燃料使之成为不可燃的混合物。

2. 点火暖炉期间的安全措施

点火之前炉膛是冷的，这时还没有预热空气，从达到点火条件到点火期间需要启动的设备和进行的操作很多，很容易发生误操作，致使炉膛火焰不稳定而灭火。所以点火暖炉油燃烧器的数量应尽可能地少，但每只油燃烧器的燃烧率应大些，保证有足够的火焰，达到使操作简化，火焰稳定，炉膛能均匀加热的目的。另外，点火由手动改为自动也是减少误操作的一种措施。

点火器的火焰是炉膛的第一个火焰，在点燃点火器之前，应保证炉膛与烟道内没有积存可燃物。因此，点火的第一步工作就是要利用空气吹扫炉膛和烟道，将任何积存的燃料吹扫出去，同时还要防止燃料流入炉膛和烟道。为达到吹扫的目的，吹扫要有一定的吹扫风量和空气流速，一般要求吹扫风量不小于炉容积四倍的空气量，空气流量（吹扫风量）一般应大于 30% 额定风量，以免被吹起的燃料又沉降下来。

点火时最危险的工况是点火器已点着，但点火能量过小，不足以把主燃烧器点燃，或者，一个能量不大的点火器也可能点燃主燃烧器，但点火延续的时间过长。在这期间送入的炉内燃料未点燃而积存在炉膛内，待主燃烧器点燃后又会把积存在炉内的燃料一起点燃，形成爆燃。可见点火器的能量和布置位置应特别予以注意。尽可能缩短主燃烧器的点火时间，一般在规定时间内，点火器未点燃主燃烧器，就应切断燃料，重新吹扫，然后再点火。

点火和暖炉期间，所用的燃烧器数应少些，每只燃烧器的燃烧率不应太低，这样能使火焰稳定，操作简化，而且还可以减少误操作。但为了使炉膛均匀加热，也应有足够的燃烧器在工作，使整个炉膛截面能充满火焰，或采用轮流切换工作燃烧器的方式。

3. 锅炉灭火后处理

不论在什么情况下，如果燃烧器的火焰熄灭，就应立即切断燃料，否则进入炉膛的燃料积存在炉膛中，时间越长进入的燃料就越多，可能会形成严重爆燃。任一燃烧器火焰熄灭，就应立即切断该燃烧器的燃料；如全部火焰熄灭（全炉膛灭火），应立即切断所有燃料。

从锅炉熄火到切断燃料是有一段时间的，因此仅考虑切断燃料是不够的。因为还有其他无法控制的因素，使燃料仍要进入炉内。如燃油阀关闭后可能仍有油漏入炉膛内，给粉机停止后，一次风管内的煤粉仍要进入炉膛。因此从系统布置来看，给粉机与燃烧器间的管道应尽可能短些。灭火后的炉膛吹扫，也是防止可燃物在炉内存积的重要措施之一。

4. 防止炉膛内爆的措施

为了防止炉膛内爆，在运行中应严格控制炉膛的压力值。若因灭火而切断燃料时，应逐渐关小引风机挡板，以免炉内压力陡降。另外，设置炉膛压力报警和安全保护装置也是重要措施；再者在燃烧控制系统设计中应注意以下几点：

（1）锅炉甩负荷时，炉膛的送风量应维持在甩负荷前的数值；

（2）机组甩负荷后，应尽可能地减少炉膛中燃烧产物的流量；

（3）若能在 5~10s 的时间内（不是立即地）消除炉膛中的燃料，则机组甩负荷后，炉膛压力偏离正常值的幅度就能缩小。

防止炉膛内爆是一个新问题，现在仍在摸索过程中。

5. 加装炉膛安全保护装置

炉膛燃烧工况的突变，往往是瞬间发生的，如点火失败、燃烧器灭火或者炉膛熄火。允许的处理时间超出了人工操作的可能性，过去在机组启动或运行过程中常发生炉膛灭火而引起炉膛爆炸事故，其主要原因是锅炉缺少必要的安全保护装置。近十几年来，引进技术生产的炉膛安全监控系统已广泛用于大型单元发电机组之中，成为机组安全运行不可缺少的重要工具。

二、炉膛安全监控系统的组成和功能

大容量锅炉需要控制的燃烧设备数量比较多，有点火装置、油燃烧器、煤粉燃烧器、辅助风挡板和燃料风挡板等。燃烧器的操作过程也比较复杂，如点火油枪的投入操作，包括点火器和油枪推进、点火、点火器退出等。煤粉燃烧器的投入操作包括开磨煤机出口挡板、开热风门、暖磨、磨煤机启动、给煤机启动等。煤粉燃烧器的停用操作包括停给煤机、关热风门、停磨煤机、磨煤机吹扫等。对一般的点火装置以及燃烧器的火焰检测器等均要有冷却措施，为此还设置了冷却风机。由此可见，即使投入或切除一组燃烧器也需要有相当多的操作步骤和监视判断的项目。在锅炉启停或发生事故工况下，燃烧器的操作工作更加烦琐。所以，由人工来完成这些监视和操作，对于保证机组的安全运行是困难的，大容量机组的燃烧器必须采用自动顺序控制和自动保护装置。这就是目前已广泛使用的锅炉炉膛安全监控系统。

（一）锅炉炉膛安全监控系统的基本组成

图 8-1 为炉膛安全监控系统组成示意图，一般由四个部分，即控制台、逻辑控制系统、检测元件与驱动装置组成。

1. 控制台

FSSS 的控制台包括运行人员控制盘（BTG 盘）、操作员站的 CRT 画面与键盘、就地控制盘、系统模拟盘等。

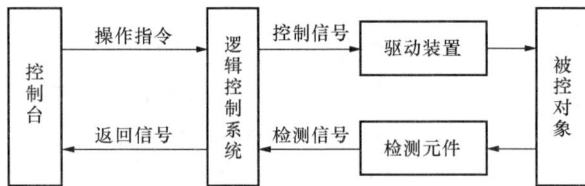

图 8-1　炉膛安全监控系统组成示意图

（1）运行人员控制盘（BTG 盘）。早期的 FSSS 是一个相对独立的监控系统，具有独立的运行人员控制盘，作为运行人员监视、控制系统的工具。运行人员控制盘包括所有的指令器件（如油、煤粉燃烧器的点火、熄火操作按钮）和所有反馈器件（如燃烧器运行工况指示和异常工况的报警指示等）。指令器件用来操作燃烧设备，反馈器件可用来监视燃烧设备的状态。此外，还有"首次跳闸原因"和"吹扫条件"显示。这些器件通常配置在主控室的操作盘上。锅炉启动时燃烧器点火与停炉时燃烧器的熄火都在该操作盘上进行。根据盘上的信号显示，能及时、准确地判断发生故障的燃烧设备，便于及时处理。

（2）CRT 画面与键盘。在采用分散控制系统的单元机组中，FSSS 的人机接口——运行人员控制盘已由操作员站上的显示和操作画面来代替。燃烧控制系统的设备及其运行状态、燃烧工况、设备启停条件等，都显示在 CRT 画面上。而设备的启停操作，如吹扫、点火、投粉等，都通过计算机 CRT 画面和与之配套的操作键盘和鼠标进行。

（3）就地控制盘。就地控制盘通常控制在最低限度，主要用于维修、测试和校验现场设备，如给煤机就地盘、磨煤机液力和润滑油系统就地盘等。在正常运行时，就地控制盘上所有控制开关均放置在遥控位置，使被控设备均处在逻辑系统的控制之下。

（4）系统模拟盘。系统模拟盘位于 FSSS 的逻辑柜内，可对各层燃烧设备及总体功能进行模拟操作试验，检查相应的逻辑功能是否正常，它是系统调试和寻找故障的有力工具。在进行模拟试验前，应停运有关的燃烧设备。在各模拟板上装有现场设备的状态指示灯。

2. 逻辑控制系统

逻辑控制系统是炉膛安全监控系统的核心。所有运行人员的指令都是通过逻辑控制系统实现的，所有驱动装置和敏感元件的状态都通过逻辑控制系统进行连续的监测。该系统根据操作盘或分散控制系统的操作员站发出的操作命令，以及控制对象传出的检测信号进行综合判断和逻辑运算，发出控制信号用以操作相应的控制对象（如燃烧系统的燃料阀门、风门挡板等）。控制对象完成操作动作后，经检测，再由逻辑控制系统发出状态返回信号送至操作盘或操作员站，告知运行人员设备的运行状况。当出现危及设备和机组安全运行的情况时，逻辑控制系统会自动发出停掉有关设备运行的操作指令。

逻辑控制系统由总体控制部分、油层控制部分和煤层控制部分组成。总体控制部分是系统的公用逻辑部分,包括炉膛吹扫、主燃料跳闸、火焰监视判断、燃料点火许可、燃料控制等。油层控制部分由几个相同的油层控制系统组成,包括每个角的油枪和点火器的控制,能分别在就地盘或主控室完成点火操作。主控室的操作一般又可以通过手动、角自动、层自动或者对角自动的方式实现油枪的投运与退出。煤层控制部分主要包括煤层控制系统和给粉机(给煤机)控制系统。在主控室能完成角给粉机或层给粉机的自动启停与手动操作。在异常工况下,油层和煤层均可接受来自总体控制部分的控制指令,自动实现切油、切粉或投油操作。

3. 检测元件

检测元件主要用于监测炉内燃烧情况、燃料空气系统状态等。它包括反映各驱动器位置的信息元件(如位置开关)和反映诸如燃油压力、温度、流量和火焰出现与否等各种参数及状态的器件(如压力开关、温度开关、流量开关、火焰检测器等)。

检测元件通常与一些反馈装置(如操作盘上的指示灯、报警屏上的光字牌指示)相连接。若检测信号达到报警点的设定值时,提醒运行人员将要发生事故的状况。如果运行人员未能及时进行操作,纠正事故倾向,则检测信号达到跳闸点设定值时,超限信号送入 FSSS,使机组自动跳闸或通过逻辑控制系统产生其他适当的作用。

显然,保持检测元件的良好工作状态极其重要,检测元件的故障将导致事故发生或发生不必要的停炉跳闸,故检测元件投入使用前应进行严格的检查校验,保证满足运行要求;投入使用后,要定期进行校验。当 FSSS 出现故障时,大多数情况是由于现场设备(如检测元件、驱动器故障或异常)引起的。所以要保证系统可靠工作,首先应检查现场设备,注意保持测量元件清洁度,对限位开关或压力开关要定期进行重新调整。

4. 驱动装置

驱动装置用于控制和隔离进入炉膛的燃料和空气。燃烧系统的驱动装置包括:

(1)电动阀门、气动阀门、挡板的驱动机构,如暖炉油跳闸阀、热风门等。

(2)电动机启动器,如给粉机(给煤机)、磨煤机的驱动电动机、风门挡板驱动装置和风机的驱动电动机等。

(3)油枪和点火器伸进和退出的气动(电动)执行机构。

它们可分别控制辅机、设备的状态。运行人员通过逻辑控制系统监控这些设备。

(二)燃烧系统及其有关设备

为了说明 FSSS 的作用原理,这里介绍与 FSSS 有关的设备的工作原理。

1. 暖炉油系统

暖炉油系统是保证炉内正常燃烧的重要环节。从锅炉点火、启动,煤粉投入到锅炉稳定燃烧为止,该系统一直处于运行状态。暖炉油系统的主要作用有三个:一是点火和暖炉;二是锅炉升压或低负荷时保持稳定燃烧;三是机组故障快速切负荷时启动暖炉油系统,维持锅炉稳定燃烧。

图 8-2 为暖炉油系统简图。FM、PM 分别为流量、压力检测仪表的代号,FS、PS、TS 分别为流量、压力和温度的开关量信号的代号,DPS 为差压开关的代号。

本系统采用高能点火器,进行暖炉油-煤粉的二级点火方式。当暖炉油在常温下黏度较大时,为了便于输送和雾化,一般在送到锅炉之前要采用辅助蒸汽加热。加热后的暖炉油经跳闸阀(快关阀)、压力调节阀、喷嘴阀(三用阀)送至暖炉油枪。跳闸阀在机组运行时是常开的，使炉前油管路处于热备用状态。当发生 MFT 时，跳闸阀则自动关闭。压力调节阀的位置是根据暖炉油母管压力和锅炉的需要来确定的。

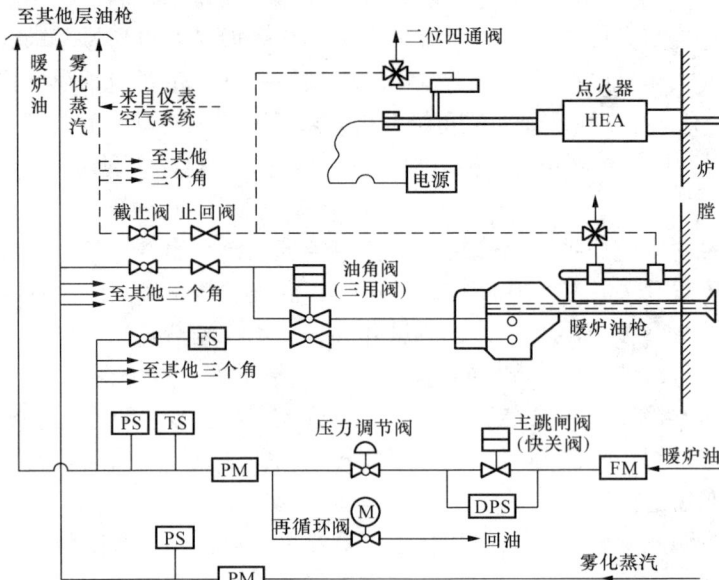

图 8-2　暖炉油系统简图

炉前油系统的每层都有四支暖炉油枪，分别布置在炉膛四角。每只暖炉油枪的入口处设置了油枪进油阀（或称喷嘴阀、油角阀）。这种阀集油阀、蒸汽吹扫阀和蒸汽雾化阀于一体，因此又称三用阀，三用阀有三个位置，即燃烧（运行）、吹扫和关闭（停止）三个位置，有两个进口（油和蒸汽）和两个出口（油和蒸汽），三用阀处在关闭位置时，油和蒸汽均被切断，防止油枪停运时油和蒸汽流经三用阀进入炉膛。在吹扫位置时，蒸汽不仅进入油枪的蒸汽侧，同时也进入油枪的油侧，以清除掉三用阀至油枪这段管路上的存油，吹扫过程一般持续 5min。在燃烧（运行）位置时，雾化蒸汽和油各走其道，这种位置即为燃烧位置，也即油枪阀开启位置。

暖炉油枪（油燃烧器）采用大范围摆动、外部混合型油枪，油在枪头被雾化后到炉膛燃烧。每个油枪装有限位开关、气动驱动器及必要的阀门管道；进退机构采用气动活塞驱动，可以通过"遥控"或"就地"对其进行控制。点火器的伸缩机构由气动活塞、四通电磁阀、伸进和缩回限位开关等组成。当 FSSS 发出推进油枪指令时，通过油枪行程开关使电磁阀动作，压缩空气进入气缸推动活塞杆，从而将油枪推入炉膛，此时点火器也接到指令进入炉内，并接通电源连续激发火花约 30s。同时打开油枪向炉内喷射油雾，当油雾碰到火花时就被迅速点燃。点火器在打火 30s 后自动缩回。停油枪时，通过退枪行程开关，使电磁阀换向，压缩空气进入气缸另一侧，推动活塞杆，使油枪退出。

在锅炉点火前，将跳闸阀和再循环阀打开，而让所有三用阀（每层四只）关闭，这样经过预热的暖炉油就在总管中循环。锅炉点火时，当有一只三用阀开启时，就可以将再循环阀关闭，以便维持所要求的暖炉油总管压力。

2. 点火系统

锅炉启动时，为了使暖炉油着火，必须采用点火系统；停炉时，为了使可燃混合物燃尽，也要启动点火器点燃暖炉油；在锅炉负荷过低或煤种变化等引起燃烧不稳定时，也利用点火系统维持燃烧稳定。

大容量机组一般采用以下三种点火方式：

（1）用高能点火器直接点燃轻油燃烧器，轻油作为启动到 20％左右额定负荷的燃料，也作为低负荷助燃用燃料，煤燃烧器不设点火装置，它由油燃烧器产生的能量点燃，这种方式也称为二级点火方式，即高能点火器点燃轻油燃烧器，轻油燃烧器点燃煤粉燃烧器。

（2）轻油作为启动和 20％额定负荷及助燃的燃料，但由于油价格较高，机组启动运行的成本提高。为了求得较好的经济性，还可以采用三级点火方式，即用高能点火器点燃轻油点火器，由轻油点火器点燃重油点火器，再由重油点火器点燃煤粉燃烧器。

（3）每只主燃烧器（包括重油和煤粉燃烧器）侧面设置小容量的轻油点火器，由轻油点火器点燃主燃料。投运重油和煤粉燃烧器时，先点燃轻油点火器，再由轻油点火主燃料。在停运重油和煤粉燃烧器时也要先点燃相应的轻油点火器，以燃尽残油或剩余的煤粉。

3. 等离子点火

锅炉启、停及低负荷助燃用油是火电厂发电成本的重要部分，为节油降耗，降低运营成本，近年来，开始开发应用以煤代油的无油点火技术。等离子无油点火装置已在多家电厂试验成功，它可以完全取代油系统，实现火电厂燃煤锅炉真正的无油启动和稳燃。

目前，等离子点火及稳燃技术已成功应用于百余台电站煤粉锅炉，适用煤种：贫煤、劣质烟煤、烟煤和褐煤；适用的机组容量：50、100、125、200、300、350MW 和 1000MW 等；适用的燃烧方式：切向燃烧直流燃烧器、墙式燃烧旋流燃烧器；制粉系统类型：钢球磨中储式、双进双出钢球磨直吹式、中速磨直吹式和风扇磨直吹式制粉系统。采用等离子点火燃烧器点火和稳燃与传统的燃油相比有以下几大优点。

（1）经济。采用等离子点火运行和技术维护费仅是使用重油点火时费用的 15％～20％，对于新建电厂，可以节约上千万的初投资和试运行费用。

（2）环保。由于点火时不燃用油品，电除尘装置可以在点火初期投入，因此，减少了点火初期排放大量烟尘对环境的污染。另外，电厂采用单一燃料后，减少了油品的运输和储存环节，亦改善了电厂的环境。

（3）高效。等离子体内含有大量化学活性的粒子，如原子（C、H、O）、原子团（OH、H_2、O_2）、离子（O_2^-、H_2^-、OH^-、O^-、H^+）和电子等，可加速热化学转换，促进燃料完全燃烧。

（4）简单。电厂可以单一燃料运行，简化了系统，简化了运行方式。

（5）安全。取消炉前燃油系统，也自然避免了经常由于燃油系统造成的各种事故。

等离子体被定义为除固、液、气三态之外的第四态物质存在形式，内含有大量化学活性的粒子，形成温度 $T > 5000K$ 的，温度梯度极大的局部高温区。

等离子点火装置是利用直流电流在一定介质（空气、氮气等）气压的条件下接触引弧，并在强磁场控制下获得稳定功率的定向流动空气等离子体，该等离子体在点火燃烧器中形成 $T > 5000K$ 的梯度极大的局部高温火核，煤粉颗粒通过该等离子体火核时，在千分之一秒内迅速释放出挥发物，使煤粉颗粒破裂粉碎，并再造挥发分，从而迅速燃烧。由于反应是在气固两相流中进行，高温等离子体使混合物组分的粒级发生了一系列物理化学变化，近而使煤粉的燃烧速度加快，达到点火并加速煤粉燃烧的目的，大大地减少了促使煤粉燃烧所需要的引燃能量。

等离子体内含有大量化学活性的粒子，如原子（C、H、O）、原子团（OH、H_2、O_2）、离子（O_2^-、OH^-、H^+）和电子等，可加速热化学转换，促进燃料完全燃烧。

等离子点火燃烧系统由点火系统和辅助系统两大部分组成，如图8-3所示。点火系统包括等离子发生器、等离子燃烧器。辅助系统包括电源装置、控制系统、冷却水系统、高压风系统、图像火检系统。

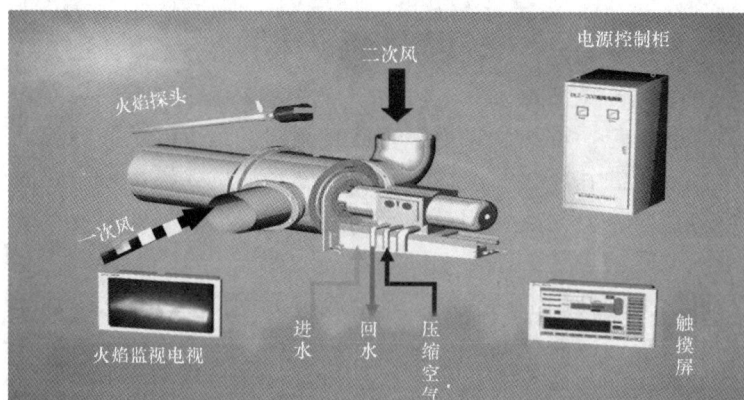

图8-3 等离子点火燃烧系统的组成

等离子发生器产生电功率50～150kW的空气等离子体，点火燃烧器与等离子发生器配套使用以点燃煤粉。

电源装置由隔离变压器、直流电源柜、连接电缆等构成的等离子发生器的直流供电装置。隔离变压器的作用是为了隔离直流谐波及直流接地要求；一次侧电压为380V AC；二次侧电压为365V AC。直流电源柜提供等离子发生器所需的直流电；输入为380V AC，电源容量为150kVA；输出为250～350A DC。

控制系统由PLC、CRT、通信接口和数据总线构成，实现装置的全数字自动控制，也可以实现与现场DCS之间的通信。可通过触摸屏或DCS实现操作。

冷却水的作用是冷却等离子发生器阳极、阴极等部件；每台流量为8t/h、温度小于35℃、水质为除盐水、给回水压差大于0.2MPa，现场增加两台互为备用的冷却水泵（22kW），与现场原有的除盐水箱组成一个闭式循环的系统，由于等离子发生器部件发热点集中，但热量不大，出入口温差小于2℃，靠其自然散热即可，如果现场不具备条件，也可增加一台10m³的水箱，但需要在闭式循环中加换热器。

高压空气提供等离子发生器产生等离子体所需介质和部分吹扫风；要求洁净、风压为0.01MPa左右、流量为150m³/h（标准状态下），高压空气可以由电厂压缩空气系统提供，也可以上两台互为备用的高压风机（18.5kW）。

等离子点火系统还配有带CCD摄像头的监视等离子燃烧器火焰的图像火检系统。

等离子点火器所需的汽、水、电、风的各项参数保持在合理的范围和等离子点火点燃状态的在线监测，是等离子点火器、等离子燃烧器保证安全、稳定的重要条件。

4. 火焰检测系统

以煤、油作为锅炉燃料，这些燃料在燃烧过程中会发出红外线、可见光和紫外线。不同种类的燃料发出火焰光线的强度分布是不相同的，因此采用火焰检测元件也不同。如煤粉火焰除了有不发光的 CO_2 和水蒸气外，还有部分灼热发光的焦炭粒子和碳粒，它们有较强的可见光、红外线和一些紫外线，而紫外线容易被燃烧产物，如灰粒等吸收而很快被减弱，因而宜采用可见光或红外线火焰检测器。暖炉油火焰中除了有一部分水蒸气外，还存在大量发光的炭黑粒子，它也能发出较强的可见光、红外线和紫外线，因而可采用可见光、红外线和紫外线火焰检测器。

紫外线火焰检测器是利用火焰本身特有的紫外线强度来判别火焰的有无。紫外线波长范围较小，在 $2 \times 10^{-7} \sim 3 \times 10^{-7}$ m 间，探头采用紫外光敏管，它是一种固态脉冲器件，发出的信号是脉冲频率与 UV 管辐射成正比例的随机脉冲。紫外线火焰检测器对天然气和透明无遮盖的轻油火焰效果较好，能有效地监视单只燃烧器的着火情况，在油、气炉上被广泛采用。由于紫外线辐射易被油雾、水蒸气、煤尘及燃烧产物所吸收，所以在风量失调工况下的重油燃烧或煤粉燃烧中，用紫外线管检测是不可靠的，尤其在低负荷下，用紫外线检测煤粉火焰灵敏度很低，故紫外线检测只适用于气体燃料而不适用于煤粉。

红外线火焰检测器利用火焰大量存在着波长为 9×10^{-7} m 以上的红外线，而这些波长的光线不易被煤尘和其他燃烧产物吸收，故适用于检测煤粉火焰，也可用于重油火焰，是一种较好的火焰检测器。

可见光火焰检测器利用火焰中存在的可见光的脉动频率和强度来判断火焰有无。可见光的强度和火焰的闪烁频率经逻辑处理后，即可鉴别相应燃烧器的火焰"有"和"无"。可见光敏感元件为硅光电二极管，经红外滤波后，波长感受区为 $3 \times 10^{-7} \sim 8 \times 10^{-7}$ m。

目前大型火电机组使用的火焰检测器多采用 CE 公司产品，它是一种利用燃烧过程发出可见光谱来鉴别火焰的火焰检测系统。火焰检测器由安装在锅炉上的火焰检测探头、位于锅炉旁边的光电转换器和位于电子室的电子处理机架三部分组成，火焰检测原理框图如图 8-4 所示。

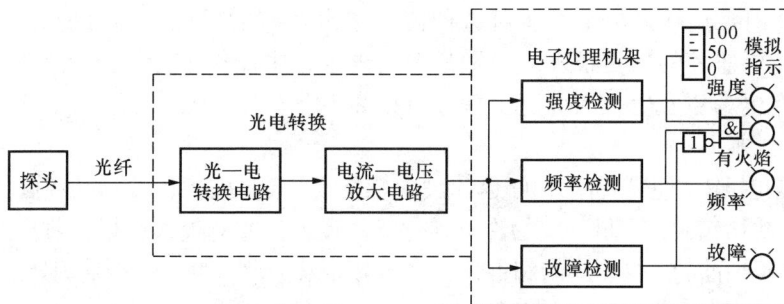

图 8-4　火焰检测原理框图

安装在锅炉上的火焰检测探头对燃料燃烧发出的可见光的固有频率和强度进行检测，通过光导纤维将光信号送到光电二极管上，使光电二极管产生电流信号，完成光电转换，光电二极管产生的电流信号通过对数放大器转变为电压信号并被放大，通过传输放大器重新将电压信号转变为电流信号，然后通过屏蔽电缆，送到电子处理机架部分。

电子处理机架将火焰检测器探头来的电流信号经过电流 - 电压转换变成电压信号，此电压信号同时被送到三个回路分别进行强度检查、频率检查和自身故障检查，这三路信号处理都有自己的发光二极管指示灯来指示它们各自的检查结果。当这三路信号都正常，指示该火焰检测器检测到火焰存在，同时在面板上的小型光度表上可看到此火焰信号的强度大小。

对于 CE 公司的Ⅱ型火焰检测器，其频率检测回路有两个独立的通道，分别用于炉膛火球和单根油枪，这是两种频率范围相差很大的火焰频率检测。两个频率检测通道的内部参考频率分别根据炉膛火球火焰频率和单根油枪的火焰频率范围进行调整。若各个回路输出都正常，即设备本身没有故障，强度满足，两个频率回路都满足，说明炉膛火球火焰以及相应的单根油枪火焰均存在。如果其他信号都满足，而油火焰频率回路不满足，则说明炉膛火球火焰存在，单根油枪火焰不存在。由于Ⅱ型火焰检测器用一个探头同时检测两种火焰，大大提高了火焰检测器的效率，而且便于布置，节省投资，减少维护工作量。

（三）炉膛安全监控系统的基本功能

炉膛安全监控系统（FSSS）的功能是确保锅炉的安全运行。为达到此目的，首先要解决的是炉膛爆燃问题。因此，炉膛安全监控系统必须具有能避免由于燃料系统故障或运行人员误操作而造成的炉膛爆燃事故的功能。

维持连续和稳定的燃烧过程是锅炉运行中的一个重要问题。单元机组在低负荷或甩负荷工况下，进入锅炉的燃料急剧减少，往往会出现不稳定燃烧工况，故系统中应考虑在低负荷工况时自动点燃油燃烧器稳定燃烧，以及在汽轮发电机甩负荷时能自动维持锅炉稳定燃烧而不灭火的控制功能。此外，在机组及锅炉发生重大事故或局部故障（如部分辅机跳闸限制负荷）时，为了保证安全，往往需要及时地切断全部燃料或减少燃料，FSSS 也应具有这种功能。

炉膛安全监控系统还能根据不同的运行方式，进行燃烧器投切操作及点熄火自动控制，并控制燃烧器风门挡板的状态，从而改善锅炉燃烧工况，提高运行性能及经济性。因此，炉膛安全监控系统具有以下基本功能。

1. 炉膛点火前的吹扫

炉膛点火前吹扫的目的是在启动前把炉膛及烟道内积聚的燃料和气体清除掉，避免锅炉点火时爆炸事故的发生。对于大容量锅炉来说，从炉膛内可燃混合物积存到发生爆燃往往发生在 1～2s 时间内，运行人员不可能对这种情况作出及时的反应，同时随着锅炉容量增加，设备日益复杂，要监控的项目很多，特别是在启停过程中操作十分频繁，即使是最熟练的运行人员，误操作也难免发生，因此这个任务可依靠 FSSS 来完成。

2. 油点火控制

油点火控制包括锅炉正常启动、停运和炉内燃烧不稳定时投油助燃的控制。锅炉正常启动时，只有当炉膛吹扫完成且满足一定的许可条件下，暖炉油才能投入运行。典型的许可条件为：炉膛吹扫完成；暖炉油的主油管跳闸阀打开，主油管油温正常，主油管跳闸阀处油压正常；燃油雾化蒸汽压力满足要求；手动油阀打开等。当上述许可条件满足时，可通过主控室 CRT 画面键盘、BTG 盘或就地盘等接口设备发出启动命令启动暖炉油枪，点火程序是自动进行的。

3. 煤粉燃烧器投入控制

当锅炉已经通过燃油暖炉，并且满足一定的许可条件时，可以通过接口设备启动给粉机（或给煤机）引入主燃料，使煤粉燃烧器投入运行。煤粉燃烧器投入运行的基本许可条件是"点火支持能量充足"和"一次风系统已准备好"。"点火支持能量充足"这一许可条件最为重要，只有具备足够的点火支持能量，才能保证主燃料进入炉膛立即被点燃。

4. 连续运行的监视

在正常运行的情况下，FSSS 能对炉膛燃烧火焰等情况进行连续的监测；当有异常情况时，FSSS 将发出音响警报，提醒运行人员立即进行相应的操作，以避免可能引起的跳闸事故；在运行人员来不及处理某些异常情况的时候，FSSS 将自动启动跳闸。

5. 紧急停炉（主燃料跳闸 MFT）

在锅炉安全受到严重威胁的紧急情况下，如汽轮机甩负荷，锅炉熄火，失去送风机和引风机，汽包水位过低或过高时，而运行人员来不及进行操作处理，FSSS 将实现"主燃料跳闸（MFT）"，将正在燃烧的所有燃烧器的燃料全部切断，以层为单位跳闸给粉机（磨煤机、给煤机）等设备。在任何时候当锅炉有关设备安全情况遭受危险时，运行人员可以直接启动 MFT 跳闸，而不需要等待 FSSS 响应。

6. 磨煤机组、燃烧器、点火器停运

磨煤机组、燃烧器、点火器的停运控制包括正常停运和紧急停运。FSSS 提供了这两种停运方式的逻辑。当正常停运指令发出或紧急停运条件满足时，FSSS 将按一定的逻辑顺序停相关设备。

7. 停炉后的吹扫

在锅炉跳闸后和重新点火前，不管停炉和重新点火之间时间间隔多长，都要进行吹扫，以消除可能积存在炉内的可燃物质。

第二节　炉膛安全监控系统的控制逻辑分析

FSSS 的逻辑系统通过事先制订的周密逻辑程序和安全连锁条件，保证在锅炉运行的各个阶段，包括点火启动、停炉过程中，防止燃料和空气混合物在锅炉任何部位积聚，避免锅炉爆炸的发生。FSSS 的逻辑系统一般分成泄漏试验、炉膛吹扫、油层控制、煤层控制、火焰检测及全炉膛灭火保护、主燃料跳闸、二次风挡板控制、辅机故障减负荷及快速切负荷等几个控制逻辑。

一、油系统泄漏试验

在机组点火启动前必须进行油系统泄漏试验，其目的是防止油漏入炉膛而在点火瞬间发生危险。在炉膛吹扫进行前，应先完成油系统的泄漏试验。泄漏试验必须满足油角阀全关和达到一定油压后才可进行，当运行人员启动试验后，程序自动分成两阶段进行检测。

第一阶段检测燃烧器油阀或炉前油管路是否泄漏，第二阶段检测油跳闸阀是否有泄漏，当两个阶段检测都通过时，泄漏试验成功。泄漏试验开始，先打开跳闸阀和回油阀进行充油，15～30s 后关闭回油阀，对油系统的各部分进行 10～15s 充压。当跳闸阀前后差压为零时关闭跳闸阀。跳闸阀关闭 15min，进行 10min 的检测，由跳闸阀前后差压判断燃烧器三用阀和油管路是否泄漏，若在跳闸阀关闭后仍能保持跳闸阀前后差压为零，则表明跳闸阀出口管路阀门无泄漏。第一阶段证实无泄漏后，再进行第二阶段试验，打开回油阀 10～15s 进行泄压，10～15s 后关回油阀进行 60s 的检测，根据此过程中油压是否降低来判断主跳闸阀是否泄漏。若在规定时间内压力低信号仍然存在，则表明主跳闸阀无泄漏，随即发出"泄漏试验成功"信号。

二、炉膛吹扫

炉膛吹扫的目的是将炉膛和烟道内可能积存的可燃混合物清除掉，防止点火时引起炉膛爆燃。炉膛吹扫的方式是：在锅炉点火前要在炉膛内吹入足够的风量，把这些混合物带走，以防在点火时炉膛发生爆燃。

锅炉点火前要进行炉膛吹扫，事故跳闸和正常停运后均须进行吹扫，吹扫时必须满足以下三个基本条件：将所有进入炉膛的燃料切断；炉膛内不存在火焰；吹扫空气流量必须保证在 5min 内把炉膛可能存在的可燃混合物清除掉，一般规定吹扫空气流量大于 30％额定风量。对于煤粉炉的一次风管也应吹扫 3～5min，油枪应用蒸汽进行吹扫，以保证一次风管与油枪内无残留的燃料，保证点火安全。

吹扫过程是这样的：运行人员手动启动引、送风机，二次风调节系统，通过调整辅助风挡板来调节炉膛风量。在锅炉停炉的时候，FSSS 发出一个信号，将辅助风挡板调节系统的设定值切到吹扫设定值，从而保证吹扫风量为 30％额定风量。FSSS 的吹扫控制功能主要在吹扫以前对锅炉的有关设备进行安全性检查，条件认可后，开始吹扫周期计时，保证吹扫时间不少于 5min。吹扫控制逻辑如图 8-5 所示。

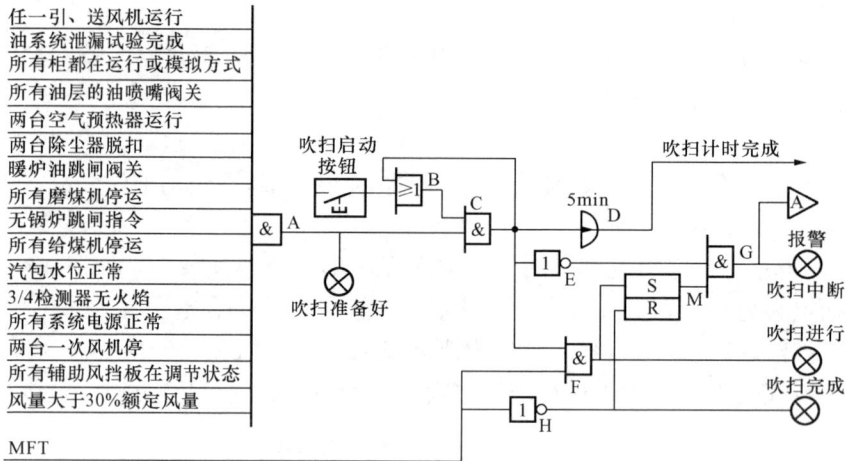

图 8-5 炉膛吹扫控制逻辑图

点火之前的吹扫条件实际上是对机组启动条件的检查，一般设置十几个吹扫条件，只有当吹扫条件全部满足后，才能启动吹扫，以保证吹扫完成后即可进行点火。通常的吹扫条件有：①暖炉油跳闸阀关闭；②无锅炉跳闸指令；③所有给煤机停运；④风量大于 30％额定风量；⑤$\frac{3}{4}$检测器无火焰；⑥任一引、送风机运行；⑦汽包水位正常；⑧所有辅助风挡板在调节状态；⑨所有油层的油喷嘴阀关；⑩油系统泄漏试验完成；⑪两台空气预热器在运行；⑫两台除尘器脱扣；⑬所有磨煤机停运；⑭两台一次风机停；⑮所有系统电源正常；⑯所有柜都在运行或模拟方式。当锅炉吹扫条件全部满足后，"与"门 A 输出 "1"，"吹扫准备好"灯亮，运行人员按"吹扫启动"按钮，"与"门 C 输出 "1"，并通过"或"门 B 自保持。其输出一方面经时间继电器 D 启动 5min 炉膛吹扫计时；并与 MFT 信号同时作用于"与"门 F，发出"吹扫在进行"信号。"与"门 F 的输出还作用于存储保持器 M，使其置位，记忆住当前的吹扫状态。完成规定的吹扫时间后，时间继电器 D 输出 "1"，其输出作用于主燃料跳闸回路，解除 MFT 状态记忆，并通过"非"门 H 发出"吹扫完成"信号。"非"门 H 的输出还使存储保持器 M 复位。

在5min吹扫过程中，如果任一吹扫条件丧失，则"吹扫准备好"灯灭，并通过"非"门E发出"吹扫中断"信号，同时停止5min吹扫计时。实际上炉膛吹扫并不一定中断了，而只是计时中断，要待吹扫条件全部满足后重新进行5min吹扫。由于存储保持器M是在启动吹扫时置位、在吹扫完成时复位的，所以"吹扫中断"信号只有在吹扫过程中才有可能发出，这就避免了在正常运行条件下发出该信号。

通过上述分析可得出炉膛吹扫的基本程序框图可表示为图8-6。

在锅炉点火启动过程中，一直要保持吹扫风量，直到机组负荷升至对应吹扫风量的负荷时，再开始随着负荷增加逐步增加风量。保持吹扫风量的目的是在点火不成功时能带走点火时进入炉内的燃料和启动过程中未燃尽的燃料，避免燃料积存引发爆燃，这称为"富风运行"。

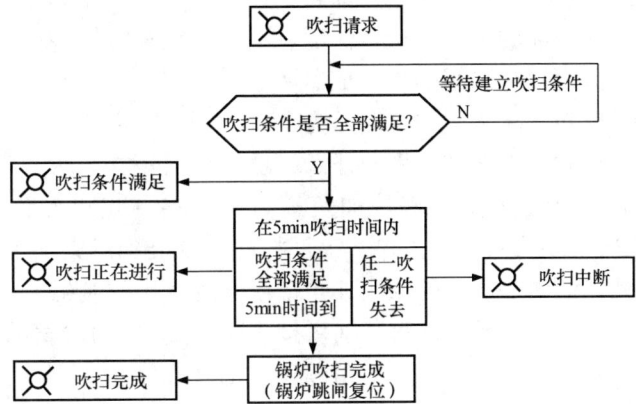

图8-6 炉膛吹扫基本程序框图

三、暖炉油控制

暖炉油系统的主要控制对象有燃油主跳闸阀、再循环阀、油角阀、油枪、点火器等。在点火前炉膛吹扫完成，炉膛已具备点火条件后，FSSS开始对油系统进行检查和控制。这是FSSS功能实施控制的第二阶段，这个阶段监控的主要内容包括主跳闸阀及再循环阀控制，点火许可及油层控制，油角控制和状态监视等。

1. 主跳闸阀及再循环阀控制

如图8-2所示，主跳闸阀和再循环阀是全部油枪和燃油油源之间的两个隔离阀。主跳闸阀是进油隔离阀，再循环阀是回油隔离阀，因此控制了这两个阀门，就控制了整个燃油系统的油源。

当再循环阀在关位时，跳闸阀开启的条件是：①燃油母管压力合适；②无MFT信号；③所有油角阀在关位；④无关主跳闸阀指令；⑤运行人员按"开"按钮或油泄漏试验发出"开"指令。如果当再循环阀在开位，只要所有油角阀在关位，则运行人员就可开启跳闸阀。跳闸阀除可手动关闭外，当发生MFT或者油压低不能保证正常燃烧时还可自动关闭。

在所有油角阀关闭的条件下，再循环阀可以手动打开或通过油泄漏试验来指令打开；在任何情况下都可手动关闭，或油泄漏试验来指令关闭。只要有一个油枪在投入位置，就不能打开再循环阀，否则喷油压力就不能建立。所以只要有油枪投运，就自动关闭再循环阀。

2. 点火许可与油层启停控制

锅炉点火，除了必须经过炉膛吹扫外，还要求燃油系统满足以下条件才允许点火：①锅炉跳闸信号MFT解除（即吹扫完成）；②燃油主跳闸阀打开；③燃油温度正常；④燃油雾化蒸汽压力正常；⑤燃油压力正常；⑥煤粉燃烧器摆角在水平位；⑦送风量为30%～40%额定送风量，或任一层给粉机运行；⑧无其他层燃烧器在点火过程中。以上条件满足后，FSSS才发出"允许点火"信号，允许油层启动。对于上述点火允许条件说明如下：MFT复归是炉膛点火允许的基本条件，它是在锅炉吹扫完成后建立的。吹扫允许表明锅炉已具备启动条件，吹扫完成后，只要点火器自身具备点火条件，即可进行点火。点火器点火时，要保证炉内有一定空气压力和流量，还要防止风量过大会吹熄火焰，也要注意风量过小也会使点火发生困难或不满足"富风运行"要求。如果已有一层及以上燃烧器运行，说明炉内已有一定风量，则点火风量条件就不再受限制。油压和雾化蒸汽（或空气）的压力要正常，这是为了保证油的雾化质量，保证着火条件和经济燃烧。

因为锅炉采用摆动燃烧器调节再热汽温。在锅炉点火初期投运油燃烧器时，要求煤粉燃烧器摆角放在水平位置，是为了便于固定在燃烧器上的油枪和点火器顺利地推进和退出。为防止炉膛压力波动过大，任意一层燃烧器正在点火过程中，不允许其他层燃烧器同时点火，同时也是为了防止锅炉加负荷过快。在"点火允许"信号发出后，锅炉进入点火状态，FSSS 开始进行点火控制。油层控制系统接到点火指令后，按照一定的逻辑进行时间和顺序排列，向油层所属的四个油角控制系统发出控制信号，控制油角的启停。层启停控制有按层控制和按对角控制两种，前者按 1—3—2—4 的对角顺序启动（或停止）一次操作完成，后者分别按 1—3 和 2—4 对角顺序启动（或停止），分两次操作完成。下面以第一种操作方式为例子进行介绍。

当点火允许信号发出后，FSSS 开始以层为单位进行油枪点火控制，油层控制系统按照一定的时间顺序对所属的四个油角的控制系统发出控制信号，每个油角控制系统根据油层控制系统的指令对油枪、三用阀、点火器进行控制，完成点火过程。油层控制系统的逻辑电路如图 8-7 所示。

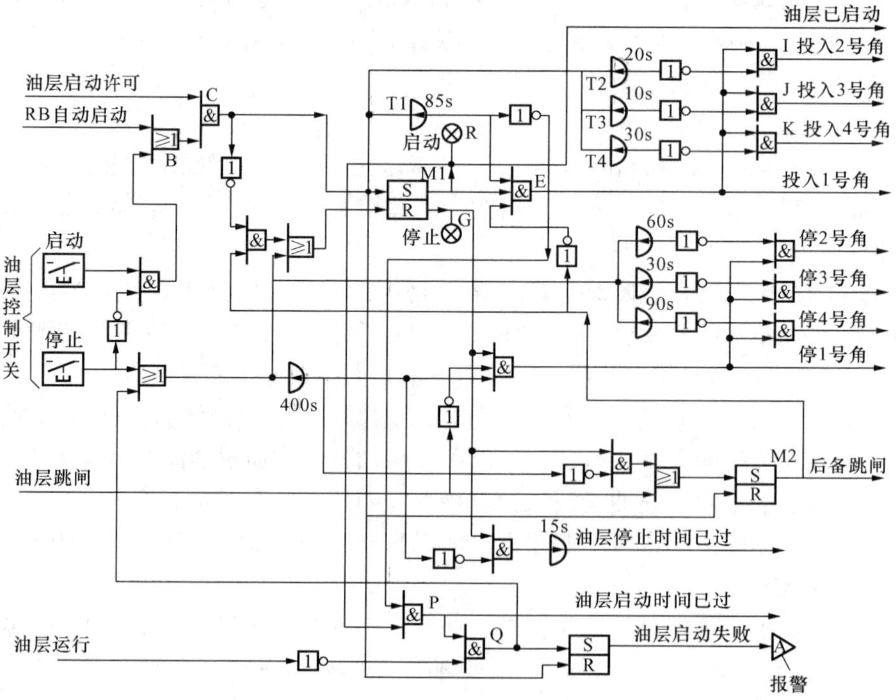

图 8-7　油层控制系统逻辑电路

油枪的启停采用层控制方式，运行人员发出层启动指令后，本层的四个油角按 1—3—2—4 的对角顺序全部启动，油层的启动周期约为 85s。当点火允许条件满足后，如果运行人员发出启动指令，或者出现系统自动启动信号，"或"门 B 输出"1"，"与"门 C 就发出一个启动信号，使存储保持器 M1 置位，"层启动"灯 R 被点亮，说明油层开始启动。"与"门 C 输出的启动信号还同时使时间继电器 T1、T2、T3、T4 输出"1"。若无"后备跳闸"信号，则"与"门 E 输出"1"，发出启动油角 1 指令，使角 1 的油角控制系统开始启动角 1 点火。10s 后 T3 复位，"与"门 J 发出启动油角 3 的指令。20s 后 T2 复位，"与"门 I 发出启动油角 2 的指令。30s 后 T4 复位，"与"门 K 发出启动油角 4 的指令。所以油角是按 1—3—2—4 的对角顺序启动的，每个油角启动的时间间隔是 10s。85s 后 T1 复位，经"与"门 P 发出"油层启动时间已过"信号。若没有收到油层运行信号，则经"与"门 Q 发出"油层启动失败"信号。

油层的停运控制逻辑与启动控制逻辑类似，只是每个角停止的时间间隔为 30s。由于在油枪停止的过程中要经过 5min 吹扫，总计约需 390s，故停油层的规定时间为 400s。

在油层投运之后，若发出 MFT、主跳闸阀关闭或者油层运行中发出油压低，"油层跳闸"信号出现，M2 被置位，发出"后备跳闸"信号，直接作用于油角控制系统，使油角阀快速关闭，切断油源。在油层正常停运 400s 时间到时，也发出"后备跳闸"信号，确保油角阀关闭。从图中还可看出 M2 是由油层启动信号复位的，当 MFT 存在时，M2 不能复位。M2 输出为"1"，经反相后的"0"信号送到"与"门 E，使油层无法启动。这就是 MFT 信号对油层的闭锁作用。只有炉膛吹扫完成，使 MFT 复位后，才有可能启动油层。

3. 油角启动

油角控制系统的控制对象是油枪伸缩机构、高能点火器伸缩机构、高能点火器电源、油角阀等。油角控制系统接受油层控制系统的启动指令，负责完成油枪推进、高能点火器推进、高能点火器点火、油角阀打开、油枪吹扫、喷油以及点火效果监视和处理等功能。图 8-8 是简化了的油角控制逻辑图。油角控制系统处于遥控位置时，可以接收油层控制系统发出的角启动信号，也可由运行人员在 BTG 盘或 OIS 站上直接发出油角启动指令。油角控制处于就地位置时，由运行人员在现场启动。

(1) 油枪向炉膛推进。油角控制系统接到油层控制系统发来的启动信号以后，如条件允许，第一步就是把油枪推进炉膛。当下列条件全部成立时，允许油枪推进：①油层启动允许；②油角阀关闭；③油角无火焰；④无油角跳闸信号；⑤有油角启动指令。满足上述条件时，"与"门 A 输出"1"，发出角启动信号，油枪向炉膛推进。

(2) 点火器向炉膛推进。当油枪到位后，允许油枪推进的各个条件仍存在时，点火器向炉膛推进。

(3) 高能点火器点火。当油枪和高能点火器推进炉膛后，油角阀开始打开，当油角阀到达吹扫位置时，系统接通高能点火器，使点火器发出电火花，将油点燃。油角阀在吹扫位置时喷出的是蒸汽，接着才喷油，故点火器的点火在油枪喷油之前，这是为了防止油枪喷出的油没有点燃而在炉膛内沉积。高能点火器打火约 30s 后自动退出炉膛。

经过以上分析，可将油角控制过程用图 8-9 油角启动过程程序框图表示。

油角阀打开，油进入炉膛内，约 30s 点火周期已过，高能点火器信号失去，此时油角的火焰检测器检查点火是否成功，即检查是否有角火焰指示。如有火焰，则保持油角阀继续开启。启动成功，油枪投入正常运行。如油角阀开后 30s（计时器图中没画出）检测油角无火焰，即油角点火不成功。若吹扫能量满足（有相邻煤层运行），则"与"门 C 输出"1"，自

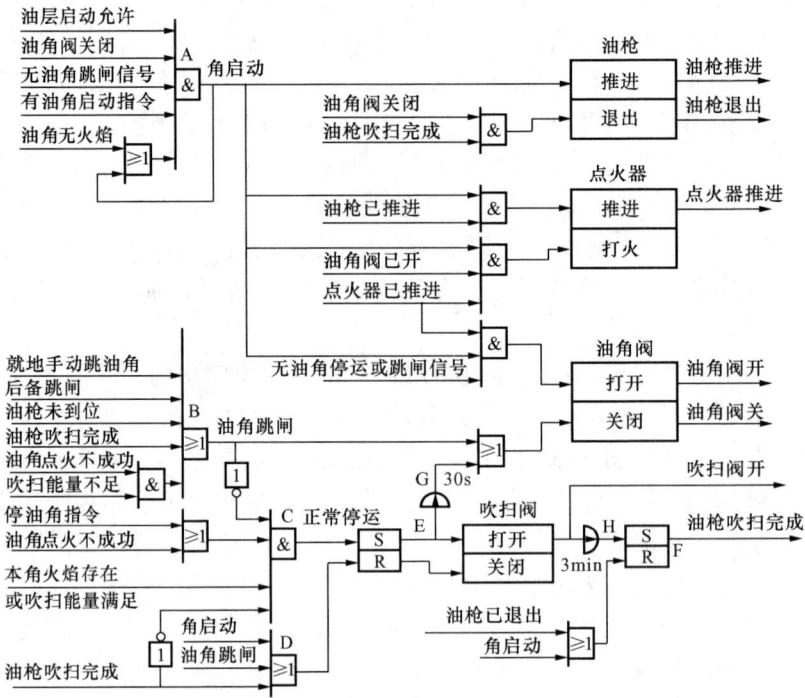

图 8-8　油角控制逻辑图

动发出正常停止，否则"或"门 B 输出"1"，发出油角阀关闭指令，直接切断油燃料，停运油角。

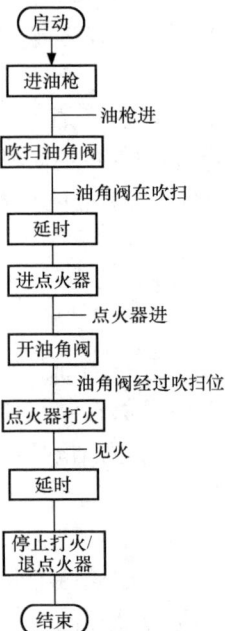

图 8-9　油角启动
过程程序框图

4. 油角停运

油角停运分正常停止和事故跳闸。油角的正常停运过程和油角跳闸是有区别的，尽管二者的最终结果是关闭油角阀。在正常停运时油枪必须经过"吹扫"程序，把油阀出口到油枪喷嘴间的管道内现存的油吹干净，而在油角跳闸时，因为是危急工况，是直接关断油角阀，切断燃料而不经过吹扫程序，所以，油枪的正常停运包括关油阀和油枪吹扫两个控制逻辑，而油角跳闸时，在很短的时间内即可关闭油角阀。

（1）油角跳闸。当出现下述任一情况时，即执行油角跳闸控制逻辑：①操作员在就地手动跳油角；②油枪未推进到位或到位信号未接通（油枪故障）；③油枪吹扫完成，存储器复位；④油角点火不成功，且吹扫能量不足（没有相邻煤层运行）；⑤后备跳闸。当上述条件之一出现时，"或"门 B 输出"1"，油角跳闸指令直接关闭油角阀。油角点火不成功是指在 30s 的点火周期内没点着，且没有相邻煤层运行，则立即停止喷油，油角跳闸的作用就是直接关闭油角阀，中断燃油进入炉膛。

（2）正常停运。正常停运时，系统接受油层控制系统来的停运信号，油枪经吹扫以后退出炉膛。在下述条件均满足时，进行油枪吹扫：①出现停油角指令或油角点火不成功信号；②无油角跳闸指令；③本角油枪火焰存在或吹扫的能量满足（相邻的给粉机投运）。当三个条件同时满足时，"与"门 C 输出"1"，发出正常停运指令，吹扫指令存储器 E 置位，打开油枪吹扫阀，并通过时间继电器 G，30s后发出关油角阀指令。吹扫阀开启后，启动吹扫时间定时器 H，对油枪进行 3～5min 的蒸汽吹扫计时。吹扫完成后，H 输出"1"，吹扫完成存储器 F 置位，发出"油枪吹扫完成"信号，使吹扫指令存储器 E 复位，关闭吹扫阀，并使油枪退出炉膛。而角启动或油枪退出炉膛信号使吹扫完成存储器 F 复位，为下次进行吹扫做好准备。通过上述分析，油角停运过程程序框图如图 8-10 所示。

综上所述：锅炉自动点火的基本程序如图 8-11 所示。

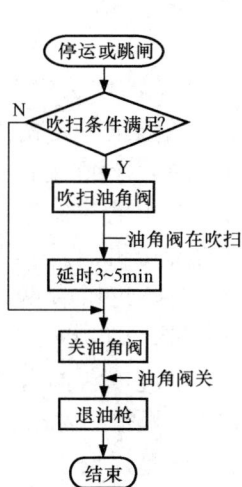

图 8-10 油角停运过程
程序框图

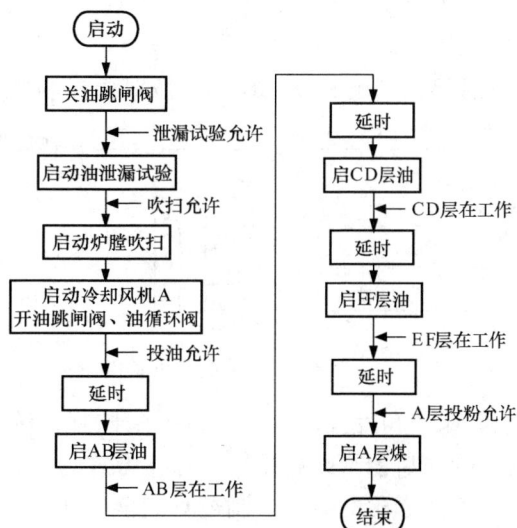

图 8-11 锅炉自动点火的基本程序

四、煤层控制

在 FSSS 的控制下，顺利完成锅炉点火后，随着锅炉参数变化，需要将主燃料煤粉投入运行，这就进入了 FSSS 控制功能的第三步，即煤粉投入许可和煤层启停控制，包括煤层投入许可和煤层、煤角启停控制。

（一）投煤允许条件

投煤允许条件是锅炉安全运行的重要条件之一。系统要求在煤粉进入炉膛前就能确认煤粉进入炉膛后是可以获得足够的点火能源，及时点燃煤粉，从而避免煤粉在炉内沉积。根据运行经验，投煤许可条件主要涉及三个方面：①燃烧器状态及锅炉参数许可；②一次风系统是否许可；③炉膛内点火能源是否许可。上述三个条件必须全部具备，煤粉才能投入运行。具体地说，投煤允许条件为：①锅炉无 MFT；②所有辅助风挡板在调节位；③火检冷却风压正常；④锅炉负荷大于 30%，且炉膛风量小于 40%，或者已有燃烧器运行；⑤汽包压力合适；⑥二次风温合适；⑦一次风允许。一次风是煤粉喷入炉膛的输送风，因此是投入煤粉的重要先决条件之一，没有一次风或一次风速低都会使给粉管沉积煤粉产生不安全因素，因此"一次风允许"信号必须有效。"一次风允许"除了要保证一次风压外，还要注意一台一次风机只能带 50% 负荷，投入的煤层超过 50% 时，应运行两台一次风机。

　　煤层点火能量允许是指汽包压力大于规定值或空气预热器进口烟温大于规定值。汽包压力大于规定值表明锅炉达到一定的蒸发量，炉内热负荷达到一定值，满足煤粉着火条件。空气预热器进口烟温达到一定值，即与汽包压力达到一定值的条件类似，具有相同的意义，它可以保证煤的干燥和煤粉着火的条件。因为煤粉是靠相邻的油火焰或煤火焰点着的，所以要保证与该煤层相邻的煤层或油层至少一层投运，以保证足够的点火能源，确保煤粉进入炉膛后立即燃烧，以避免煤粉在炉膛内沉积。每层的点火许可条件除了要满足"投煤许可"条件外，还保证必须有相邻油层运行，或者有相邻煤层运行且该煤层的负荷大于50%。

　　对于图5-68所示的燃烧器，C层煤粉投入的许可条件如图8-12所示。

　　（二）煤层启停

　　煤层启停控制也有按层控制和按对角控制两种，按层控制的方式与油层控制类似，即层控制系统按一定的时间顺序向所属的四个角发控制指令，再由每个角的控制系统执行所属角的给粉机启停操作。按对角控制时，每层有两个独立的控制系统，即1—3角和2—4角控制系统，它们分别向所属的

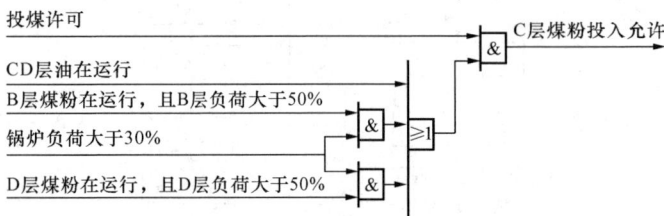

图8-12　投煤许可条件

1、3角和2、4角发控制指令，再由角控制系统执行启停给粉机的操作。本节以按1—3和2—4对角顺序启动（或停止）的操作方式为例进行介绍。图8-13是煤层1—3角启动控制逻辑简图（2—4角的启动控制逻辑完全一样）。

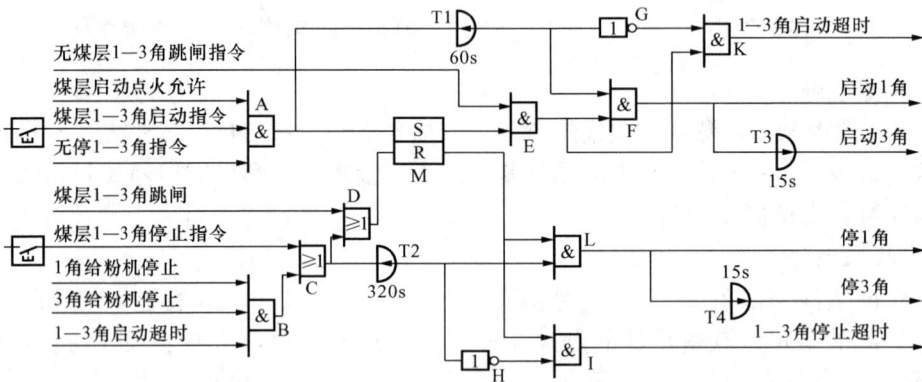

图8-13　煤层1—3角启动控制逻辑简图

　　1. 煤层的对角启动

　　由图8-13可见，当煤层启动点火允许，且无停1—3角指令时，运行人员发出1—3角启动指令，"与"门A输出"1"，存储保持器M置位。若无煤层1—3角跳闸指令，"与"门E输出"1"，发出启动1角指令，经T3延时15s后，发出3角启动指令。60s后，T1输出"0"，使F回"0"，停止发送启动信号，并经"非"门G反相，使"与"门K输出"1"，发出1—3角启动超时信号，若此时1角和3角的给粉机仍处于停止位，"与"门B输出"1"，

则表明启动不成功,发出停止信号。

2. 煤层的对角停运

煤层的对角停运分正常停止和事故跳闸两种。

正常停运有两种情况,一是运行人员发出停1—3角指令,二是角1—3启动不成功。当两种情况任一出现时,"或"门C、D输出"1",并使存储保持器M复位,从而使"与"门L输出"1",发出停1角指令,经T4延时15s,发出停3角指令。320s后,T2回"0",使L回"0",停止发送停止信号,并经"非"门H反相,使"与"门I输出"1",发出1—3角停止超时信号。故正常停止信号的作用周期为320s。

与正常停止不同,煤层1—3角跳闸信号来到时,仅通过"或"门D作用于存储保持器M,使其复位,只要跳闸信号存在,启动信号就不会发出。

发事故跳闸信号的情况有三种(图中未画出):①煤层1—3角停止超时;②机组发生MFT;③一次风消失。该信号是在有煤层运行、失去两台一次风机(或一次风压低达跳闸值)的情况下发出的。

煤层1—3角停止超时信号是一个脉冲信号,为保证1—3角可靠停止,在正常停止周期结束时,补发该停脉冲信号。跳闸信号还作用于每个角,直接使给粉机跳闸。

3. 给粉机启动

给粉机和一次风挡板控制逻辑简图如图8-14所示。

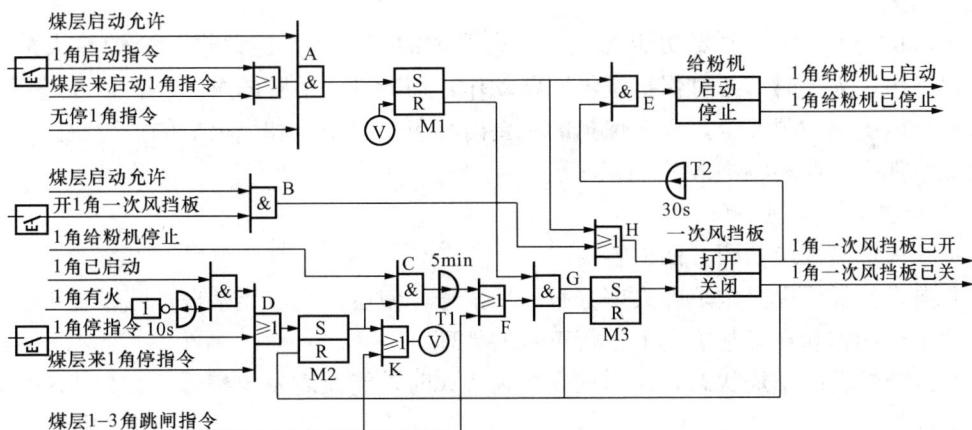

图 8-14　给粉机和一次风挡板控制逻辑简图

当煤层启动允许且无停1角指令时,由煤层来的启动1角指令(图8-13中"启动1角"信号输出),或者运行人员直接发启动1角指令,"与"门A输出"1",存储保持器M1置位,使"或"门H输出"1",打开1角一次风挡板。一次风挡板开后30s,"与"门E输出"1",发出启动1角给粉机指令。在煤层启动允许条件存在时,一次风挡板也可由运行人员直接开启,见图8-14中"与"门B输出"1",使"或"门H输出"1"。

4. 给粉机停止

给粉机停止分正常停运和事故跳闸两种情况。如果煤层来停1角指令,或运行人员直接发停1角指令,或1角给粉机已启动超过10s而未检测到角火焰时,"或"门D输出"1",发出停给粉机指令。存储保持器M2置位,其输出一方面通过"或"门K,使存储保持器

M1 复位，"与"门 E 输出"0"，停止给粉机运行；另一方面，当给粉机停止后，"与"门 C 输出"1"，5min 后，"或"门 F 输出"1"，"与"门 G 输出"1"，通过 M3 发出关闭一次风挡板指令。5min 延时实际上是一次风吹管时间。

发生给粉机事故跳闸的原因与图 8 - 13 中的煤层跳闸是一样的。煤层 1—3 角跳闸指令信号来到时，通过"或"门 K、存储保持器 M1、"与"门 E 停给粉机，同时，经"或"门 F、"与"门 G、存储保持器 M3 直接关一次风挡板，而不进行吹管。

综上所述，煤层的角启动过程和停止过程可用图 8 - 15、图 8 - 16 来表示。

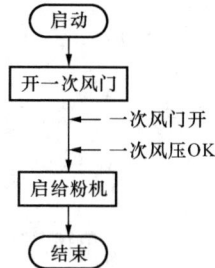

图 8 - 15　煤层的角
启动过程

图 8 - 16　煤层的角
停止过程

五、灭火保护

灭火保护是 FSSS 的主要功能之一。灭火保护的实质是：连续进行全炉膛火焰状况监视，在锅炉出现灭火时，通过保护逻辑回路动作，切断进入炉膛的全部燃料，并进行炉膛必要的吹扫，以确保炉膛安全。灭火保护的主要内容包括启动前和灭火后的炉膛吹扫连锁、全炉膛火焰监视、主燃料跳闸 MFT 连锁等。

1. 全炉膛火焰监视

全炉膛火焰监视包括两方面内容：

（1）向运行人员提供全炉膛火焰分布指示信号，使运行人员能掌握炉膛燃烧工况，以便进行正常运行调整和在异常工况下进行正常的处理。

（2）判断炉膛的燃烧状态，在出现全炉膛灭火时，能及时发出信号，以便 FSSS 启动全炉膛灭火保护。

全炉膛灭火是锅炉主燃料跳闸 MFT 条件之一。主要用于监视锅炉煤粉的燃烧工况，当确认有煤粉进入炉膛且全部火检检测无火时，发出全炉膛灭火信号，启动 MFT，防止煤粉在炉内沉积而引发爆燃事故。全炉膛灭火信号必须经过各层给粉机运行情况和各层火检装置检测结果的综合分析才确定。所谓"无火"即各层火检无火。"层无火"即该层四个角火焰检测器有三个及以上同时未检测到火焰。有煤粉进入炉膛是通过层给粉机运行信号来确认的。有层给粉机运行即至少有一层有两台及以上给粉机在运行。所以，全炉膛灭火信号是在有煤粉投入的情况下才发出的。对于图 5 - 68 所示的燃烧器，全炉膛灭火控制逻辑简图如图 8 - 17 所示。

图 8 - 17 中，A、B、C、D、E、F 层火检即煤层火检，AB、CD、EF 层火检是与煤层相邻的油层火检。所以，某层无火，即该层煤火检和相邻的油火检无火，或者该层给粉机全停。如果在运行中发生各层无火，且有任一层给粉机在运行，则发出全炉膛灭火信号。

2. 主燃料跳闸（MFT）

主燃料跳闸是锅炉安全监控系统的主要组成部分，它连续地监视预先确定的各种安全运行条件是否满足，一旦出现可能危及锅炉安全运行的危险情况，就快速切断进入炉膛的燃料，以防止锅炉熄灭后爆燃，避免发生设备损坏和人身伤亡事故，或者限制事故的进一步扩大，同时显示跳闸原因，并将主燃料跳闸（MFT）状态维持到下次锅炉启动。只有在下次启动前炉膛吹扫完成后才会自动解除MFT状态的记忆（MFT复置）。

图8-18所示为主燃料跳闸（MFT）控制逻辑简图。锅炉正常运行时，无任何跳闸条件出现，"或"门A输出"0"，"非"门C输出"1"，发出"无锅炉跳闸指令"信号，作为炉膛吹扫的条件之一。当任一MFT条件出现时（如图中炉膛失去火焰，即全炉膛灭火信号出现），"或"门A输出"1"，记忆/复位元件M1输出"1"，MFT灯亮，

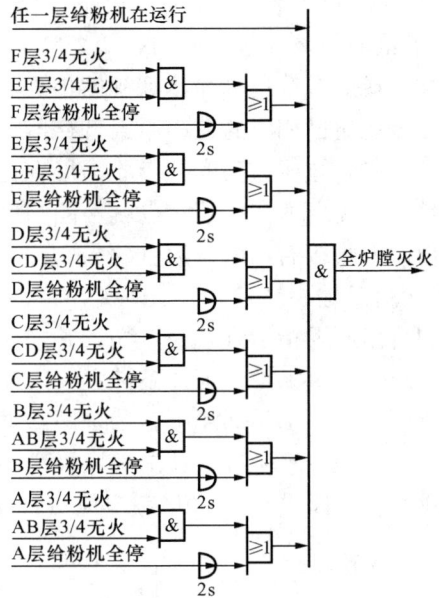

图8-17 全炉膛灭火控制逻辑简图

发出MFT信号。跳闸信号还使"首出原因"寄存器置位，点亮首出原因灯，为运行人员分析事故提供依据。如全炉膛灭火，即"炉膛失去火焰"信号出现时，"与"门G输出"1"，使首出原因寄存器（记忆/复位元件M2）置位，"首出原因"指示灯亮，告知运行人员发生MFT的原因是炉膛失去火焰。

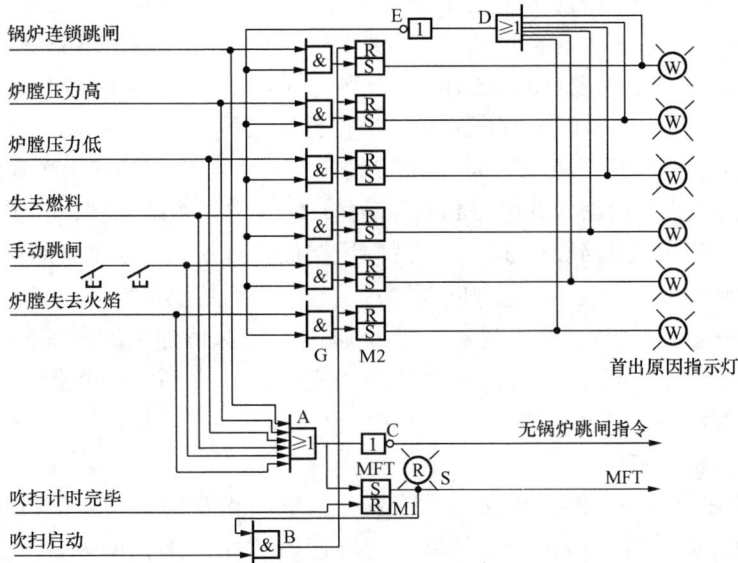

图8-18 主燃料跳闸控制逻辑简图

M2的输出还通过"或"门D使"非"门E输出"0"，封锁了首出原因寄存器的输入，从而保证只有首次出现、引起MFT的原因才被显示，而其他在MFT发生后的信号，则不

被显示。例如当"炉膛失去火焰"信号出现引起 MFT 后，通过 M2 点亮指示灯显示引起 MFT 的原因，即首出原因是"炉膛失去火焰"。因为，跳闸后还可能出现其他信号如炉膛压力高（或低）等也可能达到跳闸值，如果"非"门 E 输出为"1"，炉膛压力高（或低）的信号也能通过相应的首出原因寄存器，使与其相应的首出原因灯亮，但这不是真正的首出原因。如果炉膛压力高的首出原因灯也亮，运行人员就无法分辨首出原因是"炉膛失去火焰"还是"炉膛压力高"了，也就不能知道真正的首出原因。所以，当锅炉满足吹扫条件，启动吹扫时，吹扫启动信号通过"与"门 B 使所有首出原因寄存器复位，"或"门 D 输出"0"，"非"门 E 输出"1"，开放了首出原因寄存器的输入。这样，只要任一 MFT 条件出现，相应的首出原因指示灯就被点亮，并同时通过"非"门 E 封锁其他首出原因寄存器的输入。

对于汽包锅炉，下述条件之一出现时（图 8-18 只画出了其中几个），FSSS 将发出主燃料跳闸信号：①手动跳闸；②全炉膛灭火；③炉膛压力过高；④炉膛压力过低；⑤汽包水位过高；⑥汽包水位过低；⑦送风机全部跳闸；⑧引风机全部跳闸；⑨失去燃料；⑩给水泵全部跳闸；⑪风量小于 30％额定风量；⑫DCS 失电；⑬汽轮机跳闸。

失去燃料也是锅炉主燃料跳闸 MFT 条件之一。但与全炉膛灭火不同，失去燃料是在锅炉点火成功后，由于某种原因燃料全部失去的情况下发出的，如图 8-19 所示。如锅炉启动初期，煤层尚未工作，而燃油跳闸阀关闭造成的灭火即属于失去燃料。需要注意的是，该信号是在曾经有火焰，后来失去全部燃料的情况下才发出的。所以在启动过程中，只要吹扫完成，MFT 复归，就由记忆元件 M 记忆下这个预置条件，否则"失去燃料"这个锅炉跳闸条件在启动前永远存在，锅炉点火前的清扫无法进行。

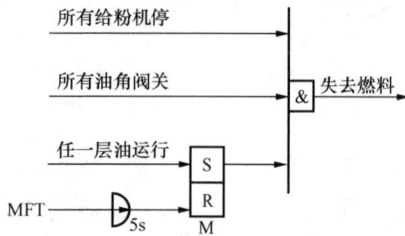

图 8-19　失去燃料控制逻辑简图

MFT 动作时，应保证有足够的风量进行跳闸后的吹扫。如果 FSSS 未实现对风系统的控制，则需要运行人员手动进行调整保持 30％额定风量，至少维持吹扫 5min。若是两台送风机跳闸引起的 MFT，则要保证风道通畅，进行自然通风。

当锅炉发生主燃料跳闸（MFT）时，MFT 输出信号将会作用到各有关系统，切断进入炉膛的所有燃料，防止锅炉内爆，并将引起下列动作：①关燃油主跳闸阀；②关油角阀；③停所有给粉机；④关所有一次风挡板；⑤将全部燃料风挡板开到最大；⑥将全部辅助风挡板开到最大；⑦汽轮机跳闸；⑧停除尘器；⑨停吹灰器；⑩送信号到其他系统。

从图 8-18 中还可看出，MFT 连锁主要是通过存储保持器 M1 实现的。主燃料跳闸信号经"或"门 A 进入使 M1 置位后，这个状态一直保持，直到锅炉吹扫计时完成信号到来使其复位，否则无法进行点火。

六、二次风挡板控制

二次风挡板包括燃料风挡板和辅助风挡板，在机组正常运行中，二次风挡板受锅炉自动调节系统控制。如燃料风挡板开度与给粉机转速成正比，则辅助风挡板受风箱炉膛差压控制。在某些特殊情况下，FSSS 要把二次风挡板强制在某一位置，以满足锅炉安全的需要，例如，在正常运行工况下，辅助风挡板开度接受风箱炉膛差压调节指令，当相邻的油层和煤层停运时，辅助风挡板关闭。但在负荷小于 35％额定负荷时，FSSS 将辅助风挡板强制在开状态，以满足低负荷富风运行的要求。又如当发生 MFT 时炉膛压力急剧下降，仅关小引风机挡板难以将压力拉回来，所以要将燃料风和辅助风挡板强制开到最大位置，以增加通风量，防止炉膛内爆。30s后，如果送、引风机正常运行，则将燃料风挡板关闭，将辅助风挡板快速恢复自动调节；如果送风机全跳，则所有二次风挡板维持在全开位置，进行自然通风。

七、事故状态下燃烧器投切控制

当电力系统发生事故而使发电机主开关跳闸时，汽轮发电机可实现无负荷运行或带厂用电运行。汽轮发电机故障跳闸，机组可采用停机不停炉的运行方式，即具有FCB（fast cut back）功能，维持锅炉最低负荷运行，蒸汽经汽轮机旁路系统进入凝汽器。待事故原因消除后，机组可以进行热态启动，从而使机组迅速并网发电。锅炉在低负荷运行时，要切除部分煤粉燃烧器，为稳定炉内煤粉燃烧，还要投运部分油枪。当发生FCB时，哪些煤粉燃烧器应保留，哪些煤粉燃烧器应切除，投运哪些油枪助燃，可根据故障的性质和预先设定的动作逻辑，由FSSS自动完成投切燃烧器的工作。

锅炉主要辅机发生故障时，控制系统也将机组负荷紧急降至运行辅机所能承担的负荷水平运行。这时锅炉应切除部分煤粉燃烧器，并按炉内稳定燃烧的要求决定是否要投油助燃。对送风机、引风机、一次风机、给水泵等跳闸引起的负荷下降，一般需要将负荷减至50%～60%额定负荷，对于国产燃煤机组，这已经小于煤粉稳定燃烧的最小负荷，故FSSS在切除部分煤粉燃烧器的同时，须自动投油助燃，以防锅炉灭火。

本章小结

锅炉炉膛安全监控系统是保证锅炉安全运行的重要系统，它在锅炉启动、运行及停止的各个阶段，连续地监测锅炉的有关运行参数，根据防爆规程规定的安全条件，不断地进行逻辑判断和运算，通过相应连锁装置使燃烧设备按照既定程序完成必要操作，避免爆炸性的空气——燃料混合物在炉膛及烟道内积聚，并在出现危及锅炉安全的工况时，迅速切断进入炉膛的所有燃料，防止炉膛爆炸事故的发生。

炉膛安全监控系统包括燃烧器控制系统和炉膛安全系统。燃烧器控制系统的功能是连续监视和进行遥控操作；控制点火，给煤机或给粉机等设备进行自启停或远方操作；分别测量监视油层、煤层及全炉膛火焰。当吹扫、燃烧器点火和带负荷运行时，决定风箱挡板位置，以便获得所需的炉膛空气量分布，同时还提供状态信号到协调控制系统（CCS）、计算机监视系统（DAS）及全厂报警系统。

炉膛安全系统的功能是在锅炉运行的各个阶段，包括启动和停机过程中，预防在锅炉的任何部分形成可爆的燃料和空气的混合物，监测锅炉运行情况，在对设备与人有危险时产生主燃料跳闸（MFT），并提供锅炉"首次跳闸原因"，并将其在操作员站显示出来，同时封锁由此跳闸条件引起的其他跳闸条件指示。主燃料跳闸信号再现后，切除所有燃料设备和有关辅助设备，切断进入炉膛的一切燃料。主燃料跳闸以后维持炉内通风，进行吹扫，以清除炉膛及尾部烟道中可燃气体，防止炉膛爆炸。在吹扫结束之前，有关允许条件未满足的情况下，不允许再送燃料至炉膛。系统将不容许运行人员在不遵守安全程序下启动设备，如果违反安全程序的话，设备将无法启动，从而达到确保锅炉安全运行的目的。

思考题及习题

8-1　炉膛爆燃的必要条件有哪些？引起炉膛爆燃的主要原因是什么？

8-2　什么是炉膛安全监控系统？炉膛安全监控系统的基本功能有哪些？

8-3　为什么要进行油泄漏试验以及如何进行试验？

8-4　炉膛吹扫的目的是什么？并分析图8-5的炉膛吹扫控制逻辑。

8-5　什么是主燃料跳闸？分析图8-18的主燃料跳闸控制逻辑。

8-6　FSSS和锅炉灭火保护有什么不同？

8-7　失去燃料跳闸与全炉膛灭火有何区别？

第九章

顺 序 控 制 系 统

第一节 概　　述

一、火电厂顺序控制系统的意义

在生产过程控制中，过程控制有两大类型，即调节控制（modulating control）和顺序控制（sequence control）。调节控制又称闭环控制，是利用反馈方法将被调量与设定值进行比较，然后根据比较后的偏差改变调节量，使被调量维持在设定值或允许变化的范围内。在这类控制系统中控制器的输入量/输出量均为模拟量，所以又称为模拟量控制系统。顺序控制是另一类控制，它只与设备的启动、停止或开、关等状态有关。它是根据生产过程的工况和被控制设备状态的条件，按照事先拟定好的顺序、条件和时间要求去启动、停止、开或关被控设备。在这类控制系统中，检测运算和控制用的信息全部是"有"和"无"，即"1"和"0"两种信息，这种具有两种对立状态的信息称为开关量信息，所以这类控制也称为开关量控制。顺序控制系统是一个比较新颖的控制系统，随着科学技术的发展，顺序控制广泛地应用于各种场合的生产工艺过程，以提高生产的自动化水平，实现生产的现代化。

二、火电厂顺序控制系统的功能

大型火电单元机组顺序控制系统（sequence control system，SCS）的功能是对大型火电单元机组热力系统和辅机（包括电动机、阀门、挡板）的启、停和开、关进行自动控制。这种操作尽管量值关系简单，但随着机组容量的增大和参数的提高，辅机数量和热力系统的复杂程度大大增加，一台600MW机组约有辅机、电动/气动门、电动/气动执行器300余台套。顺序控制系统涉及面很广，有大量的输入/输出信号和逻辑判断功能。一台600MW机组的顺序控制系统有2000～3000多个输入信号、1000多个输出信号、800多个操作项目。对如此众多而且相互间具有复杂联系的热力系统和辅机设备，单靠运行人员进行手工操作是难以胜任的，所以必须采用安全可靠的自动控制装置，对热力系统和辅机实现顺序控制。热工自动控制技术的发展，特别是可编程控制器（PLC）和分散控制系统（DCS）的出现，为实现完善的热力系统和辅机顺序控制创造了条件。

SCS采用的顺序控制策略是按照机组运行客观规律的要求，即相当于把热力系统和辅机运行规程用逻辑顺序控制系统来实现。

采用顺序控制以后，对于一个热力系统和辅机的启、停，操作员只需按下一个按钮，则该热力系统的辅机和相关设备按安全启、停规定的顺序和时间间隔自动动作，运行人员只需监视各程序步执行的情况，从而减少了大量繁琐的操作。同时，又由于在顺序控制系统设计中，各个设备的动作都设置了严密的安全连锁条件，无论自动顺序操作，还是单台设备手动，只要设备动作条件不满足，设备将被闭锁，从而避免了操作人员的误操作，保证了设备的安全。

三、火电厂顺序控制系统的控制范围

火电厂顺序控制系统的控制范围包括与机、炉、电主设备运行关系密切的所有辅机，以

及阀门、挡板等。顺序控制系统按热力系统将辅机划分为若干功能组（function group），功能组就是将属于同一系统的相关联的设备组合在一起，一般是以某一台重要辅机为中心。如引风机功能组，就包括引风机及其轴承冷却风机、风机和马达的润滑油泵、引风机进/出口烟道挡板、除尘器进口烟道挡板等。对于一些相对独立的程控系统，如输煤、除灰、化学补给水处理、凝结水处理、锅炉吹灰、锅炉定期排污等系统，一般为独立的顺控系统，用可编程序控制器（PLC）来实现，不在本章的讨论范围之内。

目前单元火电机组的顺序控制系统，我们一般可以分为四级，即机组级、功能组级、功能子组级和设备级。它们相互配合共同完成机组的总体控制功能，图 9-1 为顺序系统控制级关系示意。

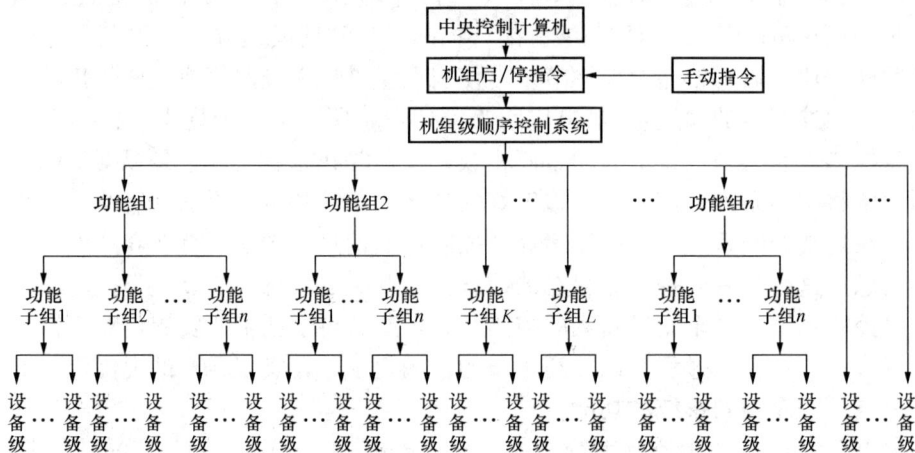

图 9-1 顺序系统控制级关系示意

（一）机组级控制

机组级控制是最高一级的顺序自动控制。机组级控制机构在接受人工或机组自启停控制系统的指令后，按机组预定启停顺序启动相应的功能组，并全面监测机组的运行工况和各个功能组的进行情况。各功能组完成预定操作任务后则向机组级控制机构报告完成情况。机组级控制机构综合整个机组各方面进程结果后，发出启动下一步有关功能组的启动指令，以协调机组各系统的工作，保证在安全条件下将机组从初始状态逐步启动，完成并网、带负荷。

（二）功能组控制

功能组控制是一种以一个工艺流程为主，包含有关设备在内的顺序控制。功能组控制的特点是把工艺上相互联系，并且具有连续不断的顺序性控制特征的设备群作为一个整体来控制。功能组控制程序可以在集控室内由操作员通过计算机键盘操作来启动。在自动控制要求较高的机组上，可由机组的自启/停控制系统来启动各个功能组控制程序。

功能级的操作有三种形式：第一种操作是启/停和自动/手动切换；第二种操作是闭锁和释放切换，当控制顺序被置于"释放"状态时，可对功能级进行启/停操作，当功能级在执行启动指令时，若控制方式被置于"闭锁"状态，则控制顺序被停止执行，转入设定的闭锁状态；第三种是"首台控制设定"操作，这是指对有备用辅机的系统，可通过本操作选择其中某一台作为首先启动的设备，在首台辅机启动完成后，若功能级控制仍处于自动状态，则系统会根据预先设置的条件和运行工况进行比较判断，待启动条件满足后即自动启动备用辅机。

（三）功能子组级控制

一个比较大的工艺系统可以按控制功能分解为几个局部独立过程进行分别控制。一个功能子组常以一个重要的辅机为中心，包括其辅助设备和关联设备组成一个相对独立的小系统。例如，某台送风机功能子组的顺序控制，包括了送风机及其相应的冷却风机、风机油站、电动机油站、进出口挡板和连通挡板等设备，在一个启动操作指令发生后，将按预定顺序依次自动地操作辅助设备和主设备。

功能子组级控制程序的启动方式有两种：①由操作人员通过计算机键盘或 CRT 操作画面发出"启动"和"停止"指令，来启动相应的控制程序；②由上一级功能控制组发出下属子组的控制程序启、停指令。

需要说明的是：根据被控设备的控制方式及热力系统的运行规律，子组级和设备级的控制逻辑可分为基本逻辑和可变逻辑两种。可变逻辑是与热力系统运行相关的逻辑，根据热力系统运行方式的不同而改变；基本逻辑是接受 SCS 被控设备典型的及固有的控制方式和相对固定的动作逻辑，每种被控设备都有相对应的基本逻辑。把可变逻辑和基本逻辑有机地结合起来，才能实现对被控设备运行的顺序控制，其中基本逻辑是 SCS 控制的基础，就像组成自动调节系统的 PID 控制器一样，基本逻辑是组成 SCS 控制逻辑的基本单元。

（四）设备级控制

设备级控制又称驱动级控制，是顺序控制系统的基础级，直接控制着每个要操作的对象。设备级控制是一种一对一的操作，即一个启/停操作指令对应于一个驱动装置。它的操作方式可分为以下三种：

（1）通过 CRT 屏幕被监视，由功能组或功能子组顺序控制指令来操作，这称为"自动"方式。

（2）由 BTG 键盘或触摸开关（屏幕）操作，称为软手操。

（3）由控制按钮或开关在控制室进行的操作，称为硬手操。

硬手操和软手操均属"遥控"方式。为了设备及本身的检查维修方便，在设备附近设置就地操作开关，这称为"手动"操作。

目前，大型的火力发电机组在辅机等设备的控制范围上大体相当。例如某电厂 600MW 机组的 SCS 控制项目中：锅炉有 12 个功能子组，汽轮机有 17 个功能子组，电气有 6 个功能子组。SCS 的控制范围见下列各汇总表。

功能组的划分见表 9-1～表 9-3。

表 9-1 　　　　　　　　锅炉部分各功能组统计

序号	功能子组或系统名称	被控对象
1	空气预热器 A 功能子组	空气预热器主电机、辅助电机、润滑油泵和有关风烟挡板等
2	空气预热器 B 功能子组	
3	引风机 A 功能子组	引风机、动叶油泵、油冷风机、油加热器、轴承冷却风机、风烟挡板等
4	引风机 B 功能子组	
5	送风机 A 功能子组	送风机、动叶油泵、油冷风机、油加热器、风烟挡板等
6	送风机 B 功能子组	

序号	功能子组或系统名称	被 控 对 象
7	一次风机 A 功能子组	一次风机、润滑油泵、油加热器、风烟挡板等
8	一次风机 B 功能子组	
9	锅炉疏水和放汽系统	尾烟道前后墙疏水电动门、顶棚疏水电动门、省煤器入口管道疏水电动门等
10	锅炉给水及减温水系统	锅炉一、二级减温水电动门、再热器减温水电动门
11	暖风器疏水系统	暖风器疏水泵、暖风器疏水至定排扩容器电动门
12	炉水循环泵系统	锅炉炉水循环泵

表 9 - 2 汽机部分各功能组统计表

序号	功能子组或系统名称	被 控 对 象
1	汽动给水泵 A 功能子组	前置泵、油泵、油加热器、排烟风机及汽侧、水侧电动门等
2	汽动给水泵 B 功能子组	
3	电动给水泵功能子组	给水泵、润滑油泵及有关电动门等
4	除氧器及四段抽汽系统	除氧器进汽电动门、逆止门、放水门、排汽门及四段抽汽各类电动门等
5	辅助蒸汽系统	各类电动门、疏水阀等
6	真空泵控制系统	真空泵、真空破坏门
7	凝结水系统 A	凝结水泵及出入口电动门、再循环门、出口主副阀门及凝结水处理系统电动门等
8	凝结水系统 B	
9	循环泵控制系统	循环水泵、出入口电动门及连通门等
10	高压加热器系统	高压加热器给水出入口电动门、进汽电动门、进汽门前疏水门、止回阀以及疏水电动门等
11	低压加热器系统	各加热器进汽电动门、止回阀、水侧进水出口电动门及紧急疏水门
12	汽轮机油系统	EH 油泵、盘车油泵、主油泵、事故油泵、油加热器等
13	发电机冷却水系统	冷却水泵等
14	发电机密封油系统	密封主油泵、密封油循环泵、密封油真空泵、事故密封油泵
15	轴封系统	冷却风机、电动门、汽动门及旁路阀等
16	汽轮机防进水功能组	各类防进水阀门、疏水门
17	其他系统	胶球清洗及各类电动门、疏水阀等

表 9 - 3 电气部分各功能组统计表

序号	功能子组或系统名称	被 控 对 象
1	发电机 AVR 及 50Hz 手动励磁调节	励磁调节装置
2	发电机并列/发电机解列	高压开关等
3	6kV 三段母线由备用电源改为常用电源供电	
4	6kV 三段母线由常用电源改为备用电源供电	
5	6kV 三段母线由备用电源改为常用电源供电	
6	6kV 三段母线由常用电源改为备用电源供电	

四、顺序控制系统的组成

顺序控制系统由状态检测设备、控制设备、驱动设备三部分构成，如图9-2所示。

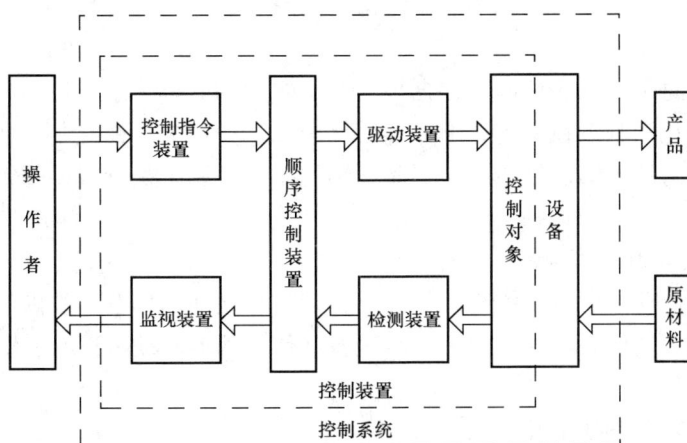

图9-2 顺序控制系统构成

1. 状态检测设备

检测被控设备的状态，如设备是否运行，是否全开或全关。这些检测设备包括继电器触点、位置开关、压力开关、温度开关等。

2. 控制设备

用来实现状态检查、逻辑判断（即进行逻辑运算）、产生控制命令。控制设备有下列几种。

（1）机电型：机械凸轮式时序控制器。

（2）继电器型：由继电器构成。

（3）固态逻辑型：由半导体分立元件和集成电路构成。

（4）矩阵电路型：由二极管矩阵电路组成。

（5）PLC型：由可编程控制器组成。

（6）DCS型：由微机分散控制系统构成。

在这六种类型中，目前在电厂顺序控制中用得最多的是继电器型、PLC型和DCS型。

在继电器型中，由于是由一个个继电器组成的装置，所以接线较复杂，适用于简单的、独立的、小规模的顺序控制。由于继电器型的触点较多，可靠性低，逻辑修改困难，维护工作量大，目前大型的、复杂的顺序控制系统中已很少再采用。

可编程控制器具有可靠性高，逻辑修改方便，维护工作量小等优点，大小规模的顺序控制系统均可使用。例如，北仑港电厂600MW机组、吴泾电厂300MW机组的SCS系统均采用美国哥德公司的984可编程控制器实现，再通过总线与MOD 300微机分散控制系统进行通信。目前电站中输煤、除灰、化水等顺序控制系统一般均采用PLC实现。

当电厂采用微机分散控制系统时，SCS可以直接采用微机分散控制系统实现，作为整个分散控制系统的一部分。微机分散控制系统不仅具备可编程序控制器的所有优点，而且可以与数据采集系统、模拟量控制系统有机结合起来，实现数据共享，从而节省大量的检测元件和信号转换装置。目前在国内大部分采用微机分散控制系统的机组上，SCS都直接采用分散控制系统实现。

3. 驱动设备

如马达的驱动及控制电路,电动头驱动的阀门/挡板的驱动及控制电路,电磁阀。

五、连锁控制

连锁控制是最简单的顺序控制。根据控制对象之间的简单关系,将控制对象的控制电路通过简单的连接相互间联系在一起,形成连锁反应,这便称为连锁控制。连锁控制的功能仅是执行成组执行机构的连锁动作指令,因而连锁控制本身属于执行级。每组连锁控制都是基础级的一个大单元。

(一)联动功能和闭锁功能

联动是在某设备动作后自行引起的相关设备动作,联动动作在一步内可引起一个或多个设备动作,联动设备动作后也可引起下一级设备动作,因此联动可以有一级联动,也可有两级或多级联动。

火电厂常见的联动有如下几类:

(1)备用设备联动启动(又称备用自投功能)。如两台各 100% 容量的泵(给水泵、凝结水泵、射水泵、疏水泵)或低负荷时一台辅机运行系统,当运行设备故障跳闸时联动备用设备启动运行。

(2)运行的设备不能维持系统参数需启动备用设备时,联动启动备用设备。例如,给水母管压力低、凝结水母管压力低、凝汽器真空低等应相应启动备用给水泵、凝结水泵和射水泵。

(3)运行的设备跳闸能引起系统危险或异常,必须停止另外相关的设备。例如,当引风机全停时,必须停止送风机,其逻辑图如图 9-3 所示。

闭锁功能是利用逻辑回路禁止某些不满足运行条件的设备启动运行,禁止某些非法操作信号的传递,禁止不允许同时存在的一对矛盾事件同时发生的功能。例如,给水泵启动闭锁,其逻辑示意图见图 9-4,图中除启动指令外的其他逻辑条件不满足时均为给水泵启动的闭锁条件。

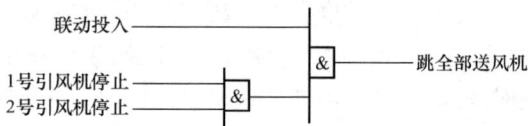

图 9-3　风机联跳逻辑

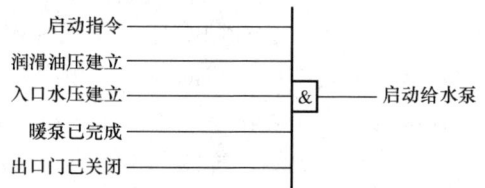

图 9-4　给水泵启动闭锁逻辑

火电厂常用的闭锁功能大致如下:

(1)引风机未运行,闭锁送风机启动。

(2)磨煤机未运行,闭锁给煤机启动。

(3)前置泵未运行,闭锁给水泵启动。

(4)辅助油泵未运行或油压未建立,闭锁给水泵、磨煤机等辅机启动。

(5)磨煤机出口温度低,风量小,密封风压、冷却油压未建立等,闭锁中速磨煤机启动。

（6）离心泵出口门未关，闭锁泵启动。

（7）抽真空负压未建立，闭锁空气门打开。

（二）火电厂的连锁系统

火电厂最常用的连锁有下面几种。

1. 辅机小连锁

（1）辅机间的横向小连锁。若在热力系统中设计两台100％容量的泵（如凝结水泵、给水泵、射水泵等）或在低负荷状态运行一台辅机（如送风机、引风机等），则在两台相同的泵或辅机间设横向小连锁，以备运行的泵或辅机跳闸时连锁启动备用泵或辅机，其控制逻辑示意如图9-5所示。图中，为防止备用泵启动后又跳闸联动原来的运行泵，设置了一次性投入连锁回路（用RS触发器）。当备用泵自投动作后，自动解除连锁投入记忆，以防两泵之间反复互联造成频繁启动。新停用的泵如有

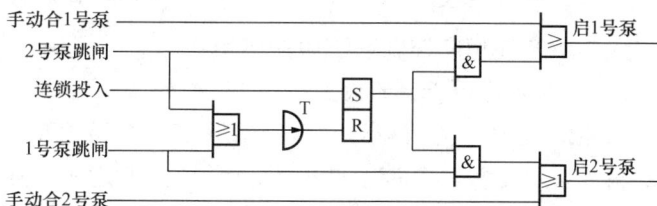

图9-5 给水泵横向连锁逻辑

条件投入备自投，可再次按下连锁按钮重新投入备自投状态。

（2）辅机间的纵向小连锁。两台在热力系统流程中有纵向先后关系的辅机或设备之间，为了系统安全合理地运行，设纵向小连锁。如泵出口门与泵之间的连锁，当泵出口门未关时闭锁泵启动，只有关闭出口门才能启动，当泵启动后可联开出口门。

又如磨煤机启动后联启给煤机，磨煤机停止后联停给煤机，其逻辑示意如图9-6所示。

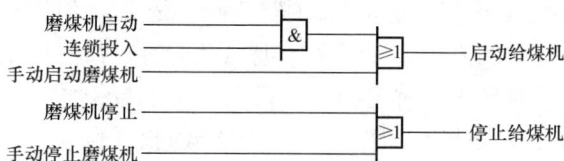

图9-6 纵向小连锁逻辑

2. 较完善的辅机连锁

带有同类辅机间的横向连锁、纵向连锁和辅机运行的诸多必要条件的闭锁功能的连锁系统常用于大型火电厂辅机的控制上，它有时甚至将与之相关的小辅机（油站、冷却系统等）的联动关系也纳入其中。火电厂常见的较完善辅机连锁有给水泵、中速磨煤机和可调动叶轴流风机等辅机的连锁系统。

图9-7为给水泵启动连锁逻辑。

3. 锅炉大连锁

常见的锅炉大连锁主要是防止炉膛超压，一般要求当引风机停运时停止送风机，有的锅炉要求送风全停时也要停引风。锅炉停止送风时必须停止燃料，磨煤机停止时必须停止给煤机，以防止磨煤机内堵煤。有的锅炉设有回转式空气预热器，为防止该空气预热器停运时干烧，必须停止与之相关的送风机和引

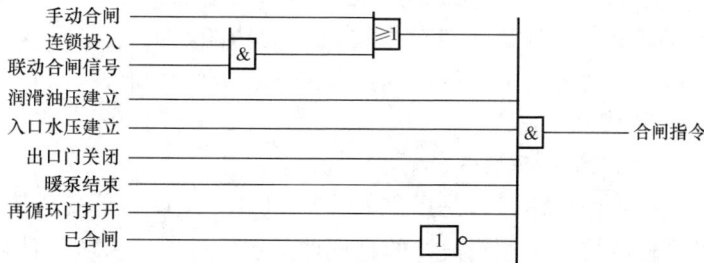

图9-7 给水泵启动连锁逻辑

风机，这些设备之间的连锁关系构成锅炉大连锁，其动作框图如图 9-8 所示，系统中还有一些相关的烟风挡板、导向装置、风机动叶等做相关动作。

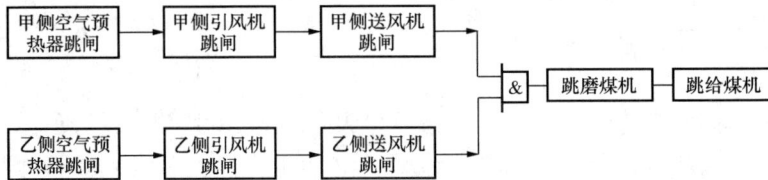

图 9-8　锅炉大连锁框图

六、DCS 在顺序控制系统中的应用

（一）工艺连锁开关的设置

大型机组 SCS 的被控对象十分多且彼此之间相互关联，若各被控对象间的工艺保护连锁逻辑关系不正常，会带来许多不利影响。工艺保护连锁信号均为电平信号，在常规 SCS 中，一经接上将不能变动。通常机组的一些主要辅机连锁逻辑都设有工艺连锁开关，可根据系统情况投/切连锁开关，但大量挡板、阀门等设备在实际运行中仍会出现"咬尾巴"现象。如风烟系统调试或检修后，运行人员希望在启动前对所有挡板、阀门逐个进行操作，这样就变得相当困难，更无法在集控室内完成。

应用 DCS 设计构成 SCS，可摆脱常规方式操作的约束，充分利用计算机软件优势，结合 CRT 显示功能实现常规方式无法或难以实现的功能。为了方便分步调试或检修后的试验，在每个被控对象的设备级均可设置一个软连锁开关。软连锁开关可按功能子组划分，集中在 CRT 画面上进行显示、操作，可实现成组、单个投切，也可自动投、手动投/切，但切除软连锁开关需加以确认。采用设置这种软连锁开关的方法，在设备需退出运行时，某一个功能子组软连锁开关切除，该功能子组的各个被控对象被分解为独立的设备，可随意操作。为确保机组运行过程中所有对象的软连锁开关都在投入状态，任何一个功能子组投入自动后，将自动将该功能子组内的所有对象软连锁开关合上并保持，任何一个对象的软连锁开关未投，都将在 CRT 上的报警框内产生闪光报警，仅当所有对象的软连锁开关全部投入，闪光报警方能自动解除。

（二）报警信息的处理

采用 DCS 后，所有需报警的信息（模拟量、开关量）均已进入 DCS，一方面充分利用 DCS 软件的运算及逻辑综合功能，使得在 CRT 报警显示方面的功能大大增强；另一方面可减少常规信号报警点数，突出重点地只将少数重要报警对象放在常规报警光字牌上显示，减少了因报警频繁、声/光交错对运行人员的干扰。在某些 DCS 的顺序控制设计中，也有要求 DCS 的顺序控制输出对象有报警信息的功能，主要基于 DCS 内部易于综合输出报警信号。但每输出一个这样的信号，需占用一个 I/O 通道，代价较大。通常 DCS 的平均价格为 350～450 美元/点。

（三）人机界面的设计

人机界面（CRT）是操作人员与 SCS 的接口，是实现其全部功能的唯一用户操作界面。除了硬件的保证、逻辑设计的合理性及正确性外，SCS 设计如何及其最终使用率关键在于人机界面的设计。功能完善、操作方便灵活、信息齐全及操作人员易于接受是所有 SCS 设计成败的关键，应给予足够的重视。

1. 操作画面

（1）功能子组的顺序控制操作画面一般采用工艺流程图和文字操作指导相结合的表示方式较为理想，这样便于操作人员进行功能子组的自动顺序操作，同时工艺流程图可较直观地显示出被控对象的状态变化。操作人员也可借助操作指导在同一画面内的工艺流程图上直接进行规定次序的单操。通常完成整个功能组子组的顺序控制操作应在同一个画面内进行，不宜在多幅画面内来回切换；相反，顺序控制操作指导（启动和停止过程）不宜同时在一幅画面内进行，可依据当前操作按钮自动弹出和转换。

（2）执行顺序控制操作时，每一个操作步序一般采用四种状态进行描述，且应由不同颜色定义加以区分，如初始状态时定义为一种色彩（操作步序的文字颜色或步序指示灯的颜色）；本步指令正在执行时定义为一种色彩；本步指令执行完成时定义为一种色彩；本步指令执行超时定义为一种色彩。

2. 冗余设备的备用投/切操作画面

在 SCS 中，一些属于重要辅机且具有 100％冗余设备的备用投/切操作步骤很少，但需显示的各种状态较多，一般无需设计成功能子组。但在这类设备控制逻辑设计时应考虑便于操作，以及状态显示完善的备用投/切操作画面。这类设备主要有凝结水泵、凝升泵、凝汽器真空泵，开、闭式循环冷却水泵和发电机定子冷却水泵等。

3. 具有示意指导的单操/组操操作画面

此类操作画面主要适用于较为繁杂的系统，许多被控对象间即构不成功能子组也非简单的单操，而是受到热力系统运行规则、工艺参数或工艺连锁的约束。如串联电动门操作、除氧器汽源间的切换连锁和汽轮机防进水保护等。这类操作画面一般较为灵活，画面形成将因热力系统操作方式不同而各异，但无论画面形式如何，都需要在画面中给操作人员提供足够的操作提示，包括文字形式、状态指示和其他任何直观形式等。

4. 设备级连锁开关手动投/切操作画面

以若干相关功能子组为单位划分画面，即一个功能子组（或相关功能子组）内的各被控对象的设备级连锁开关归入一个操作显示画面。每个设备级的连锁开关均应以相应被控对象的测点编号加被控对象的示意图表示。

5. 事故报警确认操作画面

SCS 主要用于单元机组的辅机启/停操作，贯穿于机组从锅炉点火直至机组整套带负荷运行的各个阶段，但 SCS 操作不是连续进行的，因此操作员长期连续监视的画面主要是运行设备的工艺流程图或协调控制系统的画面。而控制系统的任何一个被控对象出现事故报警，只能通过工艺流程图或协调系统操作画面上方或其他设计指定位置的 SCS 报警栏给出指示。为了保证能对出现事故报警的被控对象进行快速检索、判别和确认事故类别（跳闸、断线及执行指令超时等），在设计中就需要定义且合理、有效地组织事故报警确认操作画面。

6. SCS 提示画面

主要指功能子组中主要辅机顺序控制的启、停允许条件和能引起主要辅机跳闸的保护跳闸信号一览画面，此类画面通常主要用于被控设备功能子组启、停操作时的条件检查。

第二节 顺序控制系统功能组举例

在上一节中讲过，功能组就是将属于同一系统的相关联的设备组合在一起，一般是以某台重要辅机为中心组成一个顺序控制系统。一个功能组的顺序控制除了一台重要辅机外，还包括与之相关联的设备、逻辑条件。逻辑关系相当复杂，为清楚地说明顺序控制的逻辑条件及逻辑关系，我们以某 600MW 机组的送、引风系统的顺序控制加以说明。

一、引风机功能组

（一）引风机顺控

1. 顺序启动

引风机启动逻辑如图 9-9 所示，其启动过程如下：

步一　条件：无。
　　　　指令：启动引风机 A 冷却风机。
步二　条件：引风机 A 冷却风机已启。
　　　　指令：关引风机 A 出口挡板。
　　　　　　　开除尘器 A 出口电动挡板。
　　　　　　　置静叶最小（MCS）。
步三　条件：静叶置最小。
　　　　　　　引风机 A 出口电动挡板已关。
　　　　　　　除尘器 A 出口电动挡板已开。
　　　　　　　空气预热器 A 已运行。
　　　　指令：启动引风机 A。
步四　条件：引风机 A 已运行。
　　　　指令：开引风机 A 入口挡板，释放静叶。
步五　条件：引风机 A 出口电动挡板已开。
引风机 A 顺序启动完成。

2. 顺控停止

引风机顺控停止过程为：

步一　条件：无。
　　　　指令：关引风机 A 动叶（CCS）。
步二　条件：动叶置最小。
　　　　指令：停引风机 A。
步三　条件：引风机 A 已停。
引风机 A 顺序停止完成。

（二）引风机逻辑分析

1. 启动允许条件

（1）引风机 A 冷却风机已运行。
（2）静叶置最小。
（3）吸风机 A 出口电动挡板已开。

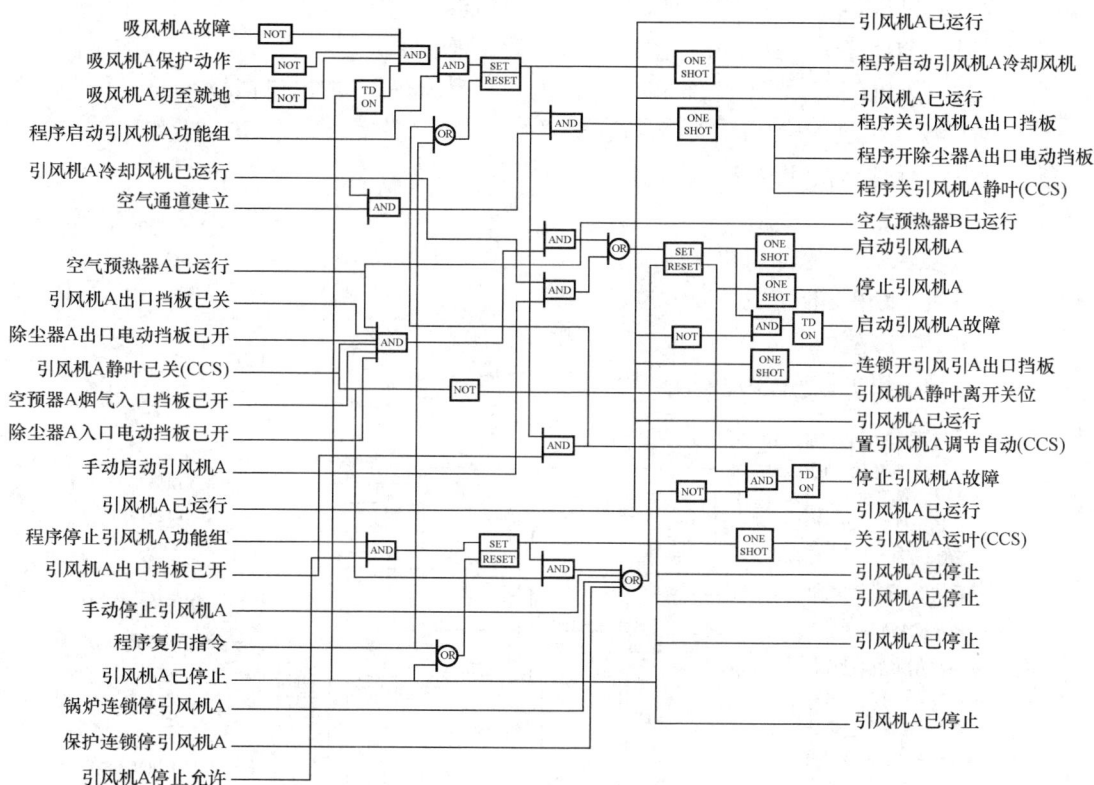

图 9-9 引风机启动逻辑图

（4）除尘器 A 出口电动挡板已关。

（5）空气预热器 A 已运行。

2. 引风机操作

（1）在满足启/停的允许条件下，可手动启/停引风机马达。

（2）在满足启/停的允许条件下，可手程控/停引风机马达。

（3）引风机保护连锁跳闸条件出现时，则连锁跳引风机。

3. 保护连锁跳闸条件

本引风机在运行状态下，若出现下列条件之一，则引风机跳闸：

（1）引风机轴承温度高二值（3组）。

（2）吸风机 A 出/入口差压高。

（3）吸风机 A 轴承振动高。

（4）吸风机 A 电机轴承温度高二值（2组）。

（5）吸风机 A 电机绕组温度高二值（6组）。

（6）两台空预器主、辅马达都停运。

（7）连锁开关投入时，本侧空气预热器主、辅马达都停运，延时。

4. 引风机 A 入口/出口挡板的控制

（1）可手动开/关引风机出口挡板和入口挡板。

（2）可程控开/关引风机出口挡板和入口挡板。

（3）本侧引风机运行，连锁开吸风机入口电动挡板。

（4）引风机全部停运，连锁开除尘器出口电动挡板。

（5）本侧引风机停运，另侧引风机运行，连锁关引风机入口/出口挡板。

5. 引风机冷却风机 No. 1 和 No. 2 的控制

（1）可手动/程控启、停本冷却风机。

（2）主/备方式。

（3）电气联启/联停冷却风机。

二、送风机子功能组

（一）送风机顺序控制

送风机启动逻辑如图 9-10 所示。其启动过程如下：

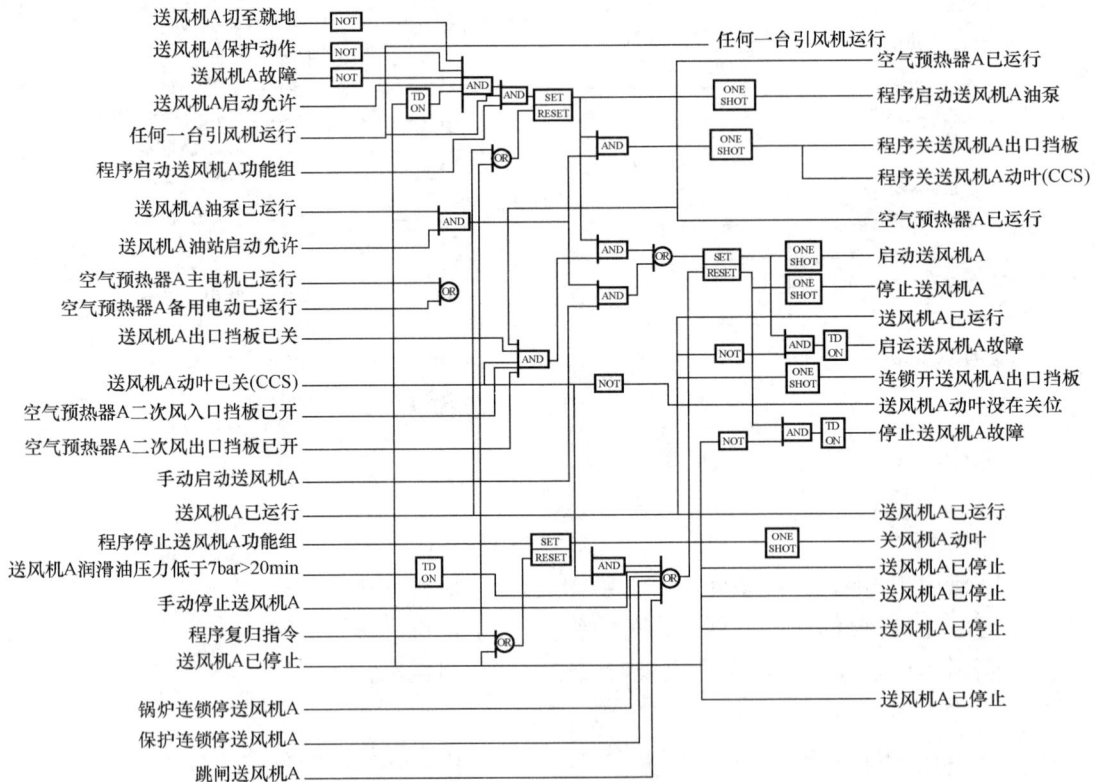

图 9-10　送风机启动逻辑图

1. 顺序启动

步一　条件：无。

　　　　指令：启动送风机润滑油泵。

步二　条件：送风机 A 油泵已运行。

　　　　　　　送风机 A 油站启动允许。

　　　　指令：关送风机 A 出口挡板。

　　　　　　　关送风机 A 动叶（CCS）。

步三　条件：任一空气预热器 A 任一电机运行。

送风机 A 出口挡板已关。

送风机 A 动叶已关（CCS）。

指令：启动送风机 A。

步四 条件：送风机 A 已运行。

指令：开送风机 A 出口电动挡板，释放动叶。

步五 条件：送风机 A 出口电动挡板已开。

送风机 A 顺序启动完成。

2. 顺控停止

步一 条件：无。

指令：关送风机 A 动叶（MCS）。

步二 条件：动叶在最小位。

指令：停止送风机 A。

步三 条件：送风机 A 已停止。

指令：程停完成。

送风机 A 顺序停止完成。

（二）引风机逻辑分析

1. 送风机 A 启动允许条件

（1）送风机 A 油泵已运行。

（2）送风机 A 油站启动允许。

（3）送风机电机绕组温度不高于定值。

（4）送风机电机轴承温度不高于定值。

（5）送风机 A 出口挡板已关。

（6）送风机 A 动叶已关（CCS）。

（7）任何一台引风机已运行。

（8）任何一台空气预热器主马达已运行。

2. 送风机 A 操作

（1）在满足启/停允许条件下，可手动启/停送风机。

（2）在满足启/停允许条件下，可程控启/停送风机。

（3）送风机保护连锁跳闸条件出现时，则连锁跳送风机。

3. 保护连锁跳闸条件

本送风机在运行状态下，若出现下列条件之一，则跳闸：

（1）跳闸送风机 A。

（2）送风机轴承温度高二值。

（3）送风机电动机轴承温度高二值（2组）。

（4）送风机电动机绕组温度高二值（6组）。

（5）送风机喘振延续达 15s。

（6）两台引风机停运，保护联锁跳送风机。

（7）连锁投入时，本侧引风机跳闸，延时，连锁跳本侧送风机。

4. 送风机 A 出口挡板控制

（1）可手动开/关出口挡板。

（2）可程控开/关出挡板。

（3）两台送风机停运，则保护连锁开本出口挡板。

（4）本侧送风机停运，另侧送风机运行，连锁关本出口挡板。

（5）本侧送风机运行，连锁开本出口挡板。

5. 送风机润滑油站油泵控制

（1）可手动启/停电机润滑油泵。

（2）可程控启/停。

三、空气预热器子功能组

（一）空气预热器顺控

空气预热器启动逻辑如图 9-11 所示。其启动过程如下：

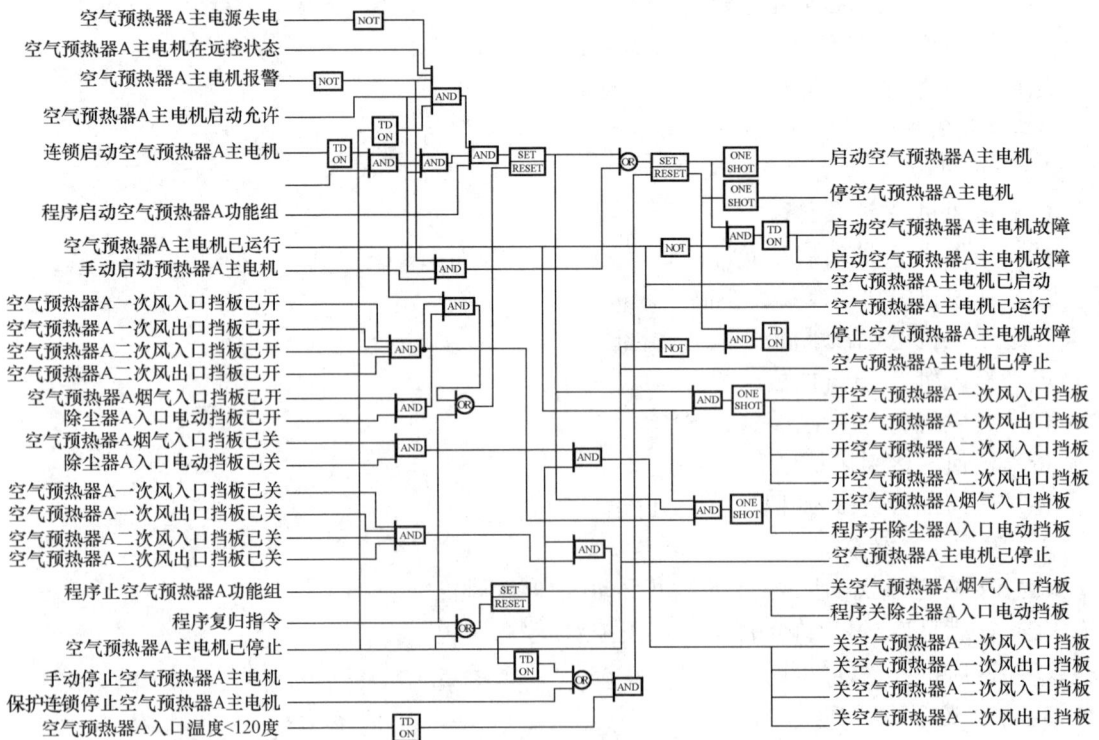

图 9-11 空气预热器启动逻辑

1. 顺序启动

步一 条件：无条件。

指令：启动空气预热器 A 主电机。

步二 条件：空气预热器 A 主电机已运行。

指令：开空气预热器 A 出入口一次风挡板。

开空气预热器 A 出入口二次风挡板。

步三 条件：空气预热器 A 出入口一次风挡板已开。

空气预热器 A 出入口二次风挡板已开。

　　　　指令：开空气预热器 A 烟气入口挡板。

　　　　　　　开除尘器 A 入口电动挡板。

步四　条件：空气预热器 A 烟气入口挡板已开。

　　　　　　除尘器 A 入口电动挡板已开。

空气预热器 A 顺序启动完成。

2. 顺控停止

步一　条件：无。

　　　　指令：关空气预热器 A 烟气入口挡板。

　　　　　　　程序关除尘器 A 入口电动挡板。

步二　条件：空气预热器 A 烟气入口电动挡板 A 已关。

　　　　　　除尘器 A 入口电动挡板已关。

　　　　指令：关空气预热器 A 出入口一次风挡板。

　　　　　　　关空气预热器 A 出入口二次风挡板。

步三　条件：空气预热器 A 一次风入口电动挡板已关。

　　　　　　空气预热器 A 二次风入口电动挡板已关。

　　　　指令：停空气预热器 A 主电机。

步四　条件：空气预热器 A 主电机已停止。

空气预热器 A 顺序停止完成。

（二）空气预热器逻辑分析

1. 空气预热器主马达的控制

（1）空气预热器主马达启动允许条件：

1）没有空气预热器 A 主电机报警。

2）空气预热器 A 辅助电机已停止。

3）空气预热器 A 主马达电源未失电。

4）空气预热器 A 主电机在远控状态。

5）空气预热器 A 主电机已停止，延时。

（2）空气预热器主马达停止允许条件：

空气预热器 A 入口烟温小于 120℃，延时。

2. 空气预热器主马达操作

（1）在满足启、停允许条件下，可手动启/停主马达。

（2）在满足启、停允许条件下，可程控启动主马达。

连锁启动条件：（投入备用条件下）

启动空气预热器 A 辅助电机故障。

连锁停止条件：

空气预热器 A 入口烟温小于 120℃，延时且空气预热器 A 导向轴承超温或空气预热器 A 支撑轴承超温。

3. 空预器辅助马达的控制

（1）在满足启/停允许条件下，可手动启/停辅助马达。

（2）在满足启动允许条件下，可程控启动辅助马达。

（3）主马达停，连锁启动辅助马达。

（4）电气连锁启动辅助马达。

（5）电气连锁停止辅助马达。

（6）其他连锁逻辑，与主马达相同。

4. 空预器出入口一次风挡板控制

（1）手动/程控开本挡板。

（2）手动/程控关本挡板。

（3）本侧空气预热器主马达或辅助马达都已停运，且对侧空预器主马达或辅助马达都在运行，延时 30s，且本侧空预器烟气入口挡板已关，且除尘器入口电动挡板已关，连锁关本挡板。

5. 空预器烟气入口挡板的控制

（1）手动/程控开本挡板。

（2）手动/程控关本挡板。

（3）本侧空气预热器主马达或辅助马达都已停运，联关。

本章小结

顺序控制是指根据预先拟订的步骤、条件或时间，对生产过程中的机组设备和系统自动地依次进行一系列操作，以改变设备和系统的工作状态（如风机的启停、阀门的开关等）。

顺序控制是火电厂热工自动化的一个重要方面，广泛地应用于机组的辅机（如送风机、引风机等）及其辅助设备（如润滑油泵、挡板、风门）启动停止操作的控制和保护上。

SCS 是一个控制范围广，控制设备多，控制逻辑要求繁杂的系统。它对机组的辅助设备实行启/停、开/关等连锁控制，并且在机组运行过程中，子功能组内的各设备，可以按指定的顺序进行程序启/停、开/关控制。SCS 主要控制的设备类型有泵、风机、电机、关断挡板、电动门和电磁阀等。

单元机组的各辅助系统和设备的控制按照系统运行特点划分为若干个功能组，各功能组又划分成功能子组，各功能组及其功能子组应能分别执行某项特定的功能，这些功能应能从单元机组的启动、停止系统得到操作指令，该功能组也应与相关的闭环控制系统和有关设备的自动连锁保护回路相联系。

在火电厂中，锅炉、汽轮机热力系统和其他辅助系统中有很多需要进行远方操作控制的对象，其数量随着机组容量的增大与自动化水平的提高而增多。本章主要以引风机功能组、送风机功能组和空气预热器功能组为例对其顺序控制过程和逻辑逻辑关系进行说明。

思考题及习题

9-1　什么是顺序控制？顺序控制系统由哪些装置构成？

9-2　顺序控制系统可分为几级？各级的功能是什么？

9-3　什么是连锁控制？联动功能和闭锁功能有什么区别？

9-4 锅炉大连锁起什么作用，如何实现锅炉大连锁？

9-5 引风机功能组顺控启动步骤如何实施？引风机启动条件是什么？如何进行启/停操作？

9-6 送风机功能组顺控启动步骤如何实施？送风机启动条件是什么？如何进行启/停操作？

9-7 空气预热器功能组顺控启动步骤如何实施？空气预热器主马达启动启动条件是什么？如何进行启、停操作？

第十章

火电厂计算机控制系统

第一节 分散控制系统

在过程控制领域，随着生产过程规模的扩大，对整个生产过程进行综合控制与管理的要求不断提高。计算机技术的发展为研制新一代仪表控制系统提供了物质基础。20 世纪 70 年代以来，一种以多台微处理器为基础，采用控制功能分散，显示操作集中，兼顾分而自治和综合协调原则设计的新一代仪表控制系统被研制出来，并得到了迅速的发展和广泛的应用，被称为分散控制系统。目前，分散控制系统已经在工业控制的各个领域得到了广泛应用，并已成为过程工业自动控制的主流。

一、DCS 概述

（一）DCS 的名称

"分散控制系统"一词，是人们根据外国公司的产品名称意译而得的。由于生产厂家众多，系统设计不尽相同，功能和特点各具千秋，所以，对产品的命名也各显特色。国内在翻译时对此有不同的称呼，常见的有：

分散控制系统（distributed control system，DCS）；

集散控制系统（total distributed control system，TDCS 或 TDC）；

分布式计算机控制系统（distributed computer control system，DCCS）。

名称的不同只是命名意图和翻译上的差异，其系统本质基本相同，内在含义是一致的。我国电力行业习惯称其为分散控制系统（DCS）。

（二）DCS 的含义

分散控制系统的含义着重体现在"分散"上，其含义有两个方面：一是强调各种被控对象的地理位置是分散的；二是指控制系统所具有的功能是分散的，即计算机控制系统的数据采集、过程控制、运行显示、监控操作等按功能进行分散，这种功能上的分散同时意味着整个系统的危险性分散，功能分散是分散控制系统的主要内涵。

在功能分散的基础上，分散控制系统又可将运行的操作与显示集中起来，即操作管理集中，所以它又称为集散控制系统。

概括地说，分散控制系统是一个多重物理资源和逻辑资源（多计算机或处理单元、多数据源、多指令源和程序）分布，采用某种互联网络或通信网络进行资源互连，具有高度的局部资源自治、资源间的相互配合和资源的整体协调与控制能力。因此，可实现分布资源的动态管理和分配、分布程序的并行运行、功能分散等。

（三）DCS 的构成

DCS 是由以微处理器为核心的基本控制单元、数据采集站、高速数据通道、上位监控和管理计算机，以及 CRT 显示操作站等组成。系统的基本构成如图 10 - 1 所示。按各部分的功能不同，系统又可分为现场控制单元、控制管理级和数据通信系统。以下分别进行说明。

1. 现场控制单元

现场控制单元是直接控制生产过程的硬件和软件的有机结合体，是 DCS 的基础。它接受来自现场的各种检测仪表送来的过程信号，对其进行实时的数据采集，噪声滤出，补偿运算，非线性校正，标度变换等处理后向数据通信系统传输。同时，它也用来接受上层通信网络传来的控制指令，并根据过程控制的组态进行运算，产生的控制信号去驱动现场执行机构。从而实现对生产过程的直接控制，满足生产中连续控制、逻辑控制、顺序控制等的需要。

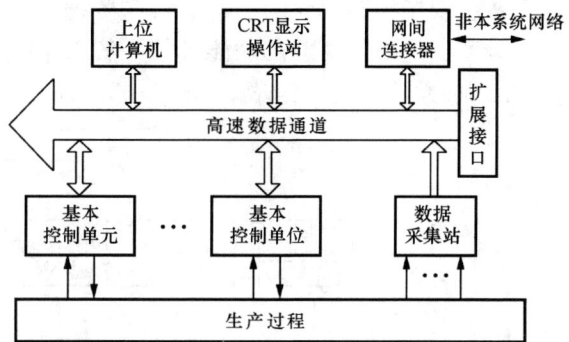

图 10-1 DCS 的基本构成

在不同的分散控制系统中，现场控制单元的名称各异，如称过程控制站、基本控制单元、现场控制单元等。不同厂家的现场控制单元在结构尺寸，输入和输出的点数，控制回路数目，采用的微处理器，设计的控制算法等方面有所不同，但现场控制单元采用的结构形式大致相同，都是一个以微处理器为核心的，按功能要求组合的各种电子模件的集合体，并配以机柜和电源等形成的一个相对独立的控制装置，一般均是由机柜、电源、I/O 通道、以微处理器为核心的功能模件等几部分组成。

（1）机柜。现场控制单元的机柜一般是用金属材料（如钢板）制成的立式柜。柜内装有多层机架，供安装电源和各种模件之用，电源通常放在最上层（WDPF 系统）或最下层（如 Teleperm-ME 系统），柜内的其他层可用来横向排列所配置的各种模件。随系统而异，柜内纵向一般分 6~8 层，横向可插 4~12 个模件。

（2）电源。

1）交流电源。现场控制单元的供电来自 220V 或 110V 交流电源，这个交流电源一般是由分散控制系统的总电源装置分配提供的。交流电源经现场控制单元内的配电盘、断路器给直流稳压电源及系统供电。

2）直流电源。不同厂家生产的现场控制单元内部各模件的供电，均采用直流电源，但对直流电源的等级要求不一，常见的有+5、+12、-12、+15、-15、+24V，也有更高直流电压要求的情况。因此、现场控制单元内必须具备直流稳压电源，将送来的交流电源转换为适应内部各种模件需要的直流电源。设备生产厂家不同，实现直流稳压电源的方式不同。

（3）I/O 模件。I/O 模件是为分散控制系统的各种输入/输出信号提供信息通道的专用模件，是分散控制系统中种类最多、使用数量最大的一类模件。它的基本作用是对生产现场的模拟量信号、开关量信号、脉冲量信号进行采样、转化，处理成微处理器能接收的标准数字信号，或将微处理器的运算结果（二进制码）转换、还原成模拟量或开关量信号，去控制现场执行机构。因此，I/O 模件是联系生产过程与微处理器的纽带和桥梁。

各种分散控制系统的 I/O 模件众多，但可归纳为模拟量输入模件（AI）、模拟量输出模件（AO）、开关量输入模件（DI）、开关量输出模件（DO）、脉冲量输出模件（PI）等几类主要模件。这是因为生产过程众多的物理量、化学量都可以用模拟量、开关量、脉冲量中某一种形式表现出来。

（4）功能模件。功能模件是现场控制单元的核心模件，是 I/O 模件的上一级智能化模件。它通过现场控制单元的内部总线与各种 I/O 模件进行信息交换，实现现场的数据采集、存储、运算、控制等功能。功能模件一般由中央处理单元 CPU、只读存储器 ROM、随机存储器 RAM、总线等部分组成，如图 10 - 2 所示。

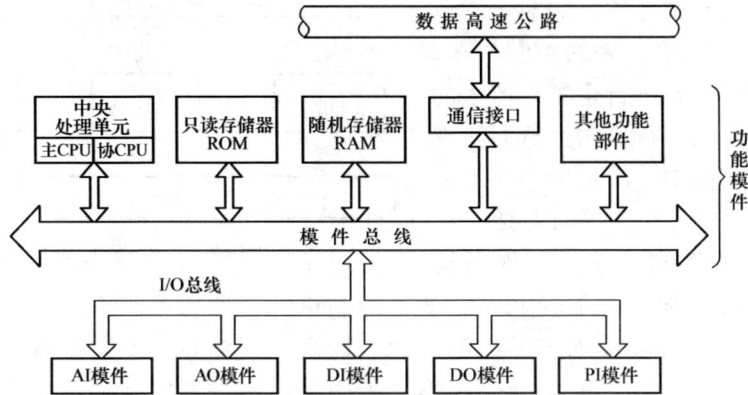

图 10 - 2   功能模件的基本组成

2. 控制管理级

现场控制单元实现的是分散控制，而控制管理级则是用来实现集中显示、操作与管理的。控制管理级包括 CRT 显示操作站、可选的上位监控和管理计算机。

（1）CRT 显示操作站。

CRT 显示操作站包括操作员接口站（operator interface station，OIS）、工程师工作站（engineering working station，EWS）。

OIS 是一个集中的操作员工作台，它设置在机组的集控室内，是运行人员与生产过程之间的一个交互窗口。它主要由高档微处理器（CPU）、信息存储设备（ROM、RAM、硬磁盘、软磁盘、光盘等）、CRT 显示器、操作键盘、记录设备（打印机、拷贝机）、鼠标或轨迹球、通信接口以及支撑和固定这些设备的台架（操作台）等构成，如图 10 - 3 所示。

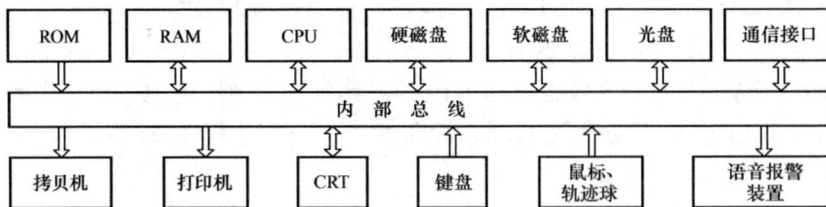

图 10 - 3   OIS 的基本结构

OIS 是运行人员用来监视和干预分散控制系统的有关设备，它在火力发电机组的自动化过程中主要用来完成各种设备的启动、停止（或开、关）操作，物质或能量的增、减操作以及生产过程的监视等任务，其基本功能包括：

1）收集各现场控制单元的过程信息，建立数据库；

2）自动监测和控制整个系统的工作状态；

3）在 CRT 上进行各种显示，如：总貌、分组、回路、细目、报警、趋势、报表、系统状态、过程状态、生产状态、模拟流程、特殊数据、历史数据、统计结果等各种参数和画面的显示以及用户自定义显示；

4）进行生产记录、统计报表、操作信息、状态信息、报警信息、历史数据、过程趋势等的制表打印或曲线打印以及 CRT 的屏幕拷贝；

5）可进行在线变量计算、控制方式切换、实现 DDC 控制、逻辑控制和设定值指导控制等；

6）利用在线数据库进行生产效率、能源消耗、设备寿命、成本核算等综合计算，实现生产过程管理；

7）具有磁盘操作、数据库组织、显示格式编辑、程序诊断处理等在线辅助功能。

EWS 是一个硬件和软件一体化的设备，是分散控制系统中的一个重要人机接口，是专门用于系统设计、开发、组态、调试、维护和监视的工具，是系统工程师的中心工作站。在不同的分散控制系统中，对于工程师站的配置各具特点，所包含的功能范围也有一些差别，结构上也有所不同。一般说来，EWS 有两种基本类型：一种是 EWS 与 OIS 合为一个整体。该系统在 OIS 的基础上增设 EWS 所需的硬件（工程师键盘）和软件（用于开发和维护应用软件的面向工程问题的语言），并根据 EWS 的功能要求更换微处理机卡件上载入 EPROM 中的工作程序。该系统通过 OIS 操作员键盘上的钥匙式切换开关，来实现工程师工作模式与操作员工作模式的切换，即当切换开关处于 OPERATE 位置时进入操作员工作模式，可实现对生产过程的监视和控制，当切换开关处于 CONFIG 位置时进入工程师工作模式，可实现应用程序的开发、调试和维护，或向系统其他工作站下载工作程序。另一种是 EWS 相对独立，这种 EWS 一般是个人计算机基础上形成的专用工具性设备，因此，它具有普及面宽、便于掌握、使用灵活等许多个人计算机的优点。与一般的通用型微机相比，它的硬件结构无任何变化，仅需装载特定的软件包即可。其主要功能包括：系统组态功能；OIS 组态功能；在线监控功能；文件编制功能；故障诊断功能。

（2）上位计算机。上位计算机用于对生产过程的管理和监督控制，协调各基本控制单元的工作，实现生产过程的最优化控制，并在大容量存储器中建立数据库。有的 DCS 并没有设置上位计算机，而是把上位计算机的功能分散到系统的其他一些工作站中，建立分散的数据库，并为整个系统所共用，各个工作站可以透明地访问它。这种系统可以避免大量数据集中所造成的数据通信阻塞和计算机饱和，使系统功能更加分散，可靠性更高。

3. 数据通信系统

在过程控制系统中，几乎无处不含信息的传输和处理。所谓通信，就是指用特定的方法，通过某种介质或传输线将信息从一处传送到另一处的过程。按照这一定义，在常规控制系统中也存在许多通信过程，如变送器通过信号电缆把反映过程变量的信息传输给控制器，控制器输出的控制信号通过控制电缆传输到执行机构，这些过程都包含信息的传输。在分散控制系统中，各个系统部件之间也必须传输大量的信息，这些信息的传输是通过数据通信系统来完成的。

在分散控制系统中，数据通信系统是把过程控制级和控制管理级连接在一起的桥梁，同时也是分散控制系统的中枢神经。它将生产过程中的检测、监视、控制、操作、管理等各种功能有机地组成一个完整实体。数据通信系统必须满足过程控制可靠性、实时性和适用性的基本要求。所有这些都是借助于数据通信系统来实现的。

　　分散控制系统各节点（如现场控制单元、操作接口站、工程师工作站、上位计算机等）之间的连接与联系，主要是依靠通信接口通过分散控制系统的通信网络来实现的。各国自动化仪表公司的通信系统有着不同的网络结构形式，常用的通信网络有星形、环形和总线形三种基本结构形式，对应于不同的网络结构形式，要采用不同的信息送取技术，即介质访问技术，常用的介质访问方法有查询式、广播式和存储转发式等协议方式。

　　（1）通信网络结构。

　　1）星形网络结构。星形网络结构如图 10 - 4 所示。星形网络属于中型网络。网络中各站有主、从之分，处于中心位置的主节点为主站，与之相连的多个节点为从站。这种网络中的任何两个站之间的通信都必须通过主站。主站集中来自各从站的信息，按照一定的通信方式把信息转发给相应的各站。因此，主站的信息吞吐量大，数据处理与存储量要求也大，一般需要功能较强的硬、软件设备组成。各从站只需具备简单的点对点间的通信功能。

　　星形网络的传输效率较高，但由于一旦主站出现故障，将会影响整个网络的通信，所以可靠性低，应用不是很广泛。

　　2）总线形网络结构。总线形网络结构如图 10 - 5 所示。它由一条开环的通信电缆作为数据高速公路，各节点通过接口挂到总线上。网络易于扩展，不致相互影响。这种网络结构易于实现通信线路冗余，以提高安全性，安装费用较低，所以总线形网络结构应用最为广泛，如日本的 CENTUM 系统、美国西屋公司的 WDPF 系统、霍尼维尔的 TDC - 300 系统等，均采用总线网络结构。

　　3）环形网络结构。环形网络结构如图 10 - 6 所示。各站通过接口挂接到首尾相连的环形总路线上。网上各站平等行使通信控制权，信息在网上传递总是从始发站出发，经各站后直接回到始发站。网上各个站都要承担信息的接收、放大、再传送的任务。当出现故障时能自动旁路信息，不影响信息的传递，所以可靠性高，也易于设置冗余通信线路，但扩展性能不如总线形方便。应用环形网络的有美国贝利公司的 N-90、INFI-90 、Symphony 等系统。

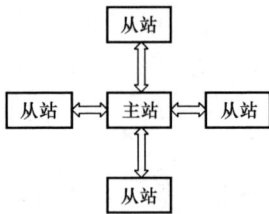

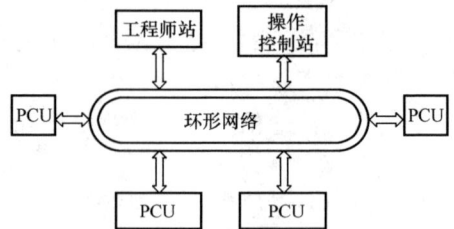

图 10 - 4　星形网络结构　　　图 10 - 5　总线形网络结构　　　图 10 - 6　环形网络结构

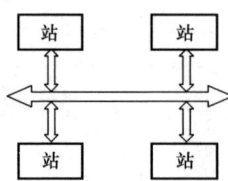

　　通信网络除上述三种结构外，还有树形结构、网形结构以及以上三种基本结构为基础的复合型结构。对于某些大规模分散控制系统，在不同的控制级采用不同的通信网络，可以发挥各自的优点。例如，Symphony 系统控制通信网络为环形结构，HCU（现场控制单元）内部采用总线形网络结构，可将多达 32 个的模件连接在一起。HCU 为控制网络的一个节点，经环路接口模件/总线接口模件（LIM/BIM）挂接到上面，这就组成了复合型通信网络结构，如图 10 - 7 所示。

　　（2）信息传输控制技术。信息在网络上的传输过程是原站将信息送上网络，然后由目的

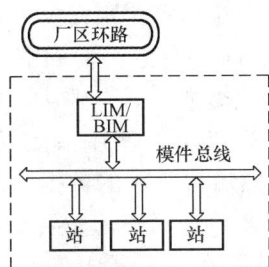

图 10-7　复合型通信网络结构

站取走。为使信息传递迅速、正确，这就需要采用相应的信息传输控制技术（亦称介质访问技术）。常用的方法有查询方式、广播式和存储转发式等协议方式。

1）查询式。查询式适用于具有主、从站的网络结构。处于网络中的主节点就是一个网络控制器（通信指挥器），它依次查询各从站节点是否需要通信。需要发送信息的从站把信息送给主站，再由主站把信息发给需要的其他从站。当网络中同时有多个从站要发送信息时，主站节点则根据各站的优先级别，安排发送顺序，通信在主站统一指挥下进行。

2）广播式。广播式信息传输是无主从控制的通信协议方式。每个站往外发送信息要占用传输线路，如果在同一时刻有多个站往外发送信息，就会发生抢占传输线路的冲突，所以要有一定的协议方式来协调这种冲突，使得在一个时间点只有一个站处于发送信息的状态，其他站均处于接收信息状态。广播式信息传输可分为自由竞争式、通行标记式（令牌传送式）和时间分槽式等。

自由竞争式不受时间和站点顺序的限制，网络上每个站点在任何时候都可以向外发送信息。当有两个及以上站点同时要求发送信息时，将会产生碰撞、发生冲突，影响信息的正确传输。因此，为防止发生冲突，造成报文作废，发送站在发报文前需要"监听"总线是否空闲。如果空闲，则发报文到总线上，称为"先听后发"；为避免冲突，还需要在发送报文开始的一段时间内继续"监听"总线，把接收到的信息与自己发出的信息进行比较。若是相同的，则继续发送，称之为"边听边发"；若不相同，则停止发送，称为"冲突后退"；并发一个冲突标志，等待一段随机时间后，再重新发送，称为"再试重发"。自由竞争式一般适用于总线形网络和环形网络，INFI-90 就采用这种通信方式。

通行标记式即令牌传送式，适用于环形网络结构。这种通信方式有一个被称之"令牌"的信息段绕环形网络各节点依次传送。令牌有空、忙两个状态。当网络开始运行时，由一个被指定的站点产生一个空闲令牌，且按某种逻辑排序将令牌依次通过网上的每一个站点，只有得到令牌的站点才有控制和使用网络，即有权向网上发送信息，此时其他各站点只能接受信息。任何一个需要发送信息的站点得到空令牌后，首先将令牌置为忙状态，并置入所要发送的信息、源节点名、目的节点名等信息段，然后将其送上网络。令牌沿环形网络绕行一周再回到源节点时，所传信息已被目的节点站取走，再把令牌置"空"，并送上网络继续传送，以便其他节点使用。

时间分槽式是把规定的时间间隔分成若干时间槽，在时间槽开始时该节点发送信息，允许的时间一结束，就轮到下一个节点发送信息。西屋公司的 WDPF 分散控制系统就采用这种通信方式。

3）存储转发方式。存储转发式是一种允许网上所有站都能同时发送和接收信息的方式。适用于环形网络结构。每个节点可以随时向自己相邻的下一节点发出信息，包括源站、目的站地址在内，相邻的节点接收这些信息并存储起来，待自己的信息发送完毕，再对接收到的信息进行识别。如果本站不是目的站，则对信息进行放大后，继续向相邻的下一个节点发送，直至该信息到达目的站，目的站就在该信息段上加上接收确认信息。如果检查信息出错，则加上否认信息继续向下一节点发送，直至回到源节点。若源节点收到的是确认信息，则表明传输成功，去掉该信息段，可再发送下一信息。如果收到的是否认信息，则需要重新发送。例如：网络中有 A，B，C，D，E，F，G 节点，若 A 点在某一时刻有数据要向 E 站发送，它的数据包会先到达 B 点的缓冲寄存器，再由 B 转发给 C，以此类推，一直到达目的节点 E。由于数据包中含有目的节点的地址，所以中间节点 B，C，D 都不会使用该数据，只作转发。E 节点接收到数据后，会在数据信息帧中打上接收标记，然后将原来的数据以同样的方式经 F，G 转发到节点 A，在节点 A 比较发送和收到的数据以及检查标记，如果没有错误，则完成一次数据交换。反之，如果校验有误或标识为非确认，则在 A 点会重新发送逻辑，直到数据被正确传送出去，或当确认目的节点故障时，才会停止发送。此种通信方式的好处是各节点在同一时刻内，均可发送、转发、接收、撤销数据，如上面例子中，B 点在转发 A 送来的数据过程中，可以将自己的数据与转发的数据一起打包，一齐送出，以接收节点的地址码来标识不同的目标节点。这样，整个网络的利用率高，减少了数据传输的延迟，非常适合实时的控制系统。

（3）信息传输介质。信息传输介质是连接系统各个节点进行信号传输的物理通道。分散控制系统对信息传输介质有着较高的要求，即传输介质的频带要宽，信号传输的迟延要小，能满足高速传输的需要，能避免信息在传输过程中因共模和串模干扰所引起的信号混叠或丢失等。为此，分散控制系统的数据通信普遍采用以下专用的传输介质，其结构如图 10 - 8 所示。

1）双绞线。用普通绝缘导线绞合，外有金属箔组成屏蔽的专用屏蔽线，如图 10 - 8（a）所示。

2）同轴电缆。它由内导体、中间绝缘层、外导体和外绝缘层组成。信号是通过内导体和外导体传输的。外导体接地起屏蔽作用。有的外部还加钢带增加机械强度和抗干扰。同轴电缆的结构如图 10 - 8（b）所示。

3）光缆。它的内芯为二氧化硅制成的光导纤维，外面覆盖层为玻璃或聚丙烯材料。内芯和覆盖层的折射率不同，以一定角度进入内芯的光线能通过覆盖层折射回去，合成纤维用以增加光缆的机械强度。电磁干扰对光缆传输无影响。光缆的结构如图 10 - 8（c）所示。

为方便对比分析，图 10 - 9 和表 10 - 1 分别表示以上三种传输介质的特点。

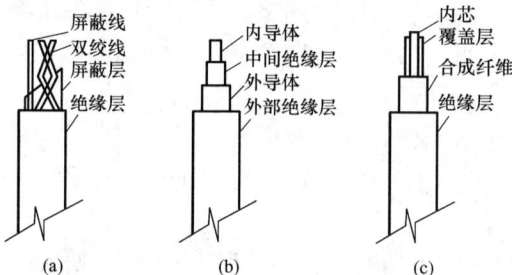

图 10 - 8 信息传输介质
（a）双绞线；（b）同轴电缆；（c）光缆

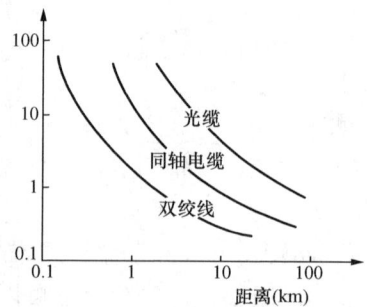

图 10 - 9 三种传输介质的传输特性

表 10 - 1　　　　　　　　　　　　　　三种传输介质的特点

传输介质 项目	双绞线	同轴电缆	光　缆
传输介质价格	较低	较高	较高
连接件价格	低	较低	高
标准化程度	高	较高	低
连　接	简单	需专用连接器	需复杂连接器件和连接工艺
敷　设	简单	稍复杂	简单
抗干扰能力	较好	很好	特别好
环境的适应性	较好	较好	特别好
适用的网络类型	环形网	总线形或环形网	目前多用于环形网

（4）通信接口。通信接口是各种分散控制系统必备的基本硬件，只是因系统而异，通信接口的品种和实现方法有所不同，但满足系统中各种类型节点与网络连接的要求、达到互通信息的目的是一致的。例如 INFI-90 系统提供了网络通信子模件、计算机的通信传输模件、现场控制单元的网络处理模件、网络与网络间的本地接口模件、网络与网络间的远程接口模件。其中，网络通信子模件是核心模件，它与以上其他模件有机地组合，可形成满足不同通信需要的通信接口单元，来完成现场控制单元与 INFI-90 网络的通信、计算机与 INFI-90 网络的通信、本地网络的通信以及远程网络的通信。

新一代分散控制系统正朝着开放式的系统发展。其主要特征之一是它在通信技术上采用开放式结构，使之可与早期的、已在应用的、其他公司的、不同系列的分散控制系统产品和各种控制设备进行通信。开放式结构能将多种控制设备集成为一体化的控制系统和形成统一的管理数据库，为实现全厂控制、管理的综合自动化和有效的目标管理奠定了物质基础。

（四）DCS 的构成原理

分散控制系统是一种集成了多种高新技术的新型控制系统，其原理结构是比较复杂的。我们应该从多种角度来认识和分析分散控制系统。

1. 从控制系统的角度

DCS 是一种分级的控制系统，各级完成不同的功能。

功能分层体系是分散控制系统的显著特点，是实现控制功能分散，操作显示集中的关键。我们通常把分散控制系统分为以下四级，如图 10 - 10 所示。

（1）过程控制级。这一级由若干个现场站（采集站、控制站）组成，它们直接与生产过程相连，对所有连接的装置实施监测、控制；同时它还与第 2 层（控制管理级）相连，向上传送采集到的实时数据，并接收上层来的操作和组态信息。

（2）控制管理级。这一级由管理站（操作员站）和工程师站组成。它综合监视来自过程控制级各站的信息，集中显示和操作，可以调整和修改过程控制级的控制方案。

（3）生产管理级。这一级通常由服务器和若干工作站组成。它对来自下一级的数据进行处理，以便显示各单元级的运行情况。

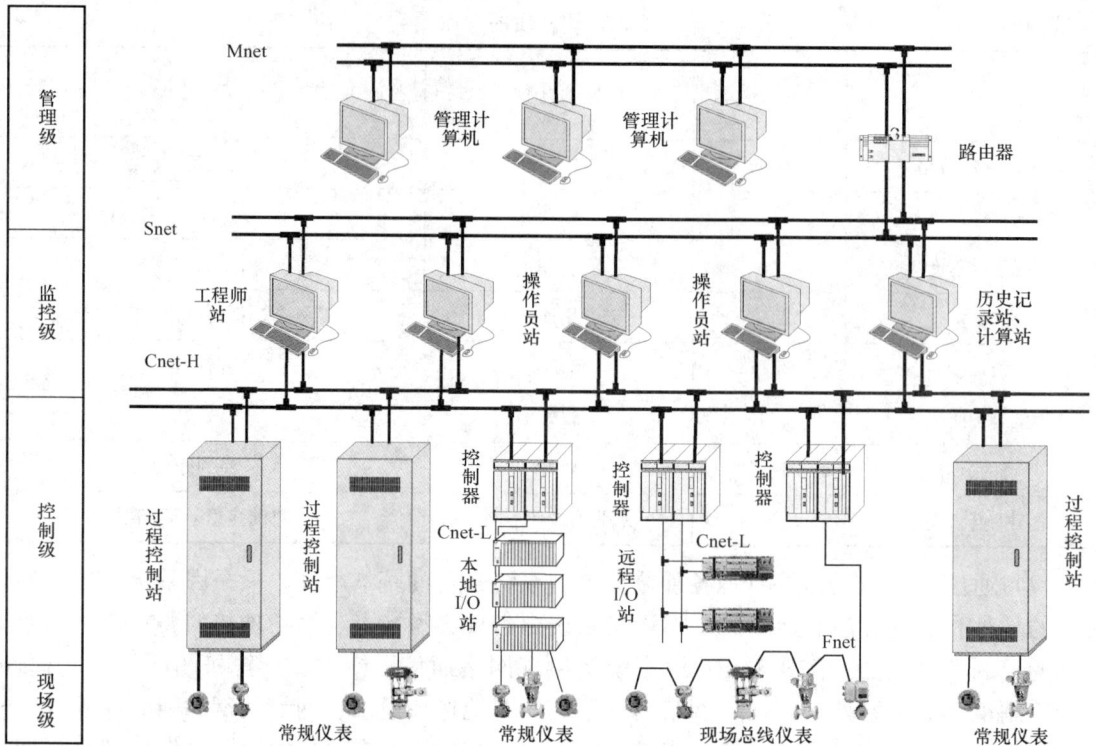

图 10 - 10　DCS 功能分层

（4）经营管理级。这一级通常和办公自动化连接起来，担负全厂的管理工作，包括各类经营活动、人事管理等。

2. 从信息系统的角度

DCS 是一个数据通信系统，具有不同的网络结构，连接着功能各异的一个个节点，实现节点间的信息传送与互换。

3. 从计算机系统的角度

DCS 分为硬件系统和软件系统。

（1）硬件系统。一系列以微处理器为基础的智能模块、过程通道、通信接口和各种外部设备。

（2）软件系统。包括对系统进行管理的操作系统、数据库系统、数据通信软件、组态软件和对过程进行控制的一系列标准化功能模块。

（五）DCS 的特点

由于分散控制系统融合了先进的"4C"技术，采用了标准化、模块化、系列化的设计和全方位（纵向、横向）分散的结构体系，它与常规的模拟控制系统和集中式计算机控制系统相比，具有自身的特点，以下从几个侧面予以说明。

1. 控制分散、信息集中

分散控制系统运用了大系统递阶控制理论，将系统功能垂直分解和将生产过程水平分解，即分层次的积木式结构。在数据通信网络层，可按照用户需要配置若干现场控制站、操作员站、工程师站等系统部件。每个现场控制站内部又可配置若干具有不同功能的标准化模件，便于用户分批分步地扩展自己的系统，以构成更为完善、功能更强的现代化控制与管理系统。

生产过程的控制是通过以微处理器为核心的一系列标准化模件予以实现，它既能代替常规模拟仪表完成规定的控制任务，又能实现更为高级复杂的控制规律。

控制上的分散带来了危险分散，高速数据通信网的应用带来了信息的共享和管理的强化，大大提高了系统的可靠性和稳定性。

2．控制功能齐全、控制算法丰富、软件模块化

分散控制系统为用户提供了丰富的功能软件，大大减少了用户进行软件开发的成本。这些功能软件包括控制软件包、操作显示软件包、报表打印软件包等。并提供至少一种过程控制语言，供用户开发高级的应用软件。这些软件主要包括控制软件包、操作显示软件包和报表打印软件包。

（1）控制软件包。为用户提供过程控制所需的种种功能软件模块。主要包括数据集与处理、控制算法、常规运算和控制输出等功能模块。这些模块固化在现场站的智能模件的只读存贮器中。用户通过组态方式可以任意选择这些模块，构成所需的控制方案。

（2）操作显示软件包。为用户提供丰富的人机接口功能，在管理站上进行集中监视和操作。可以生成多种 CRT 显示画面，如总貌显示、组显示、趋势显示、棒图显示、流程图显示、报警显示和操作指导等画面，并可在 CRT 画面上进行各种操作，所以它完全可以取代常规模拟仪表盘。

（3）报表打印软件包。为用户提供各种打印记录。打印班报表、日报表、月报表；打印瞬时值、累计值、平均值、最大值和最小值；报警打印、事故追忆打印等。

3．灵活性好、适应性强

分散控制系统的硬件系统采用积木组装结构，它可通过选择不同数量、不同功能或类型的插接式模件（如 I/O 模件、控制模件、通信模件、显示模件等）组成不同规模和不同要求的硬件环境，以适应不同用户的需要。若要改变系统规模时，只需减少或增加相应的模件，而不影响系统其他硬件的功能发挥。

系统的应用软件是模块结构、用户只需借助系统的组态软件，用回答问题或填写表格等方式，可方便地将所选择的硬件与相应的软件模块联系起来，构成所需功能的控制系统，硬件和软件的模块化，便于系统的组态，提高了系统配置的灵活性，有利于系统的扩展与升级，适应于各种生产过程控制和管理的应用。

4．实时性好、协调性强

分散控制系统采用了现代通信网络和先进的微处理器，可实现各模块或工作单元间的信息高速传输、信息共享以及信息的管理，在优良的实时操作系统、实时时钟和中断处理系统的支持下，所有信息的采集、处理、显示以及控制都具有良好的实时性，能及时观察到生产过程的微小变化，及时对生产过程进行控制操作，综合分析和协调处理各种信息。

5．技术先进、可靠性高

生产过程控制对控制系统的可靠性要求极高，火力发电机组的控制更为如此。因此，各生产厂家采用了各种措施来提高产品的可靠性，这些以先进技术为基础的措施表现在以下几个方面：

（1）采用功能分散的系统结构，使得危险分散，保证在局部出现故障时，系统其他部分

仍正常工作而不影响全局，从而提高系统的可靠性。

（2）采用先进的高质量的大规模或超大规模集成电路，在确保选用质量可靠的元器件的基础上大幅度降低了硬件故障率。

（3）采用硬件冗余和软件容错技术，使系统的关键硬件（如通信网络、操作监视站、电源、主要模件等等）双重化配置，使系统的软件具有故障检测、诊断、处理和指令复执等功能。在系统出现差异时，可实现自动报警、故障部件自动隔离、热备用的冗余部件自动投入、故障部件带电插拔等在线处理，以及手动后援。

（4）采用"电磁兼容性"设计，即通过接地、屏蔽、隔离等技术手段，提高系统的抗干扰能力以满足系统的应用环境并留有充分的裕度，以保证系统的可靠性。

6. 安装简单、调试方便、使用维护方便

分散控制系统大量应用积木式模件结构，并采用多芯电缆、标准化接插头、规格化端子接线板，使得仪表连线减少，安装简单，同时，由于系统组态的透明度高，可以很方便地观察和修改系统的组成和逻辑组态，发现系统组成的问题和控制质量的好坏，为调试工作创造了良好的条件。据有关资料介绍，分散控制系统与常规模拟仪表控制系统相比，安装工作量减少 1/2～2/3，调试时间缩短 1/2 左右。

鉴于 DCS 有以上这些特点，所以目前在电力、冶金、石油、化工等行业得到广泛采用，并已取得显著的经济效益。世界上生产分散控制系统装置的公司有几十家，我国已引进了几百套 DCS 用于工业行业，并对引进的国外先进技术加以消化、吸收和创新，合资组装生产国外的分散控制系统，并逐步进行国产化。现阶段我国电力行业推荐的八种选用产品见表 10-2。这对火电厂的分散控制系统应用起到十分有益的指导作用。本节主要就 Symphony、WDPF 和 OVATION 系统进行简单介绍。

表 10-2　　　　　　　　　　火电工业推荐选用的分散控制系统

原系统名称	原厂家	新系统名称	现厂家
INFI90	Bailey	Symphony Harmony	ABB
Contronic	Hartmann & Braun	Symphony Melody	ABB
Procontrol	ABB	不再发展	ABB
WDPF	Westinghouse	Ovation	Emerson
Teleperm	Siemens	Teleperm XP	Siemens
I/A Series	Foxboro	I/A Series	Invensys
HICAS3000	HITACHI	HIACS5000	HITACHI
MAX1000	Leeds and Northrup	MaxDNA	Metso

二、Symphony 系统

Symphony 系统是 ABB 公司于 20 世纪 90 年代中期推出，融过程控制和企业管理为一体的新一代分布式过程控制系统。它是一种系统，也是一种战略，更是一种当代高新技术发展的必然。美国贝利（Bailey）公司在 20 世纪 80 年代初期推出第一代分散控制系统 N-90时，就为分布式控制系统建立了一个不断采用新技术、保持先进控制与管理功能、系统向上兼容、技术透明以及发展无断层的开发规则。贝利的 DCS 从第一代 N-90 诞生以来，经历了一个非凡的发展过程：从单纯的控制系统到决策管理系统，直到企业管理系统，都遵循了一个自然而流畅的发展规律。ABB 贝利控制公司的 Symphony 系统以其合理的结构、强大的带载能力、丰富的控制软件、充分体现现代意识的人机接口，得心应手的工程设计及维护工具，开放的通信系统，以及能够适应多种数据采集、过程控制、过程管理、企业管理、市场运作等特点，有着广泛的应用领域。

Symphony 系统不但与其早期的产品 N-90、INFI-90 、INFI-90 OPEN 系统完全兼容，而且还进一步发扬了分布式控制系统能做到的：控制器物理位置的分散，控制功能的分散，系统功能分散及显示、操作、记录、管理集中的功能，而且更注意借助当今世界上先进的微处理器技术，CRT 图形显示技术，高速安全通信技术，先进的控制理论和技术的最新成果而形成一个功能强大，通信系统完美，更具有时代气息，具有决策管理性能，更加开放的新型分布式控制系统。

（一）Symphony 系统的构成

Symphony 系统的结构如图 10 - 11 所示。

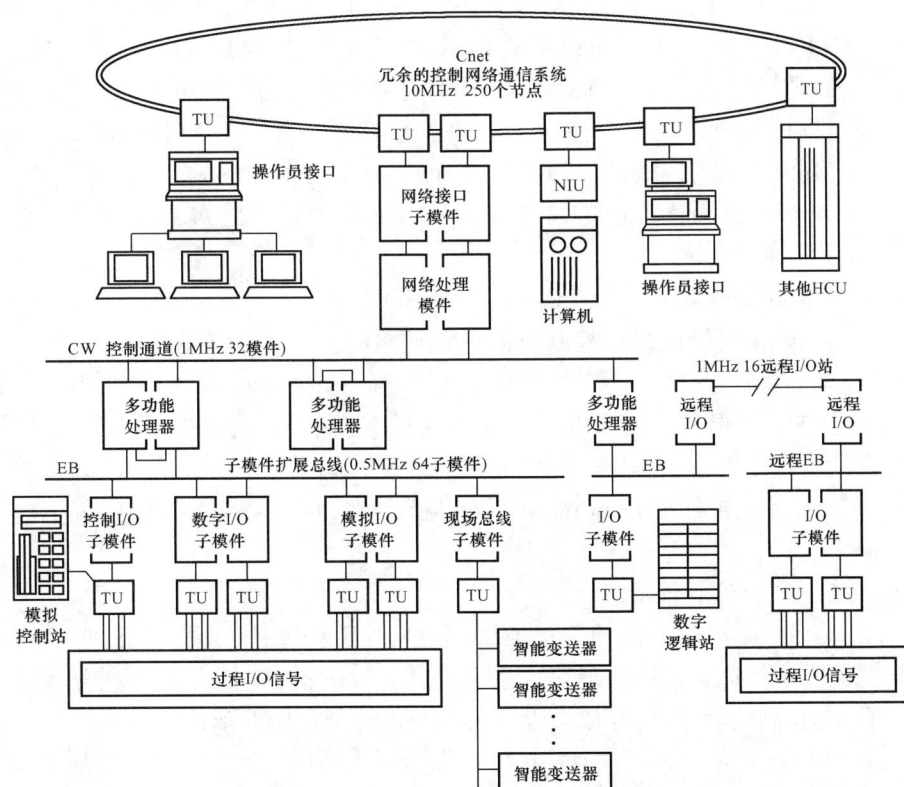

图 10 - 11　Symphony 系统的结构示意

Symphony 系统由过程控制级、控制管理级、企业管理级和数据通信系统四个层次组成。过程控制级主要由现场控制单元 HCU（harmony control unit）组成，控制管理级由人系统接口 HSI（human system interface）组成，企业管理级主要由个人计算机、服务器和局域网组成，数据通信系统则由控制网络 Cnet（control network）在内的多层网络组成。

　　Symphony 系统采用了一个多层的网络中心结构，按功能划分为四大部分：现场控制单元 HCU，过程控制及信息管理系统（Conductor），工程工具系统（Composer），系统网络。

　　1. 现场控制单元（harmony control unit，HCU）

　　HCU 面向生产过程，完成对过程信息的数据采集，闭环控制和顺序逻辑控制，完成过程控制级功能。HCU 在其早期的产品中称为过程控制单元，由机柜、安装单元、通信接口模件、控制器模件、I/O 子模件及端子单元组成。在模件安装单元（Modules Mounting Unit，MMU）的底板上设置有控制通道和 I/O 子模件扩展总线。底板上对应每个槽位有相应的插座，将插入安装单元的模件的卡边连接器 P1、P2 与控制通道和扩展总线连接。模件的卡边连接器 P3 通过专用电缆与端子单元连接，端子单元上的接线端子与过程的现场信号相连。插入模件安装单元的模件包括与系统网络接口的通信接口模件，控制器模件和 I/O 子模件。通信接口模件将现场控制单元挂接在系统网络上，I/O 子模件用于扩展控制器模件的 I/O 能力。控制器模件具体执行用户确定的控制策略，对过程进行控制。在现场控制单元中多功能处理器（multi-function processor，MFP）是 HCU 的核心和灵魂。一个 HCU 中可以挂接 32 个 MFP，一个 MFP 又可以带载 64 个子模件（如控制 I/O、数字 I/O、模拟 I/O 等）。子模件完成现场信号的预处理，而 MFP 则用来实现控制功能组态与运算。BRC100 桥路控制器也是现场控制单元中完成控制功能的核心模件，它采用 Motorla68060CPU，字长 32 位，主频 50MHz，20MB Flash - ROM，20MB NVRAM，对外通信接口为 RS 232/485 或 Modbus。每个 BRC100 最多能带 64 个 I/O 子模件，具有 220 多种功能码，可组态 5000 个功能块。

　　2. 人系统接口（human system interface，HSI）

　　HSI 是 Symphony 系统的过程控制及信息管理系统。它是用于系统和过程显示、操作、管理和数据存储的设备，一般称为操作员站 OS（operator station）。它采用当代先进和成熟的计算机技术、CRT 图形显示技术以及开放的数据交换平台等技术，为现场过程控制提供了一个最有效的窗口来观察、操作、管理过程和系统。其型号为 Conductor，故在 Symphony 系统中，HIS 设备也被称为 Conductor 系列人系统接口产品（或设备），其中包括操作员站 Conductor NT。

　　3. 工程工具系统（Composer）

　　Composer 是 Symphony 系统的工程工具，是系统工程师的专用接口。它承担着系统设计、现场调试、设备维护、工程管理等一系列功能。Composer 具有设计理念新颖、掌握容易、操作灵活、交流环境和界面开放、设计文件及设计软件同时形成的能力。它与设计者的连接界面友好且标准，使工程师能够进一步发挥才智，把系统设计得更加合理和先进。Composer 可以离线运行，也可以作为 Symphony 系统中的一个节点，参与系统的整个运作。它可以把经过工程设计的控制策略装入系统，又可以把系统的运行状态、数据收集进它的结构，为现场系统的生成和运行维护提供确实有效的帮助。

　　4. 通信网络结构

　　Symphony 系统为适应各种过程控制规模和现场应用条件，以及更广范围的数据传送和高层次的管理功能，其通信系统采用了多层通信网络结构。Symphony 系统中的数据分为企业管理数据、过程管理数据、过程控制数据和过程 I/O 数据，Symphony 系统的网络结构根据应用数据的功能分四个层次：在企业数据管理层称为操作网络（Onet——Operation Network）；在过程数据管理层称为控制网络（Cnet——Control Network）；在过程控制数据层称为控制通道（CW——Control Way）或模件总线（Module Bus）；在过程 I/O 数据层称为子模件扩展总线（EB——Expander Bus）或 H 网络（Hnet），如图 10-10 所示。

　　Onet 在一般控制结构中是可选择的网络结构，它采用了以太网结构，符合 IEEE 802.3 规范，网络为总线结构，采用双网冗余，以确保系统的稳定性，以利于系统的开放性成功地进入企业管理数据库。而其他的网络层由于涉及了广泛的过程数据，所以在一般控制结构中都应具备。通过这几层网络，系统就具有了数据采集、数据显示、数据存储的相应结构。

　　Cnet 是一个面向过程控制的网络，负责不同现场控制单元（HCU）节点之间过程控制参数、过程及系统报警等数据的交换工作，是 Symphony 系统的重要网络。采用环状网络结构存储转发的通信协议，其通信有如下特点：每一个节点都是对等的、独立的，都带有各自的缓冲寄存器、信息转发器。每个节点都与前后相邻的两个节点相连，形成一个闭合的环形结构。其传播方式为点对点进行。在系统的环形结构中，可分为 Cnet 中心环（Cnet Central Ring）、Cnet 子环（Cnet Ring）、Cnet 工厂环（Cnet Plant Loop），如图 10-12 所示。Cnet 中心环是控制网络必须选择的，它连接的节点包括：子环网络，现场控制单元，人系统接口和计算机。在有多个环行网络的组合结构中，才出现子环网络，子环网络根据系统需要选择。子环通过环网与环网之间的通信接口接入中心环网络。Cnet 工厂环仅适应小型的控制结构。子环和工厂环上连接的节点包括现场控制单元，如系统接口和计算机。

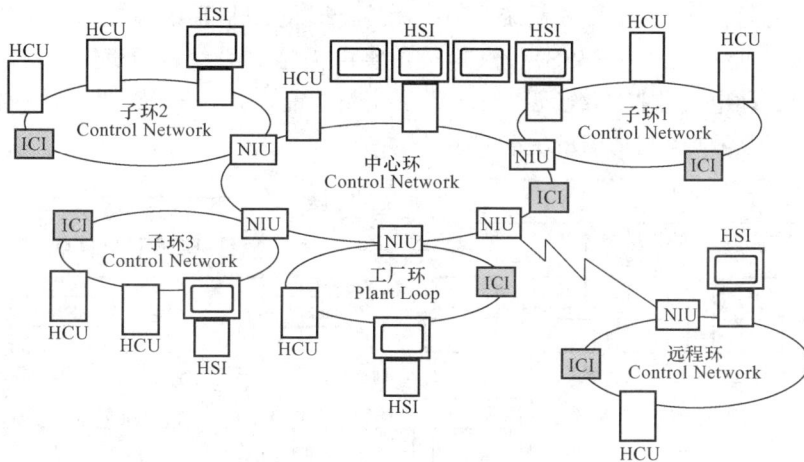

图 10-12　Symphony 系统控制网络 Cnet 结构示意图

　　控制总线 CW 是 HCU 内的主模件桥路控制器（BRC）、网络处理模件（NPM）等互相通信的网络，采用总线结构，自由竞争式的通信协议。

　　扩展总线 EB 是 HCU 内的第二级网络，主要承担主模件和它所带的子模件之间的通信，它采用八位并行总线的网络形式。主模件通过 EB 对所带的子模件进行扫描，完成现场数据采集和向现场的设备发出控制命令，有效地确保了对数据的实时处理。Symphony 系统通信网络数据见表 10-3。

表 10 - 3　　　　　　　　　　　　Symphony 系统通信网络数据一览表

名称	操作网络	控制网络			控制通道	扩展总线
		中心环	子环	工厂环		
英文名称	Onet	Cnet Central Ring	Cnet Ring	Cnet Plant Loop	Control Way	Slave Bus
节点数和模件数	256 个节点	250 个节点	250 个节点	63 个节点	32 个主模件	64 个子模件
速率		10Mbps	10Mbps	0.5Mbps	1Mbps	0.5Mbps
通信介质	双绞线或同轴电缆	同轴电缆和光纤	同轴电缆和光纤	同轴电缆和光纤	印刷电路板	印刷电路板
节点距离	200m	1000～2000m	1000～2000m	1000～2000m	本机柜	处理器内
相关模件	以太网卡	网络接口 NIS	网络接口 NIS	网络接口 LIM	NPM/BRC	MFP

　　Symphony 系统的各层网络都有其各自的信息特点、通信方式和自我保护能力。整个网络结构适应于多种过程控制规模、多种现场条件，具有很强的灵活性。目前，国内应用 Symphony 系统的机组，一般都采用了一至三层网络，而它的高层网络则为系统的扩展、升级，以及实现全厂控制、管理、决策为一体的综合自动化创造了条件。

　　（二）Symphony 系统的应用与配置

　　Symphony 系统在我国 600MW 火电机组上应用时的主要硬件配置如图 10 - 13 所示。该系统的应用功能涵盖了数据采集系统（DAS）、模拟量控制系统（MCS）、顺序控制系统（SCS）、炉膛安全监控系统（FSSS）、汽轮机数字电液控制系统（DEH）、给水泵汽轮机控制系统（MEH）和电气监控系统（ECS）等项控制功能，是一套软、硬件一体化的，完成全套火力发电机组各项控制功能的完善的控制系统。

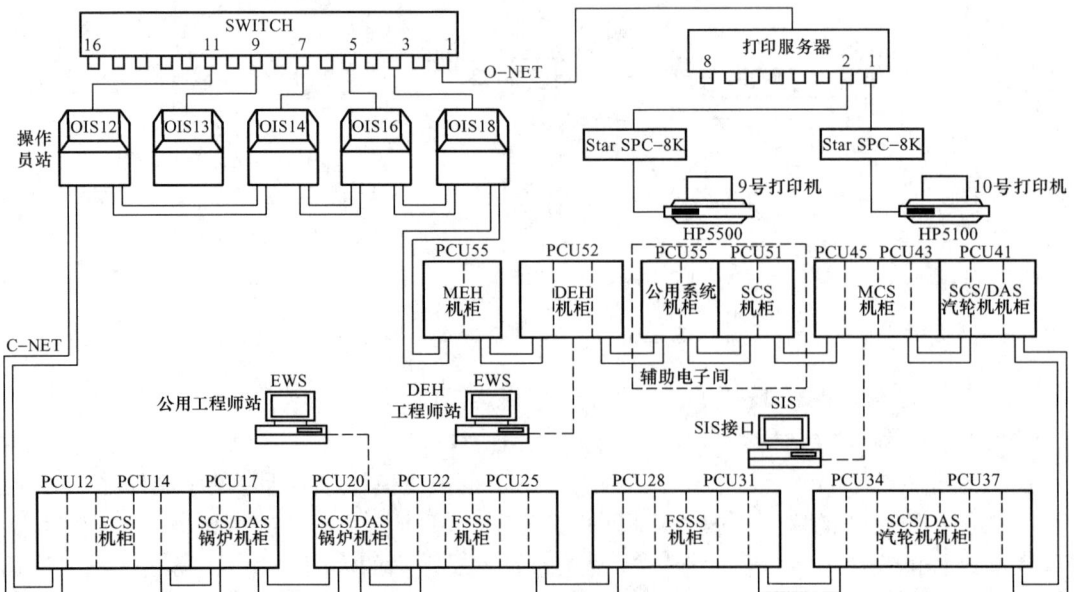

图 10 - 13　Symphony 系统硬件配置

该机组的现场控制单元、操作站和工程师站由它们各自的 Cnet 通信环路相连，构成该机组的独立环网。单元机组环网上配置了现场控制单元 HCU 模件柜共 16 个，每个模件柜均为环网上的一个节点。根据功能分散和物理位置分散相结合的原则，单元机组的控制系统在 DCS 中遵循以下配置原则：MCS、FSSS、DEH、MEH 的控制处理器均单独配置，其控制机柜（模件柜）和相应的 I/O 端子柜都集中布置在集控楼 13.7m 层电子设备间内；DAS 和 SCS 的控制处理器根据工艺系统统筹配置，其控制机柜和相应 I/O 端子柜按照靠近被监控对象的原则分别布置在集控楼 13.7m 层电子设备间和集控楼 0.0m 辅助电子设备间；ECS 的控制器单独配置。系统中的机柜配置见表 10 - 4。

表 10 - 4   Symphony 系统的机柜配置

系统划分	模件柜	端子柜	安 装 位 置
SCS/DAS（锅炉）	2	3	集控楼 13.7m 层电子间
SCS/DAS（汽轮机）	4	8	集控楼 13.7m 层和 0.0m 层电子间
SCS（电气）	2	3	集控楼 13.7m 层电子间
FSSS	4	7	集控楼 13.7m 层电子间
MCS	2	2	集控楼 13.7m 层电子间
DEH	1	2	集控楼 13.7m 层电子间
MEH	1	1	集控楼 13.7m 层电子间

系统中的所有 HCU 通过由双绞线或同轴电缆构成的 Cnet 中心环网，与系统的各人-机系统接口站——工程师工作站、操作员工作站、报表和记录站等进行信息交换。系统中工程师工作站、报表和记录站各由一套计算机和一台打印机组成，它们均通过通信接口与 Cnet 中心环连接；操作员工作站由五套操作员接口站（OIS）和两个支持站组成，各 OIS 之间通过以太网连接；系统的打印站由两台宽行打印机和一台打印服务器组成。

三、Ovation 系统

Ovation 系统是美国艾默生（Emerson）过程控制有限公司（原西屋电气公司）的新一代分散控制系统。

（一）艾默生过程控制有限公司分散控制系统的发展

1. WDPF 分散控制系统

艾默生过程控制有限公司于 20 世纪 80 年代初推出了分散控制系统（West-house distributed processing family，WDPF）系统，可以综合实现对生产过程的数据采集及处理、调节控制和顺序控制等功能。其基本组成部分包括数据高速公路和工作站，以数据高速公路为纽带，将分散的、完成各自功能的各个工作站连接起来，以总线型网络拓扑结构构成一个完整的过程监视控制系统。

WDPF 的数据高速公路由信息传输载体（同轴电缆或光导纤维电缆）和数据高速公路控制器 DHC 组成。DHC 通常安装在各个工作站中，是工作站与信息传输载体的接口卡。在数据高速公路上采用高级数据链路控制 HDLC 协议的广播通信方式。传输载体采用同轴电缆，最多可接 254 个工作站，最大传输距离长达 6km；采用光导纤维电缆最多可接 64 个工作站，最大传输距离为 1.3km。通信速率为 2Mbit/s。每秒可刷新 10 000 点的模拟量信息，广播周期为 100ms。

WDPF 系统的工作站采用模块化设计，积木式结构。工作站分为两大类：与生产过程接口的分散处理单元 DPU 和人机接口装置（包括工程师站 ENG、操作员站 OPE、计算站 CALC、历史数据存储及检索站 HSR 和记录站 LOG 等）。WDPF 系统结构如图 10 - 14 所示。

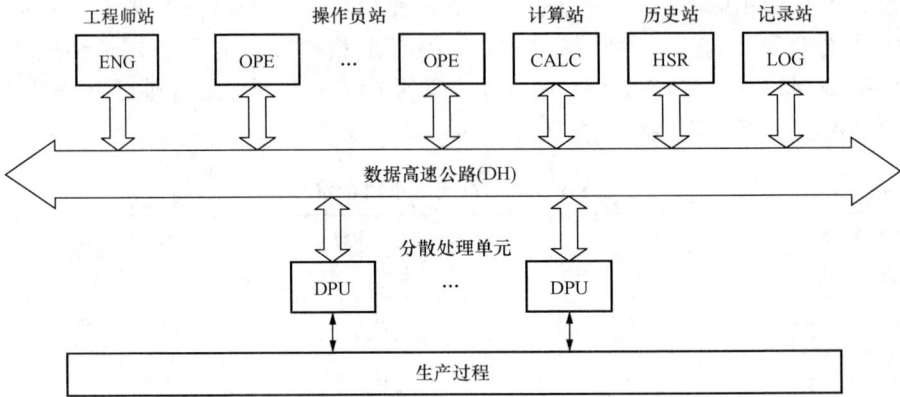

图 10 - 14 WDPF 系统结构

2. WDPFⅡ分散控制系统

1991 年，艾默生过程控制公司在原 WDPF 系统的基础上，通过硬、软件升级推出了新一代的 WDPFⅡ分散控制系统。其系统结构采用双高速通道设计，通信网络由冗余的 West-netⅡ实时过程数据通道（WestnetⅡ数据高速公路）和以太网信息通道（以太网信息高速公路 EIH）组成。以太网信息通道将企业信息管理功能如 MIS 系统，纳入了 WDPFⅡ分散控制系统，实现企业的管控一体化。WDPFⅡ的系统结构如图 10 - 15 所示。

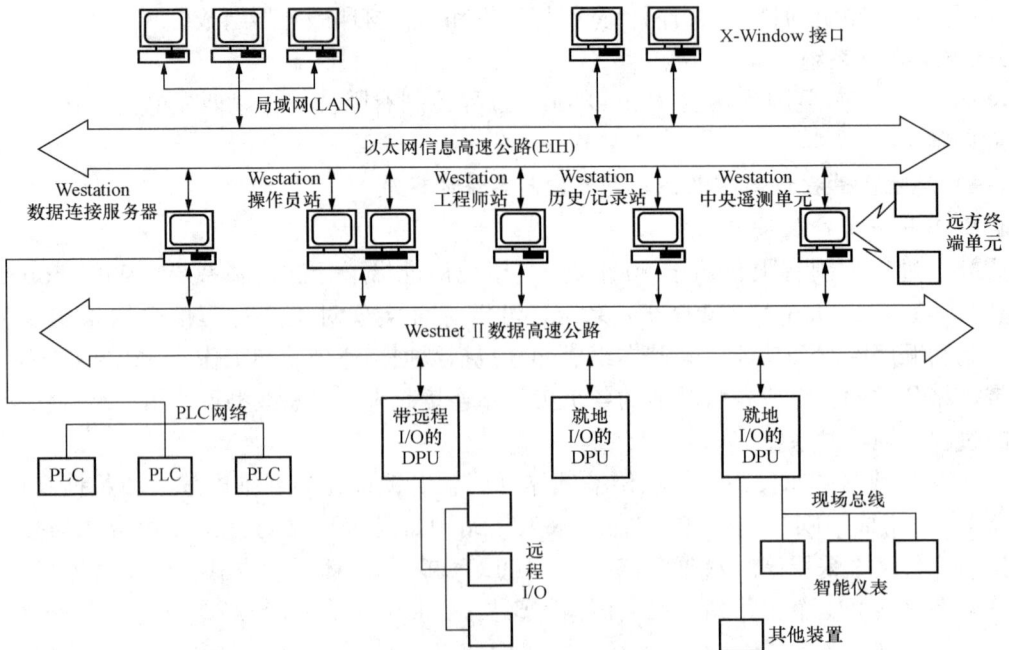

图 10 - 15 WDPFⅡ系统结构

Westnet Ⅱ 高速数据公路是一种高速的、以广播技术为基础的实时通信公路，最多可带254 个 Westation 工作站，广播通信速率为 2Mbit/s，每秒可刷新 16 000 个点信息。Westnet Ⅱ 高速数据公路承担面向生产过程的 DPU 之间及 DPU 与人机接口工作站之间的实时通信。除 DPU 以外的所有工作站由非冗余的以太网信息通道互相连接。这个以太网信息通道是一个非实时的网络，用于传送文件类型的数据，以及电厂指示性数据信息，以扩展分散控制系统的企业管理功能。

WDPF Ⅱ 的 Westation 工作站采用高性能的 RISC（简化指令集计算机）工作站技术、UNIX 操作系统和 X-Window 多窗口技术，构成开放性的硬、软件结构。WDPF Ⅱ 通过 Westation 数据连接服务器可与非 WDPF Ⅱ 系统的网络（如 PLC 网络、智能仪表网络、第三方控制系统网络等）接口，将它们的实时信息收集到 WDPF Ⅱ 系统进行集中显示和管理。WDPF Ⅱ 采用 486DPU，可实现连续 PID 控制、顺序控制、特殊逻辑和定时功能、数据采集、事件顺序记录（SOE）、冷端温度补偿、过程点报警处理、工程单位转换、过程点数据库存储以及就地和远程 I/O 接口等功能。经过特殊的接口可以通过 HART 现场总线连接智能变送器之类的现场设备。

1995 年推出的增强型第二代 Westnet Ⅱ PLUS 数据高速公路，性能得到大大增强，每秒刷新的点信息从 16 000 点扩展到 32 000 点，采用独立通道监视技术监视冗余的数据公路，便于确定网络故障的位置和原因。在线增加新站时，能自动检查重复站号，提高了站的容错能力，并改进了总线分配表的表决权和更新方法等。

3. Ovation 信息管理控制系统

Ovation 信息管理控制系统是艾默生过程控制公司集过程控制和企业管理信息技术为一体，融合当今世界最先进的计算机与通信技术于一身，面向 21 世纪的新一代分散控制系统。它采用了高速度、高可靠性、高度开放性的无网桥、网关的通信网络；控制器使用灵活方便、功能强大、易于升级；用户接口可靠、先进、灵活多样；系统配有功能强大的 ORACLE 关系数据库管理系统和高性能的系统组态及维护工具库；模件人性化、智能化、工艺结构先进；硬、软件功能强大。其具有更强大的先进性、可靠性、稳定性和开放性。

Ovation 系统是严格按照开放式网络标准建立的工业系统。在保证系统绝对安全的前提下，给电厂控制环境带来了真正的开放式计算机技术；Ovation 采用商业化的硬件平台、操作系统和网络技术，其技术更新紧跟世界最新技术的发展成果。

Ovation 系统由通信网络、控制器、I/O 模块、人机接口、关系型数据库和组态工具组成，如图 10 - 16 所示。

Ovation 采用适用于实时过程控制的通信网络，具有最快的速度和最大的容量。采用全冗余容错技术的 Ovation 控制网络严格遵循 IEEE 的技术标准。Ovation 网络与通信介质无关，既可采用光缆，也可采用无屏蔽的双绞线（UTP）。其采用的硬件在市场上极易购得。整个通信网络是开放的系统，取消了对实现不同网络间信息转换和管理的特殊网关和接口的要求，能够与企业内部局域网 LAN、广域网 WAN 和企业内部网 Intranet 完全连通。用户可采用 Ovation 的统一网络，在确保过程安全的前提下，把过程控制同企业信息系统结合起来。

Ovation 的通信网络不同于其他 DCS，它是一个完全确定的实时数据传输网络，即使在工况扰动的情况下也绝不丢失、衰减或延迟信号。Ovation 系统的设计原则是将从上到下的

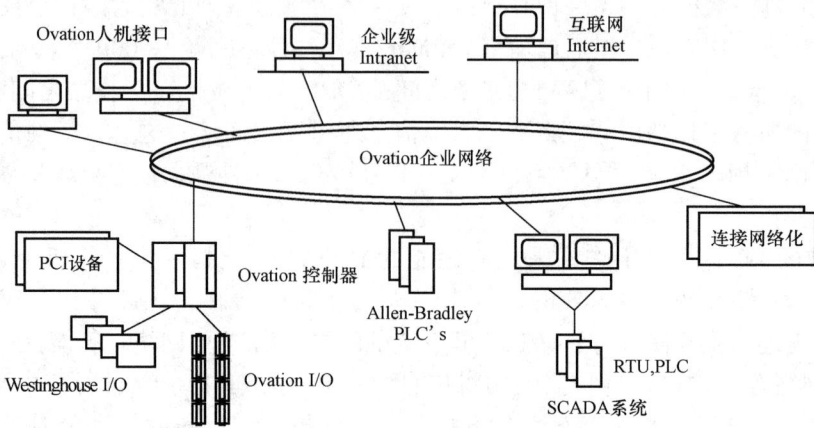

图 10 - 16　Ovation 信息管理控制系统

所有标准构成一个完全开放的环境，所以 Ovation 允许最终用户在系统中集成其他厂商的产品。基于开放式的通信协议，Ovation 系统可以成功地将全厂区域内的自动控制和管理信息整合成一个整体，在今后所有的版本中也可继续使用所有通信标准的组合。

　　Ovation 系统的高速数据公路在结构和性能上较之以前的产品有了较大的改进。网络主体采用双令牌的 FDDI/CDDI（光纤分布式数据接口/铜电缆分布式数据接口）环网或基于交换机的快速以太网。网络最长传输距离可达 200km，其通信速率达到 100Mbit/s，可挂接 1000 个工作站，每秒刷新的点信息扩展到 200 000 点。连接在环网上的集线器或快速以太网上的交换机，对各工作站实现点对点连接，传输介质可以是双绞线 UTP 或光纤电缆。采用双绞线 UTP 时，工作站到集线器/交换机的距离为 100m；采用光纤电缆时，距离可达 2km。

　　表 10 - 5 列出了艾默生过程控制公司分散控制系统通信网络的性能比较。

表 10 - 5　　　　　　　　艾默生过程控制公司分散控制系统通信网络性能比较

性能	网　络			
	DH（WDPF）	Westnet Ⅱ	Westnet Ⅱ PLUS	Ovation
通信速率	2Mbit/s	2Mbit/s	2Mbit/s	100Mbit/s
站点数	254	254	254	1000
每秒刷新点数	10 000	16 000	32 000	2 000 000
传输距离	1.3km	6～40km	6～40km	200km

　　Ovation 系统的工作站包括工程服务器（Engineering Server）、操作员站（Operator Station）、工程师站（Engineering Station）、历史站（Historian Server）、记录站（Log Server）、数据连接服务器（Data Link Server）、报表服务器（Report Server）、性能计算服务器（Computation Server）和高性能控制器等。

　　（二）Ovation 系统网络

　　Ovation 系统的主干网络有两种典型的结构系列：双令牌 FDDI/CDDI 环网和基于交换机的快速以太网。

1. 双令牌 FDDI/CDDI 环网

双令牌 FDDI/CDDI 环网系统结构如图 10 - 17 所示。该系统的主干网络由两个数据传输方向相反的令牌环网（FDDI/CDDI）和连接在环网上的集线器组成。系统的工作站与集线器的端口采用点对点连接。当主环路出现故障时，FDDI/CD-DI 可自动重新进行配置，启动次环路加入主环一起工作，以保证网络的可靠运行。FDDI/CDDI 采用令牌环网络控制方式，执行 IEEE 802.5 通信协议标准。FDDI/CDDI 的通信标准技术成熟，具有优良的网络管

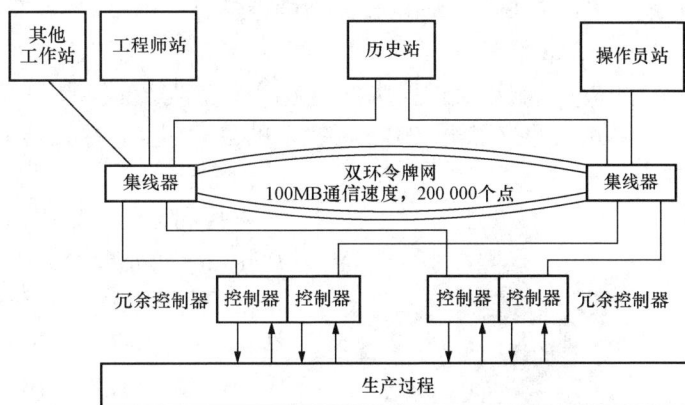

图 10 - 17　双令牌 FDDI/CDDI 环网系统结构

理能力，可靠性高，支持 FDDI/CDDI 的硬、软件产品丰富，网路可延伸到 100km。由于具有优良的性能，因而得到广泛的应用，但这种技术成本高，安装也比较复杂。

2. 基于交换机的快速以太网

基于交换机的快速以太网系统结构如图 10 - 18 所示。该系统的主干网采用基于交换器的快速以太网。它在 10BaseT 的基础上发展而来，通过将网上的位时（每个二进制的电平在线路上持续的时间）缩短为 10BaseT 的 1/10，达到 100Mbit/s 的传输速率。快速以太网通过交换机的端口与各工作站建立一对一的连接，完全兼容 10BaseT 接口标准。快速以太网采用广播式自由竞争的网络控制方式，执行 IEEE802.3 通信协议标准。智能化的交换机能根据工作站之间的通信需求，动态地将以太网分段运行。在每个分段中仅建立通信双方间的连接。在通信结束之后，这种动态的链接将自行断开，为新的通信站点做好连接的准备。因此，在通信过程中不可能发生冲突，也不需要进行冲突检测和载波侦听处理，充分发挥了站点随机接入的特点，从而获得极高的通信效率，且成本低。在单元发电机组的分散控制系统中主干网多采用基于交换机的快速以太网。

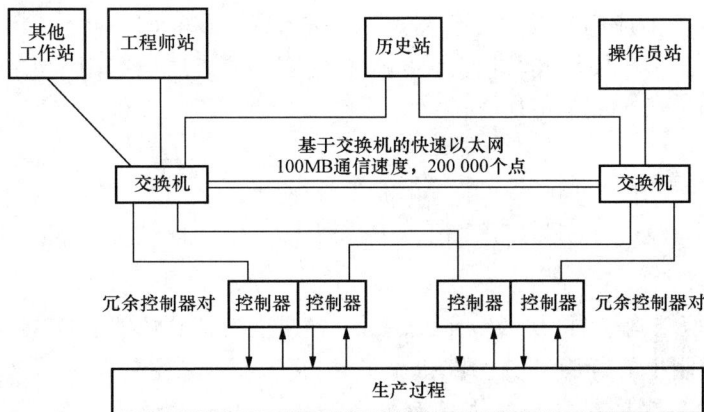

图 10 - 18　基于交换机的快速以太网系统结构

（三）Ovation 分布式处理单元

Ovation 分布式处理单元（distributed processing unit，DPU）由 Ovation 控制器、I/O 子系统、电源系统和 Ovation 控制机柜组成。

1. Ovation 控制器

Ovation 控制器对过程执行实施简单或复杂的参数调节、逻辑控制、数据采集等监控功能，并对冗余的控制实现完全无扰动的自动切换，提供与 Ovation 网络和 I/O 子系统的通信接口。

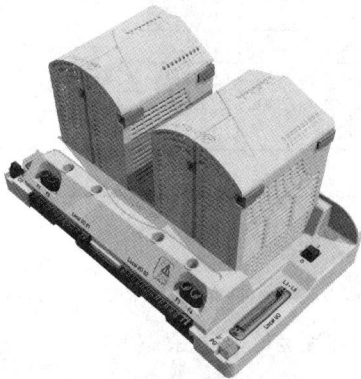

控制器内部采用标准的商用 PC 机结构，配置 32 位 Pentium 微处理器、IDE 接口的 Flash 存储器和完全冗余的硬件配置，并提供个人计算机主板无源 PCI/ISA 总线接口，它可以和即插即用的标准 PC 产品相兼容（见图 10-19）。控制器内嵌有工业标准的 POSIX1003.1b 商业化实时操作系统的核心部分，仅占 32k 内存，它支持多应用程序，过程控制区域最多可达 5 个，使控制器具有强大的适应性、灵活性和控制能力。

控制器通过快速以太网网络卡与 Ovation 网络上的交换机接口，实现与系统其他站点间的通信。每个控制器最多支持 2 个 I/O 接口卡，每个接口卡可有 8 个 I/O 分支。每个分支可配置 8 个 I/O 模块。因此，每个控制器最多可支持 128 个 I/O 模块，具有很强的过程 I/O 能力。

图 10-19　Ovation 控制器外观

2. I/O 子系统

控制器的 I/O 子系统有一系列品种齐全、功能强大的 I/O 模块，用于扩展控制器的过程 I/O 通道功能，实现控制器与生产过程之间的信息连接和转换。

I/O 模块由电子模块、特性模块组成（构成 1 个 I/O 模块组），安装在 I/O 基座上，每个 I/O 基座可安装 2 个 I/O 模块组。I/O 基座提供模块电源、信号连接的 I/O 总线及与现场信号连线的接线端子。I/O 基座可自动互相连接，形成一条 I/O 分支连在控制器的 I/O 接口卡上。I/O 模块设计成电子模块、特性模块是 Ovation I/O 子系统的一大特色。特性模块针对各种 I/O 模块的应用需要，对信号进行相应的转换和处理；电子模块则承担 I/O 模块基本的通用功能。电子模块和特性模块的配合使用，使模块没有用于组态的跳线，并可带电插拔，应用更加灵活，维护更加方便。

3. Ovation 机柜

Ovation 控制柜采用标准规格机柜，正面、背面均装有柜门，用于安装 Ovation 控制器、输入输出卡件、电源等部件。在机柜的上部安装 Ovation 控制器和电源，下部用于安装输入输出卡件。

Ovation 控制柜结构如图 10-20 所示。图中，左边为打开柜门后控制柜的正面部分，右边为打开柜门后控制柜的背面部分。在机柜的正面上部装有控制器，下部用来插接 I/O 卡件；在机柜的背面上部装有电源模块，为控制器和 I/O 卡件提供各种电压等级的直流电，下部也用来插接 I/O 卡。控制器面板有 8 个指示灯，用来显示卡件的各种工作状态。

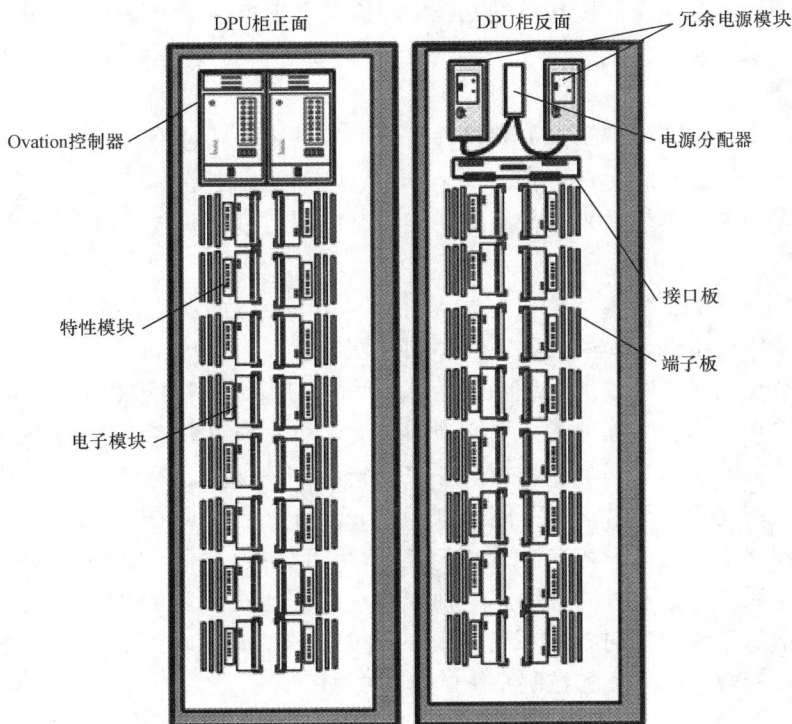

图 10-20 控制柜结构

（四）Ovation 人机接口

Ovation 人机接口（man machine interface）是操作人员、管理人员、控制组态和维护人员与分散控制系统交互的界面。Ovation 人机接口包括操作员站、工程师站、历史站、记录站等，如图10-21 所示。Ovation 人机接口为用户提供安全、高效和灵活的监视、操作、管理和维护控制系统的功能。

Ovation 人机接口采用商业化的个人计算机，或计算机工作站，通用的操作系统作为运行平台，为用户提供了强大的显示、操作和维护能力。

Ovation 可按照用户的选择，提供以下标准平台的人机接口：PC 机、SUN 工作站或 Java/浏览器工作站。

图 10-21 Ovation 人机接口

PC 机使用 Microsoft Windows NT4.0/2000 操作系统，SUN 工作站采用强有力的 UNIX 操作系统，Java/浏览器则适用于过程控制系统的远程监视、操作控制和调试维护。以上任何一种平台都能作为工程师或操作员界面来完成读取和处理企业级的所有信息数据。

1. 操作员站

操作员站作为 Ovation 系统网络中的一个节点，通过 Ovation 网络与分散处理单元 DPU 交换信息，收集过程的实时数据和系统信息，利用显示器显示和键盘操作，为现场过程控制提供一个最有效的窗口。操作员站的应用功能包括过程图形显示系统、报警管理系统、趋势（实时和历史的）、点信息、点回顾、点浏览器和操作员事件信息等。操作人员可以通过它观察、控制和管理过程和系统。操作员站 Ovation 信息管理控制系统提供完整的数据采集、记录及报告能力和操作接口。

2．工程师站

工程师站提供了创建、编辑和下载过程录像、控制逻辑和过程点数据库必要的工具，并包含了 Ovation 操作员站的所有功能。Ovation 系统工程师利用 Windows 环境、高分辨率的显示画面和强有力的工具软件来执行系统功能组态编程、过程调试、操作站管理维护功能。

3．历史站

历史站采用客户/服务器结构，它为整个 Ovation 过程控制系统的过程数据、报警、SOE、记录和操作员事件，提供大容量的存储和恢复信息。Ovation 历史站具有高速、高效和高度灵活的特点，它能有效地组织数量巨大（200 000）的实时过程数据和有意义的系统信息，提供给操作员站、工程师站和系统维护人员，作为分析事故或总结过程运行经验的依据。历史站的服务器还包含一个强有力的中央历史数据库服务器（CHDS）。这个 Oracle 实时数据库管理系统周期性地采集和存储来自 Ovation 历史站数据文件中的摘要数据，并能进行关系型数据库组织的计算，客户机通过 SQL 和 ODBC 接口可以访问 CHDS 的数据，提供给商业管理信息系统和企业级的应用。这种配置提供了历史站与 MIS 报表之间的数据缓冲区，实现管理信息系统与实时控制系统之间的数据隔离，既方便了厂区生产管理人员的操作，又保证了过程数据的采集和控制系统的运作更加安全。

4．记录站

记录站也称打印站，提供定义打印机报表管理及报表生成功能。打印机可直接连接到记录站上，也可作为共享打印机直接连接到以太网上。在某些系统中，因计算机处理能力的提高，将记录站的功能集成在 HSR 站中，即 HSR 站同时具有打印站的功能。

四、Ovation 系统特点

Ovation 系统无论在系统结构、可操作性、可开发性、采用的技术方面都有着十分突出的特点。

1．先进、开放和标准化的网络

Ovation 系统采用了高速度、高可靠性、高度开放的无网桥、无网关的通信网络——基于交换机的快速以太网，通信速率达 100Mbit/s。与其他系统比较，具有以下特点：

（1）全双工运行，等效于双倍的通信速率 200Mbit/s，使通信能力加倍。

（2）交换机支持多重同时通信，允许两个以上的站组同时相互寻址，由交换机维持双向和站间的同步通信。

（3）网络上不存在冲突，不需要冲突检测，通信不会因冲突而停止，交换机可节制独占一个节点的站，信息不在中间节点产生时延，使信息以"线速"的传输速率通过节点。

（4）网络的物理规模易于扩展。利用交换机作为网关和缓冲器，系统可以无限地互联。

（5）交换型快速以太网是一个站节点通信地位平等的"民主"系统，它没有固定的控制方案（如通信控制站管理、存储转发、令牌传送等）来确定什么时候允许访问网络，站节点在任何时候都可以访问网络，不会出现诸如令牌传送系统所潜在的等待周期。

2．安全可靠的系统

Ovation 系统通过多种技术措施来保证系统的安全和可靠性。

（1）分散的系统结构。采用分散结构的理念保证系统的可靠性。这种分散的结构，一方面反映在系统功能的分散上，如过程控制、过程管理和数据通信等功能由不同的具有自治能力的计算机完成；另一方面是地理位置分散，采用现场总线技术，按受控系统的划分，设备分散安装，分而自治；再则是数据库分散。分散结构使系统的危险性得到充分的分散，一旦局部设备出现故障，不会影响系统其他部分的运行。

（2）关键设备冗余配置。系统的可靠性还通过对关键设备进行冗余配置来保证。DCS中对关键的设备如电源、控制器、通信设备等进行冗余配置，一旦主设备出现故障，后备设备能自动平稳地接替它的工作，大大提高了系统的可利用率。

（3）完善的自诊断功能。系统具有完善的自诊断能力。在系统运行的过程中，借助于自诊断程序不断地监视和测试硬、软件的运行状况，发现错误和故障，及时向运行人员发出指示信息，指出出错的类型和位置，使故障和出错能及时得到运行人员的处理。另外，分散处理单元的各种功能模块采用接插技术，允许模块带电插拔，模块功能强大，种类少，这些都大大提高了系统的可维护性，使系统更加安全、可靠。

（4）采用标准化、模块化的软件。系统中大量采用由专业的软件人员和工程技术人员开发的经过严格软件测试和实践考验的标准化、模块化的软件生成系统应用软件，也是系统可靠性高的因素之一。

3. 商业化的硬、软件产品

Ovation 系统采用商业化的硬件平台、操作系统、数据库管理系统和网络技术。在分散控制系统中，采用工业标准的商业化硬件平台和通用系统软件，是新一代 DCS 的发展趋势，它是系统开放性的标志之一。

由于生产过程自动化的发展对 DCS 提出了更多、更高的要求。DCS 制造商必须不断地扩展 DCS 的功能，提高产品性能和进行产品的更新换代，且更新换代的周期日益缩短。为此，DCS 制造商不得不付出巨大的开发投资。与此同时，计算机公司为了扩展市场，研制开发了大量适应生产过程自动化要求的通用工作站、I/O 站和通信网络，不断推出强有力的系统软件和支持软件。由于通用性产品市场大，开发投入效益好，产品的更新和升级异常迅速。在这种情况下，DCS 公司和计算机公司的产业分工发生了变化。DCS 公司开始采用计算机公司提供的硬、软件平台，形成自己的 DCS。改用通用的个人计算机、工作站，在其高性能的硬件和丰富的软件平台的基础上构成 DCS 中的人机接口系统；通信网络大多采用通用的以太网等。大大增强了 DCS 的开放性，技术的先进性，使 DCS 紧跟计算机技术、通信技术和显示技术更新升级的步伐。以前 DCS 中采用的计算机等技术都滞后于通用的商业化产品，且开发周期长。采用商业化的硬、软件产品，使 DCS 中的通用技术同步于先进的计算机技术、通信技术和信息技术的发展。这样，DCS 公司可将精力和资源集中在提高系统监控功能和性能的开发上，大大缩短新产品的开发周期，以最快的速度、最优良的性能适应生产过程自动化对 DCS 的需求。

4. 人机接口友好、组态方便灵活

Ovation 系统采用高智能的操作员站，对过程现场集中监视、操作，信息量大，人机交互界面直观、友好。

操作员站是 Ovation 系统主要的人机接口，它在相应功能软件的支持下，可通过丰富多彩的表现形式（生产流程图、点显示及报警一览、趋势显示等），直观地向运行人员提供生产过程实时的过程参数和设备状态。动态信息更新快，对操作员的操作能快速作出反应。用户可以通过强有力的组态工具，灵活、方便地组态生成符合操作员个性和习惯的显示画面，使人机接口更加友好，从而提高操作员的工作效率。

采用标准化的功能模块和控制图形界面进行控制方案组态代替编程语言编程，自动生成执行文件，下装到控制器中执行。采用图形组态工具对操作员站的显示画面、趋势、报警和报表等进行组态，快捷而又方便。用户不需掌握编程语言的语句、语法和编程技巧，大大降低了对用户编程能力的要求。组态方法易学，组态结果易修改，而且可保证应用程序的可靠性和质量，大大缩短了应用软件的开发周期。

第二节　现 场 总 线 控 制 系 统

现场总线控制系统（fieldbus control system，FCS），是继分散控制系统之后出现的新一代控制系统。它用现场总线这一开放的、具有可互操作的网络将现场各控制器及仪表设备互联，构成现场总线控制系统，同时控制功能彻底下放到现场，降低了安装成本和维护费用。因此，FCS 实质是一种开放的、具有可互操作性的、彻底分散的分布式控制系统。

一、概述

随着计算机技术的发展，嵌入式微处理器（如单片机、数字信号处理器）在变送器、执行机构中得到广泛应用。微型计算机的应用使得仪表具有计算、储存、通信能力及故障自检功能，仪表的性能、测量准确度、整体可靠性都大大提高，成为智能化仪表。同时也使仪表设计模式化，实际上大多数的智能仪表都具有通用型的结构，即传感器＋A/D＋MCU（微控制器）。

新技术推动了仪表的发展。而智能化的仪表在 DCS 的应用中，面临一个比较尴尬的问题是，DCS 与现场设备的接口仍然是用 4～20mA 电流表示的模拟量信号和逻辑电平表示的开关量信号，于是，智能仪表在设计的过程中不得不再加入 D/A 转换器，将测量的结果转换成模拟量以配合 DCS 使用。而在 DCS 一端，在把经过隔离后的模拟量信号，经 A/D 转换后，供计算机处理，其流程如图 10 - 22 所示。在信息处理日益数字化的背景下，这种模拟量的信号传输制式，逐渐成为工业自动化发展的障碍。

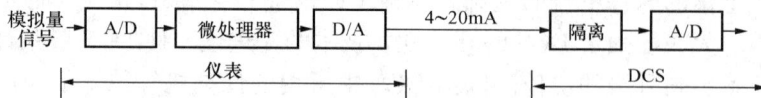

图 10 - 22　DCS 下模拟量信号传输过程

现场总线作为一种通信方法实现了仪表与就地设备的数字化互联。而实际上，高性能微控制器的应用，使仪表或就地设备不仅可以完成其本身的工作，还可以完成大量额外的工作。当把一些控制功能用仪表完成后，现场总线的实际意义就不止是一种通信总线，而具有了控制系统的某些性质。例如，一个变送器（流量传感器）和一个执行机构（调节阀）就可以构成一个简单的单回路控制系统。

（一）现场总线的概念

现场总线（Fieldbus）是用于过程自动化或制造自动化中的实现智能化现场设备（如变送器、控制器、执行器）与高层设备（如主机、网关、人机接口设备）之间互联的、全数字、串行、双向的通信系统。通过它可以实现跨网络的分布式控制。按照国际电工委员会 IEC 标准和现场总线基金会 FF 的定义：现场总线是连接智能现场设备和自动化系统的数字式、双向传输、多分支结构的通信网络。现场总线也可理解为从控制室连接到现场设备的双向全数字通信总线。顾名思义，现场总线就是将通信总线一直延伸到现场设备。对于工业过程来说，这里的现场指的是温度、压力、流量、物位、密度、pH 值变送器及调节阀门等。

要注意区分的是，在 DCS/PLC 系统中，一些控制器或远程 I/O 安装在离装置或设备较近的分控制室中，也被称为现场，但这和现场总线中的"现场"是有区别的。使用有现场总线通信能力的智能现场设备是现场总线系统的本质特征之一。

现场总线技术涉及信号、通信、系统三个层次，见表 10 - 6。相应地，按不同需要建立起三种现场总线协议，每一种都被过程控制工业所接受。第一种为传感器总线（Sensor bus），它应用于简单的 I/O，是满足开/关和传感器/执行器需要的基本数据高速总线；第二种为设备总线（Device bus），它用于智能型离散设备，如 PLC 和以微处理器为基础的离散现场设备；第三种为应用现场总线，它是连续过程的测量与控制总线，对速度要求较低而对过程信息通信量要求较高。

表 10 - 6　　　　　　　　　　　　　现 场 总 线 标 准

层　次	信号标准	通信标准	系统标准
例　子	4～20mA，RS232/485	Modbus，CAN 等	FF

用于连续过程的测量和控制的现场设备，目前存在三种协议。最初的是混合模拟/数字协议，如 HART。HART 通信协议是一种叠加在 4～20mA 电流信号上的、以频率为基础的数字信号混合协议。严格地说，它不是现场总线，然而，它是一种事实上的标准，获得了广泛的应用。另外两个协议是全数字式的，即基金会现场总线（FF）和 Profibus-PA 现场总线。基金会现场总线是在完全一体化的基础上发展起来的，而 Profibus-PA 现场总线是 Profibus-DP 远程 I/O 能力的扩展。

（二）现场总线的本质含义

现场总线控制系统打破了传统控制系统的结构形式。传统控制系统按控制回路采用一对一的连接方式。位于现场的测量变送器与位于控制室的控制器之间，控制器与位于现场的执行器、开关、电动机之间均采用一对一的物理连接。现场总线系统由于采用了智能现场设备，把原 DCS 中位于控制室的控制模块、输入/输出模块置入现场设备，测量变送仪表可以与阀门等执行机构直接传送信号，致使控制系统能够直接在现场完成所需功能，实现了真正的分散控制。

由于采用了数字信号，一条通信线上可传输多个信号（包括多个运行参数值、多个设备状态、故障信息），同时又为多个设备提供电源；现场设备以外不再需要 A/D、D/A 转换部件，这样就为简化系统结构、节约硬件设备、节约连接电缆与各种安装、维护费用创造了条件。

现场总线的本质含义表现在以下六个方面。

1. 现场通信网络

现场总线把通信线一直延伸到生产现场或生产设备，用于过程自动化和制造自动化的现场设备或现场仪表互联的现场通信网络，如图 10 - 23（b）所示。

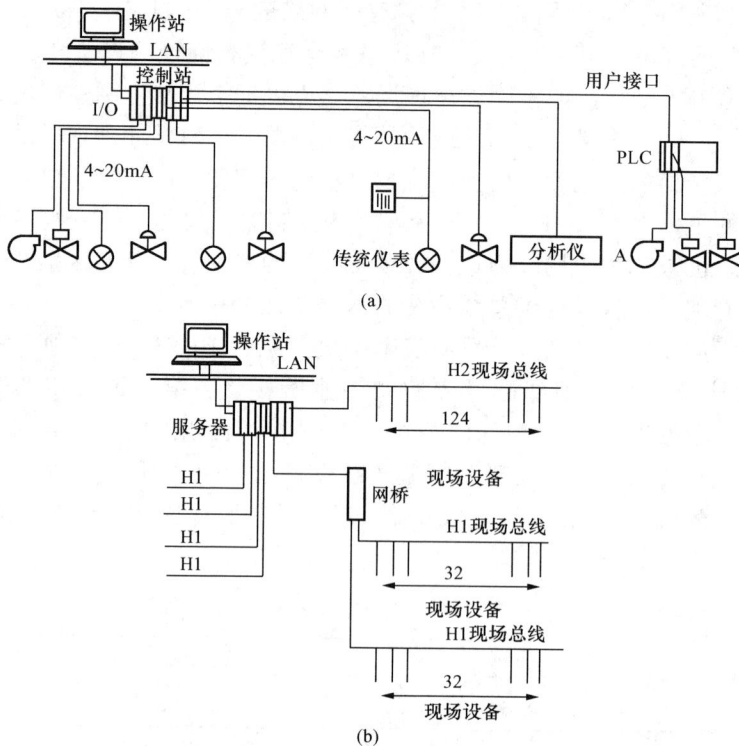

图 10-23 现场总线控制系统与传统控制系统结构的比较
(a) 传统控制系统（DCS）；(b) 现场总线控制系统

传统 DCS 的通信网络截止于控制站或输入输出单元，现场仪表仍然是一对一模拟信号传输，如图 10-23 (a) 所示。究其原因之一是，工业生产现场环境十分恶劣，既有各种电磁场、噪声干扰，又有各种酸、碱、盐等腐蚀性有害物质，还有高温、低温、高湿度和各种粉尘。要采用现场通信网络，难度太大。

现场总线必须适应这样恶劣的工业生产环境，攻克这道难关，从而实现全数字化通信。

2. 现场设备互联

现场设备或现场仪表是指传感器、变送器和执行器等，这些设备通过一对传输线互联（见图 10-23），传输线可以使用双绞线、同轴电缆、光纤和电源线等，并可根据需要因地制宜地选择不同类型的传输介质。

3. 互操作性

现场设备或现场仪表种类繁多，没有任何一家制造商可以提供一个工厂所需的全部现场设备，所以，互相连接不同制造商的产品是不可避免的。

用户不希望为选用不同的产品而在硬件或软件上花很大气力，而希望选用各制造商性能价格比最优的产品集成在一起，实现"即接即用"，用户希望对不同品牌的现场设备统一组态，构成他所需要的控制回路，这些就是现场总线设备互操作性的含义。

现场设备互联是基本要求，只有实现互操作性，用户才能自由地集成 FCS。

4. 分散功能模块

FCS 废弃了 DCS 的输入/输出单元和控制站，把 DCS 控制站的功能模块分散地分配给现场仪表，从而构成虚拟控制站。例如，流量变送器不仅具有流量信号变换、补偿和累加输入功能模块，而且有 PID 控制和运算功能模块，调节阀的基本功能是信号驱动和执行，还内含输出特性补偿功能模块，也可以有 PID 控制和运算功能模块，甚至有阀门特性自校验和自诊断功能模块。

由于功能模块分散在多台现场仪表中，并可统一组态，供用户灵活选用各种功能模块，构成所需控制系统，实现彻底的分散控制，如图 10 - 24 所示。其中差压变送器含有模拟量输入功能模块（AI110），调节阀含有 PID 控制功能模块（PID110）及模拟量输出功能模块（AO110），这三个功能模块构成流量控制回路。

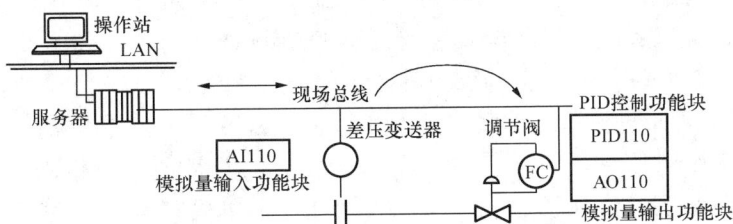

图 10 - 24　现场总线控制系统的具体构成

5. 通信线供电

通信线供电方式允许现场仪表直接从通信线上摄取能量，这种方式提供用于本质安全环境的低功耗现场仪表，与其配套的还有安全栅。

众所周知，电力、化工、炼油等企业的生产现场有可燃性物质，所有现场设备必须严格遵循安全防爆标准，现场总线设备也不例外。

6. 开放式互联网络

现场总线为开放式互联网络，既可与同层网络互联，也可与不同层网络互联。不同制造商的网络互联十分简便，用户不必在硬件或软件上花多大气力。

开放式互联网络还体现在网络数据库共享，通过网络对现场设备和功能模块统一组态，天衣无缝地把不同厂商的网络及设备融为一体，构成统一的 FCS，如图 10 - 20（b）所示。

经过上述分析明确了 FCS 的三个关键要点：①核心。FCS 系统的核心是总线协议，即总线标准，也就是说，只有遵循现场总线协议的控制系统，才能称为现场总线控制系统。②基础。FCS 系统的基础是数字智能现场装置。数字智能现场装置是 FCS 系统的硬件支撑。③本质。FCS 系统的本质是信息处理现场化，这是 FCS 系统效能的体现。

（三）FCS 与 DCS 的比较

现场总线控制系统是当今控制领域中的热点，现场总线控制系统是在分散控制系统的基础上产生的，二者是继承和发展的关系。与集中控制相比，DCS 将控制任务分散到不同的控制单元中，并采用冗余配置的方式，降低了控制机构自身故障所带来的风险。控制功能分散、操作显示集中，一直是 DCS 所被称道的优点。FCS 则继承并发扬了这一优点，将控制功能彻底分散到就地仪表及执行机构中，通过通信网络的互联，实现操作管理的集中。在此对 DCS 与 FCS 作进一步的比较：

（1）DCS 是个大系统，其控制器功能强大而且在系统中的作用十分重要，数据公路更是系统的关键，所以必须整体投资一步到位，事后扩容难度较大。而 FCS 功能下放较彻底，信息处理现场化，广泛采用的数字智能现场装置使得控制器的功能与重要性相对减弱。因此，FCS 系统投资起点低，可以边用、边扩、边投运。

（2）DCS 是封闭式系统，各公司产品基本互不兼容。而 FCS 系统是开放式系统，用户可以选择不同厂商、不同品牌的各种设备联入现场总线，达到最佳的系统集成。

（3）DCS 的信息全都是二进制或模拟信号形成的，必须有 D/A 与 A/D 转换。而 FCS 系统是全数字化，免去了 D/A 与 A/D 变换，高集成化高性能，使精确度可以从 ±0.5% 提高到 ±0.1%。

（4）FCS 系统可以将 PID 闭环控制功能装入变送器或执行器中，缩短了控制周期，目前可以从 DCS 的 2～5 次/s，提高到 FCS 的 10～20 次/s，从而改善调节性能。

（5）DCS 可以控制和监视工艺全过程，对自身进行诊断、维护和组态。但是，由于其自身的致命弱点，其 I/O 信号采用传统的模拟量信号，无法在 DCS 工程师站上对现场仪表（含变送器、执行器等）进行远方诊断、维护和组态。FCS 系统采用全数字化技术，数字智能现场装置发送多变量信息，而不仅仅是单变量信息，并且还具备检测信息差错的功能。FCS 系统采用双向数字通信现场总线信号制。因此，它可以对现场装置（含变送器、执行器等）进行远方诊断、维护和组态。FCS 系统这点优越性是 DCS 无法比拟的。

（6）FCS 系统由于信息处理现场化，与 DCS 相比，可以省去相当数量的隔离器、端子柜、I/O 终端、I/O 卡件、I/O 文件及 I/O 柜，同时也节省了 I/O 装置及装置室的空间与占地面积，还可以减少大量电缆与敷设电缆用的桥架等，同时也节省了设计、安装和维护费用。

（7）FCS 相对于 DCS 组态简单，由于结构、性能标准化，便于安装、运行、维护。

二、现场总线控制系统的体系结构

现场总线控制系统作为第五代过程控制体系结构目前还处在发展阶段，各种不同的现场总线控制系统层出不穷，其系统结构形态各异，有的是按照现场总线体系结构的概念设计的新型控制系统，有的是在现有的 DCS 系统上扩充了现场总线的功能。为了便于讨论，现将重点放在监控级、控制级和现场级。控制级之上的管理级、决策级等不予考虑。因此可以把 FCS 分为三类：一类是由现场设备和人-机接口组成的两层结构的 FCS；另一类是由现场设备、控制站和人机接口组成的三层结构的 FCS；还有一类是由 DCS 扩充了现场总线接口模件所构成的 FCS。

（一）具有两层结构的 FCS

具有两层结构的 FCS 如图 10-25 所示，它是由现场和人-机接口两部分组成的。现场设备包括符合现场总线通信协议的各种智能仪表，例如，现场总线变送器、转换器、执行器和分析仪表等。由于系统中没有单独的控制器，系统的控制功能全部由现场设备完成，例如，常规的 PID 控制算法可以在现场总线变送器或执行器中实现。人-机接口设备一般有运行员操作站和工程师工作站。运行员操作站或工程师工作站通过位于机内的现场总线接口卡和现场总线与现场设备交换信息，人-机接口之间的或与更高层设备之间的信息交换，通过高速以太网 HSE 实现。高速以太网上还可以连接需要高速通信的现场设备，例如可编程逻辑控制器 PLC 等。低速现场总线还可以通过网关连接到高速现场总线上，通过高速现场总线与人-机接口设备或其他高层设备交换信息。

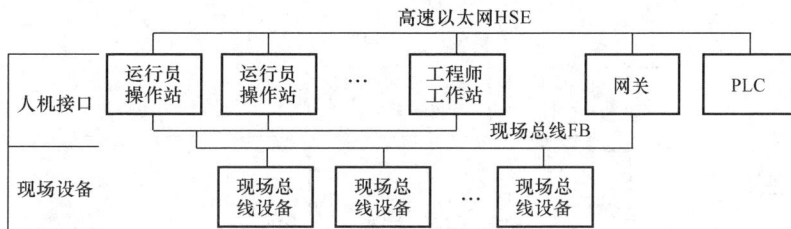

图 10 - 25　具有两层结构的 FCS

　　这种现场总线控制系统的结构适合于控制规模相对较小、控制回路相对独立、不需要复杂协调控制功能的生产过程。在这种情况下，由现场设备所提供的控制功能即可以满足要求。因此在系统结构上取消了传统意义上的控制站，控制站的控制功能下放到现场，简化了系统结构，但带来的问题是不便于处理控制回路之间的协调问题。一种解决办法是将协调控制功能放在运行员操作站或者其他高层计算机上实现；另一种解决办法是在现场总线接口卡上实现部分协调控制功能。

　　（二）具有三层结构的 FCS

　　具有三层结构的 FCS 如图 10 - 26 所示。它由现场设备、控制站和人机接口三层组成。其现场设备包括各种符合现场总线通信协议的智能传感器、变送器、执行器、转换器和分析仪表等；控制站可以完成基本控制功能或协调控制功能，执行各种控制算法；人机接口包括运行员操作站和工程师工作站，主要用于生产过程的监控以及控制系统的组态、维护和检修。系统中其余各部分的功能同前所述，故不赘述。

　　这种现场总线控制系统的结构虽然保留了控制站，但控制站所实现的功能与传统 DCS有很大区别。在传统的 DCS

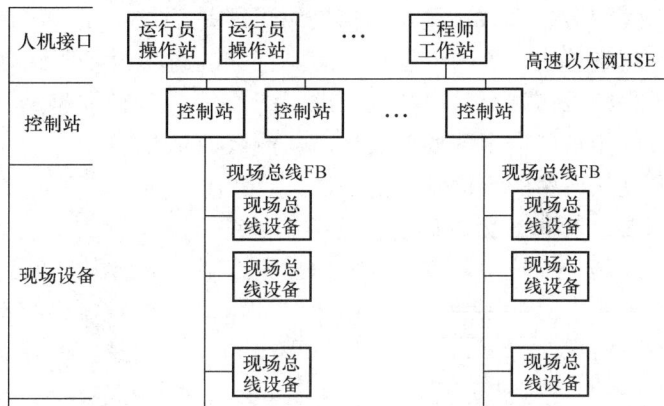

图 10 - 26　具有三层结构的 FCS

中，所有的控制功能，无论是基本控制回路的 PID 运算，还是控制回路之间的协调控制功能均由控制站实现。但在 FCS 中，低层的基本控制功能一般是由现场设备实现的，控制站仅完成协调控制或其他高级控制功能。当然，如有必要，控制站本身是完全可以实现基本控制功能的。这样就可以让用户有更加灵活地选择。具有三层结构的 FCS 适合用于比较复杂的工业生产过程，特别是那些控制回路之间关联密切、需要协调控制功能的生产过程，以及需要特殊控制功能的生产过程。

　　（三）由 DCS 扩充而成的现场总线控制系统

　　现场总线作为一种先进的现场数据传输技术正在渗透到新兴产业中的各个领域。DCS制造商同样也在利用这一技术改进现有的 DCS，他们在 DCS 的 I/O 总线上挂接现场总线接口模件，通过现场总线接口模件扩展出若干条现场总线，然后经现场总线与现场智能设备相连，如图 10-27 所示。

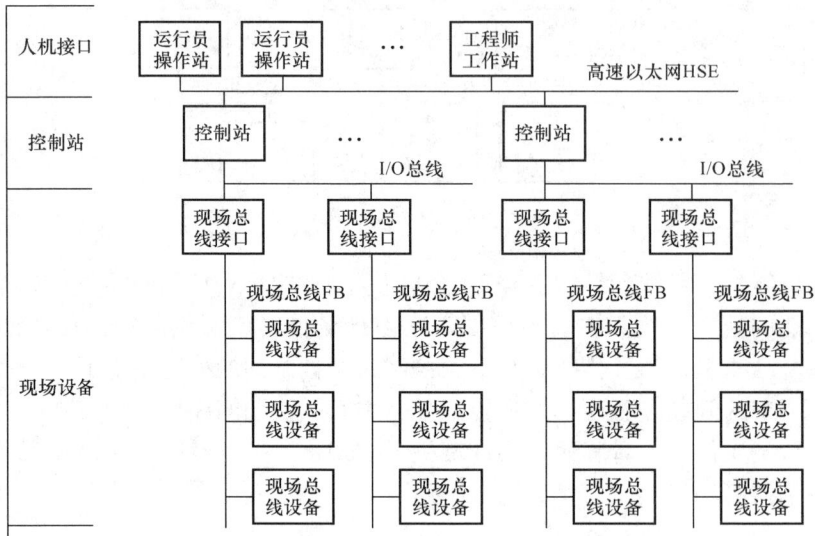

图 10-27 由 DCS 扩充而成的现场总线控制系统

这种现场总线控制系统是由 DCS 演变而来的。因此，不可避免地保留了 DCS 的某种特征。例如 I/O 总线和高层通信网络可能是 DCS 制造商的专有通信协议，系统开放性要差一些。现场总线装置的组态可能需要特殊的组态设备和组态软件，也就是说不能在 DCS 原有的工程师工作站上对现场设备进行组态等。这种类型的系统比较适合于在用户已有的 DCS 中进一步扩展应用现场总线技术，或者改造现有 DCS 中的模拟量 I/O，提高系统的整体性能和现场设备的维护管理水平。

三、以 FCS 为基础的过程控制系统

现场总线技术导致了传统的过程控制系统结构的变革，形成了新型控制系统——现场总线控制系统 FCS。这是继基地式气动仪表控制系统、电动单元组合式模拟仪表控制系统、集中式数字控制系统，乃至于今天广为采用的分散控制系统 DCS 后的新一代控制系统。FCS 实现了通信、计算机、控制之间的无缝结合，形成了网络集成全分布式的控制系统。

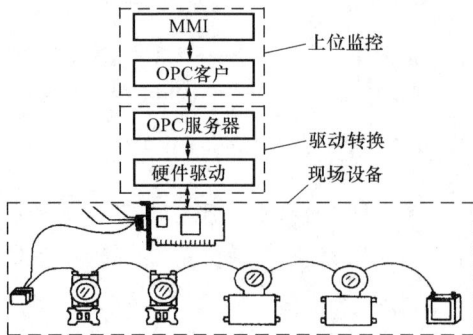

图 10-28 FCS 系统组成结构

一个较为完整的现场总线过程控制系统应由上位监控部分、转换驱动部分和现场设备三部分组成，组成结构如图 10-28 所示，其中上位监控部分对应于控制操作的人-机接口软件 MMI 和控制系统上位监控级软件；现场设备部分对应于网络配件、现场仪表、组态软件及控制系统现场级软件；驱动转换部分由硬件厂商随硬件提供，无需自行设计。

图 10-28 中 OPC 即 OLE for Process Control，是用于过程控制的 OLE 技术，是一种开放的软件接口标准。

1. 控制方案的选择和制订

这里所指的控制方案，即要在 FCS 中需实现的控制策略。目前用于过程控制的算法较多，简单的如常规 PID、前馈控制、比值控制、串级控制等，复杂的如预测控制、自适应控制、神经网络控制、模糊控制等。在选择控制算法时，应充分考虑算法在现场设备与上位监控级的可实现性。

FCS 的现场级宜采用较为简单的算法，其优点一是现场仪表功能模块较少，简单算法易于实现；二是可以减轻现场仪表微处理器的负担。

对于复杂的控制策略，可借助现场总线的数字通信技术，由上位监控级来实现。从这个意义上讲，FCS 与 DCS 是存在共同之处的。采用这种方案时，需注意运算中间值的下载问题。上位监控计算机与现场仪表之间不宜传送过多的中间变量，力求将中间值的流动控制在上位级或同一现场仪表的功能模块之间，尽量减少上位级到现场的中间信息流动量。

2. 根据控制方案选择必需的现场仪表

主要是现场变送器、执行器的选择。由于现场仪表具有多路输入输出功能，且完成部分控制运算，因此存在如何合理配置以达到安装简单、仪表间数据传输量小的目的。

3. 选择计算机和网络配件

FCS 中，用一台或多台计算机实现对现场设备的组态及生产过程的监视操作。现场总线控制系统一般通过插在 PC 及总线插槽内的现场总线接口板（PCI 卡），把工业 PC 机与现场总线网段连成一体。PCI 卡可有多个现场总线通道，能把多条现场总线网段集成在一起。另外，还要选择总线电源、总线终端器、总线线缆等网络配件。

为使控制系统更加安全可靠地运行，上位机和传输缆线应当有冗余配置。

4. 选择开发组态软件及人机接口软件 MMI

由于 FCS 的开放性，很多成熟的、在工业中得到成功应用的监控软件可以直接选用，为用户提供了很大的自由度。典型的如 Fix、InTouch、AIMAX 等，从这点来看，DCS 是无法达到的。另外，用户完全可以根据具体需要走自行开发的道路。

组态软件一般由硬件厂家提供，主要完成下述任务：

（1）在应用软件的界面上选中所连接的现场总线设备。

（2）对所选设备分配工位号。

（3）从设备的功能库中选择功能模块。

（4）实现功能模块的连接。

（5）按应用要求为功能赋予特征参数。

（6）对现场设备下载组态信息。

（7）具有对现场设备（故障诊断、状态、参数等）的监控功能。

5. 上位监控的设计和实现

上位监控在现场总线控制系统中占有很重要地位。它不但起着时刻监督现场运行，状态报告，报警处理，实时和历史数据的记录，下载控制参数和命令，实现复杂的控制算法等必不可缺的任务，使操作人员或工程师完全掌握对现场的控制和决策权，而且它还是现场级网络与管理决策级网络间连接的桥梁，只有通过上位监控级，才能真正实现全分布式的数字化、集成化的网络体系，彻底实现管理控制一体化。

6. 现场级控制的设计和实现

（1）根据控制系统结构和控制策略，分配功能模块所在位置。分配在同一设备中的功能模块属内部连接，其信号传输不占用现场总线，而位于不同设备中的功能模块间的连接属于外部连接，其信号传输需通过现场总线传输。分配功能模块位置时应注意减少外部连接，优化通信流量。

（2）通过组态软件，完成功能模块之间的连接。

（3）通过功能模块特征化，为每个功能模块确定相应的参数，如测量输入范围、输出范围、工程单位、滤波时间、是否开方处理等。

（4）总线网络物理组态。由于现场总线是工厂底层网络，网络组态的范围包括一条或几条总线网段。内容有识别网络和现场设备、分配节点号、决定链路活动主管等。

（5）下装组态信息。将组态信息的代码送至相应的现场设备，并启动系统运行。

四、FCS 在火电厂的应用前景

传统的集散控制系统（DCS）具有集中监控、分散控制、操作方便的特点。但是，在实际应用中也发现 DCS 的结构存在一些不足之处，如控制不能做到彻底分散，危险仍然相对集中；由于系统的不开放性，不同厂家的产品不能互换、互联，限制了用户的选择范围。利用现场总线技术，开发 FCS 系统的目标是针对现存的 DCS 的某些不足，改进控制系统的结构，提高其性能和通用性。

FCS 想要在实际中取代 DCS，既要具备 DCS 所具有的功能，又要能克服 DCS 的缺点。FCS 由于采用了现场总线技术，在开放性、控制分散等方面优于传统 DCS。但是由于它是一种新技术，目前连标准本身都还没有统一，因此 FCS 与成熟的 DCS 相比，还存在下列的一些不足：

（1）由于现场总线标准本身尚在发展中，从而给产品的开发和测试带来难度。这在一定程度上造成产品开发商、生产商少，产品品种单一而且价格昂贵。

（2）在某些场合中，FCS 还无法提供 DCS 已有的控制功能。由于软硬件水平的限制，其功能模块的功能还不是很强，品种也不够齐全；用现场仪表还只能组成一般的控制回路，如单回路、串级、比例控制等，对于复杂的、先进的控制算法还无法在仪表中实现，对于单回路内有多输入、多输出的情况缺乏好的解决方案。

（3）目前 FCS 成功的应用实例不多，难以评估实际应用效果。

由于以上这些原因，FCS 取代 DCS 将是一个逐渐的过程。在这一过程中，会出现一些过渡型的系统结构，如在 DCS 中以 FCS 取代 DCS 中的某些子系统。用户将现场总线设备连接到独立的现场总线网络服务器，服务器配有 DCS 中连接操作站的上层网络接口，与操作站直接通信。在 DCS 的软件系统中可增添相应的通信与管理软件，这样不需要对原有控制系统作结构上的重大变动。

FCS 取代 DCS 是大势所趋。在 DCS 已经非常成熟而 FCS 尚在发展之中的情况下，DCS 还会在电力系统中占有相当的市场份额，但从发展的角度看，不宜再研究开发 DCS，尤其是小型 DCS 的技术或产品。现场总线控制系统作为目前最新型的控制系统，它是一种全计算机、全数字、双向通信的新型控制系统。现场总线技术给自动化领域带来了一场革命，代表了自动化的发展方向。数字通信是一种趋势，也是技术发展的必然。从理论上讲，双向数字通信现场总线信号制技术必将会给火电厂安全经济运行及提高管理水平带来实实在在的效益，这是过去在电站中使用过的任何控制系统所无法与之相比拟的。

作为现场总线控制系统的核心部分——总线协议，已经在火电厂控制系统的通信网络中成功运行，这不仅消除了人们以前存有的许多疑团，也为现场总线控制系统在火电厂推广应用打下了良好的基础。

现场总线控制系统，在以顺序控制为主，以 PLC（可编程逻辑控制器）为硬件的火电厂辅助车间控制系统联网控制中，可以发挥最大效益。PLC 作为一个站挂在高速总线上，充分发挥 PLC 在处理开关量方面的优势。现场总线在该领域的应用已经取得成功，这将是今后一段时间内火电厂辅助车间适度集中控制方针得以实现的一种优选方案。

由于目前能满足火电厂控制要求的数字式智能现场装置的品种还很少，理论上的现场总线效益还不能充分发挥。因此，在大型机组上全面采用典型的现场总线控制系统的时机尚未成熟。

目前，由 DCS 扩充而成的现场总线控制系统，它既保留了 DCS 中功能很强的控制器及 I/O 模块，同时在通信网络又遵循现场总线协议。我们将该系统称之为在通信和数据传输方向遵循现场总线协议的数字式分散控制系统，暂称该系统为 FDCS。

目前中国现场总线发展面临的问题除了研发新产品和新技术以外，还有两项重要的工作：一项是技术应用，目前所取得的成果大多是技术上的，将技术转化为产品，还要在生产工艺、质量管理等方面进行大量的工作；另一项是产品推广，DCS 在我国经过多年推广应用，技术上已经非常成熟，FCS 是一种新技术，需要有一个认识的过程，只有经过实践证明 FCS 的优势，才能形成巨大的市场需求，进而推进行业良性发展。

本章小结

分散控制系统是利用计算机技术对生产过程进行集中监视操作、管理和分散控制的一种新型控制技术，是计算机技术、信息处理技术、测量控制技术、通信网络技术和人机接口技术相互渗透发展而产生的一种新型先进控制系统。

DCS 是由以微处理器为核心的基本控制单元、数据采集站、高速数据通道、上位监控和管理计算机，以及 CRT 显示操作站等组成。按各部分的功能不同，系统又可分为现场控制单元、控制管理级和数据通信系统。

现场总线控制系统是继分散控制系统之后出现的新一代控制系统。它用现场总线这一开放的，具有可互操作的网络将现场各控制器及仪表设备互连，构成现场总线控制系统，同时控制功能彻底下放到现场，降低了安装成本和维护费用。因此，FCS 实质是一种开放的、具可互操作性的、彻底分散的分布式控制系统。

思考题及习题

10-1　何谓 DCS？它由哪几部分组成？各部分的作用是什么？

10-2　DCS 有哪些特点？

10-3　常用的通信网络的结构形式有哪几种？信息传输控制技术有哪几种？通信传输介质又有哪几种？

10 - 4　　Symphony 系统由哪几部分组成？

10 - 5　　Symphony 主要采用了哪些通信技术？

10 - 6　　Symphony 系统通信系统分哪几个层次？

10 - 7　　Ovation 系统由哪几部分组成？

10 - 8　　Ovation 系统中分布式处理单元 DPU 哪几部分组成？

10 - 9　　什么是现场总线？现场总线的本质含义是什么？

10 - 10　　现场总线控制系统与分散控制系统的区别是什么？

10 - 11　　现场总线控制系统的体系结构有哪些？

附录　SAMA 标准功能图例

类别	图例	名称	图例	名称	图例	名称
测量变送类	(FE)	流量测量元件	(TT)	温度变送器	(PT)	压力变送器
	(FT)	流量变送器	(ZT)	位置变送器	(ST)	速率变送器
	(LT)	液位变送器	(AT)	成分分析变送器	—	—
信号转换类	I/V	电流-电压转换器	R/I	电阻-电流转换器	P/I	气压-电流转换器
	V/I	电压-电流转换器	F/V	频率-电压转换器	⊓/⊓	脉冲-脉冲转换器
	I/P	电流-气压转换器	R/V	电阻-电压转换器	⊓/V	脉冲-电压转换器
	mV/V	热电势-电压转换器	V/P	电压-气压转换器	D/L	数字-逻辑转换器
	V/V	电压-电压转换器	P/V	气压-电压转换器	L/D	逻辑-数字转换器
	D/A	数字-模拟转换器	A/D	模拟-数字转换器	C/L	触点-逻辑转换器
报警限幅类	V⊀	高限限制器	⊰	低限限制器	H/	高限监视器
	/L	低限监视器	HH/	高高限监视器	/LL	低低限监视器
	⊰⊱	高、低限限制器	H/L	高、低限监视器	V⊱	速度或速率限制器
选择类	>	高值信号选择器	<	低值信号选择器	< >	中值选择器
运算类	∫	积分控制器	Σ	加法器	Σ/t	积算器
	×	乘法器	÷	除法器	±	偏置，加或减
	△	比较器	d/dt	微分控制器	f(t)	时间函数发生器
	f(x)	未指定或非线性函数发生器	K	比例控制器	+/−	偏置器
	/\	斜坡信号发生器	Σ/n	均值器	√	开方器
	⌐⌐	非线性控制器	—	—	—	—
显示操作类	☼	指示灯	(R)	记录仪	(I)	指示器
	◇T	自动/手动切换开关	◇A	模拟信号发生器	◇↕	手操信号发生器
	A/M	自动/手动平衡器	T	转换或跳闸继电器	TIM	时间继电器
	S	电磁线圈驱动器	⊣⊢	常开继电器触点	⊣╫	常闭继电器触点
执行器类	MO	电动执行机构	HO	液动执行机构	⌒	气动执行机构
	f(x)	未注明执行机构	⋈	直行程阀	⋈	三通阀

参 考 文 献

[1] 边立秀，周俊霞，赵劲松，等．热工控制系统．北京：中国电力出版社，2002.

[2] 罗万金．电厂热工过程自动调节．北京：中国电力出版社，1990.

[3] 林文孚，胡燕．单元机组自动控制技术．北京：中国电力出版社，2004.

[4] 高伟．计算机控制系统．北京：中国电力出版社，2000.

[5] 李遵基．热工自动控制系统．北京：中国电力出版社，1997.

[6] 张玉铎，王满稼．热工自动控制系统．北京：水利电力出版社，1985.

[7] 金以慧．过程控制．北京：清华大学出版社，1993.

[8] 顾晓栋，徐耀文．电厂热工过程自动调节．北京：水利电力出版社，1981.

[9] 陈来九．热工过程自动调节原理和应用．北京：水利电力出版社，1982.

[10] 刘吉臻．协调控制与给水全程控制．北京：中国电力出版社，1995.

[11] 林金栋．自动调节原理及系统．北京：中国电力出版社，1996.

[12] 望亭发电厂．仪控分册．北京：中国电力出版社，2002.

[13] 华东六省一市电机工程（电力）学会．热工自动化．北京：中国电力出版社，2000.

[14] 中国华东电力集团公司科学技术委员会．仪控分册．北京：中国电力出版社，2001.

[15] 殷树德．热工过程自动控制系统．北京：水利电力出版社，1995.

[16] 张栾英，孙万云．火电厂过程控制．北京：中国电力出版社，2000.

[17] 李江，边立秀，何同祥．火电厂开关量控制技术及应用．北京：中国电力出版社，2000.

[18] 赵燕平．火电厂分散控制系统检修运行维护手册．北京：中国电力出版社，2003.

[19] 上海新华控制技术（集团）有限公司．电站汽轮机数字式电液控制系统——DEH．北京：中国电力出版社，2004.

[20] 阳宪惠．现场总线技术及其应用．北京：清华大学出版社，1999.

[21] 周明．现场总线控制．北京：中国电力出版社，2002.

[22] 白焰．分散控制系统与现场总线控制系统——基础、评选、设计和应用．北京：中国电力出版社，2001.

[23] 文群英．热力过程自动化．2版．北京：中国电力出版社，2007.

[24] 杨劲松，张涛．计算机工业控制．北京：中国电力出版社，2003.

[25] 杨献勇．热工过程自动控制．北京：清华大学出版社，2000.